Report of International Science and Technology Development

2015
国际科学技术发展报告

中华人民共和国科学技术部

科学技术文献出版社
SCIENTIFIC AND TECHNICAL DOCUMENTATION PRESS
·北京·

图书在版编目（CIP）数据

国际科学技术发展报告.2015 / 中华人民共和国科学技术部编著. —北京：科学技术文献出版社，2015.7
ISBN 978-7-5189-0337-5

Ⅰ.①国…　Ⅱ.①中…　Ⅲ.①科学技术—技术发展—研究报告—世界—2015
Ⅳ.①N11

中国版本图书馆 CIP 数据核字（2015）第 126334 号

国际科学技术发展报告·2015

策划编辑：周国臻　　责任编辑：张　丹　　责任校对：赵　瑗　　责任出版：张志平

出 版 者　科学技术文献出版社
地　　址　北京市复兴路15号　邮编　100038
编 务 部　(010) 58882938，58882087（传真）
发 行 部　(010) 58882868，58882874（传真）
邮 购 部　(010) 58882873
官方网址　www.stdp.com.cn
发 行 者　科学技术文献出版社发行　全国各地新华书店经销
印 刷 者　北京时尚印佳彩色印刷有限公司
版　　次　2015 年 7 月第 1 版　2015 年 7 月第 1 次印刷
开　　本　710×1000　1/16
字　　数　548千
印　　张　28.75　插页8面
书　　号　ISBN 978-7-5189-0337-5
定　　价　98.00元

《国际科学技术发展报告·2015》编辑委员会

《国际科学技术发展报告·2015》课题组成员

序

当今世界，科学技术继续迅猛发展，前沿科技与新兴产业的融合更加紧密，蕴含着巨大的变革力量，加快推动全球科技经济发展进入新的阶段。科学发现、技术发明和产业发展一体化趋势日趋明显，以科技创新为核心的新一轮产业变革正在全球范围内孕育兴起。以基本粒子、宇宙演化、脑科学、生命起源、基因科学等为代表的重要基础科学领域加快演进和交叉融合。新一代信息技术、新能源技术、先进制造、生物技术等新兴技术领域将显现群体性突破和融合发展，正在加快重塑全球产业体系。科技创新全面地融合、渗透到生产力的诸要素之中，成为生产力发展的决定性因素和社会进步的强大动力，诸多领域的技术突破也将对现有生产生活模式产生颠覆式影响。

在此背景下，世界各国都加强了对科技创新的整体规划和布局，以期在未来竞争中抢占制高点。首先，主要国家均出台了国家层面的创新战略，把国家发展纳入可持续的创新驱动的轨道。美国 2011 年出台了《美国创新战略：确保经济增长与繁荣》，欧盟2013年出台了《地平线2020》，日本通过了《科学技术创新综合战略》，德国2014年推出了《新的高技术战略：创新为德国》，加拿大出台了《抓住加拿大契机：向科学技术和创新迈进》的战略，英国发布了《我们的增长计划：科学和创新》战略。其次，为了在新一轮科技革命和产业变革中抢占先机，世界各国纷纷围绕新兴技术和产业强化部署。美国等发达国家在新能源、信息、先进制造、新材料、生物等大部分领域已拥有技术积累优势，通过出台专项计划、增加经费投入、搭建研发平台等手段支持技术创新与产业发展。再次，一些国家改革科技管理体制，加强对研发和创新的统筹，提高国家创新体系的运行效能。日本加强了综合科学技术创新会议的作用，提出要把它作为全国科技创新的司令部，在权限和预算方面发挥迄今最强的推动作用；俄罗斯成立了直接隶属于总统的“经济现代化和创新发展委员会”，作为新时期俄罗斯加强创新宏观管理的顶层议事协调机构；瑞典成立了由首相担任主席的创新理事会。最后，随着科技创新资源在全球加快流动，美国、日本、英国等国放眼全球，制订科技国际化战略，争夺人才、资本、专利、标准、市场等战略性创新资源，以最终服务于本国的核心利益。

随着各国的竞争日趋激烈，全球科技创新竞争格局深度调整，发达国家力保固有优势，新兴经济体国家快速提升竞争力。其中，我国的表现尤其抢眼，研发人员数量和专利申请数量已经位居世界第一，研发投入和科技论文产出位居世界第二，科技实力、创新能力和竞争力都大幅度提升，重大科技成果不断涌现。同时，我们也应该看到，与发达国家相比，我国在很多领域还处于“跟跑”的位置，顶尖人才缺乏，高水平的论文和专利还比较少，科技支撑经济社会发展的基础还不够雄厚。这些问题需要政府、科技界和企业的共同努力加以解决。

放眼世界，科技创新对经济社会发展的支撑和引领作用日益增强，创新驱动已经成为各国发展的根本路径。我们要尽快做好创新驱动发展战略的顶层设计，抓住新一轮科技革命和产业变革的机遇，提高自主创新能力，进行超前布局与支持，从而实现经济结构转型，推动经济社会发展，塑造未来竞争优势，提升国家竞争实力。

科学技术部副部长 

前　言

当前，世界科技继续快速发展，一些重要科学问题和关键核心技术已经呈现出革命性突破的先兆，带动了关键技术交叉融合、群体跃进，变革突破的能量正在不断积累；科学技术越来越成为推动经济社会发展的主要力量，以大数据、智能制造和无线网络为代表的科学技术的发展，加快催生新一轮产业变革。为在新的科技产业革命中占据先机，各国都在积极布局，出台科技创新战略，把其作为创造新的经济增长点、维持经济可持续发展的引擎。2013 年，印度发布指导未来 10 年的科技创新政策，提出要加强科学、技术与创新之间的协同，使之全方位融入社会经济进程。日本出台《科学技术创新综合战略》，视科技创新为日本经济再生的引擎，明确了未来日本社会经济发展的应有面貌和科技创新应攻克的主要难题。韩国发布《第三期科学技术基本计划》，提出以“以创造性的科学技术为钥匙，开启充满希望的新时代”为发展蓝图，系统推进国家科技创新。在此背景下，要在新一轮创新竞赛中占据主动地位，必须全面了解世界科技发展的最新趋势和各国科技创新战略和政策的最新动向。这正是我们编撰出版《国际科学技术发展报告·2015》的出发点。

《国际科学技术发展报告》从 20 世纪 80 年代开始发布延续至今，已经有 30 多年的历史了。报告由科学技术部国际合作司与中国科学技术信息研究所共同组成专题研究组，在我国驻外使领馆科技处（组）的配合下，对当年世界各国科技发展的最新趋势和动向进行全面调研和分析，是国内介绍世界科技新发展的重要报告之一。

《国际科学技术发展报告 · 2015》共分四部分。第一部分主要对2014年的国际科学技术发展动向进行综述，包括各国科技创新战略和规划的动向、政府促进企业创新的举措、全球科技投入和人才的最新趋势。第二部分主要选择一些重点科技领域的国际发展状况进行较深入的综合介绍，包括清洁能源、信息技术、生命科学与生物技术、新材料、航天等。第三部分介绍了美国、加拿大、墨西哥、古巴、哥斯达黎加、巴西、智利、欧盟、英国、法国、爱尔兰、比利时、挪威、瑞典、芬兰、丹麦、意大利、西班牙、罗马尼亚、保加利亚、塞尔维亚、希腊、德国、瑞士、波兰、匈牙利、奥地利、俄罗斯、白俄罗斯、乌克兰、日本、韩国、朝鲜、越南、印度、巴基斯坦、新加坡、泰国、印度尼西亚、以色列、哈萨克斯坦、澳大利亚、新西兰、埃及等国家和地区2014年的科技发展概况。第四部分提供了最新的科技统计数据。

在撰写本书的过程中，我们参阅了大量的政府机构、国际组织及知名研究机构的公开报告，也引用了国内外许多报刊的资料。由于涉及资料很多，报告中未及一一列出被引用文献的名称，谨表歉意。

由于时间和编写人员水平所限，本书难免有疏漏之处，敬请读者批评指正。

“国际科学技术发展报告”课题组

目　录

第一部分　国际科学技术发展动向综述

第二部分　国际科技热点追踪与分析

第三部分　主要国家和地区科技发展概况

第四部分　附　　录

第一部分

国际科学技术发展动向综述

本部分主要介绍近几年尤其是2014年世界科技发展的最新趋势、各国科技发展与创新政策的新动向、全球科技投入和人才战略的最新走向。

全球科技发展呈现新态势，影响未来经济社会发展

当今世界，科技发展日益迅猛，加快交叉融合，日益成为经济和社会发展的方向性和决定性力量。科技创新日益成为各国发展和全球竞争舞台的核心。英国政府智库在《技术与创新的未来》报告中重新审视了未来 20 年驱动英国经济增长的重要技术领域，并揭示了能源转型、按需生产和服务、设计以人为本 3 个值得关注的新主题。美国国家情报委员会在《2030 年全球趋势——不一样的世界》报告中认为，信息技术、自动化与制造技术、资源技术和健康技术将对全球经济、社会和军事发展产生巨大影响，是游戏规则的改变因素。肯锡全球研究院发布分析报告称，移动互联网、知识工作自动化、物联网、云技术、先进机器人、自动驾驶汽车、下一代基因组学等 12 项颠覆性技术将对 2025 年的生活、商业和全球经济产生重大影响。各国政府也积极把握科技创新重大趋势，秉持智能、绿色、人本理念，在重点领域进行战略谋划和部署，用以振兴经济，增进福祉，应对重大挑战。

一、信息网络技术正在使人类加速奔向数字社会

信息技术掀起了一波又一波浪潮，成为驱动全球经济发展的火车头，更加深刻地改变着人们的生产和生活方式，例如，社交网络技术已经成为在线生活的基本结构。信息通信服务和应用无时无处不在，人、机、物三元世界正在高度融合，人类正在加速奔向数字社会，进入大数据时代和万物互联时代，不断催生技术进步和商业模式创新。

数据、分析工具和模型正在改变各行各业。未来数据将像土地、石油和资本一样，成为经济运行中的根本性资源。明智地收集、管理、存储、分析和使用数据，提供见解和价值，可以使产品和服务更加智能。数据有潜力变革每个企业、

每个组织和每个行业，并且使城市、国家乃至地球都更加智慧。特别是，大数据正在成为创新、竞争和生产力提高的新前沿，数据密集型科学正成为科学研究的新范式。利用企业和政府掌握的大量数据能够在众多领域产生新的应用。《法国－欧洲 2020》战略指出，大数据数字模拟和大数据技术能显著促进诸多学科的知识进步，并在航空、交通、能源、医疗、生物、材料、环境等对社会经济影响较大的领域为高度创新的应用铺平道路，是对科学技术研究、创新和国家竞争力的重大挑战。当前，数据解决方案依赖于传统计算方法，但大数据集的规模呈现指数级增长，知识发现技术和软件工具的发展无法跟上这种增长速度。理想的情况是，人工智能和数据可视化技术能够使需要信息的人在正确的时间获得正确的信息，但其未来发展还很难预料。肯锡全球研究院认为，计算机在先进的界面和人工智能软件的辅助下，将能完成很多目前由知识工作者完成的任务，这种能力在与日俱增。美国国家情报委员会认为，尽管存在巨大的技术挑战，但量子计算技术有可能到 2030 年开始发挥效力，对科学发现、信息搜索和数据加密都会产生影响。不过，大数据不仅面临技术挑战，还要协调好尊重个人隐私与提高企业创新力和竞争力的问题，它还涉及数据主权、国家安全、引入行政管理和鼓励适当开放共享等问题。

万物互联召唤信息基础设施向下一代迈进。互联网是人类社会重要的基础设施。著名网络巨头美国思科公司称，互联网已经实现空前增长，其下一波迅猛增长将通过人、流程、数据和事物的汇聚融合——万物互联而实现。计算处理能力、存储能力和带宽的提升，云计算、社交媒体和移动互联网的快速增长，大数据分析能力和软硬件高效结合能力的提高正在进一步驱动万物互联经济，可在智能工厂、在线市场营销和广告、智能电网、在线娱乐和游戏、智能建筑、车联网、在线健康护理和病人监护等诸多方面为全球创造巨大的价值。在万物互联时代，商业价值的创造已经转向连接能力，转向从这些连接中创造智能的能力。同时，企业和消费者对互联网在成本、速度、可用性、安全性和可靠性方面的要求不断上升，又进一步需要更快、更强、更智能的下一代泛在网络，解决移动流量快速增长和频谱资源匮乏的问题。目前，新型互联网体系结构研究已成为各国关注的焦点，新一轮高速移动无线网络技术的竞争正在激烈进行。

微纳电子创新继续支撑信息经济蓬勃发展。微纳电子领域的创新步伐是整个数字产业发展的重要驱动因素之一，且为所有重要经济部门的创新和竞争力提供支撑，同时也是应对能源、医疗、交通、环境等社会挑战的关键技术。欧盟战略文件显示，2012 年，全球微纳电子产业产值高达 2300 亿欧元，全球装有微纳电子器件和系统的产品价值约为 1.6 万亿欧元，在全球经济中，微纳电子产业预计占全球 GDP 的 10%。随着未来产品和服务日益数字化，微纳电子将发挥更大作用。目前，微纳电子技术发展存在两条驱动产业变革的主要路径。第一条路径是电子器件在纳米尺度上的小型化。这种称为“延续摩尔定律”（more Moore）的路径旨在提高性能、降低成本及能耗。第二条路径是“扩展摩尔定律”（more than Moore），即通过集成功率晶体管和电机开关等微型器件，使芯片功能多样化。例如，具有模拟/射频、高压电源、传感器、制动器、生物芯片等功能。这是节能建筑、智慧城市、智能交通系统等重要应用领域创新的基础。此外，研究人员还正在研究全新的颠覆性技术，走一条称为“超越 CMOS 器件”的路径（如量子器件、分子器件、石墨烯材料），这需要跨学科的研究、对物理和化学的深刻理解及卓越的工程技术。

网络信息安全日益攸关现今和未来的世界安全。没有网络安全，企业和消费者就不会信任并有信心使用互联网和其他数字技术。网络安全既是信息经济的基础，也是重大国家安全问题。特别是，关键基础设施是复杂的、相互高度依存的、网络化的社会技术系统，一旦被中断或破坏，将会对国民健康、国土安全、经济稳定、政府正常运转等产生重大影响。虽然在网络威胁发现、补救和强化传统计算机环境方面已稳步取得进展，但是新型设备（包括从智能手机、车载计算系统到更为广泛的智能传感器），如浪潮般连接上网，网络威胁在复杂性和数量上达到空前水平，并且持续上升。美国总统科技顾问委员会指出，从长远来看要有效对抗网络威胁，必须重设系统构架，使系统的每个部分必须都能在恶劣环境中运行，开发出具有动态、适时防御能力的系统。

为使信息经济蓬勃发展，并增强国家竞争力，美国实施跨部门的网络与信息技术研发计划，特别关注大数据、网络物理系统、网络安全和信息保障、医疗信息技术、无线频谱等新兴的科技优先领域，并组建跨部门高级督导小组，旨在共同制定有效的研发策略，解决国家层面面临的信息技术挑战。美国的大数据研发计划吹响了世界范围内信息领域竞赛的新号角，引得欧盟、法国、德国、日本、韩国等诸多国家积极跟进。韩国于 2013 年宣布投入 80 亿美元实施信息通信技术研发中长期战略，在内容、平台、网络、设备、信息安全 5 个领域重点发展全息影像、智能软件、物联网、5G 移动通信、大数据与云、感知终端、网络攻击应对等十大核心技术。英国政产学界共同制定了英国信息经济战略和全球首个国家数据能力战略，重点发展大数据科学和 5G 移动通信技术，并计划在 5 年内投入 2.7 亿英镑发展量子技术。德国《高技术战略 2020》把“互联网经济”“安全认证”列入十大未来项目。欧盟着力实施数字议程，并将在《地平线 2020》计划中实施《未来和新兴技术计划》，以及“微纳电子”“光子技术”“用于未来互联网的先进 5G 网络基础设施”等重大公私合作伙伴关系项目。法国政府于 2013 年宣布开展大数据、云计算、电信主权（含第五代移动通信技术）、纳米电子、物联网、增强现实、无接触服务、超级计算机、网络安全等重大项目。

二、能源领域正在经历向绿色、可持续的大转型

鉴于全球生态环境和气候变化问题日趋严峻，人类社会正在经历由主要依赖化石能源向清洁、安全、高效能源体系的转型。但是，先进能源技术的发展既取决于其成本方面的竞争力，又在很大程度上取决于社会接受程度及气候变化与能源方面的政治走向与对策。

非常规油气勘探开采技术正在重构世界能源版图。非常规油气资源潜力巨大，包括页岩气、轻质致密油、煤层气、甲烷水合物等不能利用常规钻井方法开采的资源。先进的非常规油气勘探开采技术意义重大，不仅对资源开采者和供应商来说是机遇，而且对下游的制造业和消费者也会产生实质性的影响，还能提高一些国家的自力更生能力，改变其地缘政治形势。但是，该技术有可能对当地环境和生态系统造成危害，并影响向清洁能源转型的进程。北美能源企业，尤其是美国能源企业在利用水平钻井和水力压裂技术进行页岩气、轻质致密油等非常规油气勘探开采方面遥遥领先。其他国家也拥有大量的非常规油气储量，但要开采这些资源可能还要花费多年时间。麦肯锡对北美、中国、阿根廷、澳大利亚和欧洲开采情况的估计显示，到2025年页岩气和轻质致密油勘探开采技术每年会产生950亿～4600亿美元的直接经济影响，主要在北美地区。

由于技术进步将使可再生能源与化石燃料之间的成本差距缩小，人类寻求对环境影响小的能源的欲望逐步增强，未来几十年可再生能源将迎来较大发展，太阳能和风能的发展潜力尤其突出。麦肯锡估计，到2025年，除去政府补贴所耗外，太阳能光伏和风能发电技术进步每年带来的净收益为1650亿～2750亿美元。国际能源署预计，到2035年，可再生能源约占全球发电增长量的一半，其中风能和太阳能光伏在可再生能源发电增长量的占比将达45%。美国国家情报委员会认为，除已经取得较大成功的油气水力压裂开采技术外，今后15～20年重要的能源技术还包括太阳能和生物燃料。太阳能是能源最丰富的可再生能源，但要完全发挥其巨大的增长潜力，广泛使用太阳能技术进行分布式发电，还需要大规模的电网基础设施投资和高效蓄能装置，以克服其间歇性障碍，驾驭配电网中电力的多向流动。相对于化石燃料和电动交通技术，非粮生物燃料如果能够在成本上取得竞争优势，那么今后15～20年内至少能部分替代石油。

储能技术将深刻改变能源利用的方式、地点和时间。能源存储可以更好地利用分布式能源，并使未来的能源更具移动性。储能技术正在飞速发展，产生了巨大的影响和颠覆性的能力。例如，锂离子电池已经为电动汽车和混合动力车提供动力，为数以亿计的移动互联电子消费品提供电能。未来10年，与内燃机驱动的车辆相比，电动车辆将更具有成本竞争优势，更具节能减排效力。麦肯锡估

计，到 2025 年，储能技术的潜在经济影响将达每年 900 亿～6350 亿美元，其中一半多是靠采用电动和混合动力车实现的。分布式能源的直接经济影响可能相对较小，但是对于目前那些仍无电可用的全球 10 多亿人口的生活，却有着变革性的影响。在电网方面，先进的电池储存系统可以帮助太阳能和风能并网，通过控制频率变化改善质量，处理峰值负载，并通过延缓公用基础设施扩建来减少开支，但在 2025 年之前的影响可能相对较小，除非在降低电池成本和提高电池性能方面取得重大技术突破。

互联网技术与可再生能源结合在一起，将创造一种强大的、新的能源基础设施。能源互联网是互联网理念引导下的能源基础设施变革，从长远来看有可能成为一种新的经济范式。它将使亿万人将能够在自己的住宅、办公楼和工厂中生产可再生能源，以电力、氢气等形式存储这些能源，用绿色电力为自己的楼房、机器和汽车供电，并像在网络上分享信息一样分享多余的电力。可再生能源发电份额的强劲增长和分布式发电越来越广泛，将给电力供应带来深刻变化，将必须通过应用信息通信技术进行灵活的电网管理，有区别地利用不同的蓄电技术，并结合电动汽车，充分发掘可再生能源特别是风能和太阳能的潜力。当前，各国纷纷开展以智能电网为重点的能源互联网的技术研发和示范建设，通过新的电网方案、智能化操控和多样化的蓄电技术，使整个供电系统具有最大程度的灵活性，并使经济效益、供电安全和环境保护 3 项兼顾。

为帮助减少空气污染、温室气体排放和石油依赖，同时创造高工资、高技能的清洁能源工作和企业，美国政府意在领导世界清洁能源技术研发，其优先研发重点包括推进清洁能源技术研发，提高电动汽车等替代交通方案的能效、可持续性和成本效益，解决清洁能源供应技术的制造挑战，研发下一代电网。欧盟积极谋划 2030 年能源与气候长远目标，将在《地平线 2020》计划下大力研发清洁能源与交通技术，并在节能建筑、绿色汽车方向设立重大公私合作项目。德国政府努力推动能源转型，大力发展可再生能源和电动汽车技术，并实施了“可持续交通”“碳中和、高能效和适应气候变化的城市”“能源供应的智能化改造”“作为石油替代品的可再生原料”等《高技术战略 2020》重大未来项目。《法国 - 欧洲 2020：研究、技术转移和创新的战略议程》确定，将加强可再生资源评估和预测，开发提高再生生产效率的新技术，组织力量发展电力存储及氢与燃料电池，并特别重视智能电网在能源结构中的战略地位。此外，法国政府总统还宣布实施“可再生能源”“每百千米油耗低于 2 L 的汽车”“电动车充电设施”“电池功率与续航能力”“自动驾驶汽车”“智能电网”等重大项目。日本科技创新综合战略提出，通过强化科学技术创新，使能源领域的核心技术具有强大的国际竞争力，构建一个全新的能源系统，其重点包括：可再生能源供给技术，高效清洁发电及燃烧技术，可燃冰等海底资源勘探开采技术，超低耗电力电子器件，超低耗照明等革新性装置碳材料，金属材料等新型结构材料，住宅、写字楼、社区等能源需求方的能源智能利用与管理系统，连接各地区、各层次的能源网络系统、先进的能源存储和运输技术。

三、先进制造迎来全球创新竞争的新纪元

过去20年，由制造商、供应商和物流企业构成的全球制造业生态系统已经形成。未来全球制造业的新时代即将来临，新兴经济体对新产品需求增加，将创造强劲的市场机遇，制造业未来发展将更具全球性，其价值链很可能继续在全球分解。

未来制造业商业模式将会发生深刻变革。制造业与服务业之间的差别已经模糊，二者日益融合，相互促进。客户与业务伙伴将广泛参与业务过程和价值创造过程。制造商对价值链的利用日益广泛，从中创造新收入。新的收入及价值创造来源将会变革商业模式，需要利用新的知识来源和建立更紧密的长期客户关系。未来，制造商的收入来源将包括：制造业服务化日益普遍，其把服务与产品打包；利用嵌入式传感器和开放式数据，获得产品使用情况信息，利用日益普遍的大数据提高竞争力；成为“无工厂的商品生产商”，通过出售技术知识和生产外包获取价值；成为“再制造商”，对到期报废的产品进行再制造，恢复或提高原有性能；在行业内外结成新型战略联盟，创造更大价值；通过将运营能力与企业家的洞察力更好结合，更快利用新技术；提供三维立体打印和其他产品服务的网络社区逐步形成，产生了“社会制造业”的新现象。与此同时，制造业的就业模式也在改变，车间工人人数下降，劳动力成本在总生产成本中的比例也在下降，其就业分布向高技术生产岗位和高、低技术服务岗位倾斜。

新技术正在凸显信息、资源效率和生产规模变化在制造业中的重要性。这类创新成果既包括新材料（如碳材料和纳米材料）、先进机器人、三维打印，也包括能够产生新型智能的新型信息技术。三维打印、物联网、大数据等技术突破和广泛应用，不断推动制造业向网络化、智能化、柔性化和服务化转型。在许多制造业行业，大数据的应用能够大幅改善企业响应客户需求及使用机器和运营的方式。建模与仿真作为支持21世纪制造业的关键技术正在兴起，对材料设计、改善产品、完善过程、减少设计制造周期、降低产品的实现成本等，没有其他技术能够提供如模拟与仿真技术一样巨大的潜力。计算机模拟技术从产品概念设计延伸至回收利用，实现产品的生命周期管理。基于集成计算的材料设计与性能预测科技发展迅速，如美国《材料基因组计划》有可能使材料研发周期大幅缩短。三维打印等增材制造技术按照数字化模型用材料逐层打印物体，颠覆了传统的制

造理念，日益受到关注。这使样品制作更加容易，并且为生产航空零部件、可替代人体器官等复杂产品打开了令人振奋的新的选择路径。此外，气候变化、自然资源枯竭、原材料获取的不确定性、能源和废物污染处理成本上升，将使制造业价值创造方式转向再使用、再制造、再循环、再回收、梯级利用等新模式，使工厂与自然的关系走向绿色可持续，包括从化石资源向生物基资源过渡。生物制造将生物科学和工程学的成果应用于工业领域，以可再生生物质资源为原料，具备重塑工业生产方式的潜力。特别是合成生物学技术的发展将有可能极大地提升细胞工厂的构建能力。

未来制造业将更快、更积极地响应客户需求。大数据、物联网、云计算、机器人、增材制造、移动互联、生物技术等技术融入未来产品和网络，将会促进产品设计、制造、销售和使用方式的根本性转变。首先，产品将大规模地个性化、低成本按需定制。低成本的大规模生产与更昂贵的定制化生产之间的历史性界限将减少。客户直接提出的设计意见将逐渐使企业能够生产出定制化产品。其次，未来的工厂将更加多样化、分布式。未来的生产格局将既包括资本密集型的特大工厂，它们生产复杂产品；也包括可重构的生产单元，它们融合供应链伙伴的动态需求；还包括用以生产某些产品的本地的、流动的和家庭的生产场所。再者，制造业价值链将日益数字化。泛在计算、先进软件和传感技术将进一步变革制造业价值链，将改善客户关系管理、流程控制、产品验证、物流、产品追溯及安全体系。它们通过数字化模拟将赋予更大的设计自由，并将创造出让客户参与设计、让供应商参与复杂生产流程的新方式。未来工厂的一切事务将由更加智能的软件管理，未来产品设计、生产和使用中最重要的变化就是信息技术的使用和产品中计算机智能的嵌入。

国际金融危机发生后，为扭转虚拟经济与实体发展失衡的情况，欧美发达国家纷纷对“去工业化”“去本地化”战略做出批判性的审视，着眼于高端化、智能化、绿色化、服务化等发展趋势，欲通过技术创新掀起新一轮制造业革命，推动本国再工业化。美国政府正致力于振兴和改造美国制造业，提出使新一轮制造业革命在美国发生，特别强调政府、产业和大学的伙伴关系及《先进制造业国家战略计划》中提出的、可使多个行业受益的使能技术，如机器人技术、材料开发和网络物理系统，实施了大幅缩短先进材料开发和应用周期的《材料基因组计划》、研发下一代机器人技术的《国家机器人计划》，并且正在大力组建由众多制造业创新中心组成的国家制造业创新网络。欧盟提出要实现工业复兴，到 2020 年使工业占 GDP 比重由 16% 提高至 20%，已确定在 2014—2020 年分别向“可持续流程工业”“未来工厂”“机器人”等重大公私伙伴关系项目大举投资。德国政府与产业界合作实施《高技术战略 2020》十大未来项目之一——“工业 4.0”项目，将机器、软件、传感器和通信系统深度集成于网络物理系统，并推出了标准化路线图。法国也不甘落后，积极打造“工业新法国”，并要掌握决定未来工业竞争力的通用技术，用新的生产模式和突破性技术使法国工业成为“未来工厂”，促进产品服务升级，参与国际上游竞争，重点支持纳米电子、纳米材料、微纳流体技术、软件、微型智能系统等已经确定的战略性技术研究。

四、生物经济正在技术进步中孕育兴起

生命科学、生物技术方兴未艾，带动健康产业、现代农业、生物能源、生物制造、环保产业不断壮大。发展以可再生资源和生物技术为基础的生物经济能够使人们更加健康长寿，能够降低对石油的依赖，应对重大环境挑战，改变制造过程，增加农业生产率和生产范围，并创造新的就业岗位和产业。几十年来的生命科学研究及日益强大的生物信息获取和利用工具的开发已经使人类距离以前无法想象的未来之门更进一步。例如，用二氧化碳直接生产的生物燃料、用生物质代替石油生产的可降解塑料、符合特殊饮食要求的食品、以患者基因信息为基础的个性化医疗、用于环境实时监测的新型传感器等。

在健康领域，过去60年来，疾病治疗主要依赖传统的化学合成药物和一系列治标不治本的医疗器械和医疗过程。如今许多具有前景的疗法是蛋白质、抗体、疫苗和细胞等分子生物疗法。未来医疗将更加个性化，将为患者提供量身定制的治疗方案。目前能源和化工工业高度依赖化石燃料，然而未来需要利用各种资源，能源结构需要多元化。农业部门的创新活动已经运用育种技术和生物技术来开发适宜生物燃料和生物化学品生产的原料作物品种。随着技术不断进步，合成生物学和其他基因操纵技术将使得合理设计生物体以高效生产生物燃料、生物化学品和生物材料成为可能。农业是生物经济的支柱产业之一。日益增长的世界人口和有限的耕地资源要求全球采取新的途径来满足营养需求。生物技术的进步与育种技术相结合，在不久的将来将产生具有提高营养价值、增强抗病害能力、高产、耐旱等理想性状的作物。从生态系统角度对生物多样性和粮食作物的认识已经提高了，这有可能改变农业生产和管理方式，并使农业达到一个新的发展水平。

目前，生物经济的增长主要归功于基因工程、DNA测序和自动化高通量分子操纵技术，但潜力还远未发挥出来。在未来10年，下一代基因组技术能够推动生物学领域的快速发展，进一步改变医疗卫生领域的面貌。基因测序有可能成为医生例行诊断工作的一部分。从更长远的角度来看，技术进步可能带来更多崭新的可能性，包括精确操作基因构建完全个性化的或强化的有机体；可以形成新型疾病治疗法和新型基因工程产品，同时还能促进如合成生物学等新兴领域。麦

肯锡的研究报告预计，下一代基因技术将在医疗卫生、农业和生物燃料等物质生产领域实现规模化应用，到2025年的潜在经济影响可以达到0.7万亿～1.6万亿美元，其中80%来自更快捷的疾病检测、更精确的诊断、新药的研发及更个性化的疾病治疗。生物科学的巨大进步正在驱动农业科技及实践的转型发展。美国国家情报委员会认为，由于分子生物学的进步，科学家能识别作物中表达重要农艺性状的基因，并已经通过转基因技术识别出了作物中数百种最终能实现商业化的基因及对应的有益性状，这种技术为今后15～20年实现粮食安全提供了光明前景，但是，由于世界各地许多消费者和政治代表不相信转基因作物的危险降到了最低程度，转基因作物未来仍将面临重大障碍。

未来社会挑战十分复杂，如果要从根本上改变应对挑战的方式，还需要更多的科技变革。目前，一些重要的新兴技术及新兴技术与现有技术的集成创新正在显现。未来充满活力的生物经济将依赖合成生物学、蛋白质组学、生物信息学等新兴技术的发展。合成生物学将工程学方法和计算机辅助设计方法与生物学研究结合了起来，其首要焦点是开发出使生物工程更加简单、快速和可预测的技术。它是生物技术的一次科学思维革命。对合成生物学进行战略性投资将会推动生物经济在农业、制造、能源和医学等重要领域的发展。蛋白质组学是对蛋白质进行大规模研究，比基因组学更为复杂。尽管蛋白质组研究的复杂性提出了技术挑战，但是对单个细胞的蛋白质组分析可以提供有关生物体状态的必要认识，这对于基础生物研究和众多实际应用具有显而易见的价值。生物信息学和计算生物学等研究领域已经成为生物经济的必要组成部分。由于生物研究将继续利用日益庞大而复杂的“大数据”，存储、分析、可视化和共享“大数据”的能力成为越发严峻的挑战。使科学家能够处理“大数据”的信息技术将有助于向生物经济迈出下一个革命性步伐。

为培育生物经济，世界上许多国家纷纷谋篇布局。2012年6月，美国政府发布了《国家生物经济蓝图》，确定了奥巴马政府未来推动生物经济的战略目标和战略措施。欧盟把生物技术作为实现工业领先和应对社会挑战的关键使能技术，并根据《欧洲生物经济战略》确定实施《生物基产业联合技术计划》，以开发新的、具有竞争力的生物基价值链，替代化石燃料需求，并对农村发展产生有力影响。2014—2020年，欧盟和产业伙伴将向该计划分别投入10亿和28亿欧元。德国早在2010年出台了《2030年国家生物经济研究战略》，计划2011—2016年投入24亿欧元用于生物技术研发应用。2013年，德国政府又发布生物经济战略，聚焦全球粮食安全、可持续农业生产、健康和安全的食品、工业再生资源利用、生物燃料等五大领域。英国生物技术与生物科学研究理事会根据《生物科学时代：2010—2015年战略计划》优先支持尖端生物科技。英国技术战略委员会于2012年公布了《英国合成生物学路线图》，并建立了合成生物学技术与创新中心。2013 年，英国政府把合成生物学和大数据列入八大新兴技术，并加大对合成生物学和生物信息学的支持力度。近 3 年，韩国政府生物技术研发投资总额约合 60 亿美元，年均增长率达到 16% 。

五、医疗保健领域正在掀起个性化医疗大趋势

人类正在面对由于人口老龄化和生活方式改变所带来的健康挑战。新兴国家的生活方式（高脂肪饮食、肥胖并缺少锻炼）越来越接近发达国家，将会引起某些非传染性疾病的普遍发生。慢性非传染性疾病已经取代传染性疾病成为人类健康的最大威胁。医学模式正在由过去的疾病治理模式向预防、预测和干预为主的战略性转变。个性化医疗作为一个新兴的领域，将带来医疗保健模式根本性的变革。转化医学已经成为世界各国健康领域高度重视的研究方向，旨在促进医学临床和基础研究的良好协同，加快医学发展的步伐。在大数据时代，生物信息学、电子医疗和医学大数据分析将为医疗健康带来十分重大的影响，会极大地提高医疗服务质量，降低成本，促进创新，同时这也强烈地呼唤医疗体制机制创新。

个人及其自身特点越发是未来医学研究的核心内容，个性化医疗将带来医疗保健模式根本性的改变。个性化医疗是一种采用分子筛选技术的医疗模式，可以在恰当的时间为合适人选采用恰当的治疗策略，并在群体水平上确定是否易患某种疾病，并提供及时、差异化的预防措施。美国生物经济蓝图指出，未来医疗将更加个性化，将为患者提供量身定制的治疗方案。欧洲科学基金会发布《欧洲公民的个性化医疗》前瞻报告，展望未来迈向疾病诊断、治疗和预防的精准医学。美国情报委员会和法国 2030 战略委员会均认为，未来一二十年，治疗方式将与现在大不相同，将可以根据每个个体的自身特点尤其是个人的基因组信息为病人提供量身定制的治疗方案，整个社会的治疗成本将会降低。个性化医疗将大大减少治疗风险。医患关系也会发生改变，病人自己就能够完成很多事情。例如，在家中就能够看到医疗检查图像，进行远程跟踪治疗，通过移动设备得到医疗和诊断信息，通过家用监测系统增进预防性和响应性护理。芯片实验室技术也可将诊断降至个人层面，于此，患者可自己进行检测，并将数据以电子方式发送出去，进行分析和治疗。医疗成本的降低和健康收益的增加都将依赖于这些进步。这种新型治疗方式的应用范围极广，包括慢性病、神经退化性疾病和感觉器官疾病、心血管疾、癌症、糖尿病、呼吸系统疾病、传染病和自理问题等。基因组学、蛋白质组学等“组学”科学的发展，药物治疗和医疗设备的关系越来越紧密及医学领域的数字化潜力将会使未来医疗越来越个性化。这场变革和其他技术的发展是紧密相连的。很多技术如信息技术（大数据、机器人技术等）、纳米技术（纳

米器件等）对医疗技术的影响越来越大，由此产生了许多变化，包括与医务人员的远程交流、家庭护理、对植入手术术后跟踪治疗的改善等。这也响应了银发经济所提出的重大挑战。

干细胞技术为有效修复人体重要组织器官损伤及治愈心血管疾病、代谢性疾病、神经系统疾病、血液系统疾病、自身免疫性疾病等重要疾病提供了继药物治疗、手术治疗后的又一途径，孕育着广阔的应用前景。以干细胞治疗为核心的再生医学很可能彻底改变目前对受损人体器官和组织进行替换或再生的临床治疗方法。美国情报委员会认为，再生医学几乎会与个性化医学和治疗诊断学相比肩，到2030年，可能会研制出肾脏、肝脏等替代器官，有可能打印出动脉血管或简单器官，但是以生物打印方式来制造复杂器官还需要重大技术突破。探索智能本质和神经精神健康的脑机制是脑与认识科学领域的战略制高点，发达国家纷纷加大研发力度。美国启动的脑计划（《基于先进创新性神经科技的脑研究计划》，Brain）成为继人类基因组计划之后又一项针对人类自身难题的重大研究计划。欧盟未来10年投资10亿欧元的《未来新兴技术计划》“人脑旗舰”项目希望极大地加快脑研究进程，实现对脑结构和脑功能的多层次认识，提高脑部疾病的认识、诊断和治疗水平，发展脑科学启示下的人工智能技术。

面对人口健康这一重大社会挑战，欧盟《地平线2020》计划着重提高对健康、人口老龄化和疾病的认识，提高对健康的监测能力及对疾病的预防、诊断、治疗和管理能力，支持老年人保持生活积极健康，并检验和示范健康护理的新模式和新工具。其重要举措是瞄准个性化健康护理方向开展研究创新，实施《创新药物（二期）联合技术计划》和《未来新兴技术计划》“人脑旗舰”项目。美国政府继续大力建设新型健康信息技术生态系统，重视各种重大疾病研究、干细胞及再生医学研究和转化医学，并在生命科学领域做出重大部署，于2013年宣布启动了雄心勃勃的脑计划。德国联邦教研部计划于2013—2016年投入3.6亿欧元落实高技术战略未来项目“个性化医疗更有效治病”，沿着完整的创新链，即从确定分子开关、验证和实现诊断用生物标记直至开发个性化治疗方法、产品和服务及效用评价，资助研发项目；还宣布投入1.25亿欧元实施《预防与营养研究》行动计划，落实高技术战略未来项目“因人制宜防病养生更健康”，力图实现分子医学、流行病学、预防医学和营养学研究的跨学科协同创新。为确保英国在生命科学领域的全球领先地位，英国国家创新战略中把个性化与分层医学、干细胞与细胞疗法作为投资重点，还设立了生物医学催化基金和细胞疗法技术与创新中心。《法国－欧洲2020：研究、技术转移和创新的战略议程》把与年龄增长相关的疾病（神经退化性疾病）的预防和诊治，慢性病、多因素疾病、环境相关疾病和传染病的管理，个体化医疗、电子医疗及相关的新型商业模式作为法国卫生科研事业首先要解决的重大挑战，并将探索合成生物学、干细胞技术、脑功能成像技术等技术的潜能。《日本科技创新综合战略》致力于实现领先国际的健康长寿社会，重点是推动流行病研究，开发具有革新意义的预防和治疗癌症、糖尿病、心血管疾病等生活习惯病的技术，开发传染病、神经精神疾病、稀有病的预防和诊治技术，推动 iPS 细胞、体性干细胞等再生医学，发展基因序列研究、生物银行等注重个体化早期干预的未来医学，推进信息技术应用，强化医药、医疗器械领域的产业竞争力，针对老年人、残障人士开发脑机接口技术，通过机器人技术实现在家看病和护理。

创新要素在全球快速流动，推动科技创新格局深度调整

近年来，全球经济格局发生了巨大变化，发达国家在全球经济中日渐式微，而发展中国家的地位则日益提升。麦肯锡全球研究院的报告指出，1990 年发达经济体之间的货物贸易占全球的 54%，但 2012 年仅占全球的 28%。随着经济格局的不断变化，欧美等发达国家对科技的投入也停滞不前，科技创新能力受到巨大影响，而金砖国家尤其是中国的科技创新投入大幅增加，科技创新实力大大加强，全球创新重心东移的速度日益加快。下面主要从科技投入、人员、产出和水平、研发密集型经济活动及创新能力等几个方面分析全球创新的新格局。

一、全球研发投入格局持续变化，新兴经济体增长强劲

1. 研发经费总量

《美国科学与工程指标 2014》报告指出，过去 10 年间美国和欧洲占全球研发支出份额均出现大幅下降，美国所占全球份额由 2001 年的 37% 降至 2011 年的 30%，欧盟同期由 26% 降至 22%。东亚、东南亚和南亚经济体（包括中国大陆、印度、日本、马来西亚、新加坡、韩国和台湾地区）的份额合计由 25% 增至 34%。美国巴特尔研究所 2013 年年底发布的《2014 年全球研发资金预测》报告对主要地区近年来的研发经费进行了分析。该报告指出，2009 年美洲地区在全球研发经费中所占比重为近 40%，2014 年降至 34%，其中，美国从 34% 降至 31%，欧洲从 26% 降至不足 22%；亚洲地区所占份额则从 33% 增至 40%，其中，日本所占份额保持在 20% 左右，中国所占份额从 10% 增至 18%。经合组织的科技统计指标显示，按购买力平价计算，全球研发经费最高的国家是美国，

2012 年，其研发经费总额为 3973 亿美元，其次是中国（2568 亿美元），之后依次是日本（1339 亿美元）、德国（849 亿美元）、韩国（610 亿美元）。

受金融危机的影响，美国和欧盟的经济复苏仍很艰难，未来几年其研发经费的增加仍不容乐观。而中国等发展中国家的经济强劲增长仍将继续，对研发的投入也将继续增加。在此背景下，发展中国家在世界研发经费中所占份额仍将进一步上升。经合组织发布的《科学技术和工业展望 2014》预测，按照当前的发展趋势，到 2019 年，中国将成为世界最大的研发投资国。

2. 产业研发经费

产业研发经费能够反映一个国家企业的创新热情和能力。《欧盟产业研发投资记分牌 2013》对 2012 年研发投资 2000 强企业进行了分析，这些企业约占全球企业研发投资的 90% 多。报告指出，美国、日本、欧洲的全球领先优势有所减弱。2012 年，企业研发投资仍高度集中在美国、欧盟和日本，其全球占比分别为 35.2%、29.3% 和 18.9%，合计达 83.4%，但比 2011 年下降了 1.6%。中国大陆企业研发投资喜中有忧。中国大陆有 93 家企业上榜，研发投资同比增长高达 12.2%，但仅占全球总额的 3%。报告显示，全球记分牌企业的行业分布高度集中，美国在制药、健康、软件和技术硬件等高研发强度行业最强，欧盟和日本在汽车等中等研发强度行业占优。

全球知识密集型经济的增长加剧了国家间的经济竞争，也增加了国家间的相互依存度。跨国公司充分利用全球能力开展研发及其他经济活动，愈加在本国之外开展研发投资。美国跨国公司的大部分研发投资依然是在美国和欧洲执行的，2010 年其全球研发投资 2520 亿美元中的 84% 是在美国执行的。但是，美国跨国公司的控股子公司在中国、印度、巴西和以色列的研发投资快速增长，与其在欧洲、加拿大和日本的研发投资差距正在缩小。

3. 研发强度

尽管发展中国家研发经费增长很快，有些国家的研发经费总量也很大，但是从研发强度（研发经费占 GDP 的份额）来看，发展中国家与发达国家还有较大的差距。

当前，发达国家的研发强度一般在 2% 以上。其中，韩国最高，为 4.17%（2012 年），以色列为 3.93%（2012 年），日本为 3.4%（2011 年），德国为 2.9%，美国为 2.8%，法国为 2.2%。中国的研发强度近年来有了较大的增长，2012 年达 1.98%，超过了欧盟的平均水平（1.96%）。其他金砖国家的研发强度较中国要低一些，俄罗斯和巴西的不足 1.5%，印度、南非的此数值不足 1%。参见图 1-1。

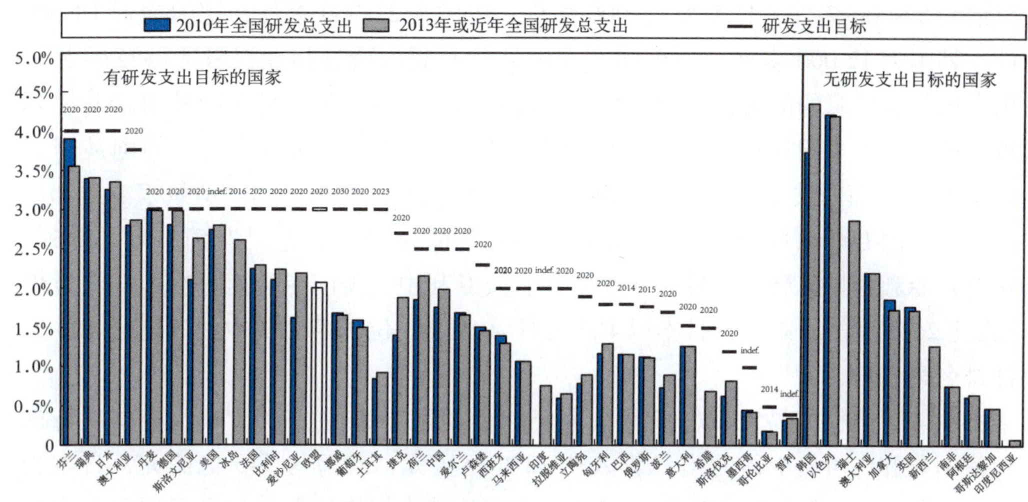

图 1－1　主要国家的研发强度和研发目标

二、全球科技产出数量格局有所变化，发达国家在产出质量上优势明显

从科研产出的数量来看，发达国家所占的份额一直在下降，而发展中国家所占的份额则一直在快速提升。2011 年，全球科学与工程论文发表量为 82. 8 万篇，美国占 26%，比 2001 年下降了 4%；欧盟由 35% 降至 31%，日本由 9% 降至 6%，而中国则由 3% 增至 11%。全球专利申请量也呈现出类似的趋势。2013 年，全世界专利申请达到 257 万件，中国是专利申请数量最多的国家，占比达 32. 1%，美国占比为 22. 3%，日本为 12. 7%，韩国为 7. 9%，欧盟为 5. 7%。而 2007 年中国所占份额为 13. 3%，美国占 24. 6%，日本占 21. 4%，韩国占 9. 3%。

从科研产出的质量来看，发展中国家与发达国家还存在较大的差距。高被引论文能够在一定程度上反映科学研究的水平，在 2003—2013 年的被引用次数处于世界前 1% 的高被引论文中，美国的高被引论文数高达 59 970 篇，占世界份额的 54. 1%，英国高被引论文数为 14 265 篇，占世界份额的 12. 9%，德国高被引论文数为 13 226 篇，占世界份额的 11. 9%。中国高被引论文数为 9524 篇，占世界份额的 8. 6%。三方专利和 PCT 专利的技术含量较高，相比专利数量更能反映一个国家的技术实力和水平。2011 年，全球三方专利共有 43 590 件，美国为 12 649件，占全球的 29%，日本为 13 705 件，占 31%，德国为 4982 件，芬兰为 2053 件，英国为 1371 件，中国仅有 958 件，占 2%。2013 年，美国的 PCT 专利申请为57 000多件，日本为43 000多件，中国为21 000多件，德国为近18 000件，韩国为12 000多件。一个国家在国外的专利申请量和授权量能够反映其利用全球创新资源的能力，美国、日本、德国等国的机构和居民向国外申请和得到授权的专利占本国居民专利总数的份额都超过了30%，瑞典、瑞士等国甚至超过了80%，而发展中国家的此比例却很低，中国在国外的专利申请量很少，2013年仅占中国专利总量的5.3%，而日本的此数值为36%，美国为51.1%。此外，从有效专利数量来看，全球共945万件有效专利中，美国专利商标局以239万件（占比26%）位居第一，日本以184万件（19%）位居第二，中国以超过100万件排名第三。

从知识产权贸易来看，发达国家仍然占据主导地位。2011年，美国从特许权使用费和许可费取得的出口收入达1210亿美元，欧盟为540亿美元，日本为290亿美元，三者占全球总额的85%。中国从特许权使用费和许可费取得的出口收入为7.43亿美元。发展中国家在这方面通常是净进口国，中国、俄罗斯和巴西是知识产权贸易逆差的三大发展中经济体。

从科技水平来看，美国、欧盟、日本在大多数领域处于领先地位。日本科技振兴机构2014年发布《2013年研发鸟瞰报告》就环境与能源、生命科学与临床研究、信息通信、纳米技术与材料和系统科技领域等五大领域，对日本、美国、欧盟、中国和韩国的科技水平进行了对比研究。从环境能源领域来看，欧盟的基础研究、应用研究和开发能力最高，美国、日本水平略低于欧盟，中国的水平总体与欧盟、美国和日本有较大的差距，但略高于韩国；在生命科学与临床研究领域，美国的水平最高，欧盟次之，日本位居第三，中国和韩国与美、日、欧有较大的差距；在信息通信领域，美国水平最高，欧盟次之，日本第三，中国尽管与美、日、欧仍有差距，但在某些技术方向上也占据了一席之地；在纳米技术和材料领域，美国水平最高，欧盟次之，略高于日本，中国与发达国家还有相当大的差距；在系统科技领域，美国和欧盟占据领先地位，日本与美国、欧盟有一定的差距，而中国和韩国则更是落在后面。

《2012年度韩国技术水平评估》报告显示，在电子、信息与通信，医疗，生物，机械制造与工程，能源、资源技术，航空航天，环境与海洋，纳米材料，交通，灾害与安全10个领域，美国的总体技术水平排名第一，欧盟的技术水平为美国的94.5%，技术差距为1.4年，日本的技术水平为美国的93.4%，技术差距为1.6年，韩国的技术水平为美国的77.8%，技术差距为4.7年，中国的技术水平为美国的67%，技术差距为6.6年。从单个技术领域而言，欧盟在环境，机械制造与工程，能源、资源领域的技术水平较高，日本在交通、机械制造与工程、纳米材料领域的技术水平较高。但韩国和中国在电子、信息与通信领域的进步较快。

三、知识与技术密集型经济活动集中于发达国家

知识与技术密集型经济活动表示的是一个国家运用知识和技术来创造经济价值的能力，由高技术制造业和知识密集型服务业组成。其中，高技术制造包括航空航天、制药、计算机与办公设备、半导体与通信、科学仪器；知识密集型服务包括商业性的企业、金融和通信服务，以及主要由公共支持的教育和卫生服务。美国经济中知识与技术密集型产业的比例最高，占 GDP 的40%。欧盟、加拿大、日本和韩国等其他主要发达经济体的这一比例为29%～30%。发展中国家的知识与技术密集型产业的比例远低于发达经济体，巴西、中国、印度、墨西哥和南非的这一比例为19%～21%。

发展中国家知识与技术密集型活动的增长在制造业领域最为明显。2003—2012 年，中国高技术制造业增加值增长超过 5 倍，其全球份额由 8% 攀升至 24%。但是，中国的高技术制造业生产很多由跨国公司控制，这些跨国公司从其他国家进口高价值的零部件。美国仍为全球头号高技术制造业强国，占全球份额的 27%。

全球知识密集型服务业仍集中于发达国家。美国是全球头号知识密集型商业服务业强国，占全球份额的32%，其次为欧盟，占23%。中国占8%，与日本并列第三。但是，发达国家在全球知识密集型商业服务业中的份额由 2003 年的 90% 降至 2012 年的 79%。

四、发达国家的创新能力和竞争力位居世界前列

创新能力和竞争力反映的是一个国家在科技、创新、经济、产业等方面的综合能力。一直以来，发达国家的创新能力和竞争力都位居世界前列。近年来，尽管发展中国家的创新能力和竞争力一直在提升，但与发达国家还有较大的差距。

《创新联盟记分牌 2014》从促进因素、企业活动和产出三类指标、8 个维度、25 个与研究和创新相关的指标出发，对 143 个国家的创新绩效进行了对比分析。其中，韩国、美国和日本的综合创新指数得分分别为 0. 740、0. 736 和 0. 711，欧盟 27 国的综合创新指数得分为 0. 63。其中，韩国的进步速度最快，2006—2013 年年均增速高达 6%，而美国为 1%，日本为 2. 2%，欧盟为 2. 7%。中国尽管创

新绩效水平年均增长5.8%，但综合创新指数得分仍然很低，相对绩效水平仅为欧盟的44%。而除中国之外的其他金砖国家，与欧盟的创新绩效差距均在扩大。南非2006—2009年的相对绩效水平约为欧盟的20%，随后这一数字下滑至2013年的17%。俄罗斯的相对绩效水平由2006年约为欧盟的41%下降至2013年的30%。巴西的相对绩效水平由2008年约为欧盟的34%下降至2013年的28%。印度的相对绩效水平由2006年约为欧盟的38%下降至2013年的33%。

世界知识产权组织发布的《2014全球创新指数》从机构、人力、研究、基础设施、市场、企业成熟度、知识、技术和创新8个方面采纳了81个不同的指标对140多个经济体的创新能力进行了评价。报告指出，高收入经济体占据了排行榜的前25位，其中瑞士、英国、瑞典、芬兰、荷兰等欧洲经济体依次位居前5位，美国、新加坡、丹麦、卢森堡和中国香港则排在第6位至第10位。在中等收入经济体中，中国内地、南非、巴西和印度是创新领域的领头羊，其中，中国内地位居第29位，南非位居第53位，巴西位居第61位，印度位居第77位。报告指出，中等收入经济体在创新能力方面正在缩小与高收入经济体之间的差距，未来几年中国内地在榜单中的排名有望进入前10。

世界经济论坛公布的《2014—2015年度全球竞争力报告》显示，瑞士位居第1位，其次分别是新加坡、美国、芬兰、德国、日本、中国香港、荷兰、英国和瑞典。中国内地排名为第28位，俄罗斯为第53位，巴西为第57位，印度为第71位。

瑞士国际管理发展学院发布的《2014年世界竞争力年鉴》对60个国家和地区的竞争力进行了排名。美国位居第1位，其次分别是瑞士、新加坡、中国香港、瑞典、德国、加拿大、阿拉伯、丹麦和挪威。日本位居第21位，中国内地位居第23位，韩国位居第26位，俄罗斯位居第38位，印度位居第44位，巴西位居第54位。

此外，从拥有创新企业的数量可以看出一个国家的创新能力。福布斯2014年发布的《最具创新能力企业百强排行榜》中，美国上榜的公司共有37家，法国有8家，日本有7家，中国大陆有6家，印度有5家，英国有4家。在汤森路透公布的《2014年全球百强创新机构》中，美国企业有35家，日本有39家，法国为7家，瑞士为5家，德国为4家，韩国为4家，中国大陆为1家。从两个排行榜中可以看出，创新百强企业中美国占了1/3以上，日本、法国等拥有的百强机构数也较多，表明这两国创新能力也很强，而发展中国家拥有的创新企业则很少，说明其创新能力与发达国家有较大的差距。

值得注意的是，不同国家的优势领域和行业不同。在信息通信和健康领域的研发密集型行业中，美国继续提高其专业化水平。在全球研发投资百强企业中，谷歌、甲骨文、苹果、高通等美国信息技术企业在过去 10 年表现绩优。在全球研发投资十强生物技术企业中，美国占有 9 席。但在汽车、工业工程及航空与防务行业，欧盟企业 2012 年的研发投资增长快于美国企业。特别是，欧盟汽车行业企业的研发投资增加了 14.4%，而美国却下降了 2.6%。

实践表明，一场金融危机的修复期为 7～8 年，在此期间，全球经济将处于低速增长期。在严峻的经济形势下，各国政府、企业对于科技创新的态度和投资，对于科技创新人才的培养力度及促进科技创新的政策将对国家的科技创新能力产生深刻影响，也将对全球科技创新格局产生巨大影响。

各国谋划科技创新战略与政策，抢占创新浪潮制高点

当前，全球科技创新呈现出新的发展态势和特征，新一轮科技革命和产业变革加速到来，全球范围的竞争日趋激烈。在此背景下，各国都加强了对科技创新的整体规划和布局。一般而言，科技创新实力较强的国家，侧重于在公共研究和人力资源方面进行投资，以加强创新基础，同时重视对未来增长领域如绿色和健康技术的投资；科技创新实力较弱的国家特别重视强化公共研究和产业之间的联系，追赶国家和新兴经济体则把科技创新纳入了其经济发展战略，从而转向全球价值链的中上端，并摆脱“中等收入陷阱”；一些开放程度较高的小国则更重视科技创新的全球化和国际合作。

尽管不同国家的科技创新战略和政策的重点不尽相同，然而，却有一些共同的举措，包括根据国家重大需求和目标来确定重大任务，并通过跨领域和跨部门攻关的方式进行突破和创新，加速科技成果转化，激励企业创新的热情和活力等。各国力图通过种种举措来把握新时代潮流，为占领未来制高点打好基础。

一、加强科技创新顶层设计，把国家发展纳入创新轨道

科技创新是经济增长和繁荣的驱动力，各国政府均高度重视。进入 21 世纪，无论是计划经济色彩较浓的国家，还是市场经济色彩较浓的国家，均加强了创新的顶层设计，出台了国家层面的创新战略，以确立创新目标，指导国家发展的重点方向，把国家发展纳入可持续的创新驱动的轨道。

近两年来，一些国家和地区仍在执行以往的创新战略，并不断加以完善。欧盟自 2008 年底出台的《欧洲 2020》战略明确提出要发展知识与创新经济、绿色经济和高就业经济，实现智慧型、可持续和包容性增长，其核心是创新。为此，

欧盟提出了《创新型联盟》的配套旗舰计划，要求欧盟把创新作为首要和压倒一切的政策目标，在10年内把欧盟建设成为“创新型联盟”。近年来，欧盟一直在加强创新，并定期评估其在创新方面取得的进展。2013年，欧盟出台了《地平线2020》，整合了以往的《欧盟框架计划》（FP）、《欧盟竞争与创新计划》（CIP）、《欧洲创新与技术研究院》（EIT）3个计划，并将欧盟结构基金中用于创新的部分也囊括进来统筹管理，避免条块分割和重复资助。美国2009年出台了《美国创新战略：迈向持续增长和高品质就业》，以应对2008年金融危机所引发的经济衰退和失业问题；2011年对创新战略进行了更新，出台了《美国创新战略：确保经济增长与繁荣》，该战略扩展了2009年版战略的目标，把“迈向持续增长和高品质就业”拓展为“确保经济增长与繁荣”；2014年，时值第1版美国创新战略出台5年之际，美国联邦政府又在酝酿对创新战略进行升级。7月29日，美国发布联邦公告，为2015年再次更新《美国创新战略》公开征求意见，意见主题涉及多个方面，包括核心问题、创新趋势、优先方向、人才开发、制造业和创新等。核心问题主要包括：新创新战略要达到什么目标，应考虑优先采取什么样的具体政策或举措？美国创新将带动长期经济增长、生产率提高、知识密集型部门持久领先、就业创造、企业家创业和更多美国人生活水平提高，其中最大的机遇和挑战是什么？联邦政府可采取什么具体行动来构建和维持美国的优势，如创业文化、灵活的劳动力市场、世界一流的研究型大学、强健的区域创新生态系统和占全球很大份额的创业资本投资？（市场和政府）两股力量决定具体产业的竞争力，联邦政策会对具体产业的生产力和竞争力产生影响，联邦政府如何加强这方面的整体分析能力？怎样促进系统的研究及计划方案评价？

日本、德国、英国、加拿大、印度等一些国家则于近两年出台了新的创新战略，对国家的科技创新工作进行全面部署。

日本对科学技术创新的认识是随着时间不断发展变化的，20世纪80年代，日本确立了“科学技术立国”的国家战略，20世纪90年代中期以后，日本政府又进一步提出了“科学技术创造立国”战略，寄希望于创造出更多的原创性的科学技术成果，并将之还原于社会。随着创新成为全球性生产方式、产业发展形态变革的驱动力，日本的发展理念进一步发展演化为“科学技术创新立国”。2013年6月，日本内阁会议通过了《科学技术创新综合战略》，把科技创新作为日本经济再生的引擎。该战略全面涵盖旨在解决重点课题的科学技术创新政策，重视产、官、学的作用，在强调产、官、学联手分工合作的同时，明确各省厅职责，配套相关预算、税收等方面的制度和政策。该战略还描绘了至2030年日本将实现如下的社会经济状态：经济实力维持世界前列，实现可持续发展；社会安全、生活富足安心；在少子老龄化、保护全球环境等课题上与国际社会共同面对，同时开拓未知领域，为人类做贡献。

作为世界制造业强国，德国一直高度重视技术创新。2006 年，德国默克尔政府启动了《高技术战略》，使科技创新能够更好地转化为生产力。2009 年，德国政府出台了《高技术战略 2020》，强调要利用科学技术解决德国所面临的最严峻的经济与金融环境挑战。2014 年 9 月，德国联邦政府推出《新的高技术战略——创新为德国》，把高技术战略发展为一个全面的、跨部门的国家创新战略，以便把德国建设为世界领先的创新国家。该战略不仅纳入了新主题，推出了新举措，而且提出了更广的创新理念：创新不仅是技术创新，而且还包括社会创新。

英国政府 2014 年 12 月 17 日出台了《我们的增长计划：科学和创新》战略文件，把科学和创新置于英国长期经济发展计划的核心位置，目标是使英国成为全球最适合科技和商业发展的国度。该战略确定了英国研究水平一流、产业应用广泛、商业潜力极大的八大技术：大数据和高能效计算、合成生物学、再生医学、农业科技、能源及储能、先进材料及纳米技术、机器人系统、卫星及航天技术应用；提出要支持、培养和吸引最出色的人才；在 2016—2021 年投入 59 亿英镑用于科研基础设施建设，从而使之能与全球一流水平相匹敌；确保研究的独立性和卓越性，同时突出社会、纳税人和政府的关注重点；强化创新生态系统中的各项要素，支持创新型企业，激发英国创新活力；参与全球科研和创新，促使英国在全球合作网络中成为关键伙伴，加大科学援助，实现国际合作的全部效益。

受近邻美国的影响，加拿大政府也非常重视创新。2002 年 2 月，加拿大政府发布了未来 10 年的创新指导政策《加拿大创新战略》，提出到 2010 年，研发能力居世界前 5 位、政府对研发的投入要增加 1 倍、民营企业新产品销售份额处于世界领先地位等目标。2014 年 12 月，加拿大出台了《抓住加拿大契机：向科学技术和创新迈进》的战略文件，明确了科学技术创新战略的四项核心原则、五大优先领域和三大支柱，把创新置于突出位置。

创新已成为印度提高国家竞争力的战略选择，正如时任印度总理辛格在 2013 年举行的第 100 届印度科学大会上所说："以科技主导的创新是发展的关键所在。"近年来，印度政府加强了科技创新的规划部署，提出 2010—2020 年为印度"创新的 10 年"。2013 年 1 月，印度政府公布了《科学、技术与创新政策》，提出到 2020 年跻身全球五大科学强国的蓝图。具体目标包括：将全社会研发支出占 GDP 比例从不到 1% 提高至 2%，今后 5 年内印度研发人员全时当量要至少增加 66%。同时，印度《国家"十二五"规划（2012—2017）》也明确了科技创新的具体目标。其中，到 2017 年印度要成为全球科技六强，研发预算要有 10% ～ 15% 专门用于创新成果产业化，专利申请全球排名要高于第 9 位，创新指数全球排名要高于第 25 位，延续对研发支出和拥有自主知识产权的本土产品出口给予税收激励等。

此外，一些国家还对产业创新进行了规划和设计，例如澳大利亚出台了《产业创新与竞争力议程》，韩国出台了产业技术创新计划。

澳大利亚2014年发布的《产业创新与竞争力议程》指出，要创造富有竞争力的环境，促进企业创造就业、带来社会繁荣稳定，并维持国民高水平的生活标准。《产业创新与竞争力议程》提出四大举措，一是营造成本更低的亲商环境，宽松管理，建立一站式服务体系，简化环保审批，减轻税负，完善职工持股税收政策；二是壮大高技能劳动力队伍，完善教育培训体系，引进高端人才，将2/3的永久移民名额分配给技术移民，完善重大投资者签证项目；三是加强经济基础设施建设，改造国家宽带网，推出更快、更便宜的宽带服务；四是实施培育创新创业的产业政策，包括投入4.84亿澳元设立创业基础设施项目，投入4.76亿澳元设立产业技能基金，向澳大利亚出口金融保险公司返还2亿澳元促进中小企业出口，投入5000万澳元用于出口市场开发补助，投入5000万澳元设立制造业转型计划，支持本国制造商转向高价值活动，投入1.55亿澳元设立成长基金，加快培育潜力较大的中小企业和最具前景的产业。此外，澳政府还计划在未来4年投入1.885亿澳元，首先在食品与农业，采矿设备、技术及服务，油气与能源资源，医疗技术与医药，先进制造等五大前景产业成立“产业成长中心”，制定实施产业路线图，促进产业界与研究界加强合作。

韩国2014年出台了《第6次产业技术创新计划（2014—2018）》，旨在打造产业技术生态系统的良性循环，实现主导产业和新产业共同增长，使韩国迈入先进产业强国行列。此次计划描绘的蓝图是打造产业技术生态系统的良性循环，实现向先进产业强国飞跃。一方面，通过加强研发创新主体力量及相互联系合作，使产业技术生态系统充满活力。目标是，到2018年，韩国出口额超1亿美元的国际专业企业数量由2012年的217家增至400家，大学和研究机构研发支出中企业承担的比例由2011年的2.7%提高至5%，每万名研究人员三方专利数量世界排名由2011年的第12位提升至第5位。另一方面，提高产业技术创新能力，确保主导产业和新兴产业的全球竞争力。目标是，到2018年，韩国产业技术水平由2013年为发达国家的79.2%提升至90.4%，主导产业世界市场占有率由2013年的9.2%增至11.6%，高技术产业占出口比例由2011年的25.2%提高至35%。

二、集中优势资源，聚焦促进经济繁荣和社会民生的重点任务

各国近年来制定的科技创新战略或未来科技发展规划一个突出的特点是强调了任务导向，即不再单独强调某一领域，而是首先确定国家的重大需求和目标，根据需求和目标确定重点任务，以跨领域联合、多举措共举的方式进行突破和

创新。

欧盟《地平线 2020》提出了七大社会挑战，优先主题包括：人口健康与社会福利；食品安全、可持续农业、海洋和海事研究；生物经济；安全、清洁、高效的能源；智能、绿色、综合交通运输体系；气候变化，能效和原材料；包容的、创新的、安全的社会。针对这些社会挑战，欧盟提出要整合不同范围、技术领域的资源与知识，联合不同技术、行业、科学学科和创新参与者，开展从研究初期到市场化的所有研发活动。

日本《科学技术创新综合战略 2014》把实现清洁、经济的能源系统，实现领先国际的健康长寿社会，配备领先世界的新一代基础设施，利用地区资源优势复苏区域经济，加速震后灾区的早期复兴列为至 2030 年日本亟待解决的五大政策课题。

《新的高技术战略——创新为德国》聚焦于促进繁荣和提高生活质量的优先未来任务。具体包括：①数字化经济及社会，核心行动领域有“工业 4.0”、智能服务、智能数据、云计算、智能网络、数字化科研、数字化学习和数字化生活。②可持续发展与能源，重点是能源研究、绿色经济、生物经济、可持续农业、未来城市、未来建筑和可持续消费。③创新的工作天地，重点是数字化时代的工作、面向未来市场的创新服务和能力建设。④健康生活，重点是抵御常见病、个体化医疗、疾病预防和营养、健康护理领域创新、加强药品有效成分研究和医疗技术创新。⑤智能交通，重点是智能和高效的交通基础设施、创新的交通理念和交通网络、电动汽车、车辆技术、航空和海运技术。⑥民生安全，重点是民生安全研究、网络安全、信息技术安全和安全的身份。

加拿大科学技术和创新战略更新了对加拿大具有战略意义的优先领域，在先前确立的自然资源与能源、卫生保健与生命科学、信息通信技术、环境科技的基础上，增加了第五个优先领域——先进制造，并把环境领域扩大为环境与农业。其中，自然资源与能源领域重点包括负责任的背景开发和监测，生物能源、燃料电池和核能，生物基产品，管道安全；卫生保健与生命科学领域重点包括神经科学与精神健康、再生医学、老龄健康、生物医学工程和医疗技术；信息通信技术领域重点包括新媒体、动画和游戏，通信网络及服务，网络安全，先进数据管理和分析，机对机系统，量子计算；环境技术领域重点包括水，健康、能源与安全，生物技术，水产养殖，非常规能源和矿产资源可持续利用方法，粮食和粮食系统，气候变化研究与技术，减灾；先进制造领域重点包括自动化（包括机器人）、轻型材料和技术、增才制造、纳米技术、航空制造和汽车制造。

三、促进产学研合作，加速科技成果的转化

金融危机和欧债危机导致的世界性经济萎靡促使各国政府高度重视科技成果

的转化工作，它们采取多种举措，加强产学研合作，以便让科技成果更快速地进入市场获得先驱优势并创造高质量的就业。日本科技创新综合战略指出：在明确产业界、大学、政府各方基本职责的基础上，十分有必要建立一个最大限度发挥各自互补优势的合作体制；促进国内外大学、研究机构和企业间的人才流动；加强大学和企业的研发合作，到2030年，大学里金额1000万日元以上的合作研究项目数量翻倍，合作时间达3年以上的研究项目数量翻番。

1. 促进大学和科研机构进行技术转移

为促进科学研究为经济发展服务，很多国家开始鼓励大学和科研机构科研成果的技术转移，把科研成果对经济社会的影响纳入大学和科研机构的评估指标中。

英国计划从2014年起以卓越研究框架（REF）作为研究评价标准，废除原有的研究评估制度（REA）。从REA到REF，三项评价指标中前两项即“研究质量”和“研究环境”不变，但是第三项“研究的声誉”将被“研究的经济社会影响”所取代。各项指标的权重分别是：研究质量占60%、研究环境占15%，研究的经济社会影响占25%。

2011年10月，美国总统奥巴马发布指令要求所有联邦研究机构推进将实验室的研究成果推向市场，包括使小企业创新研究计划和小企业技术转移计划的经济效果最大化，优化联邦资助的专利的管理、简化许可程序，扩大创新创业者对联邦资助的研究设施的应用，激励联邦研究机构和研究人员加强研发成果的商业化等。2015财年预算案提出投入2500万美元支持国家科学基金会（NSF）的创新军团计划（I-Corp），并投入600万美元支持“从实验室走向市场”的跨机构合作。2014年6月，美国国家科学基金会（NSF）创新军团计划（I-Corp）首次联手美国国立卫生研究院（NIH），为NIH资助的研究人员商业化培训，帮助他们评估科研成果的商业价值，加速生物医学研究成果的商业化。所有获得NIH小企业创新研究计划和小企业技术转移计划资助的研究人员和创业者都有资格申请参加创新军团计划。10月，美国能源部宣布了新的“实验室军团”（Lab-Corps）计划，旨在加快清洁能源技术的商业化。能源部先期投入230万美元试行该计划，以促进其下属国家实验室的创新性清洁能源技术进入商业应用。

韩国提出要加强公共研究机构技术转移及商业化能力，发布公共研究机构“技术转移及商业化指数”，支持研究机构同时转移技术和研究人力，引入创新券制度刺激中小企业灵活运用专业研究所的研究服务。

日本《第四期科技基本计划》提出，在科技评价指标中，要增加市场贡献、成果普及、促进就业等定性评价指标。

为促进技术转移，德国提出要加强产学研合作，构建合作网络，加强科技界的创新导向，推进科研成果转移组织的专业化，加大同经济界的创新联盟建设，加快科研机构发展衍生公司。

2. 采用新的资助方式，弥补创新链的不足

韩国第6次产业技术创新计划提出，要打造使供应者、中介者、需求者完美衔接的技术转移体系，扩大商业友好型技术供应，构建商业友好型的研发体系，引入“先商业模式、后技术开发”方式的研发项目，为创意性商业构思进行技术开发，支持创意性商业构思的商业模式开发、实用化后续研究；推进研发再发现计划，推动具有潜在市场价值的公共研究成果商业化。

为加快创新产品或服务走向市场化，欧委会在《地平线2020》中启动了“创新快车道”（FTI）试点行动。“创新快车道”旨在通过加大投入，为具有市场潜力的创新产品或服务提供更强助力，促其驶入创新快车道，缩短创新产品或服务的市场化进程，从而实现从创意到实现新产品或新服务完全进入市场、在整体上加强产学研用的无缝衔接。“创新快车道”总经费1亿欧元，于2015财年正式启动并公开招标，项目遴选需具备两个基本条件：一是项目团队精悍且必须由来自3～5个具有较强商业背景的科研机构和创新型企业组成；二是必须保证欧盟项目资金主要用于将新产品或新服务推向市场。

英国提出，在涉及系统及供应链复杂、参与主体多元，且颠覆性变革正在创造全球机遇的领域，英国政府要加强协调性支持。在低碳汽车、辅助生活、低碳影响建筑、传染源检测与识别、分层医学和可持续农业领域，英国技术战略委员会建立了技术平台，把产业界、学术界和政府聚集起来。

德国将推出“科学研究的创新潜力验证”措施，支持填补学术研究与经济应用之间的创新缺口。

3. 建立创新中心，推动产学研深度融合

为缩小研究发现与后续商业开发间的缺口，弥补企业对于不确定性较大和时间跨度较长的创新支持的不足，很多国家都在支持建立新型创新中心。技术创新中心将创新活动集中在一起，有助于解决技术创新难题，交流隐性知识，共享研究设备和仪器，从而能够使科技成果更加切合实际使用需求，解决企业遭遇的市场失灵问题。

英国自2010年开始筹建技术创新中心，到2014年底已经建成高值制造、卫星应用、细胞疗法、近海可再生能源、未来城市、交通系统和联通数字经济等7个中心，2015年计划再建能源系统和精准医学诊断两个中心。美国在能源领域已经建成了5个创新中心，在先进制造领域要建设一个由15家创新中心组成的“国家制造业创新网络”，当前，美国的制造业创新中心已经达到8家。韩国启动

了“产学研联合研究法人”项目。

在技术创新中心的建立中，政府的职责有两个：一是根据国家经济发展的需要和特点，瞄准战略性产业方向对技术创新中心进行重点领域和重点机构的布局；二是对技术创新中心给予早期启动经费。英国政府对于技术创新中心的投资为4年内2亿英镑，美国政府对于增材制造业创新中心的投资为4500万美元，对其他制造创新中心的投资达7000万美元，韩国政府对于每个产学研联合研究法人的资助为每年资助5亿韩元，资助期限为5年。除政府的投资外，技术创新中心的投资还包括企业等其他部门，如英国技术创新中心的投资模式是政府出资1/3，企业投入1/3，竞争性经费1/3，增材制造创新中心的投资除来自美国政府的4500万美元外，还有4000万美元来自企业等。而且，在经过几年的运行之后，技术创新中心要逐渐过渡到自负盈亏的阶段。

4. 完善知识产权政策，推进科技商业化

知识产权规范的是科学技术等知识的相关权利，对于知识和技术的转移发挥着重要作用。为加强科技成果的商业化，很多国家不断完善自己的知识产权政策。

简化专利申请程序和时间，为企业减少成本。2011年美国进行了专利体系改革，采用了“发明人先申请”制度，取代“先发明”制度。法案还推出了“快捷通道方案”，在12个月内处理专利申请，以帮助创业起步公司，因为这些公司快速获得知识产权的压力更大。澳大利亚和英国也有类似的快捷系统。欧洲单一专利制度（Unitary Patent，UP）于2014年1月1日开始执行，专利的申请、审查和核准由欧洲专利局（EPO）负责，待核准之后，专利申请人可以选择向EPO申请在每一个签署EU会员国内生效的UP专利，而无须像以往一样需要在不同的欧洲国家单独申请。同时，欧洲统一专利法院（UPC）也开始准备筹建，以处理传统欧洲专利及将来的欧洲单一专利相关的诉讼事务。统一专利法院将包括一个一审法院、一个上诉法院和一个注册处。一审法院将包括一个中央法庭（设于巴黎，中央法庭将于伦敦和慕尼黑设立两个分庭）和若干位于各成员国的地方法庭和地区法庭。上诉法院将设于卢森堡。这一举措将极大地改善当前由各国国内法院和机构就欧洲专利的侵权及效力问题各自做出裁决的状况。还有一些国家针对中小企业申请专利提供各种帮助，包括资金补助、信息咨询服务等，这些国家包括阿根廷、比利时、加拿大、捷克共和国、瑞典和英国。

通过专利基金等工具使研究成果得到最大利用。近年来，一些国家采取直接出资或是通过国有银行等方式设立专利基金，汇集来自大学和研究机构的专利，对其进行捆绑组合，评估其潜在价值，在某些情况下将它们同从市场上购入的其他专利结合起来，形成专利组合，将其许可给企业，获取利润，并与大学和科研

机构分享利润。韩国设立了“知识产权立方体伙伴基金”，其主要业务包括对韩国大学的发明成果进行开发、收购、孵化和销售，以帮助韩国专利进入全球市场，确保知识产权所有者和发明人得到充足的报偿。法国由国家出资5000万欧元、法国信托局出资5000万欧元设立了专利基金，其主要目标是通过集合多个专利形成专利群来为企业提供服务等活动让专利产生最大的经济价值。日本设立了生命科学知识产权平台基金（LSIP），通过与大学、公共研究机构等开展合作，LSIP将其知识产权捆绑在一起以增加价值，然后进行使用许可授权，从而促进日本生命科学的发展。

加快制定新兴领域的技术标准。欧盟正在制定智能计量通用标准，在第7框架计划中投资240万欧元启动实施“开放仪表”项目，共同研究设计出支持油、电、水、热等的一整套智能计量通用标准草案。欧盟各方正在积极推动使其成为欧盟乃至国际标准，欧盟一些主要的公共事业部门已经接受了该标准，并正在制定大规模部署智能仪表的商业计划。英国政府在合成生物学、细胞疗法、海洋可再生能源和辅助生活领域开始实施标准制定计划，颁布了《智慧城市标准战略》和第一阶段标准，此外，也在筹划制定石墨烯国际标准。韩国未来创造科学部制订了六大信息通信技术领域的23个数重点技术标准化战略，以掌握这些领域国际标准制定的主动权。这六大领域分别是ICT融合、软件与数字内容、电波与移动通信、通信网、传媒、信息保护，23个重点技术领域包括5G移动通信、物联网、大数据、虚拟现实内容（包括3D打印）、智能医疗、智能交通、智能农业等。日本新能源和产业技术综合开发机构（NEDO）正在联手京都大学iPS细胞研究所、日本国立医药品食品卫生研究所和TakaraBio株式会社等，研发国际标准的细胞制造与计量技术，以解决利用iPS细胞大量、多批次制造心肌细胞过程中细胞品质均一化的问题。

四、激发企业的创新活力，塑造良好的产业生态系统

企业是科技创新的主体，其创新热情和活力是影响一个国家创新能力的关键。国家拥有的创新企业越多，企业的创新能力越强，这个国家的创新能力和竞争力也就越强。为此，各国政府利用各种工具撬动企业增加科技创新投入，以激励企业创新。

1. 加大税收力度，支持企业开展研发活动

当前，多数国家10%～20%的商业研发费用由公共资金提供，其中，俄联邦、斯洛伐克、韩国和法国的投入较多，中央政府对商业研发的支持占到GDP

的0.35%以上。然而，越来越多的国家加大了税收优惠政策的使用力度，激励企业加大研发投资。通过税收激励间接扶持企业研发投资的国家数量正在增加。至2011年，经合组织34个成员国中有27个国家采取了这种方式，这一数量是1995年的两倍。许多非经合组织国家，如巴西、中国、印度、新加坡和南非的研发税收激励政策力度也较大。2011年，在经合组织成员国对企业研发的公共支持中，1/3以上是通过税收激励方式支持的，若不包括美国（国防采购比例大），这一比例更是增至一半以上。同时，许多国家还提高了研发税收激励的力度。2006—2011年，在可获得数据的23个国家中，约半数国家提高了税收激励力度，包括澳大利亚、荷兰、以色列、法国、比利时、土耳其、韩国、奥地利、英国、南非和捷克。一些国家的研发税收扶持力度提高了25%以上，如法国、比利时和以色列。然而，在经济危机期间，研发税收激励措施的效果会打折扣，部分原因是能够盈利公司的减少，从而难以从不可退税的税收抵免中获益，另一部分原因是研发支出在经济衰退时也会减少。

此外，在一些国家，不仅研发支出能够享受税收优惠，与创新活动相关的其他一些活动也可以享受税收优惠。例如，英国政府自2013年推出专利收入税收优惠制度——“专利盒”，规定科技和制药企业能够保留在英国持有专利所产生的利润，其所得税率只有10%。该政策促进了伦敦科技城的投资，并推动GSK公司40年来首次在英国建立研发中心，创造了1000个就业岗位。但是，欧委会认为“专利盒”政策违反了欧盟行为准则，会被大公司用来避税，如一个企业可能会在英国持有专利，而在其他更便宜的国家开展研发活动。

需要注意的是，研发税收激励政策对于大型跨国公司较为有利，对本土企业和中小企业不太公平。这是因为：①企业研发主要集中于大型公司，前1500强企业的研发投入几乎占全球企业研发支出总额的90%，因此，大型跨国公司享受的研发税收激励相比中小企业要高很多。②跨国公司的专利等由研发产生的知识资产可能是在一个国家开发，在另一个国家持有，在第三国用于生产。当这些资产在跨国公司的子公司之间异地转移时，由于缺乏衡量公平价格的市场，就很难评估其价值。这就让跨国公司更容易在不同税收管辖区之间转移利润，使得税务机关难以评估利润来自哪里及如何征税。③很多年轻公司还没有产生应税收入来享受研发税收激励政策，它们受益更少。针对这些公司，建议采取现金退税、允许税收抵免额结转使用、对单位代扣代缴的研发人员薪资所得税给予税收抵免等措施。

2. 通过创新采购等需求方政策刺激创新需求

需求方政策是通过创造创新需求的政策来拉动创新，包括公共采购、标准和法规。由于无须额外增加资金投入，因此，在当前财务紧缩的环境下，很多国家都强化了需求方政策的使用力度。

欧盟、芬兰、荷兰、西班牙和瑞典都制定了创新公共采购的政策目标：占公共采购预算的 2%～5% 。奥地利和法国也正在考虑制定类似的政策目标。OECD 国家的公共采购占 GDP 的 13% ，如德国 2013 年的公共采购大约为 4970 亿美元，鉴于公共采购金额的巨大性，把其中的 2%～5% 用于购买创新方案也能创造巨大的创新需求。欧盟正在加快实施需求方创新政策，其创新公共采购常常以绿色增长目标为导向。奥地利 2013 年提出了创新相关公共采购的概念，增补奥地利公共采购法，把创新加入采购标准，开始竞争前采购和创新公共采购领域的先导项目，以鼓励产业界提供创新商品和服务。俄罗斯政府将制定创新技术和解决方案清单，同时制定落后、高耗能、非环保技术和产品清单，在政府采购时根据清单制定采购列表。

一些国家开展了智慧公共采购计划，包括加强采购者与供应者的对话等，以便创新采购能够更好地激励创新。加拿大 2013 年推出了加拿大制造创新计划（BCIP）的军事部分，联邦部门测试加拿大企业开发的原型并提供反馈，以便这些产品在销售给消费者之前得以改善。新德国创新采购卓越中心（KO-INNO）力图培育公共采购者在采购创新产品和服务时需要的意识和技能。荷兰公共采购专业中心 PIANOO 则为政府机构提供指南和培训。

一些国家还提供财务支持，加强采购和创新之间的联系。芬兰技术创新局（Tekes）通过公共采购创新计划，为公共采购者和中小企业提供研发津贴。韩国继续执行新技术采购担保计划和采购 SME 研发计划，以减少创新采购的风险。英国开展了预发承付款项采购计划，公共机构承诺在未来某一日期，以特定性能水平和成本，购买现在还没有的产品或服务。早期用户需求沟通和供应商保证是该计划的主要特点。

需要说明的是，尽管创新公共采购有助于缩小小企业早期融资的鸿沟，但也存在一些风险。这是因为这些政策更偏好大企业而非小企业，或指定某种技术，导致技术锁定。公共采购部门也经常追求效率目标，从而难以真正采购创新方案。

3. 支持中小企业发展，形成健康的产业生态系统

中小企业是创新最为活跃的一个群体，也是最先采用新技术的一个群体，中小企业的灵活性和能动性使得整个创新生态系统更具生命力。一个国家产业的健康发展，离不开中小企业的支撑，上千家“隐形冠军”成就了德国制造业的领先地位，大众、西门子等巨头的崛起，离不开其背后数百家中小企业的默默耕耘。当前，各国政府都对于中小企业的发展给予了大力支持。

通过计划支持具有高增长潜力的早期小企业。英国的《Smart 计划》，资助

有创新想法和高增长潜力的早期小企业；德国《中小企业创新核心计划》促进中小企业同科研机构的开放合作，针对竞争前阶段的《产业技术联合研究》计划旨在弥补基础研究同产业研发之间的缺口，《创新型中小企业》资助计划促进科研能力较强的中小企业参与高级研发项目，《中小企业数字化》倡议加强中小企业应用信息通信技术和电子商务，《走向创新》倡议支持中小企业改善创新管理、提高资源利用效率。

通过创新券等方式支持中小企业获得技术支持和咨询服务。英国政府近年来重视引导中小企业发展，扩大创新券计划的规模和范围，从 2013 年开始，英国每年向创新券计划分配至少 200 万英镑的资金，为期 3 年；德国联邦经济部 2010 年 4 月开始向企业提供创新卷，小型企业可以使用创新卷在政府指定的咨询公司支付创新服务费用，这些服务包括开展创新可行性研究、制定创新实施计划或创新项目管理等，但创新卷所能支付的金额不超过总费用的 50% 。加拿大也用 3 年时间为创新券计划、商业创新通道计划提供 2000 万加元的资金。韩国、瑞典、澳大利亚、捷克、奥地利等国也在资助创新券计划。

鼓励创业。英国政府推出了中资企业投资减税方案，鼓励私营部门向规模更小、风险更高的企业投资；还设立了国有政策性银行英国商业银行，促进金融市场更好地支持企业创新。英国商业银行将提供 1. 25 亿英镑扩大“创业投资催化基金”，为高增长企业增加后期创业投资资金供应；未来 3 年将投资 4 亿英镑扩大其旗舰性的创业投资项目——“企业资本基金”。德国“EXIST”计划鼓励高校科技创业团队发展，支持培育创业文化，将新增“EXIST - 创始人奖学金”和“EXIST - 科研成果转移”系列。“INVEST - 风险投资补助”旨在让创新型初创企业能更易获得风险资本和天使投资。“高技术创业基金”为资本密集型高技术初创企业提供首期资金及技术和合作联系帮助。“德国硅谷加速器”倡议将在其他新兴市场也设立企业加速器，帮助德国高技术初创企业进入国际经济增长中心。

低价向中小企业许可专利。研究机构的大部分专利目前未得到商业利用，17% 的欧洲专利都属于“沉睡专利”，既未进行使用许可，也没有得到内部使用，甚至也不是单纯出于保护目的而拥有。为促进沉睡专利的利用，一些国家允许企业低价使用“沉睡专利”。法国国家科研中心（CNRS）设立了《PR2——增强中小企业合作研究计划》，以优惠价格向中小企业提供专利。美国能源部宣布从 2011 年 5 月 2 日—12 月 15 日，对新创立企业，其所属的 17 个国家实验室的专利使用预付费从过去的每项 1 万～5 万美元不等降低到每项 1000 美元。此外，英国启动知识产权企业法庭小额诉讼程序以降低诉讼成本，并帮助高增长中小企业实现专利价值。

发展互联网金融等新型融资方式。互联网金融是指以依托于云计算、社交网络和搜索引擎等互联网工具，实现资金融通、支付和信息中介等业务的一种新兴金融。互联网金融模式下，客户能够突破时间和地域的约束，在互联网上寻找需要的金融资源，金融服务更直接，客户基础更广泛。此外，互联网金融的客户以小微企业为主，覆盖了部分传统金融业的金融服务盲区，有利于提升资源配置效率，促进实体经济发展。然而，由于互联网金融处于起步阶段，还没有监管和法律约束，缺乏准入门槛和行业规范，整个行业面临诸多政策和法律风险，因此，许多国家提出要加大对互联网金融的规范和管理。例如，韩国政府提出要大力发展金融软件业，积极废除阻碍金融与 IT 行业融合的各种规定，为 IT 企业从事存款、汇款等银行业务扫清障碍，韩国首家网络银行有望于 2015 年诞生。美国虽然并没有轰轰烈烈专门针对互联网金融制定新规，但传统的金融管理法规其实早已将业态纷呈的各类互联网金融置于能够适用的监管规则之下。在互联网金融中，一种发展迅速的融资方式是众筹融资。众筹融资允许创业公司或个人通过网站中介向公众募集资金，目前全球大概有 700 多个众筹融资平台。据估计，2012 年全世界范围内通过众筹融资渠道筹集的资金为 30 亿美元，2013 年将达到 57 亿～60 亿美元。当前，代表性众筹融资平台有 Kickstarter 和 Indiegogo。为规范众筹融资，美国 2012 年通过了 JOBS 法案；美国证交会采取了适度松绑的原则，规定中小企业和初创公司可以通过众筹融资平台向普通投资者发行股权证券，同时，为防止众筹融资中的欺诈行为，美国政府将采取更多的监管措施。德国提出要为众投、众筹等新型融资形式创造可靠的框架条件，要针对风险资本补助项目推出免税优惠。

全球科技投入延续增长态势

2014 年，世界经济仍处于国际金融危机后的深度调整和修复过程，各国政府和企业都将知识和创新作为推动经济增长、解决社会和环境问题的主要手段，加大科学和创新投入，以保持竞争优势。

一、全球研发投入继续增长，研发格局不断发展变化

根据经合组织最新统计数据，2012 年，经合组织国家的研发总支出超过 1.1 万亿美元，其中，美国 3970 亿美元，欧盟 2820 亿美元，日本 1340 亿美元。金砖六国（中国、印度、巴西、俄罗斯、印度尼西亚和南非）研发总支出为 3300 亿美元，超过欧盟 28 国的研发总量。中国研发总支出为 2570 亿美元，依然是世界第二大研发执行国。据初步估算，2013 年经合组织国家研发支出较 2012 年增长 2.6%，进一步显示全球研发投入继续呈增长态势。不过，该增长主要受企业研发投资增长的驱动，2013 年，企业研发支出增长 3.2%，已恢复到危机前 3% 的年增长率，政府相关机构研发支出则有所下降。

就研发强度而言，韩国和以色列是研发强度最高的两个国家。2012 年，韩国研发强度高达 4.36%，超过以色列（3.93%）成为世界研发强度最高的国家。2013 年的估算结果则相反，以色列以 4.21% 的研发强度位居第一，韩国位居第二（4.15%）。经合组织国家 2012 年和 2013 年研发强度均为 2.40%。欧盟国家研发投入参差不齐，丹麦、德国等国的研发强度已接近欧盟设定的 3% 的目标值，而葡萄牙、西班牙等国则距目标值越来越远。

就研发增长速度而言，虽然近年全球研发支出已在 2008 年经济危机导致下滑后出现增长趋势，但是多数经合组织国家政府和企业的研发支出尚未完全恢复。过去 10 年，经合组织国家占全球研发支出的份额已从 90% 下滑至 70%。很多国家公共研发预算停止增长甚至出现萎缩，商业投资也受到抑制，2008—

2012 年,经合组织国家研发支出年均增长率仅为 1.6%，相当于 2001—2008 年年均增长率的一半，而同期中国的研发支出翻了一番，成为全球研发增长速度最快的国家。

各种迹象表明，全球研发格局正在不断发展变化。传统的科技创新领先国家正在衰退失利。美日欧在全球研发支出、专利和论文中所占的比例正在下降，逐步让位于以中国为首的金砖国家。欧洲各国间差距拉大，一些国家正在迈向既定的研发强度目标，一些国家则更加落后于既定目标。全球研发活动越来越多地执行于经合组织区域之外，亚洲在全球研发格局中的地位不断上升。目前，中国的研发强度已经与欧盟不分上下，韩国的研发强度则居全球之首。金砖国家为摆脱“中等收入陷阱”，努力使创新成为经济增长的主要驱动力量，其工业研发能力发展迅速，研发强度不断提高，这意味着全球在研发资产方面的竞争日益激烈。

二、中国研发投入超欧赶美，成为全球研发的主要驱动力量

近年来，为实现经济健康、快速转型，中国努力向技术创新大国迈进，走科技强国之路。全国研发支出继 2012 年总量突破万亿元大关后，2013 年继续保持增长，研发强度首次突破 2%，达到 2.08%。2014 年，中国创新活动持续活跃，研发总支出预计可达 1.34 万亿元，其中，企业支出占 76% 以上；研发强度预计可达 2.1%；全时研发人员总量预计达到 380 万人年，位居世界第一；国际科技论文数量稳居世界第 2 位，被引次数上升至第 4 位；中国发明专利申请量 2013 年超过 60 万件，超过日本和美国，成为全球专利产出总量最多的国家。

另据经合组织的统计报告，中国是当前全球研发的主要驱动力量。由于很多国家尚未完全从经济危机中恢复，2008—2012 年，经合组织国家的研发支出年均增长率仅为 1.6%，而同期中国的研发支出却增长了一倍。2014 年，中国研发投入总量预计将达 3110 亿美元，首次超过欧盟 28 个成员国 2920 亿美元的研发投入。其实，早在 2012 年，中国的研发投入总量（2570 亿美元）已与欧盟（2820 亿美元）几近持平，当年 1.98% 的研发强度更是首次历史性地超过了欧盟 1.96% 的总体水平。按照目前的发展趋势，中国的研发支出有望在 2019 年超过美国，成为世界第一大研发支出国。

尤其值得指出的是，中国创新活动异常活跃，企业研发支出是中国研发支出增长的主要推动力。根据最新发布的中国第 3 次经济普查数据，近年来中国开展研发活动的企业比例增长了一倍多。2013 年，企业专利申请量质齐升，规模以上企业专利申请量和发明专利申请量，分别比 2008 年增长 223.2% 和 368.7%。另据普华永道咨询机构对全球研发支出最多的 1000 家上市企业研发支出的研究，

2014 年入榜的中国企业研发总支出达到 300 亿美元，较之 2013 年增长 46%。2005—2014 年的 10 年，入榜全球创新 1000 强企业的中国企业数量从 8 家猛增至 114 家，研发支出增长了 14 倍。不过，就研发投入总量而言，中国入榜企业 300 亿美元的研发总投入与美欧企业约 2000 亿美元的研发投入相比仍有较大差距。

三、各国政府依靠科学和创新投入支撑未来经济增长，应对社会和环境重大挑战

科学研究和创新是提高生产力、推动经济持续发展的根本动力，也是解决社会和环境问题的根本途径。因此，各国政府始终不遗余力地支持科学研究和技术创新，并不断创新和完善科技投入方式，提高科技投入效率和效益，提升本国的科研水平和创新能力。

1. 各国政府极力保持和提高公共研发预算

近年来，面对经济不景气和财政减赤压力，各国政府始终承诺保持或加大研发预算，对科学、技术和创新进行明智地投资，以创造就业，促进经济持续健康发展。美国政府一直倡导为创新投资，除力保研发基础预算有所增长外，2015 财年预算还额外单列一项总额 560 亿美元的《机遇、增长与安全计划》，用于增加对研究、教育、基础设施和其他国家优先领域的资助，其中 53 亿美元专门用于支持研发，希望借此创造新的增长机会。英国政府力保科学研究预算和重点研发投资，在维持资源性科学研究经费 46 亿英镑不受影响的前提下，承诺 2016—2021 年投入 59 亿英镑支持科研基础设施建设。法国政府在全国预算紧缩的情况下，科研和高等教育财政投入自 2012 年以来仍累计增加 6.38 亿欧元。2015 年还在《投资未来计划》中为科研和教育安排预算外资金约 11 亿欧元，为创新型企业等减免各类税收约 50 亿欧元。德国政府将优先支持公共研发与创新投入视为第一要务，目标是到 2020 年使德国研发投入达到 GDP 的 3.5%。2014 年，德国政府研发投入预算为 144 亿欧元，较之 2005 年增长近 60%，并承诺对德国科学基金会、马普学会、弗朗霍夫学会等 5 家科学促进组织和科研机构的经费支持保持年 5% 的增长率。韩国政府持续加大科技投入力度，特别是以信息通信技术为代表的“创造经济主题技术”领域投入更大。2014 年韩国政府研发预算投入达 177 亿美元，较之 2013 年增长 5%。中国政府科技预算增长速度虽有所放缓，但正在建立鼓励地方政府投资科学技术的预算机制。

2. 政府研发投入着眼于未来经济增长和应对社会与环境挑战

寻找新的经济增长点、创造就业源泉、应对严峻的社会和环境挑战，是当前

很多国家政府面对的重大课题，而这些问题的解决都依托于创新。金融危机以来，很多国家生产率增长放缓，失业率上升，经济增长的长期前景令人担忧；保护自然资源、向低碳经济转型、应对绿色挑战需要技术上的重大突破、技术解决方案的快速部署、大量的基础设施投资及政策、监管、行为等各方面系统的变革；老龄化对经济绩效、社会关怀、健康护理和公共财政的压力显著增加，阿尔茨海默症等疾病已经构成了重大的公共健康挑战，针对老龄化社会的创新将带来新的增长产业。因此，提高生产率（如研发新的制造工艺），解决气候变化、老龄化社会、食品安全等全球性问题，争取未来增长领域的竞争优势就成为各国、特别是创新型国家创新投入政策的焦点。

欧盟将应对健康、食品安全、气候变化等七大社会挑战作为新的研究与创新框架计划《地平线 2020（2014—2020）》的三大战略目标之一，并将为此投入 297 亿欧元，占该计划预算总额（786 亿欧元）的 37.8%。自 2013 年发布《总统气候行动计划》以来，美国政府对气候变化问题的重视程度前所未有，在预算紧缩的大环境下继续保持气候变化研发投入增长，并实施综合能源战略支撑持续发展。美国政府还加大了对生命科学领域研究的支持力度，特别是跨部门《脑研究计划》和阿尔茨海默病研究等有望取得医学研究突破、解决重大健康问题的研究。据统计，美国政府已经向 2013 年启动的脑研究计划投入 3 亿美元。韩国、以色列和芬兰等研发强度高的国家都把以科技创新促进可持续的绿色增长作为 2014 年创新政策的重点，韩国在其第 2 期科技基础计划中为绿色技术投入 24 亿美元，并在最新的第 3 期科技计划中明确提出要成为世界绿色增长中心；以色列重视清洁技术的发展，为水和石油的替代技术研发投入更多的资源；芬兰 2012 年出台绿色增长战略计划，确定低能耗、可持续利用自然资源的新增长领域，2014 年又出台生物经济战略，以解决食物、能源和水带来的社会挑战。

3. 追求科研卓越成为公共研究资助的重要发展趋势

公共研究通过提供新知识、推进知识前沿而在创新体系中发挥着关键作用，特别是在那些企业缺乏投资动机的公益领域。近年来，经济危机导致公共预算紧张，为了提高资金使用效率，很多国家对公共研究的资助逐渐从非竞争性的机构核心拨款转向竞争性的项目资助。不过，科研活动也需要一定的稳定性资金支持，国家科研资助体系需要在竞争和稳定之间保持适度的平衡。在此背景下，2/3的经合组织国家都实施了《研究卓越计划》。这种新型资助工具将机构拨款和项目资助的特点结合起来，鼓励开展具有挑战性的卓越研究，通过提供长期、大规模的稳定资助，支持复杂的高风险研究，特别是跨学科领域的研究。2014 年，瑞士新成立了 8 个国家竞争力研究中心，主要支持国家战略领域的卓越研究。加拿大政府提出建立新的加拿大卓越研究基金，今后 10 年拨款 15 亿加元，资助加拿大高等研究机构开展国际前沿领域研究。德国已经实施第 2 轮支持大学提升科研能力的《卓越计划（2012—2017）》，2014 年安排预算 7. 3 亿欧元，较 2013 年增长 7% 。法国投资未来计划也资助了若干“卓越计划”，致力于 10 年内培育出世界水平的研究能力。

4. 通过多种方式和渠道支持企业创新

企业是创新的主要驱动力。各国政府高度重视企业创新，采取各种方式和手段，不断加大对企业的创新投入。各国政府对企业创新的资助一般占企业研发支出的 10%～20% 左右，法国、加拿大和匈牙利的这一比例更是超过 25% 。直接资助（通过直接拨款、债务融资和公共采购等方式）是财政资金支持企业研发的主要渠道，而且近年来更加注重亲近市场，鼓励实行竞争择优和简化政府支持方案。大部分国家主要采用竞争性拨款的支持方式，芬兰、德国和瑞典等无研发税收激励政策的国家尤其如此。有些国家正在更多地利用政府采购，调查显示，未来 5 年需求侧政策将受到重视，尽管供应侧政策在多数国家仍将占据主导地位。

由于直接资助受到世界贸易组织规则的限定，越来越多的国家对企业创新采用研发税收激励的间接支持方式。2011 年以来，已经有 27 个经合组织国家实行这项政策，数量是 1995 年的两倍多。而且，各国政府不断简化研发税收激励政策、提高优惠力度、扩大受惠企业范围。有些国家还专门针对中小企业等特定群体或合作研发等特定类型的研发活动，重新设计激励措施。研发税收激励政策不仅是美国、法国、澳大利亚、比利时、南非等国对企业创新最主要的资助工具，而且已经成为各国政府提高本国研发生态系统吸引力、争夺外国研发资源的一个途径。2013 年，英国大幅提高研发税收优惠力度，使之对外国大企业和撬动本国研发活动更具吸引力。

5. 改善融资渠道，促进创新型创业

面对金融危机所带来的失业和经济低迷等问题，很多国家出台了鼓励创新型创业的政策措施，特别是针对高技术初创企业和中小微企业最大的融资困难问题，改善融资渠道，采取多种手段和措施给予支持。奥地利、丹麦、匈牙利等国政府通过向直接贷款和贷款担保项目注资，帮助中小企业解决贷款难问题。在大多数国家的政策组合中，债务融资和股权融资工具日益重要。英国正在建立新的国家开发银行——不列颠商业银行，以提高中小企业的融资供给和多样性。法国在 2012 年创建了一家公共投资银行，用于支持创新创业，并提供种子资金和贷款担保。丹麦也新推出了针对中小企业和创业人员的次级贷款政策。股权融资常见方式是通过公共创业投资基金、具有私营投资的联合投资基金和母基金支持创

业投资，加拿大、德国、英国等很多国家都出台了这方面的举措。众筹、非银行中介等新型融资形式虽然尚不入流，但正在迅速扩大，目前全世界已经有700多个众筹平台，一些国家政府也正在制定鼓励和规范众筹的方案，美国已经通过2012年颁布的《乔布斯法》确定了众筹的合法性。

四、全球企业研发投资延续反弹之势，但增速整体放缓

在全球市场竞争和经济不稳定性加剧的大背景下，世界创新领先企业更加重视研发投资。根据《2014年欧盟产业研发投资记分牌》对全球研发投资排名前2500家企业（这些企业的研发投资额约占全球企业研发投资总额的90%以上）所做的分析，2013年，全球企业研发投资总体上延续前两年的增长势头。入榜的2500家企业的研发投资总额为5385亿欧元，较之2012年增长4.9%，远高于其净销售额2.7%的增长幅度，足见研发投资在企业发展中占有重要的战略地位。

1. 美、欧、日企业研发投资依然全球领先，但优势有所减弱

研发投资排名前2500家企业中，美国有804家，欧盟有633家，日本有387家，包括中国大陆（199家）、中国台湾（104家）、韩国（80家）、瑞士（62家）、印度（24家）等在内的其他国家和地区共676家。企业研发投资仍高度集中在美国、欧盟和日本。其中，美国企业研发投入最高，达1937亿欧元，占全球研发投资总额的36%；欧盟企业研发投入1624亿欧元，占30.1%；日本856亿欧元，占15.9%。美、欧、日合计占了全球企业研发投入的82%，但与2011年的85%和2012年的83.4%相比则呈逐渐下降的趋势；其他国家和地区所占比例逐渐上升至18%，其中韩国占3.8%，中国大陆占3.7%。中国入榜企业总数为199家，和2013年的93家相比有显著增长，是除了美、欧、日地区外入榜企业最多的国家。

2. 全球企业研发增速整体放缓，欧盟减速尤为显著

过去8年的统计数据呈现出的趋势表明，全球企业继2009年经济和金融危机后的两年（2010年和2011年）出现净销售额和研发投资的强劲反弹之后，在2012年和2013年进入了显著的增长减速期。2013年，全球企业净销售额增长2.7%，低于2012年4.1%的增长水平；全球企业研发投资额增长约4.9%，虽然仍高于净销售额的增长幅度，但较2012年全球6.2%的研发投资增速已明显下降。其中，欧盟企业绩效严重下滑，净销售额（下降1.9%）和营业利润（下降

6.6%）均出现负增长，研发投资增长2.6%，远低于全球的平均增幅，更低于2012年欧盟6.8%的增幅；美国企业研发投资增幅为5.0%（净销售额增幅为2.0%），与全球平均水平基本持平，也低于其2012年8.2%的增幅；日本企业在经受金融危机和地震的强烈打击之后，2013年表现不凡，研发投资、净销售额和利润率全部出现正向大幅增长，研发投资增幅为5.5%（净销售额增长11.2%），不仅高于全球平均水平，更是高于其2012年0.4%的增长速度。美、欧、日之外的其他国家和地区表现较佳，研发投资增速远高于全球平均水平，达到8.1%（同期净销售额也增长5.4%），其中，研发投资增幅最大的是韩国（16.6%）、中国大陆（9.8%）和中国台湾（7.5%）企业。

3. 企业研发投资行业分布高度集中，生物制药、信息技术和汽车三大行业10年一直领先

2013年，研发投资最多的3个行业——制药与生物技术（18.0%）、技术硬件与设备（16.1%）、汽车与零部件（15.5%）的研发投资占全球40个行业研发总投资的49.6%，前6个行业和前15个行业的研发投资分别占全球的71.1%和92.1%。这种高度集中的态势过去10年基本未变。

2013年，研发投资增速最快的3个行业是建筑与材料业（增速为13.6%）、软件与计算机服务业（11.4%）和电子与电气设备业（9.0%）。其中，电子与电气设备行业研发投资的1/4来自韩国三星电子公司，该行业研发投资的快速增长也主要得益于三星电子2013年25.4%的研发投资增幅。

从行业优势看，美国企业在信息技术和生物制药等高研发强度行业表现突出。2013年，美国高技术企业的研发投资为1429亿欧元，占美国企业研发总投资的74%，而欧盟仅为美国的43.4%，为619亿欧元。美国软件与计算机服务、技术硬件与设备的研发投资增速分别为12.0%和6.5%，治疗性生物技术企业的研发增速更是高达20%。欧盟和日本则在汽车等中研发强度行业表现强劲。2013年，欧盟汽车行业研发投资增长6.2%，日本汽车行业研发增长11.0%。欧洲汽车及零部件企业的平均研发强度为5.4%，日本企业为4.9%，美国企业为3.7%。美、欧、日基本上保持着本国（地区）多年来的行业优势。

各国加强创新人才队伍建设

科技人才，或者狭隘地说创新人才，对于处在当前经济全球化进程中的各国而言，都是不折不扣地能增强竞争力的强效引擎。因此，加强科技人才队伍建设，投资于创新技能和创新人才的培养，积极吸引海外人才已经成为各国创新政策中的重要领域。

综观近年全球科技人才竞争现状，各国立足解决本国人才队伍面临的实际问题，积极采取措施，加强创新人力资源开发和人才队伍建设，整体上呈现出了以下一些特点和趋势。

一、经济强国的人才竞争实力强势依旧

在全球人才竞争中，那些能够大量培养人才，并能降低外来人才进入门槛的国家将会有更具活力和可持续性的经济；反之，那些缺少人才培养、使用和吸引能力的国家则会面临一系列挑战，如人才短缺或高失业率。因此，为了在全球竞争中占据有利地位，各国都在加强人才的培养、吸引和使用，这也使得发展不平衡的全球“人才大战”持续发酵、愈演愈烈：那些具有强大经济实力和良好高等教育体系的国家不仅能够培养出人才，还能够不断吸引来自全球的人才；而那些贫穷的经济体，虽然也在加强人才培养，致力于为国民提供优质的教育，但到头来却很难留住人才，接收了良好教育的毕业生纷纷涌向高薪国家。

1. 发达经济体的科学家与工程师队伍稳定发展

现代科学技术的发展越来越显示出其对国家竞争力的重要影响，因此，创造、运用和发展科学技术人才便成为决定国家发展的重要战略资源。基于这样的认识，各国都在加强科学家与工程师队伍的开发与建设，以对国家的经济发展形成保障。

尽管各国的统计口径不一，各国的统计年份也不尽相同，但是我们还是根据OECD的数据，对主要国家从事研发活动的科学家与工程师[①]数量（FTE）进行了一个粗略的比较。从当前可获得的数据来看，目前，欧盟28国拥有的科学家与工程师数量最多，达到了165万人；其次是中国，达到了140万人；排在第3位的是美国，大约有125万人；之后依次是日本64.5万人、德国34.3万人、韩国28.9万人、英国25.3万人和法国24.9万人。从近10年来这些国家科学家与工程师数量发展状况来看，美、日、英、法、德基本呈现出了稳步增长的态势。中国关于科学家与工程师的统计从2009年起按照《弗拉斯卡蒂手册》的定义实施，2009年之前的统计数据，不能够与OECD的科学家和工程师的定义完全相对应。但是无论是2009年之前还是之后的数据，都显示出中国的科学家和工程师数量快速增长的趋势（如图1－2所示）。

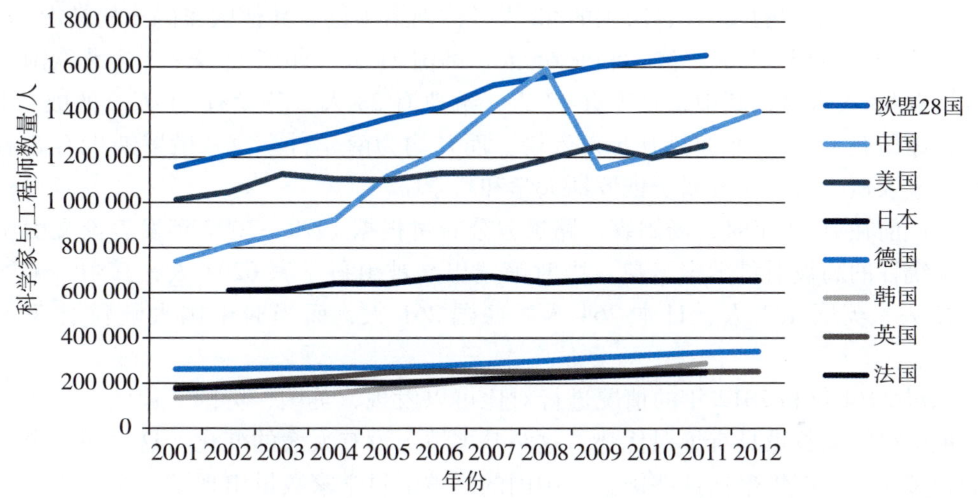

图1－2 2001—2012年主要国家科学家与工程师队伍发展状况

一个相对数值——每万名人口中的科学家与工程师数量，也许能够更好地显示主要国家科学家与工程师队伍规模。日本和韩国每万名人口中的科学家与工程师数量非常高，分别达到了51.4和58.0；德国、美国、英国和法国，分别达到了41.8、40.2、39.7和38.3；欧盟28国每万名人口中的科学家与工程师数量是32.5。在发展中国家当中，中国的科技人才队伍建设相对较好，其科学家与工程师总量庞大，但是每万名人口中的科学家与工程师数量却仅有10.8，远不及日本、美国、英国等一些发达国家。可见，发达经济体的科学家与工程师队伍仍然是欠发达或不发达经济体望尘莫及的。

---

① 本文中，关于科学家与工程师的定义限于《弗拉斯卡蒂手册》中的定义。

2. 顶尖创新者分布在少数发达地区

处在人才金字塔顶端的顶尖创新者是各国科技人才队伍中最关键的组成，但这类人才却也都集聚在少数地区。

2014 年 4 月，汤姆森 · 路透公布了从 ESI 数据库 2002—2012 年 21 个学科领域共计 113 092 篇高被引论文（即发表的论文为所属领域中前 1% 的高引用论文）作者中统计筛选出的全球 3215 名高被引作者名单，这些科学家与工程师在一定程度上反映出了全球顶尖创新者的国别分布状况。

从公布的名单来看，美国拥有的高被引科学家最多，有 1702 名，占总数的 53%；英国排在第 2 位，有 304 名；德国排在第 3 位，有 163 名；中国顶尖科学家数量较以往发生了突破性的改观，有 146 人（包括港澳台）入榜，超过了日本的 98 人、加拿大的 88 人、法国的 82 人，位列第 4 位。其他国家的入榜情况是：荷兰 77 人、瑞士 67 人、澳大利亚 65 人、韩国 21 人、印度 11 人；5 个北欧国家合计有 88 人入榜，其中，丹麦有 27 人、瑞典有 28 人、芬兰有 14 人、挪威有 8 人，冰岛有 11 人。非洲只有 5 人入榜，而且均为南非科学家。俄罗斯也有 5 名科学家入榜，这些人分属于俄罗斯大学和科学院。

此前在 2012 年时，汤姆森 · 路透曾公布过根据 1978—2007 年发表论文引用情况统计的高被引科学家名单。当时筛选出高被引科学家 6293 人，其中，美国 4125 人、英国 483 人、日本 264 人、德国 261 人，而当时中国大陆仅有 7 人入选。

对 2014 年和 2012 年的情况进行对比可以发现，美国、英国、德国、日本的高被引科学家数量具有绝对优势，这一基本情况没有太大的变化，这说明，全球的顶尖人才大都集聚在这些国家。中国的高被引科学家数量出现了一个急剧的增加，这与近年来中国大量引进海外人才有关。

3. 多数高等教育国际学生流向发达经济体

发达国家由于其卓越的高等教育体系及强大的经济实力，持续吸引着许多来自全球各地的青年人才的到来。有些学生只是为接受更好的教育而临时迁移，但另一些则是为了完成学业后永久居留海外。对于接收国来说，招收留学生既可增加高等教育部门的收入，也可使其成为吸引高技能劳动力的整体策略的一部分。对于一些人口出现负增长的发达国家来说，通过吸引留学生进而增加具有高度技能的移民劳动力尤其必要。作为吸引国际学生的政策，许多国家都允许学生在求学期间工作，寒暑假通常还会给予额外的工作时间。此外，为了充实未来技能劳动力队伍，各国还为国际学生提供一些毕业后能留下来的机会——为毕业生提供一段时间的签证，使其有时间在当地找工作。还有一些国家甚至制定了吸引留学生数量的具体目标，如日本计划到2020年吸引30万名留学生；新加坡计划到2015年接收15万名留学生。

由于各国对留学生的竞争越来越激烈，过去30年间学生的国际流动性也日益提高。根据经合组织的数据，1975年时，全球的国际学生数量是80万，到2012年这一数量已经增长至450万，增长了4倍多。而这些国际学生中很大部分是高等教育学生。

尽管激烈的国际竞争使得国际学生的流向越来越趋于多元化，过去处在绝对优势地位的国家（如美国）的份额开始下降，但是总体来说，仍旧保持着从发展中国家到发达国家、从欧洲和亚洲到美国的大的流动趋势。2012年，澳大利亚、加拿大、法国、德国、英国和美国合计接收了全球50%以上的高等教育国际学生。这一年美国接收了全球16%的高等教育国际学生，虽然较2000年时占全球25%的份额有所下降，但仍然是接收人数最多的国家，英国接收了13%（较2000年上升了1个百分点），位列第2位，排在美、英之后的国家依次是：德国6%（较2000年下降了3个百分点）、法国6%、澳大利亚6%、加拿大5%。除以上6个主要接收国，2012年还有较大数量的国际学生分布在俄联邦（4%）、日本（3%）、奥地利（2%）、意大利（2%）、新西兰（2%）和西班牙（2%）。

当然，除发达国家在吸引国际学生方面的优势已然强大外，还有一些变化值得指出：有几个国家作为其所在地区枢纽的地位已经逐渐显露出来，例如作为东亚地区留学枢纽的澳大利亚、中国和韩国，以及撒哈拉以南非洲地区的南非。以中国为例，随着其国际地位的提升，近年来接收的国际学生数量也不断攀升，2011年其接收的国际学生数量已达到30万。

二、加强创新人才的培养是各国创新政策的重点

培养具有高度技能的创新人才，仍旧是各国创新政策的优先事项。与创新相关的技能涵盖非常广泛，其中既包括专业知识技能、解决问题的技巧，也包括思维技能、创造性、社会行为技能（包括沟通技能、团队合作等）等。由于其中多数技能都需要从幼年开始逐步培养和发展，因此，通常这类技能需要从正规教育中获得。因此，各国均通过教育政策的调整，以加强创新人才的培养。

从近年来的政策走向来看，各国强化创新人才培养的主要手段包括，使更多的学生参与科学、技术、工程和数学（STEM）教育，加强教学改革和课程改革，提高硕士生和博士生的录取率等。

1. 强化STEM教育

目前，很多国家都在集中精力提升STEM相关人才的培养，以借此推动国家

创新和经济的发展。因为这些国家都注意到，由大量技术密集型经济部门构建的经济体才是全球最具活力的经济体。

美国联邦政府的 STEM 教育计划是培养创新人才和 21 世纪的合格劳动力，促进美国科技、经济和社会长期繁荣和持续发展的重要手段。在 2013 年，美国公布了联邦 STEM 教育 5 年战略计划，对联邦长期关注的 STEM 技能教育政策进行了整合，以完成总统提出的到 2020 年增加 100 万名 STEM 毕业生的目标。该战略公布后，很多联邦机构都对 STEM 教育项目进行了优先考虑，并推出了一些符合各机构自身特色的战略行动。2014 年，联邦提出在 2015 年为该战略计划提供 29 亿美元（较之 2014 年增加了 3.7%）的预算，以正式、非正式教育方式为从幼儿园到研究生阶段的美国人提供良好的 STEM 教育，提升国民的创新技能。

加拿大政府将鼓励更多的年轻人在科学、技术、工程和数学学科接受教育、选择职业，提升他们对科技创新内在价值的认识。在 2014 年 12 月公布的《抓住加拿大契机——向科学技术创新迈进》中，加拿大政府提出今后将每年新增 1090 万加元，通过 PromoScience 等计划支持科学普及活动促进科学、技术、工程、数学领域的人才培养，并为科学、技术、工程、数学等关键领域的教育工作者增进学习机会和教学资源。

英国政府在 2011—2015 年投入 1.35 亿英镑，支持学校的科学、技术、工程和数学。具体措施包括：通过 STEMNET，与学校、大学和 STEM 雇员合作，进行 STEM 实践活动；提供更多的助学金和奖学金；增加学校科学和数学教师的人数和质量等。为培养新兴科学人才，2014 年 7 月政府还宣布了一项 5200 万英镑的投资，计划在未来两年内创造 7800 个以上技能和教育机会。该项目主要通过科学工业伙伴关系（SIP）实施。具体内容涵盖 240 个培训机会、150 个根据产业界需求完成的学士学位、230 个符合产业需求的硕士学位、5900 个劳动力发展机会和吸引青年人进入 STEM 职业领域的计划。

非洲各国于 2014 年 6 月，在塞内加尔签署了一份备忘录，计划未来 10 年内，撒哈拉以南非洲国家联合起来培养应用科学、工程技术（ASET）领域人才，以增强该地区的创新能力，并创造更多就业机会。该备忘录提出的具体目标包括：在未来 10 年内使至少 10 个撒哈拉以南非洲国家的应用科学、工程和技术学生数量翻番；培养 1 万名应用科学、工程和技术领域博士等。

韩国正在执行第 2 次《科学技术人才培养、支援基本计划（2011—2015）》。韩国政府计划在 5 年内投入 10.5 兆韩元，强化未来科学、技术、工程、艺术、数学（STEAM）人才的系统培养。

其他国家的类似政策也很多，如比利时、拉脱维亚和南非都制定了促进学生进入 STEM 高等教育和中等教育层次的国家计划；2013 年以来，新西兰也力图增加其工程学毕业生的人数，以满足劳动力市场的需求。

2. 增加创业和技术培训课程

培育学生的创业技能是增强创新创业的一个重要方法。挪威《创业教育行动计划（2009—2014）》力图通过在各层次教育中贯穿创造力和创新思维等技能的教育，以强化学生的这类技能。此外挪威还将创业技能作为高等教育中的一项核心能力。葡萄牙2014公布的工业发展增长国家战略，力图通过改革学校课程，培育创业能力。创业在瑞典和芬兰还是中小学教育的强制组成部分。美国在2011年推出了《创业美国》计划，奖掖创业精神，鼓励更多的人创业，2012年，联邦教育部就呼应《创业美国》计划要求，联合一些教育机构和组织，制定了系列创业教育计划，试图将创业教育融入中小学教育、职业和技术教育、社区学院教育及大学教育之中。从2012年起，波兰高等教育学生被要求必须学习一项创业内容。在比利时、爱沙尼亚、德国、卢森堡有很多州立项目中都包含了在学校和高等教育中进行创业教育的课程，在爱沙尼亚，创业也成为高等教育教师必须接受的培训内容之一。法国在《投资于未来》计划中为“创新创业文化”项目提供2000万欧元的总预算，公开募集20个左右的卓越项目，为初等、中等和高等教育学生提供创业教育和培训。韩国在2013年推出的第3次科学技术基本计划中提倡鼓励在中小学教育中更多地贯穿问题解决型及实践导向型授课内容，加强创意教育。《大学创业教育5年计划（2013—2017）》则是专门针对高等教育学生提出的教育改革计划。这两项计划的实施就使得创业教育贯穿到了韩国学校教育的所有阶段。

把技术引入学校教育课程是另一种流行的政策措施，它既能够让学生获取新技能，也能够激发和培养学生对计算机的兴趣。挪威《虚拟学校数学计划》为那些需要更大挑战的中学生提供虚拟教室在线授课计划，这个计划也使得教师更多地注意到那些需要额外支持的学生。英国2013年公布在学校中引入新的更多注重理论和应用实践的计算机课程，以加强对信息技术的学习、理解和应用。2014年爱尔兰启动了《2014—2018年技能行动计划》，其目标是培养更多的高层次ICT毕业生，通过教育系统增强学生的ICT能力。韩国则在2014年7月公布的《软件中心社会实现战略》中提出，从2015年起在韩国所有初等中学实施义务性软件教育课程，2017年起软件还将成为小学教育的正式课程，2018年起列入高中教育的一般选修课。

3. 强化对高层次人才的培养和技能训练

为强化对高层次人才的培养，各国主要通过扩展和改革其博士计划来实施。

许多国家的卓越中心力图强化研究生的教育水平。挪威2012—2013年对最早的5个国家研究者学院（National Researcher Schools）的中期评估总结到，研究者学院和计划整体正在实现提高研究生培训质量的目标。从 2015 年起，挪威政府将投入 3.25 亿挪威克朗用于新建国家研究者学院，以培养更多的博士。南非自 2004 年实施《卓越中心计划》（CoE）以来，博士人才培养效果良好，并且在 2014 年宣布进一步资助 3 个卓越中心，使卓越中心数量增加到 17 个，为其实现在国家发展计划中提出的到 2030 年每百万人口中博士数量达到 100 人做出努力。英国博士培训中心（CDT）正在向新的学科扩展，2014 年，政府财政预算中提出要在未来 5 年投入 1.06 亿英镑建立几个博士培训中心，以促进产业和学术界合作开展尖端研究。这些中心将新培养 750 名工程师、物理学家和数学家，这些人才将成为英国未来经济增长的核心力量。此外，英国生物技术与生物科学研究理事会将在未来 5 年内为《博士培训计划》（DTP）投资 1.25 亿英镑，培训 1250 名生物科学领域内的博士研究生，以引领下一次工业革命，并通过强化英国在农业、食品、工业生物技术、生物能和健康领域内的实力来振兴英国经济。

还有一些国家力图加强产学合作培养博士人才。日本在 2011 年由 14 所地方大学和 18 家企业、地方自治体联合设立了“超级合作研究生院联合体”，采取产、学、官合作的形式联合培养能够满足社会需求的博士人才。意大利经济计划部际委员会（CIPE）于 2014 年 8 月，利用 1623.6 万欧元的预算推出了名为 PhD Talents 的计划，其目标是吸引青年人在企业完成博士教育课程，在推动企业和大学之间的合作得同时，也促进青年人在企业就业。在该计划下，教育大学与科研部将遴选出 136 位拥有高度技能的青年人才，安排他们进入创新型和研究型企业，开展至少为期两年的研究工作。目前，韩国中小企业研发人员总数约为 7 万人，但其中拥有博士学位的高级科研人员仅占 4.2%。为推动高素质的科研人员向企业流动，未来创造科学部成立了“科学技术联合大学院大学（UST）”，鼓励学生在校期间到科研院所研究学习，与企业建立联系。

还有一些国家注重加强博士人才跨学科工作能力的培养，资助跨学科博士计划。日本的博士课程教育领先计划资助三类博士课程人员，其中一类就是复合领域型人才，其主要目的是通过跨学科课程、实习和交流等，将卓越的青年学生培养成为全球创新领导者。另外，日本的世界顶尖基地形成促进计划中也在培养博士方面引入了跨学科学习课程，如日本物质、材料研究机构国际纳米结构研究中心（MANA）的博士培养采取双导师、双学科机制，以培养跨学科人才。新加坡的《卓越中心计划》，也要求各中心为博士生提供跨学科课程培训。

三、调整劳动力政策是各国提升创新技能水平的关键

劳动力政策的主要目的是提高各类人才有效运用知识和技能的水平。目前这

类政策主要集中在改善研究人员，特别是处在职业生涯早期的研究人员和女性研究人员的职业前景，帮助各类人员掌握更多的技能以满足市场的需求等方面。

1. 增设高级研究岗位

许多国家力图通过强化职业机会，提高科技职业吸引力。最近许多政策和计划都将目标定位在青年研究人员，试图通过为他们提供更好的职业前景、更多的研究基金等留住他们从事科研活动。

在公共就业整体萎靡的背景下，法国计划在2012—2016年4年内解决2100名青年研究人员和技术人员的稳定工作问题，限制招聘临时工作合同工（CDD），增加长期工作合同（CDI）机会。适当减少项目招标的资金，增加实验室拨款，延长与研究机构的合同期。法国国家科研署负责科研项目的实施。此外，法国新政府还将在5年任期内致力于解决两个问题：一是提高青年研究人员的工资待遇；二是提高博士学位获得者在公共部门和私营部门中担任高级职位的比例。

多年来，日本一直受博士就业前景不佳问题困扰，在日本《新增长战略（2009—2020）》中政府提出了到2020年确保获得科学和工程博士学位的青年人完全就业的目标。英国在2014年11月宣布了一项6700万英镑的加强大学与产业界合作的资助，其中包括在企业安置210名博士学位获得者的1700万英镑的资助。

加拿大通过《2014年经济行动计划》，在未来两年中将为Mitacs追加投资800万加元，通过其“提升”计划扩大博士后产业研发培训。这笔投资预计将每年支持120名博士后，培养其沟通、领导、管理等关键业务技能，让他们做好成为加拿大未来企业创新领导者的准备。加拿大政府还将加强青年就业扶持计划，在2014—2015财年和2015—2016财年将拨出专款4000万加元，为高需求领域的大学、学院和理工院校毕业生提供高达3000个全职实习名额。其中，3000万加元将投向国家研究理事会《产业研究援助计划》，支持青年实习生在中小企业开展技术研发项目，剩余1000万加元将投向调整后的《青年就业战略》。

2014年1月，意大利建立了年轻研究人员《科学独立计划》（SIR），资助处于职业生涯早期的青年研究人员开展独立研究，该计划下每个项目的经费最高可达100万欧元，资助期限为3年。

俄联邦定位计划在2014—2016年分配新的资源，支持研究者流动、为新的博士学位获得者提供职业发展机会，鼓励研究者海外培训。

爱尔兰在2014年通过利用青年研究者基金（SIRG）和职业发展基金（CDA）共计2300万欧元为获得博士学位的优秀研究人员提供独立开展研究活动的机会。

2. 为女性参与科学提供支持

提高女性对科学的参与度一直是科技政策关注的领域。挪威的《高级职位和研究管理职位性别平衡计划（2013—2017）》通过资助女性研究者项目、支持性别问题研究，促进挪威高级职位的性别平衡。爱尔兰科学基金会（SFI）于2014年11月宣布拨款170万欧元，通过Advanced Award Programme资助10名女性研究人员重返科学、工程、技术和数学职业领域。瑞士国家科学基金会（SNSF）在2014年4月推出了性别平等基金为获得博士学位、开展博士后研究项目的青年女性提供构筑学术网络、获得指导的资金支持。在德国，马普学会专门设立了《密涅瓦计划》，支持女性科学家获得高级研究职位。日本通过《女性研究者研究活动支援事业》支持女性人才。此外，日本面向2030年的《科学技术创新综合战略》也提出，到2016年，在大学与公立研究机构自然科学领域的科研人员中，女性研究人员的比例达到30%。韩国把性别问题纳入第3次《科学技术基本计划（2013—2017）》导向，并在第3个《女性劳动力科技推广和支持基本计划（2014—2018）》致力于提高女性在科学与工程领域的比例。

3. 培育未来需求的技能

努力围绕未来技能需求构筑知识体系，也是各国劳动力政策中的重要内容。

英国在2014年宣布将建立国家先进制造职业技术学院、国家数字技能职业技术学院、国家风能职业技术学院和国家创意与文化产业职业技术学院，培养世界一流的高技能人才。英国政府将为此出资8000万英镑，雇主将在2015—2017年两年内提供匹配资金，到2017年，总投资有望达到1.6亿英镑。到2020年，这4所职业学院的在校学生人数将达到1万名左右。

印度在2014年发布了《国家就业分析报告》，对本国IT领域毕业生的就业状况及企业需求状况进行了调研。这份报告的调研结果将用于国家技能发展委员会对IT业的分类和培训课程开发设置中。

欧盟和英国专门制定了研究人员发展框架，对未来研究人员的发展、应具备的技能等进行规划。美国在2014年底发布了一份博士后职业调查报告，希望运用调查结果来调整教育和培训政策。还有一些国家则通过一些技术手段来识别未来职业需求，进而加强这些领域的人才培养。例如，韩国进行了2013—2022年国家劳动力预测；挪威开发了两个预测模型，识别未来技能需求。

四、争夺全球优秀人才是各国提升创新能力的重要手段

连接全球人才库，输送本国人才出国学习，吸引来自全球的卓越人才，是各

国参与国际人才竞争的重要手段。当前许多国家都通过实施海外派遣政策，输送有潜力的青年人出国学习和培训，以构建国际化的学术网络，加强本国人才的竞争力；一些国家通过高等教育国际化战略来加强对下一代劳动力的吸引；还有一些国家则通过提供有前景的研究职位吸引顶尖的研究人才；另外，也有一些国家则通过移民政策的调整来引进人才。

巴西继续推进《科学无国界》计划，与美国、英国、德国、中国、法国、加拿大、日本和韩国的大学建立关系，确保到2015年输送10万名学生到海外一流大学学习深造。截至2014年年底，巴政府已累计提供75 168个奖学金名额。

瑞士国家科学基金会从2015年起，通过《先进博士后流动计划》，输送所有领域的优秀的博士学位获得者赴海外顶尖机构学习2～3年，构建学术网络。

提升大学的国际化程度一直是日本政府的一项重要教育战略，过去曾采取过《全球卓越中心计划》和大学国际化网络形成推进事业等。2014年4月，日本政府进一步核准实施《超级全球大学计划》，从10月开始拨款，创建全球性大学，提升日本大学的国际化程度，吸引国际学生。

加拿大的国际教育战略是其政府雄心勃勃的国际贸易和投资扩张计划——《全球市场行动计划》的关键行动之一，国际教育战略的目标是把更多的国际学生和研究人员吸引至加拿大，与主要国家建立和发展战略伙伴关系。国际教育战略的近期计划包括，2014—2016年向《Mitacs全球联系计划》投入2000万加元，让国际学生到加拿大实习，让加拿大学生到国外求学。

德国马普学会与慕尼黑工业大学2014年开启了一项青年科学家终身轨职业制度，由两家机构联合任命来自德国或世界其他国家的卓越的青年科学家为马普研究小组负责人及慕尼黑工业大学终身轨制的助理教授。6年后，如果能够获得一个肯定性的评价，青年科学家就有可能在德国获得一个永久性职位，晋升为副教授，拥有晋升正教授的前景。马普学会与慕尼黑工业大学的目的是为世界一流的青年科学家提供好的职业前景，将他们留在德国。

法国国家科研署（ANR）设立了吸引高水平研究人员的专门基金公开招募世界一流研究人才。2014年11月，宣布了其初次选拔国际学者的结果，28名入选者中有2/3来自欧洲其他国家，1/5来自北美。这28人将从2015年起在法国国家科研署从事3～4年的研究工作，资助额度是1400万欧元。

意大利从2013年起，为高等教育普通基金（FFO）和研究机构普通基金（FEO）分别拨专款500万欧元和160万欧元，用于吸引海外高水平的研究人员。2014年1月，意大利进一步颁布法令，吸引外国的教授和研究人员来意大利，以促进意大利教育的国际化。

2013年，瑞典研究理事会利用1.5亿克朗的“国际领军研究人员招募基金”启动了海外领军人才招聘项目，以帮助高校吸引高水平国际研究人才在瑞典建立研究团队，进而带动瑞典大学各学科专业的发展。该项目对领军人才的资助额度为每人每年500万～1500万克朗，支持年限为7～10年。到2014年年底，瑞典已经成功吸引了12名世界顶尖研究人员。

移民对美国的经济和科技发展发挥了重要作用，因此，吸引高技能移民也是美国多年来坚持的一项重要政策。2014年5月，美国国土安全部提出了两项新签证政策建议，希望能借此为全球最顶尖的人才打开大门。一个建议是，通过发放就业授权卡（EAD）来扩大某些类型人才配偶的允许就业范围，为高技能人才移民美国扫除阻碍；另一个建议是，增强某些高技术人才和过渡群体留在美国的机会，主要是对智利和新加坡的H-1B工作签证持有者、澳大利亚的E-3工作签证持有者等放宽申请要求。

德国联邦政府于2014年12月设立了统一的移民问题咨询热线，将咨询服务的范围从迄今主要用德语和英语向外国人提供职业资质认证咨询，拓展到劳动和职业、找工作、移民乃至德语学习等所有与移民相关的方面。这也反映了德国政府对吸引移民的关注。

第二部分

国际科技热点追踪与分析

本部分对一些科技热点领域近几年尤其是2014年的国际发展状况进行较深入的综合分析与阐述，这些领域包括清洁能源、信息技术、生命科学与生物技术、新材料、航天、先进制造和商业模式创新等。

全球能源转型进程加速

2014 年，世界经济增速放缓、油价雪崩式下跌、地缘政治的不确定性加大及能源行业动荡均对全球能源体系产生了深刻的影响。促进能源转型成为各国政府能源政策的重点和着力点。开展有效的能源改革对各国提升经济竞争力而言比以往显得更为重要。

一、全球能源需求增速放缓，能源结构持续调整

世界能源格局正在经历一次大变革，新技术应用带来的“页岩气革命”及全球地缘政治的变化发挥着重要的推动作用。以化石燃料为代表的传统能源虽仍占主导地位，但清洁可再生能源的发展速度加快。由于能源利用效率提高，发达经济体对能源的需求变化不大，而新兴经济体对能源的需求有所增加。

英国石油公司（BP）2014 年发布的“BP 能源统计年鉴”显示，2013 年，全球一次能源消费增长了 2.3%，增速快于 2012 年，但低于过去 10 年 2.5% 的平均增速。除石油、核能和可再生能源发电外，所有燃料的增速均低于平均水平。石油仍是世界的主要燃料，占全球能源消费的 32.9%，但石油所占市场份额已连续 14 年下滑。据 BP 预测，由于中国和印度经济蓬勃发展带动能源消耗量增加，全球能源需求在 2035 年前将增加 41%，其中天然气需求在化石燃料中增长最快，将达到 50% 以上。北美依旧是页岩气供应的主力军，2016 年将占页岩气供应的 99%，到 2035 年将占 70%。全球煤炭消费增长将显著放缓，煤炭在一次能源消费总量中所占的比例将从 2012 年的 30% 降至 2035 年的 27%。

另据国际能源署（IEA）发布的《世界能源展望 2014》报告，到 2040 年全球能源需求将增长 37%，消费需求增加将主要集中在亚洲地区，石油、天然气、煤炭和低碳能源在世界能源供应结构中将平分秋色，电力部门正在引领全球能源转型，其中核电发展将受到一系列复杂因素的影响。

美国埃克森美孚公司认为，2025 年前，天然气有望超过煤炭成为仅次于石油的全球第二大能源资源。法国道达尔石油集团首席执行官马哲睿认为，到 2035 年，石油和天然气仍将占世界能源结构的一半；天然气和可再生能源将接替高碳能源；天然气特别是液态天然气，因为储量丰富、低碳排放和弹性高，有可能成为世界第二大能源，同时也成为可再生能源供应的补充。矿业巨头必和必拓集团首席执行官安德鲁 · 麦肯锡认为，到 2030 年，世界能源需求的 70% 仍将依赖传统的石油、天然气和煤炭；天然气将通过在电力及交通领域的广泛使用，呈现出最强劲的增长势头；风能、太阳能、水电等可再生能源也有望迅速增长。

二、能源安全受到高度关注

能源安全是促进经济可持续发展的重要保障，是世界各国政府当前共同关注的焦点课题。2014 年，乌克兰危机引发了世界能源安全格局的变化。欧盟今后几年将加大对天然气供应链和整个能源政策的调整，积极筹划从美国进口天然气，以及在本土开发更多的天然气资源，力图实现能源“脱俄”化。俄罗斯天然气供应者地位将大大削弱，不得不进行战略调整，向东寻找突破口。美国页岩气商业化生产使其不再完全依赖中东油气，逐步实现能源独立，而且，未来如能实现稳定的页岩气出口，将会对俄罗斯产生巨大影响。中国、日本、印度和韩国所在的亚太地区作为巨大的能源需求市场，正在成为世界能源“诸侯”激烈角逐的战场。

美国国际能源战略的基本目标是：确保美国在国际能源体系中的地位，提升国家能源安全度和保障度，加强对能源生态环境的保护，保证美国能源安全，从而巩固和维持其霸权地位。埃克森美孚总裁兼首席行政官蒂尔纳森认为，美国在 2020 年前完全有可能实现能源自足。2013 年年底，美国已成为全球第一大天然气生产国。美国的天然气价格自 2008 年 6 月以来下降了近 70%，为美国产业发展带来了巨大的成本优势。2014 年 5 月，美国政府发布了题为“全方位能源战略——通向可持续经济发展之路”的政策研究报告，将“促进经济增长和创造就业”“增强能源安全”及“发展低碳技术、为清洁能源未来发展奠基”作为放眼长远的战略支点，将保障能源安全作为立足当下的战术策略。

乌克兰冲突不断升级，使得欧盟开始重新审视其能源政策，以降低对俄罗斯的能源进口依赖。在 2014 年 6 月 27 日结束的欧盟夏季峰会上，欧盟提出未来 5 年将制定新的能源和气候战略，以避免高度依赖化石燃料和天然气进口。为确保能源安全，欧盟基于波兰的提议，提出建立“负担得起、安全和可持续的能源联盟”。其能源和气候战略将集中在 3 个方面，一是发展企业和民众负担得起的能源，具体工作包括提高能源效率以减少能源需求，建立单一能源市场，增强欧盟议价能力；二是确保能源安全，寻求外部能源供应和路径的多样化；三是发展绿色能源，应对全球变暖。但是，由于欧盟各国征税不同、能源价格差异较大、各国内部市场规则不同、基础设施投资资金需求巨大及欧盟竞争法案限制等因素，欧盟实现能源联盟的构想存在很多障碍，成为现实较为困难。

为应对欧盟的能源联盟战略，俄罗斯在2014年7月15日举行的金砖国家巴西峰会上，提议成立金砖国家能源联盟，并建议在此联盟框架下设立“金砖能源储备银行”和“金砖能源政策研究院”，针对全球能源市场进行综合研究和分析，旨在保障金砖国家的能源安全。

中国在APEC会议上提出共建亚太能源安全新体系，一方面维护能源供应多元化和能源供应安全，推动能源价格平稳机制；另一方面不局限于双边合作安全，建立多边、多地区安全机制，倡导开放、包容、合作和可持续的亚太能源安全能源观。中国提倡通过建立公平、开放的可再生能源市场，安全高效发展核电，推进清洁能源技术创新及合作等途径，为亚太可持续能源发展营造良好的环境。

2000年以来，日本积极发展清洁能源，并大力推进节能低碳社会建设，但截至2012年，日本仍是全球最大的天然气进口国和第三大原油进口国，2013年能源对外依存度高达94%。能源安全是安倍政府2014年执政的核心问题之一。2014新年刚过，安倍晋三就先后访问非洲三国——科特迪瓦、莫桑比克和埃塞俄比亚及中东的阿曼，意在扩大日本在非洲的能源影响力，稳定油气供应，同时为其2014年能源整体规划铺路。虽然民间反核情绪仍旧高涨，但高企的能源压力使安倍晋三不得不积极谋求重启核电。

三、清洁可再生能源或将成为首要发电能源

清洁可再生能源在向具有竞争力、安全和可持续的能源系统转型中发挥着关键作用。联合国环境规划署发表的《2014年可再生能源投资全球趋势》指出，尽管2013年全球在可再生能源方面的投资从2012年的2495亿美元减少至2144亿美元，但可再生能源占全球发电总量的份额稳步上升，从2012年的7.8%上升至8.5%。其中，中国在可再生能源方面的投资首次超过欧洲，达560亿美元，欧洲为480亿美元。美国、印度和巴西在可再生能源方面的投资分别为360亿美元、60亿美元和30亿美元。

据IEA预测，到2020年，可再生能源投资总额将达到1.61万亿美元，可再生能源发电占全球发电总量的比例将从目前的22%上升到26%。随着技术成本的下降和能源需求增长速度的放缓，用于风能发电、太阳能发电及生物质能发电的资金将从2013年的2500亿美元下降到2300亿美元。IEA指出，政策的不确定

性是可再生能源发展的关键挑战，未来 5 年，除非立法者能够为可再生能源领域的投资创造条件，否则后者的发展趋势将会放缓。IEA 发布的《世界能源展望 2014》报告指出，到 2040 年，受益于政府补贴及持续下跌的成本，可再生能源技术有望迅速上位，成为全球首要的发电能源；预计 2040 年全球新增发电量有一半来自可再生能源，取代煤炭荣居全球第一发电能源“宝座”，其中风力发电占比最大，其次为水力发电与太阳能发电。

美国近几年在可再生能源方面的投资一直位居世界前两名，风能的装机容量从 2008 年到 2013 年翻了 4 倍，2014 年上半年新增发电量一半以上来自太阳能。水力发电仍是美国最大的可再生能源发电门类，占到美国总发电量的 7%，风能约占 4%，太阳能则更少，而煤电依然占到美国总发电量的 40%。美国总统奥巴马在 2014 年国情咨文演讲中提到了一系列可再生能源和能效问题及相关行动计划，提议向使用天然气或其他替代燃料的中型和重型卡车及基础设施提供激励措施，要求国会建立一个能源安全信托基金，投资于众多具备成本效益的先进车辆技术，包括电动汽车、本土生产生物燃料、氢能和国产天然气等。其目标是到 2020 年美国消耗的能源中，20% 来自太阳能、风能等清洁可再生能源。美国可再生能源委员会（ACORE）发布的《2014 年美国可再生能源展望》报告认为，由于可再生能源的成本与传统能源相比越来越具竞争力，以及技术进步和美国民众对清洁能源和可再生能源的接受程度提高，美国可再生能源行业将持续增长。美国布鲁金斯学会发布的《改变发电格局——德国和日本在发展可再生能源方面的经验教训》报告指出，考虑到各国国情不同，传统化石能源的储量差异很大，化石能源价格依然比可再生能源低，能源结构转型需要考虑本国经济发展程度和承受能力，因此美国不能照搬德国、日本采取的上网电价补贴措施经验。此外，发展新能源涉及现有发电产业格局变动，需要时间来平衡相关部门。

欧盟 28 国 2014 年 10 月在布鲁塞尔签署通过了《2030 年气候与能源政策框架》，提出到 2030 年可再生能源在欧盟能源结构中占比至少达到 27%。该目标仅限于欧盟层面有效，对于成员国无任何约束力。该框架旨在推动向低碳经济转型及建立有竞争力和安全的能源体系，确保为所有消费者提供可负担得起的能源，增强欧盟能源供应安全，减少对能源进口的依赖，并创造新的增长和就业机会。依赖煤炭等传统能源的波兰等中东欧国家认为，大幅提升可再生能源比例，可能损害经济增长。英国等一些国家甚至提出，各成员国应该自行选择发展可再生能源的方式，反对在欧盟层面设定可再生能源的目标。而对德国、瑞典等大力推动向绿色能源转型的国家来说，可再生能源的普及之路也很不平坦。考虑到近年来可再生能源产业成本大幅下降，欧盟认为，可再生能源补贴政策“造成了市场的乱象，增加了消费者的支出”。在欧洲经济不景气的背景下，大多数欧盟成员国不再像从前那样“拥护”可再生能源补贴政策。捷克从 2014 年初开始不再对新的太阳能和生物沼气电站进行补贴。2014 年 4 月 9 日，欧盟宣布 28 个成员国也要逐步取消对太阳能、风能、生物能等可再生能源产业的国家补贴，且自 2017 年起，所有的欧盟成员国都将被强制限制对可再生能源产业进行补贴。

德国政府宣布 2014 年 8 月开始实施新的可再生能源法，其核心内容就是削减对可再生能源的补贴，对各类可再生能源严格限定年增长规模，同时全面引入市场机制。德国政府于 2014 年 6 月通过了《可再生能源改革计划》，对其可再生能源政策进行“彻底改革”，控制可再生能源规模和补贴增长的趋势，打破现有的“过度支持”状态。其核心内容包括：减少补贴的力度和范围，对可再生能源的平均补贴从当前的 17 欧分/度降至 2015 年的 12 欧分/度，最迟到 2017 年，德国将采用竞价方式支持可再生能源的发展；强制实施可再生能源企业直销电和市场补贴金制度，从 2014 年 8 月开始，所有新增 500 kW 以上的可再生能源电力都必须通过电力交易所直销，到 2017 年适用范围扩大到所有新增的 100 kW 以上的设备，相应的，对发电方的补贴也将从固定电价补贴转变为以市场补贴金形式完成；对发电主体自用的发电部分也征收可再生能源附加费，可再生能源单位的自用发电最多只缴纳 40% 的附加费；太阳能和陆地风电每年装机容量各不超过 2.5 GW。与此同时，大幅降低海洋风电的发展目标，将 2020 年和 2035 年的目标从 10 GW 和 25 GW 分别降至 6.5 GW 和 15 GW。

法国众议院于 2014 年 10 月 14 日通过了能源转型法案，向能源消费和生产“调结构”迈出了重要一步。根据该法案，法国削减能源消费的中期目标为到 2030 年比 2012 年减少 20% 的最终能源消费，到 2050 年减少 50%；到 2030 年法国化石燃料用量比 2012 年减少 30%，并且可再生能源占能源消费总量的比例将从 2012 年的 13.7% 升至 32%。

日本政府在 2014 年 4 月的内阁会议上通过了《能源基本计划》，提出最大限度地加快可再生能源的推广和应用，目标是可再生能源发电量占发电总量的比例 2020 年达到 13.5%，2030 年达到两成左右，并力争实现更高水平。

印度政府采取不同的方式来支持可再生能源项目，如适应性补偿基金、利息补助、长期优惠债务、税收减免等，以求推动平价上网。目前，印度政府对大多数可再生能源发电项目都减免 100% 消费税，并且对某些可再生能源发电项目只征收 5% 的优惠关税，甚至可享受 10 年免税期。印度政府计划未来 5 年建立 25 个太阳能园区，总发电量达 20 GW，并为该项目提供 100 亿卢比（约合 1.7 亿美元）的财政支持。此外，印度政府计划在输配电系统方面投入 3 万亿卢比（约合 473 亿美元），到 2019 年实现全国无间断供电的目标。2017—2018 年，印度太阳能有望实现 0.09 美元/度电的平价上网。据彭博新能源财经（BNEF）2014 年 7 月发布的《2030 年电力市场展望》报告预测，到 2030 年印度总投资将达 7540 亿美元，其中 4770 亿美元将用于发展可再生能源。

智利政府启动实施《2014—2018 年能源行动计划》，决定在 2014—2015 年制定《能源效率法（EE）》，扩大电力传输系统，加大能源项目投资力度，重点开发可持续性水力发电；确保完成第 20/25 号法所确定的非常规可再生能源发展目标；积极促进地热发电；改善木柴燃料的使用。

四、页岩气开发需要循序渐进

从地理政治学角度来看，“页岩气革命”对全球能源体系的影响不可小视，很可能改变整个世界能源框架结构。据估算，全球页岩气资源约为 456 万亿立方米，主要分布在北美、中亚、中国、拉美、中东、北非和俄罗斯地区。目前，越来越多的国家开始尝试商业开发，页岩气成为世界能源市场上不可轻视的新生力量。鉴于各国地质条件不同且复杂、涉及地上人口众多、开采成本高及技术成熟度不同等因素，页岩气开发需要循序渐进，理性发展。

美国无疑是页岩气开采的领跑者。近 10 年来，美国依靠水力压裂法、水平钻井法两项成熟技术和完善的管网设施，大大降低了页岩气开采成本，一举成为世界上第一个实现页岩气大规模商业性开发的国家，对外能源依存度大大降低，示范效果显著。IEA 指出，2015 年，页岩能源为美国能源密集型产业带来的优势是，比其他发达国家的竞争对手成本低 5%～25%；到 2016 年，美国将超过俄罗斯和沙特成为全球最大石油生产国，进一步做到能源自给，减少对石油输出国家组织供应的需求。美国 IHS 公司发布的名为《美国新能源的未来》的报告称，到 2025 年，由页岩能源带动的制造业复兴将为美国 GDP 增长提供 5330 亿美元，创造 390 万个工作岗位。

考虑到水力压裂开采方法对环境的不确定性破坏，一段时间内欧洲在开采页岩气问题上停滞保守，法国、捷克和荷兰等国已经禁止水力压裂法。但欧洲钢铁工业联盟竭力呼吁解禁页岩气开采，以应对俄罗斯对欧洲能源供应的威胁。据估计，欧洲潜在的可开采页岩气储量达 13 万亿立方米，相当于美国可开采页岩气储量的 80%。欧洲 3/4 的页岩气资源储量集中在俄罗斯、波兰、乌克兰和法国 4 个国家。美国页岩气开采成本在 3～7 美元/百万英热单位（MBtu），欧洲开采成本则高得多，大概在 8～12 美元/MBtu。有机构分析认为，未来 10 年，欧洲页岩气开采不会达到商业水平。油田服务部门能力、合适设备及熟练工人的缺乏已经成为阻碍欧洲页岩气更快发展的潜在瓶颈，因此总体进展会比较缓慢。

英国在开发页岩气资源上紧跟美国的步伐，并首选美国推崇的水力压裂法。卡梅伦政府正计划投入巨资，为英国大规模开采页岩气铺路。与此同时，英国地质调查局证实，在英国南部肯特、苏塞克斯、萨里和汉普等 4 个郡发现大型页岩气储备。加上此前在英国北部地区发现的巨型页岩气储备，足可以让英国用上

40 年。英国可能成为继美国、加拿大之后又一个对页岩气实施大规模商业开发的国家。

此外，页岩气开采对环境的长期影响不容忽视。世界资源研究所（WRI）发布的一份题为《全球页岩气开发：水资源可用性及商业风险》的最新报告指出，在使用水力压裂开采页岩气资源时，各国政府和企业可能面临激烈的水资源竞争。该报告发现，世界上 38% 的页岩气资源分布在干旱或高到极高基线水压力的地区。全球有 3.86 亿人生活在已探明的页岩气场地区，就如何管理自己的能源和水资源需求，各国政府和企业都面临着严峻的选择。页岩气开发和负责任的水资源管理必须齐头并进。

2014 年 1 月 22 日，欧盟委员会通过的一项建议提出，针对页岩气开采过程中最常采用的水力压裂技术，要确保适当的环境和气候保护措施。基于现有的欧盟立法和补充条例，这份建议书对欧盟成员国提出以下几点特殊要求：在发放许可证前未雨绸缪，并对可能的累积影响进行评估；认真评估环境影响和风险；确保完井达到最佳实践标准；在开采前检查当地的水、空气和土壤质量，监测各种变化和处理新出现的风险；控制废气排放，包括温室气体排放；让公众了解在个别井中使用的化学品；确保在整个项目中采用最佳实践。

五、核能发展缓慢前行

核能作为一种清洁的低碳能源，在当前能源格局变化中，以安全发展为前提，缓慢前行。联合国原子能机构 2014 年发布的统计报告显示，基于 2012 年核能发电量计算，在全球最大的 17 个核电国家中，美国年核能发电量为770 719 kMWh，排名第 1 位，现有 100 个核反应堆，其 19% 的电力来自核能；法国年核能发电量为 407 438 kMWh，排名第 2 位，现有 58 个核反应堆，74.8% 的电力来自核能；俄罗斯年核能发电量为 166 293 kMWh，排名第 3 位，现有 33 个核反应堆，核电占比为 17.8%；韩国年核能发电量为 143 550 kMWh，排名第 4 位，现有 23 个核反应堆，核电占比为 30.4%；德国年核能发电量为 94 098 kMWh，排名第 5 位，现有 9 个核反应堆，核电占比为 16.1%；中国年核能发电量为 92 652 kMWh，排名第 6 位，现有 17 个核反应堆，核电占比为 2.0%；加拿大年核能发电量为 89 060 kMWh，排名第 7 位，现有 20 个核反应堆，核电占比为 15.3%；乌克兰年核能发电量为 84 886 kMWh，排名第 8 位，现有 15 个核反应堆，核电占比为 46.2%；英国年核能发电量为 63 964 kMWh，排名第 9 位，现有 18 个核反应堆，核电占比为 18.1%；印度年核能发电量为 29 665 kMWh，排名第 13 位，现有 20 个核反应堆，核电占比为 3.6%；日本年核能发电量为 17 230 kMWh，排名第 17 位，核电占比为 2.1%。

据 BP 分析预测，2012—2035 年，全球核能预计年均增长 1.9%。在经合组织国家，随着老核电站的逐渐退役，预计核能发电量将会有所下滑，年均下降 0.2%。各国严格的安全要求使核能的经济性在竞争市场中失去优势，预计新建核电站的数量将会减少。因此，全球核能增长将由以中国为代表的非经合组织国家推动，年均增速 5.9%。中国的新增核电将达到美国和欧盟在 20 世纪 70—80 年代经济的增长水平。核能可能在 2030 年以后出现转折开始下降。在美国和欧洲等率先采用核能技术的国家和地区，许多反应堆将达到技术退役年限，而只有少数国家计划增加新产能。即使允许延长反应堆的使用寿命，核能也很可能触顶下滑。到 2040 年，在新增核电装机容量中，中国占 45%，印度、韩国和俄罗斯 3 国共占 30%。美国核电将增加 16%，日本核电会有所反弹，欧盟核电装机会下降 10%。2040 年之前，约有 200 个核电反应堆退役，大多数分布在欧洲、美国、俄罗斯和日本，到期退役核电厂的退出成本会超过 1000 亿美元。

欧盟达成核安全新标准，并就完善跨境核应急准备方法达成一致。英国政府正在规划新建 11 座反应堆，2025 年前投产，以期实现增加 16 GW 产能的电力目标。芬兰、匈牙利等与俄罗斯原子能公司（Rosatom）达成核电机组建设协议，波兰和西屋达成相关协议，罗马尼亚与中国、加拿大企业达成协议，捷克、保加利亚、立陶宛也正在积极推进前期工作。俄罗斯政府计划到 2020 年实现核电产能翻番，到 2050 年将核电占比升至 50% 以上。俄罗斯将在未来 20 年内新建 28 个反应堆，并出口其核技术。乌克兰计划在 2030 年以前新建 11 座核反应堆，将目前的核电产能翻倍。

此外，日本福岛核事故促使欧盟一些国家放弃建造新的核反应堆的计划，并且逐步关闭现有的反应堆。德国已永久关闭 17 座核电站中的 8 座，并宣布剩下的核电厂将于 2022 年关停。比利时、西班牙和瑞士也在逐步彻底退出核电领域。法国总统奥朗德 2014 年 10 月召集核政策委员会会议，确定到 2025 年，将核能发电量占全国用电量的比例从 75% 削减到 50%，并将核能发电量限制在当前 63.2 GW 的水平。法国政府将于 2016 年底彻底关闭费斯内姆核电站的两个核反应堆，而且，在诺曼底地区弗拉芒维尔市修建的压水核反应堆将是未来 5 年法国唯一投产的核反应堆。

日本所有的核电厂几乎都已闲置，能源进口量激增带来的高额成本拉高了日本能源价格，并消耗了大量外汇。因此，重启核电成为“安倍经济学”中的重要组成部分。2014 年 4 月，日本安倍政府发布了《能源基本计划》，将核电定位为“重要的基荷电源”，表明要将核电纳入经济增长战略，彻底告别民主党执政时提出的“零核电”方针。关于重启核电站，《能源基本计划》称如果原子能规制委员会认可其符合安全标准，“将尊重其决定加以推进”。该计划表示将尽可能降低对核电的依赖度，但也保留了新建核电站的可能，并从电力稳定供应和成本来判断需要确保的核电规模。日本已有 8 家核电厂申请启动 17 个反应堆，其中有 12 个已通过日本核监管机构 NRA 的评估。首批重启的核电反应堆将从这 12 个反应堆中产生。

核电工业在韩国保持上升势头。2021 年前，韩国将会有 5 座新反应堆投入使用。韩国计划 2035 年前将其对核能的依赖度削减至 29% 。2018 年前，中国将建设完成 13 座新的核反应堆，2020 年前将核电占比由 2% 提升至 6% 。印度核能正在崛起，在建 7 个新的核反应堆，到 2050 年核电占比预计达到 25% 。巴西、阿根廷和南非等国都有意扩大核电建设，先后与中国、俄罗斯等国签署了合作框架协议，委内瑞拉、智利等拉美国家，非洲及东盟等国家也在寻求发展核能。

信息通信技术基础地位无可匹敌

当前，信息通信技术呈现深度融合的发展态势，以移动互联网、大数据、云计算、智能终端、高端芯片为核心的新一代信息通信技术正彰显出巨大的变革力量，其影响已不仅局限于信息产业、互联网经济本身，而是融入经济、社会及人类生活的方方面面，深刻地改变着人类的生产与生活方式。2014 年是全球新一代移动通信快速变革的一年，是新型智能终端生态体系正在形成的一年，还是计算模式、虚拟现实及工业互联网等关键技术蓄势待发的一年，全球主要发达国家（地区）重磅出击规划 ICT 的长远发展，期望巩固本国在 ICT 领域的固有优势，同时在事关未来重大发展的重点领域取得先发优势，从而全面筑牢信息通信技术的基础地位。

一、全球 ICT 产业持续增长

目前，快速创新与变革的信息通信技术正越来越多地改变着人们的生活方式和行为模式，移动技术和服务成为信息社会发展的主要驱动力量。尽管全球 ICT 投资呈下降趋势，但其对经济总量的贡献仍在增加，同时该领域的创新能力持续加强。

1. 互联网继续快速发展，改变人类生产生活方式

截至 2014 年年底，全世界范围内的互联网用户数已近 30 亿（2013 年底为 27 亿）。其中，全球固定宽带用户数达 7.11 亿，普及率近 10%，而 2005 年这两个指标分别为 2.2 亿和 3.4%。虽然手机用户的增长逐步放缓，其市场接近饱和，但移动宽带用户在 2014 全年度持续保持了两位数的增长率，使得移动宽带市场成为增长最快的细分市场，移动宽带的全球普及率达 32%，较 5 年前的数字增长了 4 倍。与此同时，2001—2013 年国际带宽以年均 45% 的增长率急剧增长，其

中发展中国家所占份额从2004年的9%增长至2013年的30%。

伴随互联网用户的增长，互联网内容同步急剧增长，越来越多的人通过内容创建、信息分享及更新积极参与信息社会的建设，他们使用社交媒体及其他基于互联网的应用程序，内容更是覆盖广泛的主题和领域。

过去的10年，全球网站的数量以指数速率增长，Netcraft估计在2014年年初，全球的主机名数量超过8.5亿个，活跃网站约1.85亿个。其中，谷歌仍然是全球领先的搜索引擎，并占领约90%的搜索市场，2013年年底谷歌搜索的平均日访问量达到60亿次，2013年全年的搜索总数则超过2万亿次。而不论是在发达国家还是在发展中国家，社交网站已成为大多数用户访问频率最高的网站，到2013年底Facebook已拥有13亿活跃用户，比2012年增长了22%，Twitter的活跃用户达6.46亿，中国的腾讯微博则拥有5.07亿用户，而2014年第三季度的统计数据显示，微信的活跃用户数已达4.38亿。

亚马逊、淘宝等网站为全球的消费者提供了更加便捷的购物渠道，传统的分销渠道被打破，网络购物成为人们购买商品与服务的重要方式。OECD的统计数据显示，2013年OECD各国在线购物的消费者人群占总人口的比例均值为47%，这一比例在2007年为30%。

ICT已成为电子政务、智慧医疗、现代教育不可或缺的重要支撑。2013年OECD各国平均有30%的个人用户和超过80%的企业用户享受电子政务的服务，在线搜索及查询医学与保健类信息的用户比例从2008年的近50%增长至2013年的58%，超过70%的青少年人群在校园内使用网络服务。ICT应用也成为现代劳务必须具备的基础技能，2013年在欧盟地区超过60%的招聘需求中明确标注计算机应用能力是必要技能。

2. 信息通信技术是经济增长的重要驱动力

国际电信联盟（ITU）的统计数据显示，2012年全球电信总收入为1.881万亿美元，较上一年度的1.885万亿美元略有下降，占世界GDP的2.7%。OECD的统计数据显示，2012年各成员国的ICT投资在GDP占比和固定资本形成总额占比较2000年的峰值均有所下降，并分别从3.2%和13.8%下降至2.3%和12.1%。周期性的投资本质决定了全球信息技术和通信设备投资额的下降趋势，与此同时，软件行业投资占ICT投资的比例保持相对稳定甚至增长的态势，从2000年的不到40%增长至2012年的57%。

尽管如此，ICT商品与服务领域的投资依然是全球经济增长的重要驱动力。OECD的统计数据显示，OECD各成员国2012年的工业总产值中，信息工业所占比例达6%，过去10年来，ICT领域的投资为GDP年度增长贡献了0.2%～0.6%的份额，而且ICT领域投资的贡献要明显高于非ICT领域，这在日本和瑞士两个国家的表现尤其明显；2000—2012 年，全球 ICT 产品出口量增长了 65%，增长额超过 1.5 万亿美元，其中计算机及其外围产品占 ICT 产品出口的总量从近 38% 下降至近 30%，通信设备和消费电子产品的出口占比从 26% 上升到近 35%，同期中国在全球 ICT 产品出口中所占的份额从 4.4% 上升至 30% 以上。

3. 信息通信技术的创新能力持续加强

一方面，作为创新驱动力的研发投入在持续增长，另一方面作为技术创新成果重要指标的专利数量也在同步增长。2011 年 OECD 地区各国的企业研发支出总额中，ICT 生产行业与出版、数字媒体与内容行业所占比例在 20% ～25% 区间。总体来看，ICT 研发支出主要集中在制造业，服务业的研发支出强度相对较低。

2010 年度的创新调查数据显示，全球 ICT 产业（包括 ICT 制造业和 IT 服务业）中创新型企业的占比约 70%，这一比例在全部行业中仅为 50%。ICT 产业中的创新型企业更善于进行组合型创新，即在产品创新、组织过程创新和营销创新等方面同时发力。

PCT 专利统计结果显示，2009—2011 年 ICT 领域的专利申请量占专利申请总量的比例超过 38%。在国家（地区）专利申请排名中，美国仍然占据首位，不容忽视的是，中国的专利申请份额在快速增长，其排名在 2013 年已跃升至全球第 3 位。在细分技术领域中，过去 10 年仅数据挖掘技术相关的专利申请在总量中的占比就翻了 3 倍，机器间通信（M2M）技术相关的专利申请占比增加了 6 倍。

从 ICT 专利申请中还可看出，众多新兴技术依赖于 ICT 的创新。OECD 的统计数据显示，大约有 25% 的 ICT 专利可应用于非 ICT 领域。例如，应用嵌入式数据挖掘算法推广第二代基因组测序技术，可以使人类基因组测序的单位成本从 2009 年的 100 万美元下降至 2014 年的 1000 美元；集成了传感器、机器人、超强性能处理器、无线通信等技术，并引入大数据服务概念的农用无人机为精细农业的发展奠定了坚实的基础。

二、各国重磅出击，规划 ICT 未来发展

1. 美国重视营造信息技术生态系统

美国在信息技术革命中领先全球。为营造 21 世纪全面创新所需的信息技术生态系统，奥巴马政府制定了全面的战略，包括扩大高速互联网接入、推动电网现代化、提高无线频谱的可利用性等，并于 2011 年推出《高速无线网络计划》、

2012 年推出《大数据研发计划》，而《国家网络与信息技术研发计划战略规划》（NITRD）也于 2012 年重新获得授权。而在网络空间安全挑战日渐严峻的当前，美国更是在 2014 年度将网络空间安全由“政策”“计划”的层次提升为国家战略。

（1）NITRD 优先发展领域

NITRD 计划囊括了美国政府资助的若干重大信息技术项目。2014 年 3 月，NITRD 公布其 2015 财年预算说明，总体来看，NITRD 计划 2015 财年的经费预算为 38 亿美元，比 2014 财年的预估经费（39 亿美元）减少了 2.6%。

2015 年度，NITRD 在不同研究领域的研究方向有：

①网络安全与信息保障（CSIA）：促进变革，奠定科学基础，促使研究影响最大化，促进实践转化。同时大力提升网络作战能力，包括开发能识别任务与威胁的技术、计算优化方案，并实施相关的保护措施。

②高可信软件与系统（HCSS）：网络 - 物理系统，复杂系统，高可信系统与保障计算的基础，信息保障需求，航空安全，重要飞行系统保障等。

③高端计算基础设施与应用（HEC I&A）：顶尖的高质量高端计算系统，高端计算应用的发展，世界级的网络基础设施。

④高端计算研究与开发（HEC R&D）：极限计算，高端计算软件与硬件，计算科学与系统架构的新方向。

⑤人机交互和信息管理（HCI&IM）：基于大数据的新知识获取与行动，人类参与与决策，科学与工程数据的有效管理，信息集成、访问与管理，地球/空间科学数据与信息系统，医疗信息技术，信息检索，认知、自适应与智能系统，多模式语言识别与翻译。

⑥大型网络（LSN）：面向未来网络的网络架构与协议，大数据网络，软件定义网络与 OpenFlow 技术，无线网络，实验网络设施，战略性网络技术，云计算与网格计算，端对端网络管理，计算研究基础设施，网络复杂性研究，网络安全研究等。

⑦ IT 的社会、经济和劳动力意义及 IT 劳动力发展（SEW）：多学科中心、研究所与团体，网络 - 人类系统，先进学习技术，网络安全教育，社会计算等。

⑧软件设计与生产（SDP）：面向可持续创新的软件基础设施，面向 21 世纪科学与工程的网络基础设施框架（CIF 21）项目，软件与硬件基础，量子信息科学等。

此外，NITRD 计划还组建了 5 个跨部门高级督导小组（SSG），旨在共同制定有效的研发战略，以应对国家层面面临的 IT 挑战。目前，这 5 个 SSG 负责的领域分别为是大数据研发、网络 - 物理系统研发、网络安全和信息保障研发、医疗 IT 研发、无线频谱研发。其中大数据研发 SSG 的优先领域涉及：基础教育与人才培养，理论研究与技术创新，用于数据存档、数据互操作性、数据取证、交叉数据分析的网络基础设施，团体参与及扩展。网络－物理系统研发 SSG 则致力于迎接网络安全、网络隐私、网络经济及网络互操作性 4 个领域的挑战。

（2）“网络空间安全”国家战略

目前，网络空间已成为继陆、海、空、天之后的第五大主权领域空间，而美国自克林顿政府时期便陆续制定了一系列相关的政策与计划，进入 21 世纪后，美国政府在网络空间的战略意图日益明显。2005 年，政府公布名为《网络空间安全：迫在眉睫的危机》的紧急报告；2008 年，布什政府发布《提交第 44 届总统的保护网络空间安全的报告》，为下一届政府如何加强网络空间安全提出强烈建议。2009 年 2 月，奥巴马政府公布了《网络空间政策评估——保障可信和强健的信息和通信基础设施》的报告，将网络空间安全威胁定位为“举国面临的最严重的国家经济和国家安全挑战之一”。

进入 2010 年之后，美国构筑网络空间霸主地位的具体动作包括：① 2011 年 5 月，发布《网络空间国际战略》，明确表达了“确立霸主地位，制定全球规则，谋求优势，控制世界”的意图。② 2011 年 7 月，发布《网络空间行动战略》，提出五大战略措施，用于捍卫美国在网络空间的利益，使得美国及其盟国、国际合作伙伴等可以持续受益于信息时代的创新。③ 2012 年 10 月，总统签署《美国网络行动政策》，在法律上赋予美军开展非传统作战的权力，明确可以从网络中心战扩展到网络空间作战行动。④ 2013 年 2 月，发布《增强关键基础设施网络安全》总统令，明确要巩固国家关键基础设施，提升环境安全维护及恢复能力。⑤ 2013年 4 月，总统向国会提交《2014 财年国防预算优先项和选择》，提出到 2016 年要整编成 133 支网络部队的目标，其中国家任务部队 68 支，作战任务部队 25 支，网络防御部队 40 支。⑥ 2014 年 2 月，美国国家标准与技术研究院针对《增强关键基础设施网络安全》提出《美国增强关键基础设施网络安全框架》（V 1.0），强调利用业务驱动指导网络安全行动，按网络安全风险程度不同分为 4 个等级，并组织风险管理进程。

2. 欧盟的《地平线 2020》计划赋予 ICT 重任

ICT 部分已占到欧洲经济总量的 4.8%，ICT 领域投资对欧洲生产率增长的贡献更是高达 50%。由此，《地平线 2020》计划在 ICT 领域的投资将超出第 7 框架计划（FP 7）在该领域投资总量的 25%，并分布在整个 ICT 产业链上，包括从基础研究到可能引发新商业变革的创新型研究。与此同时，经过多年实践的公私合作发展模式（PPP），已成为欧盟提高研发创新效率的最有效机制，故此 2014 年度 ICT 重点领域的 PPP 推广工作开展得如火如荼。

（1）《地平线 2020》计划赋予 ICT 重任

欧盟欲创建一个可包容创新型设备、系统与应用等多重功能于一体的新一代开放性平台，而 ICT 的进步为该平台的建设与发展提供了重要的机遇。为此，在《地平线 2020》计划中欧盟对 ICT 赋予了重任，围绕计划的三大目标，ICT 分别扮演如下角色：

①在打造卓越科学方面，研究揭示革命性新技术的可能性，研究 ICT 对“卓越科学”中创新性研究成果的贡献。其中，未来与新兴技术前瞻计划重点关注“百亿亿次级高性能计算”项目。石墨烯项目和人脑项目最终入选了未来与新兴技术旗舰计划，从而分别在材料学、神经科学方面深化了 ICT 与其他学科的交叉与融合。在科研基础设施计划中，ICT 基础设施建设的首要任务包括：发展并集成 ICT 基础设施与服务资源，提供研究数据的访问接口并实施管理，实施欧盟高性能计算战略之电子基础设施部分。

②在成为工业领袖方面，ICT 的驱动力体现在六大技术领域。计划中同时配套有 ICT 交叉研究项目、创新政策支撑、国际合作活动及未来工厂项目等，在国际合作活动的开展中，明确了在 2014 年度与日本合作启动网络未来主题领域的 4 个研发项目，在 2015 年度与巴西合作启动高级信息基础设施主题领域的 3 个研发项目。

③在应对社会挑战方面，《地平线 2020》计划须应对的七大挑战中，ICT 的贡献分布在其中 6 个分支。应对“人口健康和社会福利”挑战方面，ICT 不仅要积极解决老龄化问题，提供集成式可持续的健康护理服务，还要提升健康数据价值，并从中挖掘出有利于健康卫生政策的制定、实施与监管的客观信息。应对“安全、清洁与高效的能源”挑战方面，需要 ICT 提供支撑的议题有能源效率、低碳能源、智慧城市与社区建设，特别是在智慧城市与社区建设方面，ICT 尤其要承担起核心支撑作用。应对“智能、绿色与优质的交通运输”挑战方面，需要 ICT 提供支撑的议题有流动性增长、绿色汽车、小型企业创建与快速创新。应对“气候变化、环境、再生能源、原材料”挑战方面，ICT 需要协助解决废物处理和水处理两大问题。应对“包容、创新及社会效应”挑战方面，需要 ICT 提供支撑的议题包括欧洲文化认同，欧洲新思潮、新战略和政府管理架构，创新与包容的新一代欧洲人，创新的新形式。应对“安全社会”挑战方面，ICT 的作用集中体现在构建“数字安全”，即信息安全、保护隐私和提升信任度。

（2）大力通过 PPP 模式开展 ICT 创新

2014 年 1 月，欧盟启动《5G PPP》计划，截至 2014 年 10 月相继有 9 项公私伙伴关系（PPP）正式启动，其中与 ICT 相关的主题领域包括：5G、光子学技术、机器人、高性能计算、大数据等。《5G PPP》计划将深入研究未来 10 年 5G 通信基础设施的解决方案、架构、技术及标准等。该计划汇聚了电信业、IT 业及科研院所等多方参与者，或将重新塑造业界企业的角色与关系。2014 年 10 月，欧盟大数据合同制公私伙伴关系合同制组建完成，它几乎囊括欧洲地区所有的与数据相关的大型企业，并联合科技界、学术界和利益相关方组成大数据技术价值链利益共同体。

3. 俄罗斯确定 ICT 为优先发展领域

2014 年 1 月，俄罗斯政府批准《俄罗斯联邦至 2030 年科技发展预测》报告，预测结果表明，信息通信技术成为未来俄罗斯科技发展的优先领域之一。

报告提出，未来俄罗斯信息通信技术的发展可能会面临市场变革、网络信息监管加强、网络犯罪增多、自由研发人员增加、信息技术市场崩塌等挑战。与此同时，俄罗斯电子政务及电子服务的加强、高校与企业信息通信技术合作的深入、电子商务范围的扩大、信息通信技术对社会发展及公民自身发展影响的加强、数据保护系统的研发及互联网革命均成为俄罗斯信息通信技术发展的机遇。

根据预测，未来俄罗斯信息通信技术领域的优先发展方向包括：①计算机体系结构和系统，包括万万亿次级超级计算机、系统算法和程序、分布式系统、服务器及个人电脑新型体系机构、新型计算模式和计算机设备制造技术；②电信技术，包括新型信息传输技术、网络技术、存储器扩展技术、数字现实技术与系统、人机交互连接装置；③信息处理和分析技术，包括超大规模信息收集、处理、分析、储存技术，新型多媒体信息处理技术，新型文本信息和半结构化信息处理技术，新型网络技术及信息分析技术；④电子元器件和机器人技术，包括电子元器件自动化设计、利用新型电子元件优化信息通信技术、多功能电子元件制造技术、机器人技术；⑤预测建模及先进系统运行，包括复杂系统和程序建模、智能操作系统、设计工具及信息通信技术运行支持工具；⑥信息安全，包括识别和认证技术、可靠的体系结构和模型、个人信息保护技术、生物统计识别技术和设备等；⑦算法和软件，包括先进程序设计、语言和系统模式及技术，数据库控制系统、认知技术等。

4. 韩国力促 ICT 产业继续担当国家经济增长引擎

韩国的信息通信技术，不论是在技术研发，还是在产业化应用与推广方面，都走在全球的前列，这在国际电信联盟 ITU 发布的《衡量信息社会发展》系列报告中有突出表现。在 ICT 发展指数国家排名中，韩国自 2010 年连续 3 年占据全球首位，在 2013 年的排名中以 0.01 分之差仅次于德国。

韩国政府历来十分重视 ICT 在经济与社会发展中所发挥的作用，并始终坚持以 ICT 为基础探寻与发掘创新源泉。尤其是在朴槿惠总统提出“创造经济——以全体国民的创意为基础融合科技与信息技术”的发展模式后，“科技与信息通信技术是韩国可以引领全球的最佳领域”的地位更加牢固。

在这样的背景下，2013 年 10 月，韩国政府推出《韩国 ICT 研发中长期发展战略（2013—2017）》，以期寻找新的突破口，力促ICT产业继续担当国家经济增长引擎的时代使命，以信息通信技术为中心实现产业与产业之间、产业与文化之间的融合，并努力创建出创新性、高附加值的新兴产业，同时为解决产业结构不合理、能源短缺与资源限制、气候变化、人口结构变化等带来的经济、社会问题寻求积极的应对手段。

战略总目标是通过ICT-WAVE战略激发创造型经济的增长潜力，并明确了四大重点任务，包括全面推动ICT的研发、着重增强软件实力、大幅度提升技术商业转化率和夯实与扩充研发基础。ICT研发方面，在内容、平台、网络、设备、安全五大领域选定了十大核心技术，并制定明确的演进目标，这十大技术包括：全息影像、内容2.0、智能软件、物联网平台、大数据与云、5G、智能网络、感知终端、智能ICT融合模块、网络攻击应对技术等。

5. 日本推出ICT战略打造智慧国家

2014年6月，日本总务省在对《新信息通信技术战略》（2010年5月）实施进度进行评估的基础上，提出《智慧日本信息通信技术战略》，旨在进一步推进ICT成长战略的实施，基于ICT将日本建设成为世界上最具活力的国家。

战略提出了三大理念：一是到2020年实现“知识信息立国”目标，建成引领世界、现实与虚拟相融合、战略性运用知识信息存量及流量的社会；二是利用信息通信技术，实现“三位一体”解决方案——解决日本问题、他国问题和地球问题；三是基于全球化视角提出“速度”和“实践”方针，由“人力、物力、财力”推动生产力的发展方式转型为“人力、物力、财力+信息”推动生产力的发展方式。

日本政府确立了“通过灵活运用信息通信技术，实现各种商品与服务相连，推动创新发展”的国内战略。主要举措有：一是搭建建设智慧日本的平台，包括以ICT推进新型城市建设、推动地理空间（G空间）与ICT融合、推进大数据与开放数据应用；二是完善基础设施，包括提供免费WiFi、加速高清视频服务普及等，旨在建立世界最高水平的信息通信技术基础，推动ICT普及发展；三是改善环境，包括建立先进的多语言语音翻译系统、制定信息安全对策、培养数据科学人才等；四是解决国内社会问题，包括建成“智能白金社会”、推动公共信息共享、利用超低功耗通信技术维持和管理社会基础设施等。战略同时提出了“力争到2020年使ICT的海外销售额提高至目前的5倍”的国际发展目标。

日本《科学技术创新综合战略2014》也高度重视信息通信技术，把其与纳米技术、环保技术等核心跨领域技术作为增强日本产业竞争力的源泉。新综合战略提出了在ICT领域亟须重点关注的核心技术：①实现“创造新知识，推动社会经济发展”的核心技术包括：信息安全技术、先进网络技术、大数据分析技术、脑信息处理技术；②实现“改善环境，促进个人参与社会活动”的核心技术包括：多语种语音识别与翻译技术，知识处理技术，自然语言、手语手势及健康状况理解技术，人机界面技术，沟通辅助技术、虚拟通信技术和小型设备技术（如可穿戴设备）；③实现“建设先进的基础设施网络，创造新价值”的核心技术包括：传感装置技术、传感及识别技术、虚拟现实技术。

6. 德国把 ICT 作为关键领域

ICT 产业已成为德国的支柱产业，2011 年营业额达 2280 亿欧元，拥有企业 8.6 万多家，从业者超过 90 万人，远超机械、汽车等传统工业的就业人数。在德国从事 ICT 的企业中，有 50% 的企业在 2013 年的投资额超过上一年度，58% 的企业扩张了业务范围，50% 的企业提高了用于 ICT 研发的资金和人员投入。

2014 年 8 月，德国经济部、内政部等联合推出《数字议程（2014—2017）》，以期在变革中推动“网络普及”“网络安全”及“数字经济发展”这 3 个重要进程，使德国成为具有国际竞争力的“数字强国”。作为德国《高技术战略 2020》的十大项目之一，“数字议程”是继“工业 4.0”之后确保未来发展的又一重要举措。在“工业 4.0”将信息技术与工业技术深度融合并全面提高生产率的前提下，由“数字议程”引领的数字化进程，通过不同层面的 7 个行动领域的全面布局，力争在智能制造与服务、大数据和云计算等领域为德国开辟更多的发展机遇。

2014 年 9 月，德国出台最新版本的高技术战略。新版高技术战略强调六大研究领域，数字化经济与社会位列其中，其核心行动领域包括 6 个方面：①实施“工业 4.0”项目，使德国成为“工业 4.0”技术的领先供应国和面向未来的生产基地。②挖掘“智能服务”潜力，在生产流程、产品与服务提供领域，通过建立新的平台、改变组合方式等为企业提供支持，确保对价值链和生产流程的控制。③启动“智能数据”项目，借此利用大数据技术推动中小企业开展创新服务。④启动《可信云计算》计划，提出安全合法、创新性的云计算解决方案。⑤制定“智能网络”综合战略，充分开发信息通信技术潜能，为智能应用和创新服务的提供奠定强大、安全的通信网络基础。⑥数字化科研、教育和生活：加强数字化科研信息基础设施建设，并确保数字信息可广泛获取和利用；制定“数字化学习”战略，普及数字媒体在教育和终生学习中的运用；在“确保并塑造未来——应对重大社会挑战研究”议程框架下，研究数字化对家庭生活的影响。

三、新一代移动通信快速变革

移动通信系统经历了从 1G 到 4G 时代的长期演进，其中 4G 是多功能集成的宽带移动通信系统，除了要满足更高的数据传输速率和频谱利用效率的需求之外，它还要跨越类型不同的固定和无线平台，并为分散频率的网络提供无线服务。国际电信联盟审议通过的4G标准包括LTE-Advanced（LTE-A）和Wireless-MAN-Advanced（802.16 m），LTE作为3G与4G之间的过渡技术，其在全球范围内的商用步伐正加速前进，2014年LTE-A的网络部署已获得重大突破。作为全球最大的移动通信市场之一，中国的LTE网络建设成为年度热门话题。与此同时，5G的概念正悄然兴起，成为世界各国（地区、组织）争先定义的新领域。

1. LTE网络部署速度加快

LTE网络成为有史以来部署最快的移动通信网络。截至2014年9月，全球已有112个国家和地区的331张LTE网络投入商用，预计2014年年底LTE商用网络数量将超过350张。2013年年底，全球LTE网络人口覆盖率约为20%，全球LTE用户数超过2亿，到2014年年底预计LTE用户数将超过4亿。

从国家和地区分布来看，2013年北美地区（美国和加拿大）LTE用户占移动用户总数的25%，到2014年该数字跃升至40%。预计到2020年，LTE网络用户比例将达到80%。

东北亚地区的韩国、日本和中国香港自2012年开始进行LTE网络部署，到2014年底日本LTE网络用户比例接近50%，韩国的比例接近80%，而日本与韩国两个国家LTE网络用户的数量之和将占到全球总量的25%。目前，中国大陆和中国台湾地区的运营商正在进行LTE商用网络的大范围部署，预计到2020年上述地区的LTE网络人口覆盖率[①]将超过95%，特别是中国大陆的LTE建设将使得东北亚地区成为LTE产业发展的最大市场。

欧洲地区超过半数的国家部署了LTE网络。目前，西欧地区的LTE网络数量明显多于东欧地区，全欧洲的LTE用户数量正在快速增长并有望在2014年度达到移动用户总数的5%，预计到2020年LTE用户总数将达到6亿，占到移动用户总量的50%。

东南亚和大洋洲地区的LTE用户数量从2014年上半年开始进入强劲增长模式，尤其是新加坡和澳大利亚可以称为该地区LTE网络部署和商用的先锋，其中，新加坡开展了全世界首次全语音LTE商用（VoLTE）服务，澳大利亚实现了全世界首个LTE体育场广播示范工程。

2. LTE-A网络部署获得重大突破

LTE-A技术构建在LTE技术之上，并且保证演进的LTE性能可以满足甚至

---

① 人口覆盖率：某地区可快速有效访问移动网络的人群占总人口的比例，它并不代表技术的使用率，原因是影响技术使用的因素有很多，如设备接入能力等。

超越国际电信联盟提出的4G标准IMT-Advanced需求。2011年3月LTE-A基础版本被“冻结”，而LTE-A网络的部署在2014年成为可触摸的现实。截至2014年第一季度末，全球范围内有60张LTE-A网络分别处在试验、承诺商用和商用部署的状态中。在承诺商用的网络中，北美地区有5张，西欧地区有22张，亚太地区有16张。

其中韩国不仅在网络部署，还在商用化服务方面走在全球的前沿，SK Telecom、LG U+和KT 3家运营商均于2013年开展了载波聚合技术的商用部署，以强化其“技术领跑”优势。其中，SK Telecom在扩大LTE-A无线服务覆盖范围方面取得显著进展，它承诺在韩国的主要城市提供LTE-A服务，并完全覆盖连接首尔和其他城市的地铁沿线；其2013年6月投入商用的LTE-A网络，成为全世界首个正式投入商业运营的LTE-A网络。欧盟地区一些国家在2014年度开始LTE-A网络部署，并提出商用化目标，表现出要在4G时代实现与全球移动通信系统同步建设的决心。

3. 中国成为LTE商用化主力

伴随具有自主知识产权的TD-LTE成为国际标准，中国已经成为2014年LTE全球市场发展的最大看点，同时中国企业在全球LTE第一阵营的地位得到进一步稳固。

2013年末，中国工业和信息化部正式向中国移动、中国电信和中国联通三大运营商发放TD-LTE的运营牌照；2014年6月，中国工信部向中国电信、中国联通颁发了FDD试验网牌照，8月工信部进一步批复扩大LTE混合组网试验范围，新增24个城市开展TD-LTE/LTE FDD混合组网试验。自此，中国国内三大运营商全面进入4G时代，预计到2017年，中国的LTE用户数将超过西欧市场LTE用户数的总和，中国也将成为继美国之后的第二大LTE区域市场。

中国的华为是全球领先的信息与通信解决方案供应商，在LTE的开发和部署中发挥了重要作用。一方面，华为作为LTE/LTE-A核心标准的主要贡献者，已贡献546件通过提案，占全球总数的近25%，位居业界第一，提案涉及多个关键核心技术领域。另一方面，华为在全球LTE网络部署和运营服务方面的表现更加强劲。截至2014年10月，华为已与全球运营商签订了300多个LTE商用合同，并开通了154张商用LTE网络，位列业界第一。在LTE终端产品上，华为已推出包括智能手机、数据卡、用户端设备（CPE）、平板电脑等全系列产品，并全线支持TD-LTE/FDD-LTE/TDS/WCDMA/GSM 5种模式多个频段，支持LTE的Cat 4，这些使其具备广泛的全球漫游能力。

4. 5G研发风起云涌

5G（第五代移动通信系统）概念的提出最早可追溯至20世纪中后期，并从

2012 年开始受到通信业界的高度关注。国际电信联盟已积极开展面向 2020 年技术趋势、频谱需求分析和社会愿景等方面的研究工作，并计划于 2015 年 7 月完成 2020 年移动技术发展愿景研究报告，以对 5G 形成一个基本的全球共识。主要国家（地区）在 5G 研发方面也出台了诸多计划，具体内容参见表 2 - 1。

表 2-1　主要国家（地区）的 5G 研发计划和项目

国家（地区）	时　间	计划和项目说明
美国	2012 年 7 月	由政府和企业组成联盟，推进向 5G 时代的迈进。美国国家科学基金会（NSF）授予该团队 80 万美元的激励创新研究资助金
欧盟	2012 年 9 月	在欧盟第 7 框架计划中启动“5G NOW”项目，主要面向 5G 物理层技术进行研究
	2012 年 11 月	在欧盟第 7 框架计划中启动“METIS”项目，欲构建 5G 系统概念，并对无线链路概念、多节点和多天线传输技术、多层网络和多接入技术、频谱使用技术等关键技术进行研究
	2014 年 1 月	推出“5G PPP”计划，总预算 14 亿欧元，计划在 2020 年前开发 5G 技术，到 2022 年正式投入商业运营
英国	2013 年 11 月	成立 5G 创新中心（5GIC），进行用户需求调研、5G 网络关键性能指标与核心技术的研究、5G 网络性能的评估验证
德国	2012 年 6 月	成立 5G 研发专门实验室
日本	2013 年 10 月	设立 5G 研究组“2020 and Beyond Ad Hoc”，隶属高级无线通信研究委员会
韩国	2013 年 6 月	成立 5G 研发推进组 5G 论坛，论坛提出 5G 国家战略和中长期发展规划，负责研究 5G 需求，明确 5G 网络及服务概念等
	2013 年 10 月	发布《信息通信技术研发中长期战略（2013—2017）》，明确到 2017 年进入 5G 系统的试用阶段，实现有线和无线系统完成初步融合
	2013 年下半年	制定《5G 移动通信促进战略》，计划在 2015 年之前实现 pre-5G 技术，在 2018 年尝试 5G 服务，最终将于 2020 年正式投入 5G 商用服务
	2014 年 1 月	制定《未来移动通信产业发展战略》，投资 1.6 万亿韩元用于 5G 移动通信核心技术研发，计划在 2018 年平昌冬奥会首次示范 5G 应用
中国	2013 年 2 月	成立 IMT-2020（5G）推进组，正式启动国家“863 计划”《第五代移动通信系统研究开发一期》重大项目，前瞻性地部署 5G 需求、技术、标准、频谱、知识产权等研究，建立 5G 国际合作推进平台
	2014 年 1 月	中国台湾地区召开“5G 发展产业策略会议”，成立专职部门负责推动 5G 的长期发展，并研究制定《2020 年 TW-5G 战略方案》

四、新型智能终端生态体系正在形成

伴随信息与通信技术的加速融合，移动智能终端的种类和形态更加多样化，它们采集人类生产与生活的海量数据，使之接入移动互联网。而在云计算与移动互联网日渐一体的趋势下，通过大数据技术从这些海量数据中挖掘得到有价值的信息，从而为人类提供低成本的定制化服务成为 ICT 深度融合的重要目标。其中，智能终端成为数据或者信息的重要产生点，多种形态的终端并存，日渐构成一个新型的终端生态系统。

1. 智能手机仍是终端主力

统计数据显示，2014 年第三季度智能手机销量为 3.01 亿部，同比增长达 20.3%，占手机总销量的 66%。预计 2014 年度智能手机的销售量将达到 12 亿部。

从品牌分布来看，2014 年第三季度，三星和苹果分列第 1 位和第 2 位，两大品牌的总市场份额之和为 37%，较 2013 年同期下降了 7 个百分点。而华为、小米和联想 3 种品牌总的市场份额增长了 4.1%，小米首次登上排行榜前五，其第三季度在中国市场的销量增长 336%，一跃成为本土市场的领导品牌。

在操作系统份额方面，2014 年第三季度售出的智能手机中，Android 平台占 83%，同比增长 1.1 个百分点，iOS 平台从 2013 年同期的 12.1% 增长至 12.7%，黑莓平台同比下滑 1 个百分点至 0.8%，Windows Phone 平台则从 3.6% 的份额下降至 3%。

2. 平板电脑销售增速减缓

统计数据显示，2014 年第三季度全球平板设备出货量增速较以往有所减缓。出货量规模达到 5380 万台，较上年同期增长了 11.5%。全球出货量最高的三大平板电脑品牌依次是：苹果、三星和华硕，出货量分别为 1230 万、990 万和 350 万。受到以联想为代表的中国厂商的冲击，苹果、三星和华硕的市场份额较 2013 年同期均有所下滑，分别从 29.2%、19.3%、7.4% 降至 22.8%、18.3%、6.5%。联想的出货量实现同比增长 30.6%，这使得该公司成功跻身全球第四大平板电脑生产商。

3. 可穿戴设备成为新的增长点

统计数据显示，2014 年第三季度，全球可穿戴设备出货量达到 1270 万台，同比增长 40%，预计 2014 年全球可穿戴设备出货量将达到 5200 万台，同比增长达 32%。

未来，多种类型的可穿戴设备附着于人体，加上人体内置的健康医疗传感器及嵌入到服装、鞋中的各种传感器，形成个体局域网。智能手机（或者平板电脑等终端）成为个体局域网中心，运行于智能手机上的移动应用成为个人访问这些设备的接口，从而在健康医疗、娱乐、运动健身、时尚展示等方面享受广泛的服务。相对于智能手机来说，可穿戴设备更像人体的一个器官，通过与人体更加紧密的结合，可以为用户提供关于身体或所处环境的实时监测、数据分析及合理建议，在此基础之上进一步探索增强感官、实现非常规功能的能力。由此来看，可穿戴设备未来的发展空间可能比智能手机还要广。

然而可穿戴设备要实现从概念性产品到实用性产品的跨越，亟须解决好以下三大问题：一是适用于可穿戴设备的元器件研发；二是提升各类可穿戴设备的用户体验；三是实现从数据到服务的完美跨越。

五、若干关键技术蓄势待发

1. 神经形态芯片——计算模式的质变

2014 年 8 月，IBM 公司宣布其研制得到新一代计算机芯片“TrueNorth”，该芯片能够模仿人脑结构及信息处理方式，可能引发计算机行业的新一轮革命。

TrueNorth 集成了 54 亿个连接在一起的晶体管，形成了一系列由百万个“数字神经元”构成的阵列，它们就像生物体的大脑一样，彼此之间可以通过 2.56 亿个“神经突触”进行对话，其能力相当于一台超级计算机，但功耗仅为 65mW。这个神经网络系统架构可以高效地完成普通芯片难以完成的模式识别等复杂任务。作为首个具有“神经形态”的计算机芯片，TrueNorth 不仅实现了“可以像哺乳动物的大脑一样运行”的功能，更为可贵的是它具备将神经形态的计算从实验室推向现实世界的潜质。

2. 虚拟现实技术——渐入大众消费视线

2014 年，“虚拟现实”成为 IT 巨头争相关注的关键领域。而 Facebook 迅速收购头戴式虚拟现实设备 Oculus Rift 生产商 Oculus VR 的动作，也让人们充满了对移动互联网时代虚拟现实技术应用的憧憬。目前来看，不仅有 Facebook、谷歌、微软等 IT 巨头，还有全球领先的相机镜头制造企业 Carl Zeiss，以及众多初创企业已纷纷进入虚拟现实设备的竞争行列，它们关注的平台也广泛涉猎传统 PC（如 Oculus Rift）、游戏终端（如 Project Morpheus）和智能手机（如 Gear VR）等。与此同时，虚拟现实系统拥有极其广泛的应用领域——娱乐、教育与培训、建筑、医疗、军事、航天、设计与生产制造、危险及恶劣环境下的遥感操作、信息可视化和远程通信等。在移动互联网时代，如此强大的资金能力与基础技术支撑，再加上广阔的应用前景很有可能迅速催化相关产业走向成熟。

3. 工业互联网——欲与工业 4.0 争霸

互联网使得制造业迎来新的革命，网络制造、智能制造等成为重要的发展趋势。2012 年，美国通用电气公司提出工业互联网概念。相比德国西门子的“工业4.0”，通用电气的“工业互联网”方案更加倚重美国发达的软件和互联网行业基础，更加注重软件、网络、大数据等对于工业领域服务方式的颠覆。

2014年3月，在通用电气的大力倡导下，AT&T、思科、通用电气、IBM和英特尔五大巨头在美国波士顿宣布成立工业互联网联盟（IIC）。在接下来的短短2个月时间内，工业互联网联盟已拥有超过50名成员，成员中不仅包括大学、科研机构，还包括像埃森哲、博世、镁光科技、华为、丰田等各个领域的龙头企业。联盟成员在为工业互联网产品和系统研发提供重要创新驱动力的同时也成为工业互联网的率先接纳者。

联盟成立的目的是通过制定通用标准，打破技术壁垒，利用互联网激活传统工业过程，从而更好地促进物理世界和数字世界的融合。这里的标准不仅涉及诸如Internet网络协议类别的标准，还包括对IT系统数据存储容量、互联和非互联设备的功率大小、数据流量控制等细节性指标的界定。上述标准的建立和最终批准可能需要几年时间，然而标准一旦建立，将有助于硬件和软件开发者创建与物联网完全兼容的产品，从而最终实现传感器、网络、计算机、云计算系统、大型企业、车辆及若干其他类型的实体得以全面整合，并推动工业整体产业链的效率全面提升。

通用电气在其工业互联网试点业务进展顺利的前提下，一方面陆续发布了多款工业互联网产品，另一方面也在积极快速推进软件平台的开发与推广工作。截至2014年12月，通用电气公司已推出24种工业互联网产品，涵盖石油天然气平台监测管理、铁路机车效率分析、医院管理系统、提升风电机组电力输出、电力公司配电系统优化、医疗云影像技术等九大平台。2014年度，通用电气发布其名为Predix的工业互联网软件平台，将各种工业资产设备、供应商连接起来并接入云端，同时宣布将在2015年向所有企业开放该操作系统，以帮助各个行业的企业创建和开发自己的工业互联网应用。英特尔、思科、软银、Verzion、沃达丰等实力强大的战略合作伙伴的加入，必将成为GE Predix系统推广的重要推手。

生命科学与医疗健康领域蓬勃发展

2014年初以来，埃博拉病毒在全球肆虐扩张，而医疗技术却显得苍白无力，这场公共卫生危机也进一步增加了全社会对医疗健康领域的空前关注。一些国家在高技术创新、经济竞争力等战略规划中，纷纷把医疗健康作为优先主题。在基础研究方面，2013年欧美相继发布“脑科学”大计划，2014年是其开始走上正轨的一年，美国脑计划加速进行，欧洲脑计划虽迷雾重重，但起步时刻遇到挑战仍不失是一件益事。

“重磅炸弹”药物专利即将到期带来的影响仍在发酵，引发了药物研发策略的重大变化。2014年谷歌、三星等大型公司的领域投资强度达到了新的高度，全世界对生命科学与医疗健康领域的期望持续高涨。

一、全球主要战略政策动向

健康挑战日益严重，由此带来的对创新产品、创新技术的需求快速增加，这为各国的卫生经济及世界市场提供了众多机遇。在各国的国家经济或创新发展战略中，生命科学和医疗健康均作为引领经济、科技和社会发展的关键领域之一。

1. 美国支持医学研究提高国民健康水平

为实现创造机遇、促进增长的目标，美国2015财年研发预算对科学、技术与创新进行了目标明确的投资。其中，美国国立卫生院（NIH）计划拨款300.5亿美元，相比2014财年微量增长。

老龄病和脑计划是少数几个预算增幅相对较高的领域。2015年国家老龄问题研究所的预算达12亿美元，增加近2.4%，新增款将主要花费于阿尔茨海默病的研究。脑计划总预算增加6500万美元。为抗击埃博拉病毒，美国政府启动52亿美元的紧急法案，NIH获得了2.38亿以开展埃博拉病毒研究和疫苗研发。

2. 健康生活为德国高技术创新战略六大优先主题之一

德国联邦政府于 2014 年 9 月推出《新的高技术战略——创新为德国》，旨在把德国建设为世界领先的创新国家。新的高技术创新战略统揽全局，涉及整个创新链，确定了科研与创新的六大优先主题，其中之一为健康生活。德国将加强研究，确保生活健康、积极、自主。重点是抵御常见病、个体化医疗、疾病预防和营养、健康护理领域创新、加强药品有效成分研究和医疗技术创新。

高技术创新战略的核心要求是根据国家重大任务制定研究和创新政策，联邦政府为此确定了“未来项目”，着眼应对各个需求领域的最重要挑战，追踪未来 10 ～15 年科学、技术和社会发展的具体目标。正在进行的与生命健康相关的主要未来项目包括：个性化医疗治愈疾病，该项目的各项财政投入预算为 3.7 亿欧元；有针对性的饮食改善健康，该项目的各项财政投入预算为 9000 万欧元；老年人自主生活，该项目的各项财政投入预算为 3.05 亿欧元。

在个性化医疗领域，德国将重点实施《个体化医疗研究行动计划》。该计划将于 2013—2016 年支持个体化医学基础研究、临床前研究、临床研究，促进企业和高校、科研机构建立新的伙伴关系，推动健康经济整个创新链的研发活动。在饮食健康领域，德国将通过《疾病预防和营养研究行动计划》，整合并扩大在疾病预防和营养方面的科研支持措施。该计划将在 2013—2016 年投入 1.25 亿欧元，4 个重点研究方向分别是生物医学基础、流行病学、预防和营养。

3. 生物技术及医学和健康是俄罗斯至 2030 年科技发展优先领域

2014 年 1 月 20 日，俄总理梅德韦杰夫批准了《俄罗斯联邦至 2030 年科技发展预测》报告。在影响俄罗斯经济社会和科学长期发展的各关键领域中，生物技术及医学和健康被确定为优先发展领域，成为俄罗斯创新技术和产品的研发重点。

生物技术。俄罗斯生物技术的发展将面临生物多样性缺失、气候变化、农业用地缺乏、城市化对环境影响加剧等挑战。根据预测，未来俄罗斯生物科技领域的优先发展方向有：①生物技术研究的科学和方法论基础，具体包括基因分析、转录组分析、蛋白质组分析和代谢组学分析的方法，系统生物学和结构生物学，合成生物学、代谢工程和生物工程技术，生物免疫技术，细胞生物技术，自然生物多样性研究；②工业生物技术，具体包括生物合成技术，酶及其在生物催化过程中的作用，生物材料获取过程，新型生物产品获取、筛选技术等；③农业生物技术，具体包括培育能够抵抗病原体和不利环境的高产农作物杂交品种、通过畜禽遗传选种的方式完善选种工作、建立畜禽基因组数据库、植物品种遗传认证方法及种子分类方法等；④环境生物技术，具体包括借助生物修复剂净化被污染的水、空气和土壤，研制安全的生物杀灭剂，保证技术设备免受生物体破坏等；⑤食品生物技术，具体包括保证食品安全、益生菌、益菌素、酵母、食用配料的生物技术生产工艺，食品原料和废弃物再加工等；⑥林业生物技术，具体包括借助生物技术研发改良林木品种、研发能够使林木抵御害虫和病原体的微生物制剂、木质生物质处理技术等；⑦水产养殖，具体包括利用基因组和后基因组技术识别水生生物分子，利用水生生物研制新材料，海洋生物和微生物共生体细胞系培育方法等。

医学和健康。未来俄罗斯医药和健康领域的优先发展方向有：①前景广阔的候选药物，具体包括根据药理靶点和人体疾病发生和发展研究情况筛选并提高候选药物有效性，基于细胞系、实验动物对人体疾病进行临床前模拟研究，借助基因工程、生物技术、医学化学等技术研发新型候选药物、新型疫苗；②分子诊断，具体包括确保最佳治疗方案及形成疾病各个阶段预测的大分子标记物静态分析技术系统、大分子标记物动态分析设备和试剂、低分子化合物分析设备和试剂等；③发病分子和细胞的分子分析和鉴定，具体包括对人体组织中的转录本、蛋白质及其变异进行识别和定量、提高临床样本蛋白质组成检测的灵敏度、根据疾病诊断获取患者体内存在的各基因实验数据、研究不同性质的传染主体及寄生主体与患者身体的关系等；④细胞生物学技术，具体包括利用自体和共体细胞及人体替代组织实现人体组织及器官的再生，人体细胞培植、变异、重组技术，人造器官，患病器官和组织修复技术，再生刺激药物，生物工程，细胞安全储存方法等；⑤医用可降解复合生物材料，具体包括外用材料、心脏和肠道植入物和支架、用于口腔颌面植入物的复合功能材料、矫形材料等；⑥生物电子动力学和放射医学，具体包括用于更换受损器官和实现人造细胞系统间互动的接触器、超高分辨率成像系统、高灵敏度传感器等；⑦人类基因认证，具体包括建立俄罗斯基因型数据库、单核及多核核苷酸多态性数据库等。

4. 生物与健康领域是韩国未来战略产业重要内容之一

韩国政府2015年度对生物技术领域的财政预算将大幅增长，研发投入达到21 362亿韩元，比2014年增加9.8%。重点投资领域是基于老龄化社会的老年人产品和因气候变化引发的新型感染性疾病的诊断、治疗技术的研发。

为克服低增长危机，朴槿惠政府于6月出台《未来增长动力落实计划》，提出了十三大增长动力，包括九大战略产业和四大基础产业。其中，定制化健康护理作为大公共福利产业，成为战略产业重要内容之一。韩国的定制化健康护理将通过信息技术、医疗信息、生活信息、遗传信息等方面的融合，提供增进个人幸福的服务，并将以健康管理为中心，向与社会、文化、教育、经济等融合的服务方向拓展。主要推进战略有：开发服务内容及平台建设技术；改进法规制度，推进示范项目运行；开拓海外市场；设立开发专业和现场人力培养计划等。

韩国第 11 次科学技术咨询会议在 7 月发表了《生物技术和能源产业培育计划》报告。报告提出到 2020 年韩国生物技术要跻身世界七大强国行列的目标，积极推行干细胞和遗传物质治疗药剂的研究开发事业，同时开拓新的海外出口市场，加大 ICT 与传统医学相结合的融合型医疗技术和装备的研发力度。

5. 其他国家

其他一些国家也非常重视生命科学和生物技术的发展。南非 2014 年初发布《生物经济战略》，预计投入 20 亿兰特（约合 2 亿美元），旨在为生物科学研究和创新投资提供指导，目标是为南非到 2030 年的 GDP 增加提供重要贡献，而且将为南非发展绿色经济、保障食品安全、提高国际竞争力和创造就业提供支撑。新西兰政府 2014 年斥资 7800 万新元支持健康研究计划，较 2013 年度增加近 1800 万新元。研究领域包括糖尿病预防试验、体内植入技术、大脑疾病、孕妇保健、产妇和儿童早期健康等政府关注的重点领域。印度政府将扩大生物技术产业集群，推动印度在干细胞、高端电子显微镜学等领域的全球合作。

二、脑科学步入正轨

理解大脑的运转机制，是人类与科学面临的最伟大的挑战之一。美国、欧洲于 2013 年相继启动脑计划，成为继基因组计划后科学界最宏大的研究项目。2014 年是人类大脑研究步入正轨的一年。

1. 美国脑计划研究加速进行

（1）经费预算增长

美国国会 2014 财年为脑计划拨款 1.1 亿美元。2015 财年预算中，联邦政府对脑计划的资助将翻番，从 2014 财年的 1 亿美元增加到接近 2 亿美元。其中 NIH、DARPA 和 NSF 的计划投资额分别为 1 亿美元、8000 万美元和 2000 万美元。

（2）NIH 发布脑计划实施蓝图

2014 年 6 月 5 日，NIH 发布《脑 2025：科学远景》。报告是针对《创新型神经技术推动脑科学研究》计划的实施意见，是 NIH 落实脑计划的基本蓝图。

报告提出了未来 10 年总额 45 亿美元的预算建议，2016—2020 财年每年 4 亿美元，随后 2021—2025 财年增加至每年 5 亿美元。报告明确提出了七大优先发展领域：发现多样性、绘制多尺度图谱、活动的大脑、证实因果关系、确定基本原理、推动人类神经科学发展、从脑计划到大脑。

报告确定了脑计划的核心工作原则，包括：追求人类研究与非人类模型研究并行开展，开展跨学科合作，整合时空尺度，建立数据共享平台，验证和传播技术，考虑神经科学研究的伦理问题，建立机制，确认 NIH、纳税人和神经科学基础、转化及临床研究界的责任。

（3）NIH 启动首批研究项目

NIH 在 9 月底宣布正式启动脑计划的首批 58 个研究项目，共计投入 4600 万美元。项目包括一系列高度创新的神经科学研究新技术，重点聚焦在：为脑中形形色色的细胞进行分类；研究下一代人脑成像技术；制备新的工具以分析脑细胞和神经通路；综合应用实验和理论模型的方法研究特定脑回路的功能；开发可大规模记录脑活动的方法等。

（4）DARPA 研究取得初步进展

DARPA 当前正在进行的《用于新型疾病治疗方法的系统神经技术》项目研发，目标是利用先进技术对大脑进行电刺激，以治疗精神失常患者。其他项目的主要发现包括：大脑存在“意识开关”、脑中一个特殊部位具有信息“交换台”功能、创建出三维脑状组织模型等。这些研究有助于探究人脑神经结构与功能之间的联系，以及开发治疗脑功能障碍新疗法等。

2. 欧盟脑科学计划遭遇数百名科学家抵制

相比美国开局高歌猛进，欧盟的脑科学计划则遭遇了严峻挑战，争议来自于计划第二阶段不再资助脑认知领域的研究，从而遭受到这一领域科学家的联合抵制。

2014 年 6 月，人脑计划项目组向欧盟提交了第二轮项目资助框架协议的建议，收窄了目标和资金分配，删除了对整个神经科学子项目的支持。超过 300 名主要来自欧洲的神经科学家发表公开信，猛烈抨击了该项目的研究工作。他们认为计划过于关注以计算机技术分析数据、模拟大脑，偏离了阐明大脑机制的宗旨定位，必将导致无法达成其模拟人脑内部运作的宏伟目标。批评者要求欧委会纠正目前的不合理状态，还威胁说可能会联合抵制该项目。

虽然欧洲科学咨询委员会正在研究解决方案，包括调整计划的管理委员会，但第二阶段将不再支持脑认知领域研究的基调已然定下。欧盟的脑计划旗舰计划将在争议中前行。

3. 欧美两大脑计划联手在即

美欧的脑科学计划具有很强的互补性，面对当前巨大的挑战，双方正准备联手共进。双方的最终目标是在尽量不重复彼此工作的前提下使研究方案覆盖尽可能多的领域。虽然合作细节还不清楚，但据悉美国将努力使计划的所有政府伙伴都参与其中。

双方将举行研讨会协调各自工作，讨论合作的程度、数据共享的问题及彼此的科学进展。现今一些研究人员已经开始非正式整合他们的研究成果，如合作发表论文等。

三、基因组学进入超音速时代

进入21世纪以来，基因组行业取得飞速发展。2007年破译第一个个人基因组图谱耗资100万美元，不久前这一费用降为1万美元左右，且将马上进入千美元时代。

1. 美国癌症基因组图谱计划完成

美国癌症基因组图谱（TCGA）于2014年末正式落下帷幕。该计划是2006年开始的试点项目，斥资1亿美元，旨在从遗传学角度描述肿瘤。TCGA是国际癌症基因组联盟中最大的组成部分，已经发现了近1000万个与癌症相关的基因突变。

该项目未来的发展方向一是继续专注于测序，美国马里兰州贝塞斯达市国家癌症研究所（NCI）宣布将集中精力对3种癌症——卵巢癌、结直肠癌和肺癌展开测序工作，NCI还呼吁在临床试验中利用TCGA建立的方法及分析途径采集测序样本。另一研究方向是向功能分析转移，在测序的基础上更进一步，探索已经被查明的基因突变如何对癌症的形成与发展产生影响。

2. NIH继续资助基因测序技术研究

2014年NIH资助基因测序技术研究的举措包括：一是批准立项《3D核小体》重大研究计划，研究人类染色体的三维结构，这将有助于整合细胞核的结构功能关系认识，阐明由基因组（或表观基因组）改变所带来的变化如何控制基本的生物学过程。计划如果顺利实施，将有望开启基因组学和生物学的后测序时代。项目将于2015财年予以资助。二是资助《开发多种新型测序技术》项目，包括纳米孔测序技术和微流体技术等。该项目属于美国国家人类基因组研究所的《先进DNA测序技术》项目的一部分，将向5所大学和3所公司的研究团队提供1450万美元，资助时间为2～4年。

3. 英国启动癌症和罕见疾病基因组测序项目

英国将投资3亿英镑从事全球开创性癌症和罕见疾病基因研究，以革新疾病的诊断和治疗方法。

项目历时 4 年，科学家将从事前沿性研究，破解 10 万个人类基因组。英格兰基因组学有限公司和基因测序龙头公司将为此形成新的伙伴关系，提供基础设施和专长。

4. 韩国启动后基因组计划

韩国政府在 2014 年正式宣布启动后基因组计划，保健福祉部、农村发展局及其他 4 个政府部门将在未来 8 年内向该计划投资约 5.42 亿美元，以推动新型基因组技术的发展和商业化。该计划包括绘制标准人类基因组图谱、发展本国的人类基因组分析技术，以及依托基因组的疾病诊断和治疗技术等五大目标。

韩国未来创造科学部指出："进入 21 世纪以来，基因组行业取得飞速发展，但韩国在该领域的投资和技术远低于其他领域。因此，韩国急需积极的战略布局，追赶世界其他国家。"

四、抗生素耐药性危机凸显

抗生素耐药性是 21 世纪的一项重大全球健康安全挑战。2014 年 4 月 30 日，世界卫生组织首次发布《抗生素耐药：全球监测报告》。报告指出，抗生素耐药性正严重威胁全球公共健康。随着越来越多的细菌对越来越多的抗生素产生耐药性，如果没有新的有效的抗生素出现，现代医学进步将会因感染而不再可行。

1. 美国出台《抗击耐药菌国家战略》

美国政府把控制抗生素耐药性的发展及扩散作为维护国家安全及公众健康的头等大事，于 2014 年 9 月发布《抗击耐药菌国家战略》和总统令。

《抗击耐药菌国家战略》2020 年前要实现的行动目标是：减缓耐药菌的出现，预防耐药菌感染的传播；加强全国"一体化健康"监测工作；推进新型快速诊断检测方法的开发与使用，促进对耐药菌的识别及表征；加快新型抗生素、其他疗法和疫苗的基础研究、应用研究及试验开发；加强耐药性预防、监测、控制及抗生素研发方面的国际合作。该战略确定的优先事项一是预防、发现并控制具有紧急或严重威胁的耐药菌的爆发；二是确保治疗细菌感染的有效疗法继续可用；三是检测并控制新出现的耐药菌。

奥巴马要求主要联邦部门采取措施应对耐药菌增加问题，主要措施有：成立抗击耐药菌特别工作组，提出实施《抗击耐药菌国家战略》及总统科技顾问委员会所提建议的具体方案；成立抗击耐药菌总统顾问委员会；完善抗生素监管，强化耐药菌全国监测；推动新一代抗生素及诊断方法的发展；加强国际合作。

美国总统科技顾问委员会的报告认为，为加强抗生素耐药性监管及新药研究和临床试验，联邦资金每年需从目前的4.5亿美元投入提高至9亿美元。为激励新型抗生素的商业开发，政府每年还需额外投入8亿美元。

2. 欧洲共同应对抗生素抵抗带来的威胁

2011年底，欧委会发布了一套旨在解决抗生素耐药性问题的行动方案，工作重点是研发新的、有效的抗生素或者替代治疗药物。2012年5月，欧盟在创新药物研发框架下，启动了对新抗生素研发领域的投资计划——《与抗生素抵抗做斗争》（ND4BB）。整个计划旨在通过学术界和工业界的联合，加速开发可解决抗生素抵抗性的新药，资助额度达2.2亿欧元。此次行动改变了欧洲以往零散的抗生素研究资助局面。

ND4BB的关注重点为靶向治疗、一些抗性病原菌、对抗性细菌感染进行预防和管理的产品等。另外一个重要目标是开发一个数据库，以供各方共享数据和经验。

3. 英国政府投资扶持新一代抗生素研发

英国在2014年中推出了一项具有广泛影响的抗生素耐药性独立审查，一是希望在不久的将来设定研发项目，鼓励和加快新一代抗生素的发现；二是研究如何让新抗生素研究投资对制药公司和其他投资机构更具吸引力；三是研究针对抗生素的国际合作。

五、药物研发在变化中前行

众多药品专利即将到期，整个行业陷入研发困境。2014年出现了药企并购潮，它们在研发策略和外包策略的变化中，期待提升研发能力、扩大市场份额。

1. 药企并购规模创历史新高

2014年生物医药技术领域大宗交易869起，交易金额3543亿美元，创造了自2001年以来的最大交易量，预示着业内大规模整合正在兴起。部分震撼交易包括AbbVie于7月18日与Shire达成550亿美元的收购协议，罗氏8月24日以83亿美元收购Intermune制药公司等。

分析原因，首先，由于制药企业手头现金充裕，而目前股价又处于历史低位，是绝佳的收购时机。其次，美国大型制药企业于20世纪90年代研发的明星制剂即将失去专利保护，同时市场缺乏新药导致药品降价压力日增，这使制药企业未来面临巨大业绩压力。通过收购，大型制药企业将提高药物研发能力，进一步扩大市场份额。最后，降低税收成本是2014年各药企活跃开展各项并购的内在强烈需求，它们不再满足于仅买下某个有市场潜力的药物。Gilead 等生物技术公司近年的表现格外亮眼，它们的跑步进场则成了刺激药企开展规模更大风险更高交易的主要因素之一。

2. 药物发现策略显著变化

最近几年，受到"重磅炸弹"药物专利到期的压力，几乎所有制药公司都专注于后期阶段候选药物的开发，而忽略了早期的药物发现。但是，现在许多公司又重新把药物发现研究作为经营核心，其研发策略也已经发生显著改变。

一些大型制药公司开始采用小分子虚拟药物筛选模式筛选药物，而这原来一直是小型生物技术公司关注的业务重点。

同时，生物学导向药物发现成为新的发展趋势。据估算，全球生物药品市场在 2014 年的市值为 1610.5 亿美元，未来 7 年内以平均 10.1% 的速度增长，并在 2020 年达到 2871.4 亿美元。许多企业打造了小分子和生物制剂两个独立的药物研发体系，广泛实行了集成、跨职能的发现研究方法。

3. 药物研发外包已成集成式模式

据预测，全球药物研发外包市场可能在 2018 年达到近 250 亿美元，届时近一半的药物发现研究将由第三方完成。

集成式药物发现外包模式已成为普遍趋势。主要制药公司一直在改变外包策略，从强调风险承担更多地转向了技术合作，因此比任何时候都更积极地介入学术界的研究发现。

新的外包策略催生了更为广泛的合作，生物技术公司、专业外包服务上、学术界等的合作范围不断扩大。

4. 投资不断倾斜加重

生命科学与医疗健康领域潜力巨大，受到了谷歌、三星等大型公司的青睐。2014 年谷歌风投基金的重点是生命科学与医疗健康，大概占投资的 36%，而 2013 年的占比还仅为 9%。预计 2015 年各方将会有更大的动作，大量的医疗健康细分领域将成为投资热点。

三星集团也在 2014 年宣布从趋向饱和的电子市场转向生物制药领域，将投资至少 20 亿美元，以生物仿制药为核心，旨在成为该领域的主力之一。

新材料将为新一轮科技革命和产业革命奠定坚实的物质基础

材料是构成物质世界的基本要素之一，材料的可持续供应和使用已成为人类社会面临的重大挑战之一，大量重要材料的稀缺性将会继续推动新型先进材料的研发。新材料产业已经开始影响国民经济、社会生活的方方面面，被认为是21世纪的三大支柱性产业之一，它既是现代高新技术发展的物质基础和先导，又是当代高新技术的重要组成部分，将为新一轮科技革命和产业革命提供坚实的物质基础，谁掌握了最先进的材料，谁就能在高新技术及其产业的发展上占有主动权。因此，各国都把发展新材料作为科技发展战略的重要组成部分，在制定国家科技与产业发展计划时，将新材料技术列为21世纪优先发展的关键技术之一予以重点发展，以保持其科技领先地位。

一、主要国家和地区继续加强对新材料产业的部署

新材料是影响先进制造业发展关键要素之一，因此，近年来，各国在加强制造业振兴的同时，对新材料产业的发展也日益重视，并从战略层面进行部署。

（一）欧盟——新材料是各战略规划的重要内容

材料科学和工程领域的研究与创新是欧洲实现充满竞争力和可持续工业未来的工业政策的重要组成部分，先进材料等关键使能技术对于为欧洲提供可持续的高回报工作及社会认同的增长来说至关重要。为此，欧洲的战略规划和资助计划都有支持新材料研究的内容。

1. 欧盟《地平线2020》计划

欧盟《地平线2020》计划总预算为770亿欧元，聚焦于3个战略优先领域：

基础科学、工业技术和社会挑战。3 个战略优先领域都有与材料有关的内容。在基础科学领域，2013 年石墨烯被选为首批《未来和新兴技术旗舰》项目，获得旗舰基金 10 年 10 亿欧元的支持；在工业技术领域，欧盟认为材料与信息通信技术（ICT）、纳米技术、生物技术、先进制造和加工技术及太空技术在今天和未来的工业中扮演着至关重要的角色，将对其研发和示范及标准化和认证提供全力支持；同时，《地平线 2020》将原材料的持续供应和使用列为人类社会面临的重大挑战之一，与应对气候变化行动、环境和资源效率一起，共获得 30.81 亿欧元的支持。

2014 年 10 月 22 日，《地平线 2020》纳米技术和先进材料领域的招标活动已经启动，时间截至 2015 年 3 月 26 日，资助额度为 265 万欧元。

2. 欧盟《未来工厂 2020》路线图

为促进欧洲工业复兴，2014—2020 年欧盟和产业界预计向未来工厂公私合作计划共投入 11.5 亿欧元，并由私营方代表欧洲未来工厂研究协会制定了《未来工厂 2020》路线图。该路线图按照 6 个领域识别了一系列科研重点，其中先进制造工艺的科研重点大多与新材料有关，如新颖材料及结构加工，包括：定制部件制造，先进材料和多材料连接组装技术，热固树脂与陶瓷基热固树脂复合结构或产品的自动化生产，非耗竭型原材料、生物材料和细胞产品制造工艺等，以及支持颠覆性制造技术的商业模式与商业策略，包括：先进材料的产品寿命周期管理等。

3. 欧洲工业复兴战略

为了实现到 2020 年工业占 GDP 比重达到 20% 的目标，2014 年 3 月 21 日，欧盟宣布将更全面部署和落实《欧洲工业复兴战略》。战略将原材料列为实现欧洲工业复兴关键的保障要素。为保障原材料供给，欧盟委员会制定了原材料行动计划，正在促进资源高效循环利用，并确保从全球公平可靠地获取原材料。欧盟委员会还实施了原材料欧洲创新伙伴关系行动，制定了促进原材料科研、创新、立法和标准的战略行动计划，目标包括开展 10 个技术开发试点项目，以促进原材料生产加工，并寻找关键、稀缺原材料的替代品。

（二）美国——先进材料是振兴制造业的基石

近年来，美国出台了一系列振兴制造业的战略规划，这些战略均明确了先进材料的战略地位和未来的发展方向，建立在材料科学基础上的先进材料已成为美国振兴制造业的基石。

1. 发布新的《国家纳米技术计划战略规划》

美国国家纳米技术计划于2001年启动，目前共有20个联邦部门和机构参与，年度研发经费约15亿美元。2014年2月，美国国家科学技术委员会公布了最新的《国家纳米技术计划战略规划》。新的战略规划致力于实现以下四项目标：一是推进世界级的纳米技术研发计划；二是为了商业和公共利益促进新技术转化为产品；三是发展和维持教育资源、熟练劳动力及有活力的基础设施和工具；四是支持负责任的纳米技术开发。

新的战略规划对原有的计划组成领域进行了重大调整，更加强调纳米技术商业化，并重视环境、健康与安全问题。新的计划组成领域分别是：纳米技术签名计划；基础研究；纳米技术应用、器件及系统；科研基础设施及仪器；环境、健康与安全。

2. 加大“材料基因组计划”投资，发布《材料基因组计划战略规划》

2014年6月，在《材料基因组计划》（MGI）实施3周年之际，奥巴马政府宣布加大对材料基因组计划的联邦投入，其中国防部、能源部、国家科学基金会等5个联邦机构将投资超过1.5亿美元，用于支持MGI开创性研究，以确保美国在先进材料发明和制造领域的领导地位。

12月4日，正式版本的《材料基因组计划战略规划》发布，作为美国新材料技术研发的路线图，规划明确了四个重点方向：一是鼓励和促进跨学科的材料研究团队；二是加强材料研究中对先进研究工具和方法的运用，整合理论、计算模拟和试验；三是加强研究数据的数字化和开放共享，包括建立材料领域实验和计算数据库等；四是注重对未来新材料产业科技与工程人才队伍的培养。规划还首次提出了生物材料、催化剂、高分子复合材料、光电材料、储能系统、轻质结构材料、有机电子材料等9个重点材料领域的61个发展方向。此外，为确保总体目标的实现，规划还提出了22项阶段目标，包括2017年实现参与材料基因组计划相关科研人员增加50%等。

3. 建立先进材料研发和制造机构

2013年初，美国能源部成立关键材料创新中心（CMI），开展以稀土及其他关键材料为重点的研究与开发活动。2013年底，国家标准与技术研究院（NIST）宣布将由美国西北大学领导的一个协作委员会来建立一个全新的“先进材料卓越中心”，并在5年内给该中心每年拨款500万美元，共计拨款2500万美元作为研究资金。新中心将专注于自组装生物材料、有机光伏材料、先进陶瓷、新型聚合物和结构性金属合金等先进材料的发展。将于2018年建成的“先进材料卓越中心”将促进 NIST 和学术界、工业界在先进材料发展方面的合作。

2014 年 2 月 25 日，奥巴马宣布 2014 年拟建 4 家制造业创新研究所，其中高级合成材料制造创新研究所为第一家，该研究所旨在提升有助于提高汽车、飞机等能效的高级材料的制造能力。

（三）英国——加大投入保持先进材料领域的世界领先地位

1. 投资 1030 万英镑促进新材料开发

英国工程与自然科学研究理事会（EPSRC）于 2014 年 2 月宣布将投资 1030 万英镑到新材料领域，促进开发更加安全、可靠、稳定的材料，用于能源、航空航天、汽车制造等领域，以应对材料稀缺、成本过高及环境污染等问题。这些研究项目还获得了产业界合作伙伴提供的 280 万英镑投资资金。

2. 增扩国家复合材料中心

成立于 2011 年的英国国家复合材料中心是英国高值弹射中心之一，旨在为英国航空和汽车等产业开发复合高级材料。历经 3 年发展，英国商业、创新与技能部通过英国创新署和高值弹射中心计划投入资金 2800 万英镑对该中心进行增扩。新增设施包括欧洲最大的开放式复合材料高速制造机等。

3. 拟建先进材料研究院

2014 年 12 月 3 日，英国财政大臣乔治·奥斯本（George Osborne）在其秋季财政预算声明中宣布，将投入 2.35 亿英镑建立先进材料研究院（Sir Henry Royce Advanced Materials Institute），并在曼彻斯特大学建立其研究中心。该研究院将主要研究能源材料、工程材料、功能材料和柔性材料 4 个主题中包括石墨烯在内的 14 个关键材料领域，这些关键材料是政府工业战略的重要支撑，对英国经济增长将起到重要的促进作用。

4. 资助新材料及无损检测研究

2014 年 7 月 22 日，英国商业、创新与技能大臣文斯·凯布尔（Vince Cable）宣布，政府和企业将共同出资 3000 万英镑支持航空航天业及高价值制造的新材料的开发，以改进燃气轮机、铁轨、燃料管道及其他重要基础设施的安全性和效率。本次资助主要涉及以下两大领域：开发用于航空航天领域的新材料（如高性能合金），改进燃气轮机的效率、安全性及噪声水平等；研究新的、更佳的无损检测方法，提高英国基础设施的安全性及寿命，助力各产业部门的高价值制造。

（四）德国——材料是工业生产和创新的物质基础

1. 新一轮高技术战略指出原材料是工业生产和创新的物质基础

德国于2014年9月出台的新版高技术战略指出，可靠、可持续、透明的原料供应对未来技术发展十分重要，是工业生产过程和创新的物质基础。对于德国高技术产业而言，具有经济战略意义的原材料是不可或缺的。联邦政府通过《德国高技术产业的战略性经济原材料》科研计划，重点支持非能源类矿物资源的全价值链研究开发。联邦政府"r + Impuls——资源效率创新技术"等激励措施，支持在原材料消耗大的生产领域消除工业增效技术的研发与推广障碍。此外，设在德国地质科学与原材料研究院的德国原材料署（DERA）将开展原材料监测，以期及早发现原材料市场上的潜在风险。

2. 资助有机光伏材料的研发

有机光伏材料具有广阔的发展和应用前景，已成为当今新材料和新能源领域最富活力和生机的研究前沿之一。2013年年底，德国联邦教育与研究部决定拨款820万欧元，支持以默克公司为首的有机光伏研究与开发项目。该项目为期3年，总预算约1600万欧元。其目标是开发应用于太阳能发电产业和更加高效和稳定的有机光伏材料，寻求开发适应性更强、更灵活的设备材料，能够支持刚性、不透明和半透明的模块。

（五）俄罗斯——将新材料列为未来优先发展领域

1. 《俄罗斯联邦至2030年科技发展预测》将新材料和纳米技术列为未来优先发展领域

2014年5月，俄罗斯总理梅德韦杰夫批准了《俄罗斯联邦至2030年科技发展预测》报告。报告将新材料和纳米技术列为俄罗斯未来科技发展的优先领域之一。报告指出，俄罗斯新材料和纳米技术的发展将面临生产过程环保要求提高、纳米产品对人体健康和安全存在不利影响、新材料生产所需原材料存在全球短缺、纳米粒子等新型污染物对环境造成影响等挑战。未来生产和消费智能化，新材料需求不断增长，可再生能源使用量增加，区域（海洋、矿井、太空等）开发加快，对建筑、交通工具和基础设施的环保要求提高，新材料和生产流程计算机建模技术发展，智能化功能材料和医用材料研发等因素均将推动俄罗斯新材料和纳米技术的发展。根据预测，未来俄罗斯新材料和纳米技术领域的优先发展方向有：结构与功能材料，杂化材料、融合技术、仿生材料和医用材料，新材料和生产流程计算机建模技术，材料检测。

2.《国家新型制造技术发展计划》将新材料视为保障工业发展的基础

2014 年 9 月，俄罗斯总理梅德韦杰夫责成俄罗斯工贸部、教科部、经济发展部等起草《国家新型制造技术发展计划》。计划内容应包括发展自动化技术、机器人技术、工业品制造国产支持软件、增材制造技术、其他新型工业技术发展方向和保障工业发展的新型材料。

梅德韦杰夫还要求在《俄罗斯科技优先发展方向》中增补“新型制造技术”领域，并在《俄罗斯关键技术清单》中增补“机器人技术、增材制造技术、数字化生产技术、结构设计及材料技术”。同时，梅德韦杰夫还责成工贸部于 2015 年 2 月 11 日前制定在俄境内组织生产用于增材制造的新材料的建议，并提交政府审议。

（六）韩国——强化新材料研发，力争成为世界新材料第四强国

1.《第二期国家纳米技术路线图》将纳米材料列为核心技术方向

2014 年 3 月 2 日，韩国未来部发布了《第二期国家纳米技术路线图》，从两个阶段（2014—2020 年和 2021—2025 年）、4 个方面（技术展望、技术战略、核心技术和战略产品）对 21 个核心技术方向制定了技术战略路线图。这 21 个核心技术方向包括石墨烯纳米器件、智能窗和隔热材料、三维打印纳米材料、超轻纳米复合结构材料、医学移植用纳米材料、高性能纳米纤维、纳米薄膜材料等新型纳米材料和器件。此外，该路线图还划分了医疗生物、机械、电子、能源环境和材料等 5 个产业群；将包括金属材料和复合材料在内的 16 个领域定位为未来最有希望与纳米技术相融合的领域。

从总量目标看，韩国纳米技术年投资规模到 2020 年将扩大到现有规模的 2 倍以上。纳米技术领域在国家整体研发预算中的比重将由目前的不足 5% 扩大到 10%。到 2020 年，韩国政府纳米技术投资规模将扩大到 8000 亿韩元（约合 7.5 亿美元）。

2. 融复合材料被列为四大基础产业之一

为谋求向创新型经济发展模式转变，实现韩国经济可持续增长的宏伟蓝图，韩国政府于 2014 年 3 月审议并出台了《未来增长动力发掘和培养计划》，并于 6 月出台了《未来增长动力落实计划》，确定了到 2020 年韩国政府在相关领域的政策和投资方向。《未来增长动力落实计划》提出了十三大增长动力，包括九大战略产业和四大基础产业。融复合材料被列为四大基础产业之一（其他三大基础产

业为智能半导体、智能物联网和大数据）。

融复合材料通过新物理学、化学的结合，能够实现材料的超轻量化、高性能化和多功能化，是智能汽车、海洋成套设备等增长动力发展的基础。韩国的目标是成为世界材料第四大强国。主要推进战略包括：构建“原创材料研究团”等融合研究体系，掌握28项创新材料技术的源泉专利和钛材料、化学材料的示范性试验平台关键技术及操作技术；打造材料技术商业化基础设施，推进碳纤维复合材料示范项目；营造与需求相对接的产业生态系统，为材料加工中小企业提供全周期支援体系及项目间对接、产品认证、技术推广等商业化支援。

（七）日本——纳米技术就为创造新材料发挥作用

2014年6月，日本内阁通过《科学技术创新综合战略2014》。新战略提出，信息通信技术、纳米技术、环保技术等核心跨领域技术应受到重视。其中纳米技术以其独特特性，成为日本制造业的基础技术。今后，纳米技术应当为创造新材料、开发应用广泛的信息设备、解决政策课题发挥应有作用，并成为日本产业竞争力的源泉。

纳米技术在创造新材料方面的核心技术包括：①结构材料，研制开发具有高强度、高刚度、耐高温、耐磨损、耐腐蚀等性能的结构材料，主要包括金属新材料、树脂、复合材料、碳素材料；②新型催化剂，可推动实现页岩气革命，解决资源环境问题；③纳米碳材料，需要深化要素技术，加强技术研发，推动新材料应用；④基础技术，包括为纳米技术发展提供支撑的纳米模拟、纳米数据库、测量、分析、评估与加工技术，材料信息学等。此外，还包括开发新材料生产过程中有害物质回收处理技术，开展材料安全性评估与管理等。

纳米技术在创造新材料方面的政策目标是，到2030年，研发出创新型结构材料，提高飞机和发电设备产业竞争力；发展异种材料结合技术等制程技术，推动创新型结构材料应用；研发出轻质高强度结构材料，制造出新一代高速低功耗传输设备；开发生物相容性高的生物医学材料；研发稀有元素代替品，推动相关循环利用技术普及，缓解资源紧张状况；推动新型催化剂普及，提高能源利用率，推动化学制品生产；实现纳米碳材料商业化；在阐明材料特性的基础上，建立新型功能材料创新技术，生产新功能材料产品。

（八）加拿大——实施《工业生物材料计划》

2013年11月，加拿大科学和技术国务部长会同国家研究理事会（NRC）宣布推出《工业生物材料计划》，该计划旨在帮助创建更节油车辆和更环保建筑材料。新计划将把NRC的专业知识和工业界的商业诀窍结合起来，确保更多创意步入市场，从而为下一代汽车和家居生产出重量更轻、成本效益更高、以生物质为来源的新材料。《工业生物材料计划》将在未来 5 年投入 5500 万加元，其中 3000 万加元由 NRC 投资，另外 2500 万加元通过工业界、学术机构和其他政府部门的合作研究项目筹集。

此外，在 2014 年底加拿大政府出台的名为《抓住加拿大契机：向科学技术和创新迈进》的战略文件中，新增先进制造为第 5 个优先领域，该领域包括新材料等颠覆性技术和使能技术，具体包括轻型材料及技术、量子材料等。

（九）澳大利亚——加强纳米材料的应用研发

2014 年 1 月，澳大利亚政府宣布投资 2500 万美元研究智能纳米材料在生物技术和清洁能源中的应用，资助机构为澳大利亚研究理事会（ARC）。该投资将建立一个新的 ARC 电子材料科学卓越中心（ACES）。投资计划将重点打造具有新功能的 3D 器件。ACES 的长期目标包括系统开发，将对先进材料发展、能量转换/储存装置、活性组织和软性机器人交互系统等产生深远影响。

二、纳米材料和技术的安全性日益受到重视

目前，纳米材料已广泛渗透于涂料、染料、电子、医药、国防、服装、化妆品、日用品、生物医药、农业、航天航空等各行各业，人们在工作和生活中接触到纳米材料的机会也越来越多。然而，随着纳米技术应用范围的不断扩大和在全球的迅速推广，纳米材料潜在的环境、健康、安全风险及标准等问题日益受到关注，有关纳米材料的安全性监管已成为世界各国法规关注的热点。

（一）美国国家纳米计划一直重视纳米材料的环境、健康与安全问题

在《国家纳米技术计划》（NNI）设立之初，美国政府就已开始关注纳米技术引发的环境、健康和安全（EHS）问题，提出要负责任的开发纳米技术，并于 2011 年出台了《NNI 环境、健康和安全研究战略》，取代了 2008 年发布的安全研究战略，标志着 NNI 努力以系统和协调的方式来了解和思考与纳米技术有关的 EHS 问题。

2014 年 3 月，美国国家科学技术委员会发布了新版《国家纳米技术计划战略规划》，提出要更加注重支持负责任的纳米技术开发，即把潜在风险评估和风险管理融入纳米技术领域的各个方面。具体目标包括：支持建立综合性的知识基础，用以评估纳米技术对环境、人体健康和安全的潜在风险和益处；建立和利用及时传播、评估和吸收与环境、健康、安全相关的知识和实践；鼓励开发更安全、更可持续的纳米材料，促进安全、环境友好型的纳米制造工艺和产品报废处

理工艺，支持有益于人体健康和环境的纳米技术研发。

NII 持续在纳米技术相关的环境、健康和安全（EHS）研究领域投入大量经费，在目前每年约 15 亿美元的经费中，用于 EHS 研究的经费约 1 亿美元（2013 年实际投入、2014 年的估计投入和 2015 年的申请经费都约为 1.05 亿美元）。自 2005 年以来，NNI 在纳米技术相关的环境、健康和安全研究领域的投入达 9 亿美元。

（二）欧盟重视纳米材料的安全研究与注册

1. 发布纳米材料安全研究 2015—2025 年路线图

欧盟十分重视纳米材料和技术的安全性研究，于 2013 年 6 月发布了《欧盟纳米安全（2015—2025）：向安全和可持续的纳米材料和纳米技术创新迈进》报告，对未来一段时间内纳米安全研究的优先领域和发展路线图进行了阐述。

纳米安全路线图的阶段性目标以 5 年为一个区间，表明了 2015—2025 年不同阶段的预计成果。这些阶段性目标分为纳米材料的表征和分级、纳米材料的暴露和转移、纳米材料的危害、纳米材料的风险预测和管理工具等 4 个主题。

2. 欧盟 REACH① 法规下纳米材料注册取得新进展

鉴于有关纳米材料的安全性问题已成为世界各国关注的前沿热点，欧盟委员会就如何监管纳米材料开展了 5 年多的沟通和探索，并取得了重要进展。欧洲化学品管理局（ECHA）已经专门成立了纳米材料工作组（ECHA-NMWG）来研究和制定纳米材料在 REACH 下注册的法规和科学技术指南，并于 2014 年 12 月前发布一系列 REACH 法规和技术指南修订文件，来指导注册人开展纳米材料的注册。

RECHA 要求纳米材料注册人提供额外的数据信息来证明纳米材料的性质，包括理化、毒理和生态毒理数据，目前 ECHA-NMWG 正在审议 REACH 法规中关于纳米材料数据信息要求的条文内容，ECHA 将会在 2014 年 12 月底发布相关的指南文件。

（三）德国“NanoCare”项目旨在保证纳米材料的安全利用

2012 年 11 月，德国联邦教育与研究部在其负责进行的《工业与社会原材料创新》（WING）促进计划框架内，推出了名为“NanoCare”的研究项目，目的

① REACH 是欧盟法规《化学品的注册、评估、授权和限制》（Regulation concerning the Registration, Evaluation, Authorization and Restriction of Chemicals）的简称，是欧盟对进入其市场的所有化学品进行预防性管理的法规，于 2007 年 6 月 1 日起实施。

在于研究纳米材料对于人类和环境的影响和相互作用，并开发新型测量与测试方法，以保证纳米材料的安全利用。项目申请的主题包括：①合成纳米材料对人类的影响；②合成纳米材料对环境（空气、水、土壤）的影响；③合成纳米材料的测试与测量方法；④优化合成纳米材料的设计。

三、石墨烯研究热度依旧，但大规模产业化尚需时日

自英国曼彻斯特大学两位教授因2004年在石墨烯研究方面的杰出成就而荣获2010年诺贝尔物理学奖后，引起了全球范围内的研究热潮。欧盟将石墨烯列为首批未来新兴技术旗舰项目，英国投入巨资打造世界领先的石墨烯研发中心，美国通过国家科学基金等机构对石墨烯的研究持续支持，韩国大力投入石墨烯技术的研发和商业化应用研究，新加坡也建立了石墨烯研究中心。2014年，世界各国对石墨烯的研究热度依旧，但专家分析石墨烯的大规模产业化尚需时日。

（一）石墨烯研究热度依旧

1. 欧盟启动石墨烯旗舰研究项目，发布石墨烯科技路线图

2014年2月，石墨烯旗舰项目正式启动，发布了首份招标公告和科技路线图。根据路线图，石墨烯旗舰项目将分两阶段进行：2013年10月1日—2016年3月31日是初始热身阶段，欧盟总资助额为5400万欧元；从2016年4月开始为稳定阶段，预计每年资助5000万欧元。

2. 英国不仅要石墨烯“发现在英国”，而且要“制造在英国”

作为石墨烯的“发源国”，英国提出石墨烯不仅要“发现在英国”，更要“制造在英国”。为此，在2013年投资6100万英镑建立国家石墨烯研究所（NGI）的基础上，2014年9月，英国财政大臣宣布将投资6000万英镑在曼彻斯特大学成立石墨烯工程创新中心（GEIC），打造新的尖端石墨烯研究设施，加速石墨烯产品从实验室走向市场的进程，以保持英国在石墨烯及有关2D材料方面的世界领先地位。作为国家石墨烯研究所的补充，石墨烯工程创新中心将加速石墨烯的应用研究和开发。两大科研投资项目凸显了英国致力于石墨烯研发，不仅要“发现在英国”，而且还要“制造在英国”的决心和力度。

此外，英国政府也十分重视技术标准的制定，拟采取行动以帮助影响国际石墨烯标准的制订。

3. 中国发布实施石墨烯第 1 号标准

中国近年来也日益重视石墨烯的研发，投入了大量资金，部署了一批重大项目，石墨烯被列入《新材料产业“十二五”发展规划》，中国石墨烯产业技术创新战略联盟也于 2013 年 7 月成立。

2013 年底，中国石墨烯标准化委员会宣告成立，并于 12 月 31 日正式发布了中国石墨烯第 1 号标准《石墨烯材料的名词术语与定义》，于 2014 年 1 月 1 日起正式实施。该标准适用于石墨烯材料的生产、应用、检验、流通、科研等领域。此外，2014 年 7 月，中国石墨烯产业技术创新战略联盟石墨烯标准化委员会秘书长梁铮博士正式成为 ISO/TC 229/WG 4 纳米材料技术委员会委员。

4. 全球石墨烯创新联盟成立

2014 年 9 月 1—3 日，由中国石墨烯产业技术创新联盟、欧洲 Phantoms 基金会和宁波市人民政府共同主办的“2014 中国国际石墨烯创新大会”在宁波成功召开。会上，来自国内外的代表联合发起成立了全球石墨烯创新联盟，通过建立公益性、非政府的全球石墨烯创新服务平台，在全球石墨烯产业战略发展蓝图制定、增强国际化联合创新、架设技术与资本的桥梁等国际产业环境建设等方面发挥重要的推动作用，联盟总部将设立在中国。

（二）石墨烯大规模产业化尚需时日

石墨烯未来的市场应用空间巨大，在众多领域拥有光明的应用前景。2014 年 9 月，欧盟石墨烯旗舰项目的执行委员会主席与 60 余位科学家联合发表的一篇综述文章指出，目前，石墨烯的应用主要受到材料制备与生产的驱动，一旦材料的生产制备达到成熟，石墨烯将会实现广泛的应用和影响。

但从目前的材料制备能力和应用来看，石墨烯的大规模产业化还需要相当一段时间。因石墨烯而获得诺贝尔奖的康斯坦丁·诺沃肖洛夫认为，作为一种材料，石墨烯“前途是光明的、道路是曲折的”，虽然将来它也许能发挥重大作用，但是在克服几个重大困难之前，这一场景还不会到来。首先，迄今为止还没有真的能适合工业化大规模推广生产石墨烯的技术；其次，石墨烯一个有前景的方向是显示设备——触屏、电子纸等，但就目前而言，石墨烯和金属电极的接触点电阻很难对付，这个问题可能会在 10 年之内解决；第三，污染也是影响石墨烯产业发展的一个因素。石墨烯产业目前最成熟的产品之一可能是所谓“氧化石墨烯纳米颗粒”，但它对人体很可能有毒。

此外，欧盟石墨烯旗舰项目的执行委员会主席还指出，石墨烯的快速研究进展是基于其可以发展为各种新奇的应用，而不是去替换现有的材料。只有当石墨烯与现有工业材料相比具有充足的竞争力后，才能取代传统材料。

四、超材料研究不断取得突破

超材料（Metamaterial）与铜、铁等传统材料及纳米材料不同，是一种具有许多特殊物理性质的全新材料。可以说，超材料是继高分子材料、纳米材料之后材料领域又一重大突破，将对世界科技发展产生重要影响。2010 年，美国《科学》杂志将超材料列为 21 世纪前 10 年自然科学领域的 10 项重大突破之一。据美国 BCC Research 公司预测，2019 年超材料市场规模将达到 12 亿美元，2024 年则将达到 30 亿美元。2019—2024 年的年均复合增长率将超过 20%。

超材料研究的重大科学价值及其在诸多应用领域呈现出革命性的应用前景使其得到了密切关注。自 21 世纪初以来，国际科学界对超材料的兴趣不断上升。美国、欧盟、日本等发达国家和地区均在超材料方面进行了投入；2014 年，英国工程与自然科学研究委员会（EPSRC）投资 250 万英镑进行超材料的研究；同时，2014 年各国在超材料设计、制备与应用等方面取得了一些重要突破。

在超材料设计方面：美国宾夕法尼亚州立大学电子工程和材料科学系的研究团队使用遗传算法设计出可以在红外波段提供宽带吸收的特殊材料——超材料。这是第一次设计出覆盖红外光谱的超倍频程带宽材料。具有更宽吸收带宽意味着可以在很宽的波长范围内使材料免受电磁辐射，屏蔽仪器不被红外传感器发现，起到保护仪器的作用。

在超材料制备方面：新加坡科技研究局数据存储研究所验证了一种有前景的新型制备工艺——三层剥离工艺，可以生产大面积渔网超材料；美国中佛罗里达大学的专家们研究成功了用纳米转印制备工作在可见光谱的长列多层三维超材料；中国科学院长春光学精密机械与物理研究所发明了一种立体打印技术制作三维周期结构超材料的方法，此方法可以制作任意三维周期单元任意面型的超材料；新加坡南洋理工大学提供了一种生成在红外—可见光范围内可操作的超材料方法；美国莱斯大学纳米光子学实验室（LANP）自 2010 年起启动旨在制作出能模仿头足类动物（以乌贼、章鱼、鱿鱼为代表）变色能力的超材料研究，2014 年 9 月，该实验室公布了一项研究成果，使可以感知到周边环境颜色，并自动改变自身颜色与周边环境融为一体的“乌贼皮”超材料的制造迈出了关键的一步；法国国家科学研究中心（CNRS）的科学家通过结合物理化学构成和微流体技术，研发了第一个三维超材料，这是更易塑型的新一代柔软超材料。

在超材料的应用方面：英国 BAE 系统公司和伦敦大学玛丽女王学院合作创造了一种制造平面天线透镜的新颖超材料，可使电磁波通过透镜聚焦，从而实现提高天线增益和增强方向性的目的；美国中佛罗里达大学科学家创造了被称为超材料的人造纳米结构，可以使光弯曲，使科幻小说中隐形斗篷成为可能；美国能源部艾姆斯（Ames）实验室的科学家验证采用超材料可产生宽频带太赫兹（THz）电磁波，此发现将有助于开发无损成像和传感技术，使 THz 速率的信息通信、信息处理和存储成为可能；德国卡尔斯鲁厄理工学院（KIT）科学家成功开发出一个全新的由聚合物超材料制成的力学隐形衣，它会使对象难以触摸到。

此外，美国和澳大利亚两国科学家提出了一种名为“数字超材料”的新概念。所谓“数字超材料”，是一种通过特定设计、拥有奇异光学特性的超材料。研究人员认为，这种数字超材料将有助于加快诸如隐身衣、超透镜等特殊设备的面世进程。

超材料将有可能成为一种前途不可限量的新型材料，但截至目前，围绕超材料的研究大多属于理论探讨和实验室样品研制阶段，距离真正大规模的产业化还有一定距离，有许多的难题有待克服，这也将成为未来超材料研究的主流方向，并可能出现因技术的进一步突破取得更多成果的领域。

全球制造业迎接孕育中的产业变革

制造业对于国民经济、出口贸易、就业岗位、国家竞争力、科技创新均具有十分重要的意义。当前，由科技驱动的新一轮产业变革正在袭来，“工业4.0”、制造业服务化、资源节约型工厂、以人为本的制造等一系列创新的制造理念和模式不断涌现，全球制造业的新时代即将来临。把握现代制造业发展趋势，通过一系列举措振兴制造业和实体经济，是各国抢占未来国力制高点的重要途径。

一、全球制造业发展趋势

制造业是支撑国家发展和提高人民生活水平的关键部门，对发达国家和发展中国家都发挥着无可替代的作用。近年来，随着增材制造、智能制造、工业互联网和数字化工厂等一系列先进技术的不断涌现，全球制造业迎来了全新的发展趋势。

（一）制造业发展格局继续快速全球化

随着人类社会生产力不断发展，世界经济进一步走向全球化，全球市场将扩至金砖国家、“新钻11国”等经济体。同时，埃塞俄比亚、肯尼亚、乌干达等国家也将经历快速工业化进程。由于人口期望寿命增加，到2025年，世界人口可能会接近80亿，这将带来繁荣兴旺的全球中产阶级和新的潜在大市场。自2013年以来，仅亚洲和非洲就有约18亿人加入了全球消费层。受新兴经济体发展的驱动，全球制造业商品需求正在加速向发展中经济体转移。发展中国家新的消费群体往往需要截然不同的商品满足其个人需求，发达国家市场的消费者则需要更加丰富的产品和更快的产品周期。产业界将会转变商业模式以利用新机遇，制造业企业的服务功能将在其经营活动中占据更高比例。有研究表明，在发达经济体，企业服务型活动和生产活动的比例正在改变，到2025年未来服务型活动可能占制造业就业的 50% 以上。

未来全球制造业格局将会继续调整。随着技术、通信及物流的发展，价值链的运作方式也产生了极大变化，一个产品的价值链可能涉及全球上百家公司及个人，价值链各部分联系也变得更紧密、更复杂，更多的国家有机会参与其中。区域化的需求定制意味着生产体系会变得更加分散。越来越多的制造商会根据区位优势、地区需求及由技术发展所驱动的一系列其他因素，将其制造业链条混合分布在发达国家和发展中国家，使生产活动以理性的方式分布在世界的高成本地区和低成本地区。制造业价值链的环节被逐步拆分给不同国家的不同公司，对制造业价值链进行管理的能力极有价值。当前，制造业活动继续向具有比较优势的发展中国家转移，新兴国家正在不断提高劳动生产率。然而，先进国家拥有很多技术优势，它们有能力同其他国家一起参与分散在世界各地的制造业务，正在积极推动高价值制造业回流。

（二）未来消费者产品需求更趋个性化

未来一二十年，全球中产阶级队伍将不断壮大。尤其是新兴经济国家的快速发展催生出大量中产阶级。再过 10 年，全球中产阶级人数有望达到 32 亿。他们越来越希望制造商能够按需定制，为其提供个性化的产品和服务，或直接提出设计意见使企业生产出定制化产品。由机器人、增材制造等新型制造技术催生的个性化和定制化将成为未来制造业发展的关键驱动因素之一。这将使消费者在与制造商的关系中更加主动，与整个生产链的关系也更加密切。

多样化的世界市场、分布式制造及日益见多识广、繁荣兴旺的全球中产阶级将给产业界带来多重挑战。新的全球市场将会引起消费选择的多样化，不同地区通常需要各具特色、定价策略不一的特定产品。产业界需要通过大幅提高市场分析能力，以精确把握消费者需求。产业界还需要努力通过自适应和模块化的机床、机器人等手段确保供应链的灵活性及生产线的快速重组，满足不断变化的消费者需求。

（三）全球制造业价值链将日益数字化

为应对经济全球化和市场地区化的趋势，企业的生产链将会分布于全球各地，并通过先进的信息通信技术连接起来。这要求用更先进的物流系统来制造和配送产品。企业将更加依赖于智能化、自动化、集成化的物流工具及资产追踪软件，实现对材料和产品的实时监控。随着消费者对商品和服务日益增长的定制化、个性化及降低成本的需求，企业将不得不参与地区性经营活动。这种分布式制造将有可能通过增材制造、软件增值服务等新型制造技术实现，新型信息通信技术则将使生产流程的不同环节实现数字互联。

从工业生产过程到物联网和云计算，普适计算已经无所不在，与日常生活息息相关。日益复杂庞大的大数据和物联网将使制造企业更好地了解并优化其价值链从设计到分销的各个环节，并促进产品与服务相融合。这些发展将会实现数字化的智能工厂，即由数字模型、方法和应用程序组成网络，把制造设施的企划设计与制造流程本身整合起来，注重综合规划和流程监测，使制造流程更高效、更能灵活应变。自动化技术和先进机器人将减少劳动力需求，将使制造流程更高效，使生产接近零缺陷。未来 10 年，机器人技术的进步将使工人和机器人在工厂中和谐工作。

（四）未来制造业将更加注重绿色化

未来气候变化的影响将更加显著，自然资源将日益稀缺，而全球能源需求将不断增加。随着环境和社会问题的加深、材料和能源成本的增加，这将对制造业产生重大影响。全球各国政府很可能采用更加严格的产品环保标准，采用新的方式进行自然资源定价和生态系统服务（如清洁空气）定价。在更加富裕成熟的经济体中，消费者将日益根据社会和环境影响选择产品。环境和社会压力将会带来能够降低环境影响、提高环境恢复力、实现自然资源利用更高效和更合理的创新产品和服务的开发。

社会对“循环经济”的需求将使企业的商业模式进一步升华。资源稀缺、能源和废物处理成本上升将使制造业价值创造方式转向再使用、再制造、再循环、再回收、梯级利用等新模式。企业将会向服务和技术投资，以实现零浪费、零净能源和零环境影响的“三零”目标，还会投资用于材料、部件、产品甚至工厂拆卸和再制造的各项管理技术及微量元素回收技术。

二、重点国家大力支持本国制造业变革

鉴于最近一次经济危机带来的严重后果，许多国家政府努力使制造业和实体经济在未来发展中占据更加重要的地位。发达国家纷纷制定战略政策，振兴本国制造业，依靠科技逐鹿全球价值链高端，抢占新的产业制高点。经过一段时间的部署，不少发达国家的制造业竞争力都有所回升。根据德勤公司于 2010 年、2013 年两次发布的《全球制造业竞争力指数》报告，除中国均位居第 1 位外，美国由第 4 位升至第 3 位，德国由第 8 位升至第 2 位，加拿大由第 13 位升至第 7 位，英国由第 17 位升至第 15 位。鉴于发达国家为制造业“回流”做出的诸多努力，新兴经济体也不甘落后，印度、俄罗斯等国也纷纷制定政策措施，大力支持本国制造业变革。根据德勤 2013 年的预测，5 年后世界各国制造业竞争力排名前 10 位的国家和地区依次是：中国大陆、印度、巴西、德国、美国、韩国、中国

台湾、加拿大、新加坡和越南。

（一）美国：确保下一轮制造业革命在本国发生

制造业在美国经济中举足轻重，可谓既支撑创新，又攸关国家安全。鉴于最近10年美国制造业衰退十分严重，美国政府近年来通过持续重视加强国内生产，正在努力为美国制造业复兴奠定基础，正在加强美国制造业对于美国创新事业的重要作用，欲“确保下一轮制造业革命就在美国发生”。

1. 新技术激发创客、发明家和创业者的新运动

制造业在美国GDP中占12%，却占全美研发人员的60%，占私营部门研发的75%，占所有美国专利的大多数。美国制造业企业极具创新力。当前，新兴技术正在成为美国制造业优势的新来源，正在刺激美国制造业创业。从激光切割到数控雕刻机，再到3D打印机，快速成型新技术显著降低了原型开发成本。快速、价低的试验、调整、测试和定制能力鼓励企业选址贴近美国市场，并为制造业创新创业开启新的大门。这些工具的获取正在激发一场由创客、发明家和创业者推动的新运动。美国在软件和数字化设计方面具有重大优势——生产了全球软件的80%，在大数据分析和传感器领域领先，超级计算机拥有量占全球过半。这有利于美国在互联设备和产品数字化设计、试验及组装的时代占据领先地位。

2. 制造业创新再受重视刺激美国制造业变革

自经济衰退结束以来，美国制造业再次复苏，美国制造业产出增加了30%，增长速度约为总体经济增速的2倍，这是1965年以来制造业超过经济增长速度为期最长的一次。自2012年2月以来，美国制造业直接新增就业64.6万人，增速为过去20年之最。由于劳动生产力高、市场庞大且透明、能源价格低、创新领先，美国将再次成为企业投资的最佳目的地，美国制造业竞争力恢复也正在吸引生产回归。

美国制造商加快了在美研发投资。白宫报告显示，自2003年以来，美国制造业研发强度超过韩国以外的任何国家，由8%增至近11%。美国制造业研发投资创历史新高，达到2020亿美元，约占美国私营部门研发总支出的75%。处于新技术前沿的制造企业特别加大了研发投资。同时，创业者创办新企业的增长速度达到20多年之最。随着新公司成立，现有公司扩张新设工厂，美国制造业设施数量自1999年以来首次增长。2013年，新开办的工厂数量超过1400个，广泛分布于重要的制造业产业中。快速成型技术网络正在为创新创业提供平台。一场由创客、玩客和发明家推动的全国运动正在酝酿，通过网络和Quirky、Kickstarter等诸多平台，正在把“自己动手做”提升为“美国制造”。

3. 政府大力促进本国制造业创新创业

奥巴马政府一直致力于振兴美国制造业，先后出台了《重振美国制造业政策框架》和《国家先进制造业战略计划》，成立了白宫制造业政策办公室，启动了5年出口倍增战略，并大幅增加研发投入。为扩大制造业创新创业优势的新源泉，美国政府把刺激美国创新作为美国制造业议程的一项核心要务，特别强调政产学合作及战略计划中提出的可使多行业受益的使能技术，如机器人技术、材料开发、信息物理融合系统。美国联邦政府的制造业研发投资由2011年的14亿美元增至2014年的19亿美元，增加了35.7%。

为通过政产学合作加强美国制造业，2011年奥巴马政府启动先进制造伙伴关系计划。该计划包括4个部分：一是提高美国国家安全相关行业的制造业水平。二是实施材料基因组计划，拟通过注重实验技术、计算技术和数据库之间的协作和共享，把先进材料研发周期减半，把成本降低到现有的几分之一。三是实施国家机器人计划，投资下一代机器人技术。四是开发创新的、能源高效利用的制造工艺。2012年，奥巴马又提出投入10亿美元，组建由15家制造业创新研究所组成的制造业创新网络。2013年7月，奥巴马政府还提出10年内使制造业创新研究所数量达到45家。

2014年，美国政府重振美国制造业的政策不断加码升级。6月，奥巴马又宣布了若干新行动。一是超过90位市长和地方领袖响应总统号召，承诺开展“市长创客挑战”活动，刺激制造业创业，激发年轻人从事制造业和工程职业。二是为创业者提供便利，使之能够利用700多家研发实验室的价值50多亿美元的先进设备。三是加大材料基因组计划投资，将向该计划投入超过1.5亿美元。10月，奥巴马听取先进制造伙伴计划第2届指导委员会的报告建议，决定从促进创新、加强人才培养、营造有利商业环境3个方面采取进一步举措，包括：将投入3亿美元支持先进材料、先进传感器和数字化制造技术创新；劳工部将投入1亿美元发起《美国学徒资助计划》；商务部《制造业扩展计划》将投入1.3亿美元在10个州建立地方性技术服务中心，为制造业中小企业服务。

（二）欧盟：全面部署工业复兴战略

金融危机凸显了实体经济和强大工业的重要性。为此，欧盟委员会把强大的工业基础视为欧洲实现经济复苏、保持竞争力的关键，推出再工业化战略，提出到2020年使工业占GDP比重由15.6%提高至20%。欧盟委员会主要从以下4个方面积极做出部署。

一是通过加强欧盟科研创新投入激励创新投资。为确保工业领先地位，欧盟《地平线2020》计划开展研发创新投资，主要包括：投资支持关键使能技术，籍此重构全球价值链，提高资源利用率，并重塑国际分工；资助更接近市场的技术原型和示范项目，促进科研成果商业化；在关键工业领域建立公私合作伙伴关系，开展公私合作项目，刺激私人投资。

二是鼓励在优先领域加快技术投资。欧盟委员会确定了先进制造、关键使能技术、生物基产品、清洁交通、可持续建筑及原材料、智能电网等六大战略性、交叉性的优先领域。6 个工作组分别识别了各领域创新发展面临的机遇和障碍，欧盟委员会将据此开展重点工作。在先进制造领域，重点包括建立高价值制造“知识和创新社区”，建立可持续流程工业、未来工厂、光子技术、机器人等大型公私合作计划。

三是引导成员国在各自优势领域集中创新投资。通过欧洲结构和投资基金鼓励成员国在上述 6 个战略领域，结合本国区域及工业政策，在各自优势领域集中创新投资。

四是把数字技术作为提升欧洲工业生产力的核心。数字技术的变革力量和日益增长的影响遍及整个工业领域，将重新定义传统商业和生产模式，带来一系列潜在的新产品和服务创新。工业向数字时代的转型需要整合云计算、大数据、互联网新应用、智能工厂、机器人、3D 打印和设计等众多新技术。欧盟委员会将在促进商业流程数字化和工业信息化中发挥重要作用。

（三）德国：推动“工业 4. 0”，直指新工业革命

在互联网的推动下，现实世界与虚拟世界日益紧密，为制造业发展创造了新机遇。德国学术界和产业界积极推动“工业 4. 0”。这是继蒸汽机时代、电气化时代和信息化时代后的第 4 次工业革命，将是利用基于信息物理融合系统的智能化来促进产业变革的时代。

1. 德国政府实施重大项目大力支持“工业 4. 0”

“工业 4. 0”的概念描述了由集中式控制向分散式增强型控制的基本范式转变，目标是建立一个高度灵活的个性化和数字化产品与服务的生产模式。它意味着在产品生命周期内对整个价值创造链的组织和控制迈上新台阶，意味着从创意、订单，到研发、生产、产品交付和服务，再到废物循环利用，在各阶段都能更好地满足日益个性化的顾客需求。在这种模式中，传统的行业界限消失，并会产生各种新的活动领域和合作形式。创造新价值的过程正在发生改变，产业链分工将被重组。

为了使德国成为智能化生产系统领先国家，引领新工业革命，德国政府在《高技术战略 2020》中把“工业 4. 0”确定为十大未来项目之一。该项目由德国联邦教研部与联邦经济技术部联手投入 2 亿欧元。其研发主题包括：“智能工

厂”，重点研究智能化生产系统及过程，以及网络化分布式生产设施的实现；“智能生产”，主要涉及整个企业的生产物流管理、人机互动以及三维打印技术在工业生产过程中的应用等。

德国政府实施该项目有着重要的技术、经济和社会与政治考虑。在嵌入式信息系统领域，德国已经处于领先地位，特别是在汽车和机械工程行业。此外，嵌入式信息系统的网络化及智能监控和自主决策对于工业生产与服务的重要性将日益增加，生产和物流还有很大优化潜力，新型商业模式有待开发，交通、卫生及环境和能源等重要需求领域还需要开发新的应用服务。

2014 年德国政府出台的新一轮高技术战略继续把“工业 4.0”列为战略重点，并重视信息安全问题。战略还明确，为了企业和雇员利益着想，将会考虑“工业 4.0”对劳动力市场和不同雇员群体的影响问题。此外，鉴于产品、生产流程和服务日益相互联系，形成了潜力巨大的智能服务，这些服务会改变产品组合，通过建立新的知识平台来优化操作，联邦政府希望在智能服务方面为德国企业提供支持，以确保完全控制整个价值链。

2. 德国行业协会为推进“工业 4.0”积极献力献智

为推进未来项目“工业 4.0”的落实，德国三大工业协会联合起草的《“工业 4.0”白皮书》提出了实现“工业 4.0”亟待研究的五大主题。一是价值创造网的水平整合，包括新的商业模式、价值创造网的结构、价值创造网的自动化。二是整个生命周期内工程学的一致性。要现实世界和虚拟世界的融合，考虑现实世界和虚拟世界在各个层次的接口，要在机械制造、电气工程、计算机科学领域就模型达成共识。要运用系统工程方法，使产品、生产流程和生产系统实现融合。三是垂直整合和网络化的生产体系。要通过传感器数据分析优化过程控制。要研发智能、灵活、可变的智能生产系统，根据综合知识模型自主适应环境，改善研发、生产、维护和产品生命周期管理，提高资源效率。四是新的工作基础设施。要形成以智能辅助系统为媒介的新型协同工作形式，工作设计要使工人的接受能力、创造能力和自我发展能力得到充分发挥，并保证工人健康舒适。五是跨领域技术。应该研发出无线联网一揽子解决方案，实现跨领域的全面运用。要构建满足安全要求的安全构架和策略的方法，把相关方法和工具融入信息物理融合系统。要研发出带参考构架和使用面向服务的分布式体系构架的工业 4.0 平台，为实现跨企业的网络化和集成创造条件。

（四）加拿大：将先进制造纳入国家科技创新战略研究重点

2014 年年底，加拿大政府出台名为《抓住加拿大契机：向科学技术和创新迈进》的新一轮科学技术创新战略。战略指出，制造业在加拿大研发格局中举足轻重，加拿大制造业必须适应技术迅猛变革的全新时代。为此，加政府将“先进制造”列为科技创新发展新的优先领域，以此推进高潜力的平台技术，促使产业转型，并产生强劲的社会经济效益。加拿大在先进制造领域将重点关注：自动化（包括机器人）、轻型材料和技术、增材制造、量子材料、纳米技术、航空航天和汽车。

加拿大政府认为，先进制造有助于提高加拿大企业的竞争力，给加拿大人民带来更多就业和机遇。未来先进制造业将呈现出四大特点：一是先进制造技术包括自动化、机器人、生物技术和纳米技术，是发展迅猛的高技术领域，跨越多个传统行业。二是先进制造使制造商能开发高级的差异化产品，从而使制造商享有竞争优势。三是新工艺、新商业模式、新产品设计和新材料将不断提高生产率。四是先进制造业企业将向资本密集的颠覆性技术（如增材制造和自动化）投资；将采用新商业模式，提供服务等高附加值活动；将加入全球供应链，打入成长的新兴市场；将利用最新技术生产产品，以适宜价格满足世界市场需求。

（五）俄罗斯：大力加快新型制造技术发展

俄罗斯总理梅德韦杰夫认为，当今世界各国都对新型制造技术，尤其是增材制造技术，予以高度重视，俄罗斯应该积极发展新型制造技术，为俄罗斯制造业竞争力的提升奠定基础。根据梅德韦杰夫在 2014 年 9 月召开的总统经济现代化和创新发展委员会上的建议，俄罗斯就发展新型制造技术方面的举措主要集中于：第一，制定《国家新型制造技术发展计划》，内容应包括发展自动化技术、机器人技术、工业品制造国产支持软件、增材制造技术、其他新型工业技术发展方向和保障工业发展的新型材料。第二，在《俄罗斯科技优先发展方向》中增补“新型制造技术”领域，并在《俄罗斯关键技术清单》中增补“机器人技术、增材制造技术、数字化生产技术、结构设计及材料技术”。第三，在《国家工业发展与竞争力提高计划》的框架下制定《生产制造技术子计划》，明确发展机器人技术、增材制造技术和数字化生产技术的措施。第四，组建面向国内外市场的国际化项目联盟，吸引大型国有企业、新型制造技术需求方、一流高校及研究中心、工程技术公司、新型制造技术领域从事生产活动及提供技术解决方案的中心企业积极参与。

（六）印度：谋求世界制造业中心

近年来，印度制造业面临衰退，是印度经济的“阿喀琉斯之踵”。2014 年 6 月，莫迪政府开始执政，承诺将印度打造成由技能、规模和速度驱动的具有全球竞争力的制造业中心。为此，印度将着重打造亲商环境，加快专用货运走廊和工业走廊建设，沿着专用货运走廊和工业走廊设立世界级的投资及工业区。将鼓励本土产业创新，加强公共研发支出，调动产业研发投资，增强印度制造业竞争力，提高其全球市场贸易份额。同时，莫迪政府将致力于在纳米技术、材料科学、钍技术等领域建立世界级研究中心，为印度整体制造业和科技创新发展奠定基础。

三、未来推动制造业发展的关键技术及因素

科技创新是驱动产业变革的关键，将会提供宽广的财富创造平台，并有助于应对重大社会挑战，将引领全球制造业竞争。未来相当长的一段时间，先进制造工艺、机械电子技术、信息通信技术、先进材料和技术等将成为驱动制造业发展和产业变革的关键技术和因素。

（一）先进制造工艺

产品制造的效率和可持续性极大地取决于产品成型和组装工艺。未来需重视的先进制造工艺包括：增材制造，基于光子技术的材料和加工技术，材料成型和微纳结构成型技术，微纳制造高效自组装技术，零件加工、计量和检测方法，塑料电子片对片、卷对卷批量柔性印刷工艺，创新的物理、化学和理化工艺，柔性生产、组装和喷涂设备，实现多功能制造工艺开发的非传统技术集成。

欧盟在其制定的《未来工厂 2020》路线图中指出，其在先进制造工艺中的科研重点包括：新颖材料及结构加工；复杂结构、形状及测量；颠覆性制造技术的商业模式与商业测量，涉及先进材料的产品寿命周期管理、创新的产品供应链、颠覆性制造技术的新型应用模式、光子技术加工链。《美国制造：美国制造业创业与创新》报告中指出，激光切割、数控雕刻机、三维打印机等快速成型新技术能够显著降低原型开发技术。另外，美国在 2014 年 4 月发布的《用光学和光子学打造更加光明的未来》报告中指出，应大力促进弱光子研究、低功耗纳米光电子和关键光子材料的研究，以便为先进制造的发展创造条件。而韩国于 2013 年 12 月出台的《第六次产业技术创新计划》将印刷电子超精密系统列为未来产业先导技术开发项目推进。

（二）机械电子技术

未来制造业中对可重构、个性化、小批量生产能力的需要不仅要求机械电子智能化，还要求这种制造系统在规划和工程制造方面更具效率和效力。将具有重大影响的机械电子技术包括：控制技术将进一步运用不断增强的计算能力、传感能力和智能，智能化的机械和机器人将从根本上改变与操作者的交互方式，通过无处不在的移动设备和新颖的人机自然交互设备将使用户能随地接受与生产和企

业相关的定制信息，对制造系统状况和性能的持续监测能使生产制造可持续且有竞争力，智能的机器部件和构架将使生产系统安全、节能、精确且具柔性。

机器人是各国在机械电子技术领域的主要部署。美国《国家机器人计划》是美国《先进制造业国家战略计划》重点支持的使能技术，2014 年 11 月其第三轮资助获得通过，美国国家科学基金会联手国立卫生研究院、农业部和航天局宣布共投入 3150 万美元奖励促进协作机器人的开发和使用，重点推动机器人传感、运动、机器视觉、机器学习和人机交互的基础研究。

2014 年年初，欧盟主要机器人企业和科研机构组建欧洲机器人研发创新公私伙伴关系。6 月，欧盟委员会与欧洲机器人协会共同宣布推出名为《火花》的民用机器人研究与创新计划，这是欧盟委员会与欧盟私营企业及机构进行公私合作的重大项目，也将是全球最大的民用机器人研发计划，共将投入 28 亿欧元。欧盟机器人研发的重点方向集中于联合攻关系统设计、感应处理、环境识别、智能控制、认知系统、人机互动、行动计划、安全可靠等具有自学习自适应能力的自治机器人相关技术及应用。

韩国于 2014 年 6 月出台的《韩国未来增长动力落实计划》中，智能机器人被视为未来 13 大增长动力之一，是韩国政府重点发展的未来新产业。韩国旨在通过机器人技术的融复合化，逐渐向创造智能化服务的机器人化概念发展，计划到 2020 年使机器人产值达到 9.7 万亿韩元。韩国针对机器人发展的推进战略包括：支持第三代核心基础技术（机器人智能、人机交互和远程控制）开发及部件的国产化；推进机器人与其他产业的融合研发，特别是用于应对灾难和健康护理的机器人；支持机器人技术的安全认证和国际标准化；培育机器人企业并创造新市场；开设以实验和实习为重点的创意融合型硕士课程和以预备就业者为对象的机器人服务融合软件开放学院。

（三）信息通信技术

新一代信息通信技术是社会经济发展的重要引擎，能够通过与其他产业的技术融合，成为经济增长的推动力。信息技术与能源、物流网络融合正在给产业界带来新的机遇和挑战，促进商业流程数字化和工业信息化。在制造业领域，信息通信技术将能够支持产品设计师、工程师、先进制造设施和客户之间在协同制造中持续反馈信息。移动信息技术将使工人和主管在指间获得关键数据。对制造业情报的研究将促进对因合作和连接增加而产生的大量数据的消化吸收，并通过移动设备迅速向管理人员和车间主管提供信息。将产生重要影响的技术包括：将工厂和物理世界融入信息世界的技术，下一代数据存储和信息挖掘技术，安全、高性能、开放服务平台，建模和模拟工具，分布式协同应用框架及开发工具。

德国“工业 4.0”项目的核心是利用信息通信技术和网络空间虚拟系统——

信息物理系统结合的手段，将制造业向智能化转型。在其 2014 年 4 月发布的《“工业 4.0”白皮书》中提出要支持无线通信技术，目的是使各组件、各服务、各生产系统可以在销售层和企业层之间无障碍交换信息，不受相关供应链和产品生命周期阶段的限制。

日本 2014 年 6 月通过的新版科技创新综合战略将“信息通信技术”列为备受重视的三大跨领域技术之一，其中与发展制造业密切相关的技术涉及：先进网络技术，通过创新的零部件装置及通信方式，自动选择合适的传输路线，保证高效率、低耗电、大容量通信；大数据分析技术，灵活运用高性能计算，运用数据分析解决复杂问题；包括机器人技术在内的沟通辅助技术、虚拟通信技术和小型设备技术；传感装置技术，包括在无线传感器网络中不产生待机能耗的创新型集成电路、自治传感器节点，兼具传感与通信功能的低成本且无须供电的高效率装置；传感器识别技术，通过高速高效传感对数据进行快速分层、并行分布处理，可对大量情报进行动态处理与预测分析，发展超越当代人类能力的认识能力和行动能力；虚拟现实技术，运用高精度定位系统、大数据高速存储处理装置，提供能够保证多种复杂系统高效可信运行的尖端软件，构造实时虚拟空间。

欧盟十分重视数字技术的变革力量和影响。其中，欧盟对“下一代计算”应用于“未来制造”这一关键领域做出了重要部署：①信息物理融合系统。重点在于基于多核、低功耗体系结构，建设智能化、网络化的信息物理融合系统，并由真正的并行软件驱动。②软件。重点包括自主系统及动态、可配置的计算，包括可感知情景、自我优化的软件和可靠系统。③计算界面。先进的人机界面将越来越重要，既需要高性能、实时计算能力，也需要对健康、行为和心理问题的研究，使计算更加人性化。未来除植入式、可穿戴计算外，印刷电子、生物材料、石墨烯等技术有可能彻底改变人机界面及计算机与物理世界的互动。另外，量子计算有可能成为下一代计算的颠覆性力量。

（四）先进材料和技术

材料仍将是影响先进制造企业竞争力的关键要素之一。大量重要材料的稀缺将会继续推动新型先进材料的研发，这将提升产品功能、降低产品重量、减轻环境负担、提高能源效率。由纳米技术和纳米材料衍生的新技术将会为这些发展提供支撑。

美国材料基因组计划是“先进制造业伙伴关系”的重要组成部分，是美国政府在充分认识到材料革新对技术进步和产业发展的重要作用的背景下提出的。2014 年 6 月，美国总统行政办公室发布《美国制造：美国制造业创业与创新》报告指出，将继续加大材料基因组计划投资，确保美国在先进材料发明和制造领域的领先。美国防部、能源部、国家科学基金会等 5 个联邦机构将计划向材料基因组投入超过 1.5 亿美元，开展开创性研究，这将使新材料研发时间减半，推动先进制造业的发展。同时，美国于 2014 年 4 月出台的《国家纳米技术计划战略规划》将《可持续纳米制造：建立未来工业》列为 5 项纳米技术签名计划之一，旨在开发基于纳米元素制造的先进材料、器件及经济、可持续的系统把它们组装成大尺度复杂系统的新材料。当前，计划瞄准了有潜力在诸多产业产生重大影响的高性能碳纳米结构材料、光学超材料和纤维素纳米材料。

日本将纳米技术视为本国制造业发展的基础技术。开发新材料，创造新功能是日本优先方向之一。日本至 2030 年支持纳米技术的政策目标是：研发出创新型结构材料，提高飞机和发电设备产业竞争力；发展异种材料结合技术等制程技术，推动创新型结构材料应用；研发出轻质高强度结构材料，制造出新一代高速低功耗传输设备；开发生物相容性高的生物医学材料；推动新型催化剂普及，提高能源利用率，推动化学制品生产；实现纳米碳材料的商业化；在阐明材料特性的基础上，建立新型功能材料创新技术，生产新功能材料产品。

韩国于 2014 年 6 月出台的《未来增长动力落实计划》中将融复合材料被视为未来十三大增长动力之一，并计划到 2020 年成为世界材料第四大强国。融复合材料通过新物理学、化学的结合，能够实现材料的超轻量化、高性能化和多功能化，是智能汽车、海洋成套设备等制造业发展的基础。韩国的主要推进战略包括：构建“原创材料研究团”等融合研究体系，掌握 28 项创新材料技术的源泉专利和钛材料、化学材料的示范性试验平台关键技术及操作技术；打造材料技术商业化基础设施，推进碳纤维复合材料示范项目等。同时，韩国政府认为，纳米技术作为代表性的融合技术，预期会对制造业整体生产过程产生影响，能够为韩国主力产业群的供需结构升级构建基础。为此，韩国于 2014 年 3 月发布了《第二期国家纳米技术路线图（2014—2025）》，其中纳米分析测量设备、纳米制造设备、纳米半导体器件、石墨烯纳米器件、印刷柔性显示器、纳米传感器等被列为核心技术开发方向，这将为韩国制造业竞争力的提升带来深刻影响。

国际航天领域发展态势良好

2014 年，世界航天领域仍保持良好的发展态势。经历过 2013 年的热潮后，2014 年的空间探测领域略显沉寂。国际空间站方面，俄罗斯依然独自承担国际空间站载人航天任务，美国的“猎户座”载人飞船的成功试飞给美国后航天时代重启载人航天带来新的希望。同时，美国的商用货运飞船尽管有事故发生，但已开始发挥着日益重要的作用，欧洲也执行了一次货运飞行任务。2014 年卫星领域竞争依然激烈，商用通信卫星持续着快速增长的发展势头，一些国家不断推进着军用卫星的部署，美国、俄罗斯和欧洲的三大导航系统得到新力量补充的同时，印度也在加快其自身导航系统建设的步伐。科学卫星领域，美国和日本共同研发的降水观测卫星 GPM，以及美国温室气体监测卫星 OCO-2 值得关注。

一、各国航天政策与投入动向

2014 年，尽管全球经济发展仍在深入调整，但世界主要国家对航天领域的发展均给予了高度重视，将航天领域作为未来驱动经济发展的重要力量，纷纷提高航天预算，努力推动航天科技及产业的发展。

（一）美国航天预算回升

2013 年 11 月 21 日，美国发布新版《国家航天运输政策》，旨在对相关政府部门和机构提供航天运输方面的全面指导，确保美国继续保持在航天运输领域的地位，进而维护美国的国家利益。与 2004 年的首版政策相比，新版政策主要增加了航天发射场和国际合作等内容。

2014 年 1 月 17 日，美国总统奥巴马签署了 176. 5 亿美元的预算决议，虽然 176. 5 亿美元的预算拨款比白宫要求的 177. 2 亿美元要少，但却比 2013 财年的 168. 6 亿美元有所增长。其中，科学研究和太空探索领域预算均有所增加，分别达到了51.5亿美元和41.1亿美元。

2014年12月，美国众议院通过法案，美国航空航天局（NASA）2015年预算总额将增加2%，达到180亿美元，比2014年预算增加了3.64亿美元，超出了预期。其中行星科学部门将分得14.4亿美元，主要支持探索冰冷的木星卫星木卫二和载人航天。

（二）俄罗斯航天预算稳步增长

2013年12月2日，俄联邦总统普京批准了2014年、2015年和2016年俄联邦预算法，俄罗斯未来3年的航天预算分别为1781.09亿卢布、2024.74亿卢布和2011.57亿卢布（2013年为1700亿卢布）。预算主要用于实施5个计划，包括3个联邦专项计划：《2006—2015年联邦航天计划》《2012—2020年维护、发展和利用GLONASS系统》和《2006—2015年发展俄罗斯航天发射场》，以及两个《俄罗斯航天活动》联邦国家计划的子计划：《导弹航天工业的优先创新计划》和《保证国家航天计划实施》子计划。俄罗斯政府为实施2020年前俄联邦航天活动国家计划将为航天拨款共1.9万亿卢布。

（三）欧洲航天预算略有下降

欧洲航天局2014年度预算为41亿欧元（57亿美元），比2013年低4.2%。预算削减的主要原因是预期从欧盟执行委员会获得的资金将大幅减少。20个欧洲航天局政府投资将和2013年31.2亿欧元（43.92亿美元）持平。尽管许多欧洲国家有自己独立的、欧洲航天局以外的航天项目，但大多数国家（如法国、德国和意大利）都希望欧洲航天局拥有绝大多数的航天项目资金。

（四）日本公布航天预算

2014年2月，日本发布了《日本国防项目与预算计划——2014财年预算概览》，其中航天相关预算计划总额为541亿日元，将主要用于加强情报收集能力；通过卫星应用，执行指挥、控制与通信任务；通过太空态势感知等工作，提高卫星生存能力等。其中，强化C4ISR功能4亿日元，卫星通信应用196亿日元，商业成像卫星应用82亿日元，气象卫星信息应用60亿日元，派遣人员参加美国空军航天理论课程900万日元，用于应对弹道导弹攻击的相关费用260亿日元，进行研制和维护太空态势感知系统的可行性研究1000万日元，研究FPS-5雷达探测和跟踪卫星的能力5000万日元，卫星防护研究工作2000万日元等。

（五）英国发布政策推动航天产业发展

2014年，英国政府发布了两个新的政策《航天创新与发展战略行动计划

（2014—2030）》和《国家空间安全政策》（NSSP），将进一步挖掘英国发展中的航天产业的潜力，并希望在2030年前航天产业达到400亿英镑。其中，《航天创新与发展战略行动计划（2014—2030）》制定了一项《航天增长行动计划》，希望英国政府能够提供最好的管理和许可证安排，为航天工业（尤其是该领域的中小企业）提供一个繁荣发展的商业环境，进一步增强英国航天业近年来的健康增长势头。报告还建议政府于2018年年前建立英国航天中心。

2014年4月30日，英国政府首次发布《国家空间安全政策》报告，将空间安全视为国家繁荣、健康与安全的基础。报告表示，航天工业已经成为英国经济新的增长点，产值以年均7.5%的速度增长，对英国经济的贡献年均为90亿英镑，提供约3万个就业岗位，成为帮助英国走出经济低谷的重要引擎之一。该政策明确了四大目标相应的保障措施，最终目的是采取政治、经济、外交和科技国家一体化的措施，实现英国空间安全利益。

（六）印度加大航天预算

2014年7月10日印度政府公布的预算文件显示，在2014—2015财政年度，印度航天部将收到720亿卢比（约合13亿美元）的经费，比2013—2014财政年度增加了6.5%，主要用于卫星技术、运载火箭技术、发射支持设施（如跟踪设施）等，其中包括用于从国外公司采购一颗大型通信卫星。2014—2015财年预算数据表明，印度空间项目正在按照路线图开展，印度空间研究局继续致力于具有社会经济意义的项目。

（七）加拿大制定太空开发新计划

2014年2月7日，加拿大公布了名为《加拿大太空政策框架》的新太空开发计划。计划提出了加拿大发展航天业的5个重点任务，通过发展航天业来维护加拿大的主权、安全和繁荣；政府通过支持航天业发展，引进尖端技术来促进就业和经济增长；在国际空间站等重大项目上与其他国家开展合作；通过投资“加拿大臂”、詹姆斯－韦伯太空望远镜等项目提高加拿大的创新能力；鼓励更多加拿大人投身航天业等。

二、空间科学探测略显沉寂

经过了2013年的发展热潮，2014年世界空间科学探测领域显得有些沉寂。其中，经过10年飞行的欧洲“菲莱”探测器登上彗星引起了世界的关注，而日本“隼鸟二号”小行星探测器也顺利升空。另外，中国再入返回飞行试验器圆满完成试验任务，为“嫦娥五号”任务积累了宝贵的经验。

（一）欧洲“菲莱”探测器登上彗星

2014年8月6日，经过10年，超过40亿千米的慢慢太空之旅过后，欧洲航天局的罗塞塔（ROSETTA）探测器顺利进入“67 P/楚留莫夫－格拉希门克彗星”（简称C-G彗星）轨道。“罗塞塔”彗星探测器于2004年发射升空，曾多次飞掠火星和地球，利用行星的引力场进行加速。11月13日，“罗塞塔”探测器释放一个名为“菲莱”（PHILAE）的小型着陆器成功软着陆彗星，这是人类的探测器首次成功着陆彗星。“菲莱”重约100kg，大小如同一个电冰箱。接下来，它将进行为期6个月的实验，分析彗星的化学成分和组成。“罗塞塔”探测器作为母船，将继续围绕彗星飞行，至少持续到2015年年底。“菲莱”登陆彗星引起了世界的瞩目，并被许多机构列入2014年最重要的科学事件之一。

（二）日本“隼鸟二号”开启小行星探测之路

2014年，12月3日日本“隼鸟二号”（HAYABUSA-2）探测器成功发射，开始了其为期6年的往返旅程，有望成为继欧洲航天局“罗塞塔”（ROSETTA）之后，第2个登录小行星并收集可能有助于揭示地球生命起源的计划。该探测计划的目的地是C型小行星1999 JU3，这是一块较为古老的太空岩石，科学家们认为这块岩石可能含有有机物或水分。“隼鸟二号”预计将于2018年年中抵达太空岩石目的地，并于2020年携带样本返回地球。为获取样本，这艘太空飞船将从空中在小行星表面炸出一个坑，然后降落在爆炸点，从地表之下收集些许碎石样本。如果“隼鸟二号”能够成功将这些物质带回，就能有机会证明这样一个假设：携带着复杂分子的太空岩石撞击地球，地球上的水和生命便来源于此。

（三）中国开展“嫦娥五号”飞行试验

2014年10月23日，中国探月工程三期再入返回飞行试验器成功发射，同年11月1日返回器安全准确着陆，试验任务圆满成功。再入返回飞行试验是“嫦娥五号”发射前唯一一次大型试验，先行突破再入返回技术，为“嫦娥五号”探测器的正式发射积累了宝贵经验。

三、国际空间站有喜有忧

2014年，国际空间站的运行基本保持平稳。俄罗斯“联盟号”载人飞船和“进步号”货运飞船依然是国际空间站运输任务的关键力量。美国的“龙”和“天鹅座”两种商用货运飞船也执行了多次国际空间站货运任务，其中一次“天鹅座”号遗憾地因发射时发生爆炸而失败，给国际空间站货运任务带来了一些遗憾。美国的“猎户座”号载人飞船开展了一次成功的飞行试验，美国载人航天飞行将在后航天飞机时代再次开启。此外，欧洲的自动货运飞船也执行了一次成功的运输任务。

（一）俄罗斯继续承担国际空间站主要运输任务

2014 年，俄罗斯的“联盟号”载人飞船和“进步号”货运飞船依然承担着国际空间站主要的航天任务。其中，俄罗斯“进步号”货运飞船分别于 2 月 5 日、4 月 10 日、7 月 23 日、10 月 29 日执行了 4 次航天任务，在为国际空间站运行所需物质提供了有效保障的同时，也为国际空间站的科学研究工作提供了许多科学实验器材。

俄罗斯“联盟号”载人飞船则分别于 2014 年 3 月 26 日、9 月 25 日和 11 月 23 日执行了 3 次载人航天任务。其中，后两次分别将两名女宇航员送入国际空间站，使得国际空间站上首次同时拥有两名女宇航员。任务期间，宇航员们开展了大量的科学实验，并完成了包括接收美国、俄罗斯和欧洲货运飞船的任务。

（二）美国商用货运飞船开始发挥作用

在航天飞机 2011 年退役后，美国航天发射严重依赖俄罗斯。为改变这一局面，美国大力推进私营企业进入商业发射领域。美国航空航天局 2014 年 1 月表示，2014 年将是美国商业载人航天项目的“关键年”，这一计划也得到了“稳步推进”。2014 年，美国的“天鹅座”货运飞船和“龙”货运飞船均执行了国际国间站的运输任务，虽然有一次“天鹅座”任务因发生爆炸失败，但总体上看，美国的商用货运飞船已在国际空间站的运行维护中开始发挥重要的作用。此外，美国航空航天局“猎户座”载人飞船成功试飞，也预示着美国即将迎来继航天飞机后新的载人航天时代的到来。

2014 年 1 月 9 日，美国私营企业轨道科学公司（OSC）的“天鹅座”货运飞船发射升空，这是继美国太空探索技术公司（SPACEX）之后，又一家美国私营企业加入为空间站运送物资行列。“天鹅座”飞船携带总重约 1.26 t 的食品、备用零部件和科学实验设备，其中包括 23 种由美国和加拿大学生提供的科学实验器材。7 月 13 日，“天鹅座”货运飞船执行了第 2 次为空间站运送物资的任务，携带约 1.5 t 的物资，其中一半是为空间站宇航员准备的食物，其他物资包括科学实验设备、备用零部件及被称为“立方体卫星”的微型卫星等。10 月 28 日，执行第 3 次国际空间站任务的“天鹅座”在点火升空时突然爆炸，任务遗憾地宣告失败。此次“天鹅座”飞船共携带了约 2.3 t 的物资和仪器，其中包括宇航员所需的食品和饮用水、小型科研卫星、流星监测装置及高压氮等仪器和物资。

美国太空探索技术公司（SPACEX）公司的“龙”货运飞船顺利地执行了两次国际空间站任务。2014 年 4 月 18 日，“龙”货运飞船第 3 次向国际空间站（ISS）运送货物。此次“龙”飞船携带超过约 2.3 t 物资前往空间站，其中包括一些非常有趣的科学调查所需的设备和资源。9 月 21 日，“龙”货运飞船执行了其第 4 次飞行任务，给国际空间站送去第一台 3D 打印机和 20 只实验小鼠等物资。

2014 年 12 月 5 日，美国航空航天局新型“猎户座”飞船发射升空并成功地执行了飞行试验，从而迈出了旨在将人类宇航员送往火星漫长征途的最初一步。“猎户座”飞船是美国国家航空航天局《星座计划》的一个关键组成部分，首飞时间定于 2015 年。“猎户座”太空舱直径约 5 m，总重量约 25 t，是“阿波罗”飞船可居住空间的 2.5 倍，可同时向国际空间站输送 6 名宇航员，并能够同时向月球输送 4 名宇航员。

（三）欧洲执行新的货运任务

欧洲的自动货运飞船也执行了一次成功的国际空间站运输任务。2014 年 7 月 29 日，欧洲第 5 艘自动货运飞船 ATV-5 发射升空，为国际空间站输送了 6.6 t 的物资，其中包含 2.6 t 的干货物和 850 L 水，此外还有重达 3 t 的燃料，用于提升国际空间站的轨道高度。

四、卫星领域竞争激烈

2014 年，世界卫星领域依然保持着十分激烈的竞争态势。其中，商用通信卫星因其巨大的商业应用价值而保持着快速的增长。美国和俄罗斯等国家仍在不断加强军用卫星的部署。美国 GPS 和俄罗斯的“格洛纳斯”导航系统得到了新的力量，印度也成功发射了其首颗导航卫星。科学探测卫星发展十分迅速，全球气候和环境的空间监测与研究等领域仍是各国关注的重点。

（一）商用通信卫星增长迅速

2014 年，世界商用通信卫星仍然是竞争最为激烈的领域。美国、俄罗斯和欧洲等保持着该领域的领先地位。其中，美国发射升空的商用通信卫星主要包括：将有效支撑美国航空航天局及其他用户使用的通信中继网络的追踪与数据中继通信卫星（TDRS-L）；可为全球客户提供双向数据通信服务的 6 颗美国轨道通信公司 ORBCOMM-OG2 卫星；目前世界上分辨率最高的 WORLDVIEW 高分辨率商用观测卫星；10 月 17 日，用于向拉丁美洲地区用户提供通信、电视直播和数据服务的 INTELSAT-30 通信卫星发射；用于提供超高清电视和其他新型服务的

DIRECTV-14 通信卫星；12 月 18 日，美国 O3B-F3 通信卫星，

俄罗斯的商用通信卫星包括：可为广播和电信营商在非洲、俄罗斯、亚洲和中东提供服的 ABS-2 卫星；将为俄罗斯提供电视通信服的 EXPRESS-AT1 和 EXPRESS-AT2 卫星；用于保障国际空间站俄罗斯舱、低轨道卫星、运载火箭和推进器与地面接收站通信的 LUCH-5B 卫星；为俄罗斯提供民用和商用服务的 3 颗 GONETS-M 卫星。另外，俄罗斯 EXPRESS-AM4R 通信卫星发射失败。

其他国家 2014 年发射升空的商用通信卫星包括：印度首次用自行研制的低温发动机运载火箭发射的重近 2t 的 GSAT-14 卫星；可为南亚和非洲提供通信服务的泰国 THAICOM-6 卫星；可提供直播电视服务的土耳其 TURKSAT-4A 卫星；可为卢森堡提供电视宽带服务的 ASTRA-5B 卫星；可为西班牙提供电视宽带服务的 AMAXONAS-4A 卫星；用于向哈萨克斯坦和周边国家提供通信、电视转播、高速互联网服务的 KAZSAT-3 卫星；将为欧洲、非洲、中东、中亚和南美等地区提供电信服务的 EUTELSAT-3B 卫星；欧洲空客公司 SPOT-7 商业对地观测卫星；用于提供高速互联网接入的 4 颗跨国公司的 O3B-F2 和 1 颗 O3B-F3 卫星；可为客户提供直播、私营网络和宽带连接服务的中国香港 ASIASAT-8 和 ASIASAT-6 卫星；为马来西亚、印度、印度尼西亚和澳大利亚地区提供通信和直接到户卫星数字电视服务的 MEASAT-3B 卫星；为澳大利亚、新西兰和南极地区提供电视直播、网络连接、电话及数据传输服务的 OPTUS-10 卫星；为阿根廷及周边国家提供电视直播、网络连接、数据传输和 IP 电话服务的 ARSAT-1 卫星发射；提供电视与无线广播、宽带互联网、多媒体服务和移动通信的俄罗斯 EXPRESS-AM6 卫星；用于为印度提供增强通信服务的 GSAT-16 卫星；将为俄罗斯、亚洲和欧洲部分地区提供通信和电视广播转播服务的 YAMAL-401 卫星。

（二）军用卫星持续增加

2014 年，世界军用卫星的部署仍在不断增长，其中美国和俄罗斯仍处于军用卫星领域的领先地位。

其中，美国的军用卫星包括：为美国军方在全球范围识别和确定雷暴、飓风和台风强度的 DMSP-F19 军用气象卫星；NROL-67、NROL-35、CLIO 秘密情报卫星；可为地球同步轨道任务数据中继的 NROL-33 秘密军用卫星；旨在进一步推进美国同步空间态势感知计划实施的 2 颗同步空间态势感知卫星 AFSPC-4。

俄罗斯的军用卫星包括：将为俄罗斯情报机构提供侦察服务的 KOBALT 光学侦察卫星；3 颗 RODNIK 军用通信卫星；为俄罗斯国防部服务的 MERIDIAN 军用通信卫星。

其他国家的军用卫星包括：可为法国和意大利安全机构提供数据传输服务的 ATHENA-FIDUS 军用通信卫星。将用于监视伊朗等地的以色列 OFEQ-10 高分辨

率合成孔径雷达军用卫星；日本 ASNARO-1 间谍卫星；南非政府 KONDOR-E1 军用雷达侦察卫星。

（三）导航卫星又添新兵

2013 年，各国导航卫星领域发展进展不一，美国和俄罗斯分别增添了 1 颗新的导航卫星，但欧洲的“伽利略”系统再次遇到挫折，印度首颗导航卫星的升空则标志着导航卫星领域又有了新的竞争者。

美国 GPS 全球卫星导航系统得到了有力的补充。2014 年，美国共有 4 颗新的 GPS-2F 卫星发射升空。2 月 20 日，美国 GPS-2F-5 第 5 颗导航卫星发射升空，该卫星能够提供更高的精度和抗干扰能力，将进一步加强 GPS 星座。5 月 16 日，美国 GPS-2F-6 导航卫星发射升空，将取代日益老化的 GPS-2A-23，以确保 GPS 的持续性和现代化，增强了信号功率的增强，并提高了精确性和抗干扰能力。8 月 2 日，美国 GPS-2F-7 导航卫星发射升空。10 月 29 日，美国 GPS-2F-8 导航卫星发射升空。

俄罗斯格洛纳斯系统不断更新：2014 年 3 月 23 日，俄罗斯 1 颗 GLONASS-M 导航卫星发射升空，将用于新一代“格洛纳斯”导航系统，可提高其定位精确度。6 月 14 日，俄罗斯一颗 GLONASS-M 导航卫星发射升空，11 月 30 日，GLONASS-K 导航卫星发射升空。是此前 GLONASS-M 卫星的升级版本，预期使用寿命由上一代的 7 年提升至 10 年，重量由 1415 kg 减少至 935 kg。GLONASS-K 卫星将逐步替代俄罗斯全球卫星导航系统中运行的 GLONASS-M 卫星，以提高导航精确度。

印度区域导航卫星系统（IRNSS）进展顺利，该系统是一个独立的区域导航卫星系统，将为印度本国和印度大陆周边 1500 km 的区域提供位置信息。2014 年 4 月 4 日，印度第 2 颗导航卫星 IRNSS-1B 发射升空，是组成印度区域导航卫星系统空间段的 7 颗卫星中的第 2 颗。10 月 15 日，印度 IRNSS-1C 导航卫星发射升空，是 7 颗卫星中的第 3 颗。

欧洲伽利略导航系统再遇挫折，2014 年 8 月 22 日，2 颗欧洲伽利略导航卫星 GALIEO-FOC-1 发射升空，但未能成功入轨。欧洲航天局表示，卫星进入的轨道比预期的偏低，目前还不能确定是否能正常运行，但这 2 颗卫星还仍然可控，具体的调查工作正在进行。

（四）科学卫星受到关注

2014 年科学卫星发展态势良好，数十颗卫星被成功送入轨道，广泛地服务于各国的科学观测和研究应用之中。其中以美国和日本共同开发的 GPM-CORE 降水观测卫星和美国 OCO-2 温室气体排放监测卫星为代表的有关气候变化、环境监测等科学卫星备受关注。

2 月 27 日，美国 NASA 和日本 JAXA 共同开发的 GPM-CORE 降水观测卫星成功发射，利用搭载的先进雷达与微波成像器，该卫星可对全球范围内的洪水、泥石流、暴风雪和飓风等恶劣天气提供更及时的预报。4 月 3 日，欧洲的 SENTINEL-1A 气象卫星发射升空，该卫星将通过雷达成像技术对地进行观测，可帮助科学家研究地球上的气候变化，如洪水、地震等。4 月 16 日，埃及 EGYPTSAT-2 地球遥感卫星发射升空，用于采集农业、地理和生态研究的数据。4 月 30 日，哈萨克斯坦首颗 KAZEOSAT-1 遥感卫星发射升空，将为农业和资源监测、灾害管理、陆地成像提供 6.5 m 分辨率的多光谱图像。5 月 24 日，日本 ALOS-2 观测卫星发射升空，用于环境、基础设施和灾害监测。6 月 19 日，包括西班牙 DEIMOS-2 号观测卫星，哈萨克斯坦的 KAZEOSAT-2 遥感卫星在内的多颗科学卫星发射升空。7 月 2 日，美国 OCO-2 卫星发射升空，该卫星测定全球范围内的温室气体排放，并能够提供二氧化碳的流动方向。7 月 8 日，俄罗斯 METEOR-M 气象卫星，以及英国、美国等国的其他 6 颗科学小卫星一同被送入轨道。7 月 18 日，俄罗斯 FOTON-M4 科研卫星发射升空，用于在微重力环境下进行实验，搜集失重条件下的物理信息，研究半导体材料的生产技术，改善生物药剂，进行生物技术研究等。9 月 27 日，俄罗斯 LUCH 中继卫星发射，可为国际空间站的俄罗斯段、低轨道太空设备、助推器和上面级与地面设施的通信提供服务。10 月 7 日，日本 HIMAWARRI-8 气象卫星发射升空，将用于收集东亚和西太平洋地区的气象图。12 月 7 日，中巴地球资源卫星 04 星发射升空，主要用于国土、林业、水利、农情、环境保护等领域。

2014 年，中国也有多颗科学卫星发射升空。其中包括 6 颗主要用于科学试验、国土资源普查、农作物估产及防灾减灾等领域的遥感系列卫星：“遥感卫星二十号”“遥感卫星二十一号”“遥感卫星二十二号”“遥感卫星二十三号”“遥感卫星二十四号”和“遥感卫星二十五号”；3 颗主要用于开展空间科学与技术试验的实践系列卫星：和“实践十一号 06 星”“中国实践十一号 07 星”“实践十一号 08 星”；以及主要用于突发灾害监测等领域的“快舟二号”卫星；为国土资源部、住建部、交通运输部、林业局等用户提供服务的“高分二号”卫星；用于水利、水文、气象、电力及减灾等领域各类监测站点的数据采集和传输任务的“创新一号 04”科研卫星。

五、航天产业稳步发展

2014 年公布的一些研究表明，尽管全球经济发展尚未完全走出困境，各国政府也因财政紧缩等问题削减了航天领域项目的投入，但航天产业整体上却仍然呈现出良好的发展态势。航天产业的格局也在发生着一些变化，美国航天产业发展正在面临着严峻的挑战，与此同时越来越多的国家则希望能够通过努力在未来航天产业发展中占据一席之地。

2014 年 2 月，欧洲咨询公司发布新《政府航天项目概况》报告。报告称因各国政府财政紧缩，自 1995 年以来全球政府航天项目投资首次下降，从 2012 年 729 亿美元的峰值下降到 2013 年的 721 亿美元。报告强调，尽管预算紧张，但许多国家仍然在创新机制，广泛邀请私营部门参与目前只由政府实施的航天项目，公共机构与私营部门关系的转变将对政府设计航天项目的方式及从事政府业务的承包商结构产生长期影响。

2014 年 5 月，美国航天基金会发表《2014 年航天报告》显示，包括商业收入和政府预算，全球航天经济总量 2013 年增长到 3141.7 亿美元，比 2012 年的 3022.2 亿美元增长了 4.0%，增长的很大一部分源自商业活动的推动。从 2008 年到 2013 年，全球航天经济总量已增长了 27%。商业航天产品与服务收入比 2012 年增长了 7%，而商业基础设施与保障业则增长了 4.6%。政府开支 2013 年下降了 1.7%，但各国的增减情况差异很大。就业方面，美国航天队伍人数连续第 6 年下滑，从 2011 年的 242 724 人减少到了 2012 年的 234 173 人，净减 8551 人，减幅为 3.7%。欧洲和日本的航天就业人数均有所增加，欧洲工业界就业人数 2012 年增加了 1.5%，新增约 500 人。日本航天队伍人数增长了 11%，但日本宇宙航空研究开发机构的雇员数量有所减少。

2014 年 5 月，美国航空航天工业协会（AIA）发布的 2013 年年度报告称，美国航空航天和国防工业近 10 年正面临着极大的挑战。2013 年，美国航空航天和国防工业所取得成绩不佳，2013 年总体销售额为 2201 亿美元，比 2012 年的 2220 亿美元稍有下降，仅有民机销售有所增长。预算削减使美国的工业和国防部门被迫减小规模，并继续影响着本来就很脆弱的工业基础。尽管面临这些压力，但航空航天总出口增长了 125 亿美元，仍具有增长的趋势，主要是民用和武器两个方面的增长。持续的预算削减将加剧对工业基础水平的影响，尤其是对那些中小型企业影响更大。

2014 年 5 月，美国卫星产业协会（SIA）公布了第 17 版《2014 年卫星产业状况报告》。报告显示，2013 全球卫星产业取得了 3% 的增长。相比上年 1888 亿美元，全球卫星产业全年总收入达到 1952 亿美元。卫星服务业仍引领着整个卫星产业增长，卫星产业全年收入增加了 51 亿美元。卫星制造业也取得了显著增长，2013 年收入比上年提高 8%。卫星地面设备业收入取得了温和增长，而卫星发射业收入则出现了下降。报告称，截至 2013 年年底，全球共有各类工作卫星近 1200 颗，其中一半以上为通信卫星，40% 为商业通信卫星，全球有 50 余个国家使用着至少 1 颗卫星。

2014 年 5 月，美国富创公司发布了《2014 年航天竞争力指数报告》。报告称，美国的航天竞争力仍处于世界领先地位，但其航天优势连续 7 年下降。在其他国家加强本国航天能力的同时，美国正在经历着不确定的转型，其目前的航天地位并不稳固。航天活动全球化加速，新兴航天国家快速成长为传统航天大国的竞争对手。国际合作是日渐成为构建共同航天竞争力的战略，特别是在较小的参与国中。该报告是富创公司第 7 次发布独立的全球航天竞争研究报告。

另据 2014 年市场研究公司 ASD 的调查报告显示，未来 10 年全球军用卫星市场总价值可能将超过 1681 亿美元，预计有望以 4.9% 的年增长率增长，即从 2012 年的 118 亿美元增长到 2020 年的 173 亿美元。

2015 年，航天领域仍是世界各国发展的重点。其中，空间科学探测领域将十分活跃。美国航空航天局将发射其“深太空气候观测站”（DSCOVR）项目，旨在推动太空飞行器的太阳能推进技术，以使未来太空任务更加经济和有效。美国国家航空航天局另一项目磁层多尺度任务（MMS）也将于 2015 年发射，MMS 任务由 4 枚相同的探测器组成，用于检验各种关于空间天气现象的主要理论。欧洲航天局的激光干涉探测器新引力波天文台（LISA）先行测试计划 LISA 探路者（LISA PATHFINDER）将发射升空，旨在确认广义相对论中与重力有关的一切描述是否属实。另外，日本将发射 ASTRO-H 天文卫星，其搭载有更高分辨率的光谱分析仪器将有助于开展暗物质等天文物理学的研究。在国际空间站建设方面，2015 年美国的商用货运飞船将承担更多的国际空间站货运任务，而俄罗斯的“联盟号”飞船仍将是国际空间站载人任务的唯一选择。日本的货运飞船也将执行一次国际空间站货运任务。另外，欧洲航天局第一代载人宇宙飞船“过渡试验飞行器”（IXV）将进行飞行试验，用于验证欧洲先进再入技术和综合系统设计能力。在卫星领域，2015 年商业通信卫星领域的竞争依然将会十分激烈，美国、欧洲和印度等导航系统将会增添新的力量，各国军用卫星的部署也在不断加强。以欧洲 SENTINEL-2A 地球观测卫星和美国 SMAP 土壤湿度主被动探测卫星为代表的一些旨在观测地球气候变化、土壤情况的科学探测卫星将会陆续升空。

商业模式创新对于产业发展日益重要

在全球化、信息化、市场化、服务化不断深入的今天，商业模式创新日益重要。崭新的商业模式使技术创新的威力和效益加倍地释放，成为企业创造价值、产业快速发展的关键。近年来，新的商业模式不断出现，谷歌、苹果、Facebook等跨国企业，无一例外都通过技术创新与商业模式创新的有机融合，赢得了不可复制的市场领先优势。当今，商业模式创新不仅受到企业的高度重视，也受到一些国家政府的高度关注。

一、商业模式创新的重要性

随着技术溢出效应的不断增强，技术创新的模仿壁垒和垄断利润急剧下降，技术创新主导的企业盈利模式被打破，技术创新与商业模式创新融合互动作为一种新的创新形态，愈益成为企业参与市场竞争的利器。经济学人情报社对4000多名高级管理人员所做的一项全球调查显示，大多数（54%）人认为，对于塑造未来竞争优势而言，新的商业模式比新产品和服务更加重要。IBM对全球765个公司和部门的调查表明，它们中已有近1/3把商业模式创新放在最优先的地位，而且相对于那些更看重产品或工艺创新的公司来说，它们在过去5年中经营利润增长率表现比竞争对手更为出色。

在新兴产业的培育过程中，商业模式创新发挥着显著的“倍增效应”，成为促进技术创新价值显著提升的战略选择与现实路径。新兴产业和产品往往伴随着更高昂的成本、稀缺的配套资源和低下的市场认同度，如果没有合适的商业模式创新与之匹配，很有可能将以失败告终。因此，商业模式能否选择正确，将决定新兴技术产业的生死存亡。

二、几种典型的商业模式创新

通过对近年来出现的一些商业模式创新进行分析和梳理，我们把其归纳为以下几类。

1. 制造和服务完美结合，创造更多价值

制造业正在发生深刻变革，在产品生产和销售之外，制造商日益利用更加广泛的价值链，通过增值服务创造新收入。例如，全球著名动力系统公司英国罗－罗公司50%以上的收入来自服务（参见框文1），钢铁制造商安赛乐米塔尔的服务收入比例为29%。此外，资源稀缺、能源和废物处理成本上升将使制造业价值创造方式转向再使用、再制造、再循环、再回收、梯级利用等新模式。例如，美国著名工程机械生产商卡特彼勒公司提出了再制造项目，将到期报废的产品恢复如新，2012年回收了220万件旧件用于产品再制造。

框文1　罗－罗公司的商业模式创新

罗－罗公司是一个向民用和国防部门航空航天、海洋和能源等领域的客户提供动力解决方案的全球公司。该公司的主导产品为飞机发动机和电力设备，产品的70%以上出口，是世界上最具竞争实力的跨国公司之一。

该公司商业模式创新的最重要一个特点就是通过提供产品相关的服务为客户创造价值（如图2－1所示）。公司超过一半的收入来源于服务。为了开发客户关系，公司通过长期服务协议来强化商业合作。在各个服务领域，罗－罗公司都提出了一些先进的服务理念，包括全面维护（合同期通常是10～15年，也可覆盖发动机的全寿命期）、公司维护（为公司用或个人用公务机提供从零部件管理到发动机大修的一整套发动机维护服务）、任务准备解决方案（MRMS）等。

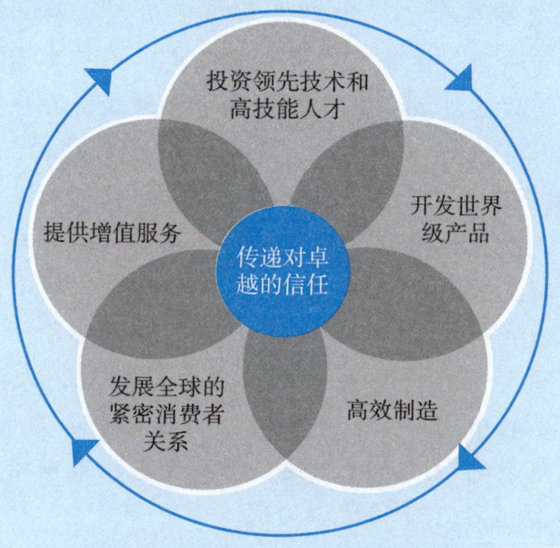

图2－1　罗－罗公司的商业模式示意

来源：《2011年罗－罗公司年度报告》。

2. 用户、供应商等参与设计、制造，颠覆传统生产组织模式

科学技术尤其是信息技术的进步，推动生产商能够把材料供应商及用户等组织起来，共同参与设计和制造，从而颠覆了传统生产组织模式，大大缩短了产品上市的时间。例如，德国街头滑板公司首先确定了自己的主要产品：城市短途交通汽车，之后迅速有效地把供应商组织起来，一起参与汽车的设计和研发，这不但有效地缩短了汽车从设计到制造的时间，而且有效地降低了成本，即使每辆汽车的定价在0.5万～1.5万欧元，也有合理的利润空间（参见框文2）。再如，Shapeways公司是一个在线制造社区，专门从事三维打印服务业务。其用户可在网上上传设计，获得即时、自动地打印报价，也可在线出售商品，自行定价。购买者也可定制某些设计方案。2011年，公司交付了75万件产品，其销售量正在飙升。

框文2　德国街头滑板公司的商业模式创新

德国街头滑板公司的成立源于一项调查，90%以上的德国城市居民表示，他们的日常交通都以短途为主。基于此，街头滑板公司主要针对城市短途交通生产“平民电动汽车”：续航里程在150 km以内，售价在0.5万～1.5万欧元的细分市场。

为降低成本造出低价实用的电动汽车，街头滑板公司通过商业模式创新，把供应商有效地组织起来，一起参与汽车的设计和研发，不但有效地缩短了汽车从设计到制造的时间，而且有效地降低了成本。

（1）采用以供应商为主体的扁平化组织模式

2010年5月，“街头滑板”电动汽车项目正式启动，凯普克的首要任务是，召集一个颠覆者联盟。他将联盟者分为三类：第一类为股东投资者，投资成为公司股东，参与战略决策；第二类为战略合作者，在项目里某个分支领域起到重要作用；第三类为协作合作者，在某个分支领域的某个环节贡献力量。最初，有19家德国汽车供应商加入联盟。其中10家为股东投资者，包括凯普克的街头滑板公司，以及德国最大的汽车租赁公司速龙租车，汽车轻质材料与热管理系统开发商雷奥公司。这10家股东共同出资230万欧元，作为项目启动资金。另外9家为战略合作者与协作合作者，这其中除了汽车照明制造商海拉公司、轮胎生产商邓普禄公司等几个业界巨头之外，大部分是一些鲜为人知、但拥有新锐技术的中小企业。半年后，凯普克的联盟阵营扩充到50多家公司，不仅覆盖了整个电动汽车产业链，甚至还包括最前沿的3D打印技术。

（2）加强汽车制造各环节的协调沟通

在凯普克的联盟中，每个供应商都将参与“从前期设计到后期制造”的过程，从各自专业领域出发，来推动项目进度。

凯普克首先将电动汽车的制造分解为车体设计、动力系统、温控系统和电子仪表等若干模块，每个模块由一个“工程小组”负责。其次，他完全打破了每个合作公司的组织边界，将这些公司的员工按照专业领域，分配到相应的工程小组中。

从模块到整车需要整合，为了让这个扁平化、分散化的组织协同整合起来，凯普克成立了一个实验中心，专门负责各个工程小组之间的协调沟通，如设计方案之间的匹配、零部件之间的契合。而根据项目进度的不同需要，实验中心还有权对工程小组进行整合或拆分。实验中心还利用专业的系统程序，实施项目变更管理，只要某一环节发生改变，所有工程小组都可以即时看到并做出相应调整。

2011 年 9 月，第一辆“街头滑板”面市。从设计图纸到原型车，凯普克只用了 12 个月，而传统生产过程可能需要好几年，研发成本也只有传统汽车厂商的 1/10。这背后，其实是供应商从附庸变为股东的角色转变，这些股东几乎是以成本价将零部件供应给“街头滑板”。而且，由于联盟引入了汽车经销商，一直延伸到了销售环节，从而让“街头滑板”即使定价在 0.5 万～1.5 万欧元，也有合理的利润空间。

（3）采取“电池与车分离”的销售模式

在一辆电动汽车的成本中，电池成本要占到将近一半，而电池技术的更新换代的频率较快。消费者买下一辆电动汽车，使用一两年后，很可能其电池就被淘汰了。这对于消费者来说，是一个巨大的隐性负担。因此，凯普克另辟蹊径，引入了模块化的电池管理——只卖车不卖电池，而采取租赁的方式把电池提供给用户。用户只需要根据自己的日常出行需求，来租赁不同规格的电池。用户不必承担电池在技术更新中被淘汰的风险，这让大众更容易接受“街头滑板”。

3. 改变自身在产业链的位置和充当的角色

为了顺应市场，一些企业改变了在产业链中的位置，通过“造”和“买”的搭配来获取更高价值。如谷歌在意识到大众对信息的获得已从桌面平台向移动平台转移，自身仅作为桌面平台搜索引擎会逐渐丧失竞争力，就实施垂直整合，大手笔收购摩托罗拉手机和安卓移动平台操作系统，进入移动平台领域，从而改变了自己在产业链中的位置及商业模式。IBM 也是如此。它在 20 世纪 90 年代初期意识到个人电脑产业无利可寻，即出售此业务，并进入 IT 服务和咨询业，同时扩展它的软件部门，一举改变了它在产业链中的位置和它原有的商业模式（参见框文 3）。总部位于英国剑桥的 ARM 公司以设计 ARM 处理器构架闻名于世，技术具有性能高、成本低和能耗省的特点，产品已遍及工业控制、消费类电子产品、通信系统、网络系统。ARM 自己并不制造芯片，而是通过将其技术知识产权（IP）授权给世界上许多著名的半导体厂商来获利。

框文3 国际商业机器公司的商业模式创新

国际商业机器公司（IBM）是世界上最大的信息产业跨国公司，长期以来一直以“硬件制造商”的形象来给自己定位，随着新技术的发展及全球PC领域竞争格局的变化，IBM逐渐调整其战略发展方向，从“硬件制造商”向“服务与整体解决方案提供商”转变，并取得了巨大的成功。

在PC兴起初期，IBM通过实施纵向一体化战略来加强产业链上下游整合，确保其获得成本优势和核心技术。在20世纪70—80年代，PC产业链各个环节的技术都不成熟，各环节之间的衔接也缺少标准，唯有纵向一体化的整合才能保证产品的性能、质量和效率。IBM是实施纵向一体化战略的典型，其不仅生产PC机，还开发自己的芯片，并建立起一个涵盖企业底层到高层的产品线，包括服务器、工作站、管理软件、磁盘阵列等。IBM纵向一体化的直接结果就是捆绑式销售，即当一个公司买了一台电脑之后，随之而来的诸如微处理器和存储器等这些与系统相吻合的所有基础技术产品、所有与硬件相匹配的软件，以及所有的系统安装和维护，都必须从IBM获得。这种纵向一体化战略的实施一方面在PC兴起初期为IBM带来了高额的利润，另一方面还能强化其在产业链上的垄断地位，为其他企业进入形成障碍。

在PC成熟时期，IBM通过对企业内部价值链的整合，着力为客户在软、硬件和服务领域提供整体解决方案。进入20世纪90年代中期，一些专业化的信息技术公司逐渐兴起，这些公司提供了原IBM公司一揽子业务中的小范围的和横向的部分产品，如出现了一些只销售数据库的公司，还有一些只销售操作系统的公司，以及只销售存储设备的公司等。计算机行业中的竞争对手一下子从过去的少数几个演变成了数百个甚至数千个，其中大部分竞争对手都只销售单一的和小部分的电脑产品。在此背景下，IBM开始战略转型与商业模式创新，更加强调内部价值链的整合，通过不同的整合来拓展新的发展空间，主要体现在初期的硬件整合、后来的软件整合和现在的软硬件及服务整体解决方案。

2002年，IBM以35亿美元的现金和股票形式收购了普华永道，标志着IBM开始向整体解决方案提供商的转变。在完成对普华永道的整合后，IBM建立的新模式是提供端到端的解决方案，这个模式现在越来越得到客户的认同。企业客户现在越来越青睐“一站式”采购，而目前能“从头到脚”提供从商业咨询到IT解决方案整套服务的只有IBM。目前，IBM的整体解决方案涉及云计算、大数据、智慧城市、智慧商务等方面。

4. 基于信息技术开展个性化的服务

云计算、大数据等信息技术的飞速发展使得公司能够更好地了解客户的喜好和需要，从而可以有针对性地推介产品和服务。在这方面做得比较有特色的是美国奈飞（Netflix）公司，该公司在美国率先推出网络流媒体电视剧和电影播放服务，服务对象是家庭。为了尽量满足不同年龄阶段和性别的家庭成员的兴趣，奈飞必须提高推荐结果的多样性与个性化。基于强大的推荐系统，奈飞基于用户的喜好向其进行推荐，以此建立起与用户之间更强烈的信任感，让用户更加愿意提供反馈，促进奈飞完善自己的影片推荐。通过这种互联网邮购租赁业务模式，奈飞公司创造了巨大的经济效益（参见框文4）。亚马逊、淘宝等购物网站也基于信息技术提供个性化的推荐服务。

框文4　美国奈飞公司的商业模式创新

奈飞（Nexflix）公司代表了目前互联网影视最为成熟的盈利模式之一：用低廉的价格和优质的用户体验吸引会员用户直接为流媒体视频内容付费，用规模创造效益。自1997年诞生起，这家公司就开展了两次重大的商业模式创新，在不断改善用户体验、提高用户满意度、增强用户黏性中取得了巨大成功。第一次是把传统的影像租赁业务与现代化的市场营销手段、先进的信息技术结合起来，开创了在线影像租赁加邮政配送的新局面，颠覆了以实体出租店为形态的传统DVD租赁业。第二次是在第一波流媒体视频革命中抓住机遇，颠覆了自己建立起来的商业模式，在短短几年间迅速从DVD租赁商转变成了全球最大的流媒体服务商，成长为互联网领域最热门的全球性科技娱乐公司之一。

2001年，整个美国影碟租赁业务市场其实开始走下坡路。Netflix公司多年来一直想摆脱DVD碟片。早在互联网泡沫最疯狂的2000年，Netflix公司的技术团队就曾尝试通过互联网将电影送入家庭终端，但因当时宽带技术的限制，下载一部普通的电影需要16小时和10美元的带宽费，Netflix最终无功而返。2005年之后，随着互联网技术的进一步发展及消费者观影方式慢慢向线上转移，流媒体使DVD被搬上了互联网，而Netflix抓住了流媒体这一波发展高潮，完成了从线下向线上的华丽转身，凭借全新的商业模式抢得了付费视频的市场先机。Netflix能够成为全球最大的流媒体服务商，最重要的还是它颠覆式的用户体验，这主要体现在3个方面。第一，既不做广告投放，也不做广告植入，收费非常清晰，只要加入它的会员可以免费观看所有影片的资源，而它每个月的收费是7.99美元。第二，Netflix公司很早就开始把它的整个平台开放，在任何的大屏小屏，在任何家居的场景都可以使用Netflix，甚至在游戏机上都可以用Netflix看电影。第三，更加智能化的推荐系统，最近Netflix在做的一个主要工作就是它们已经脱离了用传统算法来改进推荐体系的模式。这些特点帮助该公司变成了全球最大的流媒体服务商，它的会员数在最近短短的几年内从不到1000万增长到现在超过了4000万，年收入达到40多亿美元。

5. 利用互联网的平台进行融资

作为全球知名的产品预售式众筹平台，Kickstarter公司的运作模式非常简单：一边是项目、创意提供者，一边是项目资助者。在募资前，Kickstarter会对项目进行预审，通过后放在网站上向公众筹集资金，项目提供者通常会设立一个筹资期和筹资目标，如果募资超额即项目完成，相关资助者能根据不同的价位获得回报，Kickstarter也会收取募集金额的5%作为佣金。如果募资不及目标，所募的资金将自动返还。2014年，这家总部位于纽约的众筹平台2014年第一季度的认捐金额达到1.12亿美元，并吸引了680 000名新资助者（参见框文5）。

框文5　美国Kickstarter公司构筑公众融资平台，开创互联网金融新模式

Kickstarter公司于2009年4月成立，是一个创意方案的众筹网站平台。公司致力于支持和激励具备创新性、创造性和创意性的活动，主要通过网络平台面向公众募集小额资金，让有创造力的人有可能获得他们所需要的资金。成立虽只有短短5年，但Kickstarter已经取得了空前发展，公司通过其构筑的网络平台，成功使数以百万计的广大公众成为投资人，开启了互联网金融的新时代，并将这种模式迅速推广至全球，在世界各国掀起了一股众筹旋风。作为众筹模式的鼻祖，截至2014年3月5日，公司通过其平台已成功帮助约5.9万个创意项目募集到超过10亿美元的资金。

Kickstarter公司考察项目的核心元素为“创意”，其运作模式非常简单：一边是项目、创意的提供者（发起人），一边是项目的资助者（出资人）。项目发起人、Kickstarter网络平台、项目出资人通过良好的互动与沟通，开创了全新的互联网金融融资模式。

（1）以创意论成败的项目发起人

Kickstarter对项目发起人的门槛要求很低，发起人只需将自己的产品原型或创意提交至平台，经过Kickstarter的初步预审，便可放在网上向公众筹集资金。在募资时，项目发起人通常需要设立一个筹资期和筹资目标，如果募资超额即项目完成，项目发起人将会获得相应资金启动项目。但如果项目筹资期到期时未能资金未能达到目标，则项目筹资失败，出资人的资金会自动返还。根据Kickstarter公司的官方统计，截至目前项目成功募集率达44%。

（2）以个人兴趣为出发点的项目出资人

与项目发起人一样，Kickstarter 对项目出资人的门槛也很低，只要注册成为其会员后就可以为其感兴趣的项目出资，出资金额可多可少，项目获得成功后出资人可根据资助金额的多少获得相应的回报。以 Kickstarter 公司历史上最为成功的“E-Paper 电子智能手表”（Pebble Watch）① 项目为例，该项目共向公众提供了从 1～10 000 美元共 11 种阶梯级的资助方式。根据出资额的不同，出资人将会获得不同的回报，例如，捐助 1 美元仅表示对这个点子的支持，不会获得额外回报；捐助 99 美元则可获得一只黑色的 Pebble 手表（但只有 200 个名额）；而捐助 10 000 美元获得 100 只任意颜色的 Pebble 手表（预计售价在 150 美元以上）。

与当前的金融服务相比，Kickstarter 公司对现有金融模式的最大创新在于其出资人。首先，出资人为公众，任何人只要对某个项目产生了共鸣，都可出资，帮助项目发起人获得研发或制作资金，使创意成为现实；其次，出资人通常具有一定的创业精神，了解其资助项目的潜力，并有一种内在的欲望成为项目团队的一部分，推动项目的诞生，但通常他们又没有支持整个项目的相关资源，也不具备风险投资者和金融服务专家具备的能力；第三，出资人还是他们所支持的项目或企业的代言人，会通过自己的关系网促进市场营销，进而推动项目获得更大的成功。

Kickstarter 公司的使命在于为项目发起人和出资人搭建起沟通和交流的平台，并不会参与项目本身，项目创意及其产品的所有权 100% 归属于项目发起人，但如果项目募集成功，Kickstarter 公司将会收取募集总额的 5% 作为佣金。就公司本身而言，由于成立以来 Kickstarter 平台已成功募集超过 10 亿美元的资金，其佣金总额也达到 5000 万美元，对这个仅有 81 名工作人员的公司来说无疑是个巨大的成功。

三、各国支持商业模式创新的政策措施

商业模式创新的主体是企业，但这并不意味着政府无事可做。实际上，商业模式创新业需要相关技术的支撑，需要制度的保障及宽松的环境，而这些需要政府的大力支持和引导。

---

① Pebble Watch 项目是 Kicksterter 截至目前最为成功的募集项目，先后经过 25 次更新，共有 68 928 人向其资助了约 1027 万美元，募捐率高达 10 266%。这款手表可以显示来电信息，也可以上网浏览，并适时提醒邮件、短信、微博和社交网络信息，其最大的优点还在于这款电子智能手表能够兼容 Iphone 和 Android手机。

1. 大力支持大数据、3D 打印技术，为商业模式创新奠定技术基础

商业模式的创新需要技术的支撑，包括大数据和 3D 打印技术。大数据、云计算能够提供诸多崭新的用户价值，改变商业运行模式，3D 打印技术有望使得生产组织模式发生巨大变革。当前，美国、欧洲等发达国家在大数据、云计算及 3D 打印技术投入了巨资。在大数据和云计算方面，美国 2013 年启动了《大数据的研发计划》，投资 2 亿美元提高从大量数字数据中访问、组织、收集发现信息的工具和技术水平；欧盟联合私营部门投资 25 亿欧元加大对大数据的研究，包括开放数据、云计算、高性能计算和科学知识开放获取等相关研究。在 3D 打印技术方面，美国将“3D 打印”创新中心（又称增材制造创新中心）作为新建的 15 个国家制造创新中心之首，政府直接投资 3000 万美元进行支持；欧洲航天局 2013 年 10 月公布了《将 3D 打印带入金属时代》的计划，旨在为宇宙飞船、飞机和聚变项目制造零部件，最终的目标是采用 3D 打印技术实现由一整块金属构成、不需要焊接或熔合的整颗卫星的整体制造；澳大利亚在 2013 年制定了金属 3D 打印技术路线。这些研究将有效促进相关技术突破，为商业模式的创新奠定技术基础。

2. 在培育战略性新兴产业的过程中重视商业模式创新

对于新兴产业和变革性的新技术而言，由于技术不成熟、研发成本高、缺乏配套设施等原因，技术和产品的市场推广应用是其发展的重要难题。通过商业模式创新有效降低成本，是新技术新产品走进市场的一条重要途径。特别是在新兴产业领域，技术和商业模式都处于探索阶段，更需要有活跃的商业模式创新来配合技术应用推广。为此，各国在培育战略性新兴产业的过程中，非常重视商业模式的创新。例如，韩国《第六次产业技术创新计划》提出，要扩大商业友好型技术供应，构建商业友好型的研发体系，引入“先商业模式、后技术开发”方式的研发项目，支持创意性商业构思的商业模式开发、实用化后续研究。美国在就出台新的创新战略征求公众意见时关注的一个主题是商业模式创新，以便确定哪些商业模式创新、金融创新能够降低生命科学、先进材料、清洁能源等资本密集型产业的创业或业务扩张成本。

3. 完善激励商业模式创新的知识产权保护制度

历史上各国都将商业方法视为智力活动的规则和方法，不予专利保护。随着信息网络和电子商务的发展，美国联邦巡回法院在 State Street Bank 案中彻底废除了“商业方法除外”原则，只要发明具有实用性即可申请专利，对商业模式创新通过授予专利等给予积极的鼓励与保护。如今，虽然还有争议，不仅是美国

公司（如 Amazon、Priceline、IBM 等），越来越多的外国公司（如日本、法国、德国、英国、加拿大、瑞典等国的），也已经在美国为它们的商业方法创新申请了专利。与美国不同，欧盟在承认商业方法专利性的同时，仍强调发明的技术性，只有具备“技术特征”，做出“技术贡献”的发明方授予专利。日本则将商业方法发明视为计算机软件的一种，强调发明的技术性，授予软件专利。

此外，美国等一些国家已经开始意识到商业模式创新对传统的知识产权体系带来了新的机遇和挑战，开放创新、用户创新、基于互联网的创新、大数据驱动的创新等可能引发一系列新问题，为此，它们将不断地完善知识产权保护体系，以应对新技术和商业模式发展的需要。可以预见，未来几年各国知识产权保护体系和竞争政策还将处于不断变化和调整之中。

第三部分

主要国家和地区科技发展概况

本部分介绍了美国、加拿大、墨西哥、古巴、巴西、智利、欧盟、英国、法国、爱尔兰、比利时、瑞典、丹麦、意大利、西班牙、罗马尼亚、德国、瑞士、波兰、匈牙利、奥地利、俄罗斯、日本、韩国、朝鲜、印度、新加坡、以色列、澳大利亚、新西兰、埃及等国家和地区2014年的科技发展概况，包括最新出台的科技政策、计划、举措，科技投入，重点发展领域与产业动向，以及国际科技合作政策等。

美　国

2014年美国政府继续致力于依靠创新引领经济增长，不断优化创新环境，加快在重大前沿领域的科技部署，制造业增长迅速，就业普遍增加，经济强力反弹，科技创新对美国经济增长和繁荣，以及保持国际竞争力做出了重要贡献。

一、美国科技创新总体情况

由于美国在创新和制度框架这两大指标上获得很高的评价，在2014年世界经济论坛发布的《2014—2015年全球竞争力报告》中，美国连续两年提升了竞争力排名，排在第3位。另据瑞士洛桑管理发展研究院发布的《2014年世界竞争力排名》中，美国蝉联世界第一的宝座，其经济恢复、就业增长及在技术和基础设施方面的优势获得充分肯定。美国还拥有全球最好的创新和创业生态环境。在全球创业网络与全球创业发展研究所联合发布的《全球创业指数2015》中，美国在被评价的130个国家中排名居第1位。

美国国家科学基金会最新统计数据表明，近几年美国研发支出增速超过了GDP增速。2011年美国研发总支出为4282亿美元，比2010年增长了205亿美元；2012年研发总支出初步估计为4526亿美元，在2011年的基础上又有提高。数据还显示，企业研发投资反弹是美国2011年和2012年研发支出增长的主要原因。

美国的科技论文产出数量和影响力都是世界最高的。在2013年SCI数据库收录的170.97万篇科技论文中，美国所占比例最大（27.5%），为47.05万篇，相当于排在第2位的中国（23.14万篇）的两倍多。在2004—2014年被引用次数处于世界前1%的高被引论文中，美国占52.44%，为62 226篇，排在世界首位。美国在世界最具影响力的国际期刊上发表的论文数量为23 331篇，占高影响力国际期刊论文总数（57 113篇）的40.9%，稳居世界第一位。

美国科技创新成果层出不穷，专利申请数量逐年增加。根据世界知识产权组织的专利统计数据，2012 年美国专利申请总量比 2009 年低谷时增长了 17.7%，达到 468 960 件。1998—2012 年美国 PCT 国际专利申请量一直高居世界首位，2012 年申请量达 51 643 件。

美国不仅企业创新能力强，而且知识产权贸易非常活跃。全球排名前 100 位的创新型企业（包括个别大型研究机构）中，美国占了 1/3 强（35 席）。2011 年全球知识产权出口收入总额为 2410 亿美元，美国占了一半多，达 1210 亿美元。

二、美国科技创新政策动向

（一）政府预算强调创造增长新机遇

美国政府承认美国的全球领导者地位主要依靠科技，因此一直倡导为创新投资，以促进经济增长和繁荣。2014 年 1 月奥巴马发表的国情咨文指出，今天全力创新的国家将主宰明天的全球经济。奥巴马呼吁国会应弥补基础研究投入不足所造成的危害，支持新的伟大发现。

美国政府在 2015 财年预算案中提出了“为所有人创造机遇”的口号，继续对科技进行有针对性的投入，以支持就业和经济增长。新财年预算强调重塑美国在基础研究领域的全球领导地位，提出要继续对重点研发领域给予稳定支持。2015 财年预算案基础预算中联邦研发预算为 1354 亿美元，比 2014 财年执行的水平提高了 1.2%。其中 659 亿美元用于非国防研发，比 2014 财年执行的水平提高了 0.7%；695 亿美元用于国防研发，比 2014 财年执行的水平提高了 1.7%。基础和应用研究投入总额为 647 亿美元，比 2014 年提高了 0.4%。开发投入总额为 680 亿美元，比 2014 增长 2.3%。2015 财年预算的特殊之处还在于它在基础预算之外增加了一项补充性预算，称之为“机遇、增长和安全计划”，预算总额为 560 亿美元，其中有 53 亿美元用于支持研发。美国政府希望通过这项在基础预算之外单列的预算创造新的增长机会，刺激经济增长和巩固国家安全。

据美国科学促进会的估计，2015 财年很多科技相关机构实际获得的拨款将高于 2014 财年的水平，也高于 2015 财年预算案中申请的额度。综合拨款中基础联邦研发投入总额估计为 1376 亿美元，比 2014 财年增加 1.7%，比预算案基础预算中的研发投入高 0.9%。主要科技资助部门，如国防部、国家航空航天局、国家科学基金会和农业部农业研究服务局等部门的研发预算，均高于预算案中申请的水平。上述估计没有包括与战争相关的研发和与抗击埃博拉疫情有关的研发。为应对埃博拉疾病，美国政府向国立卫生研究院拨款 2.38 亿美元，向国防部高级研究计划局拨款 4500 万美元，向化学和生物防卫计划拨款 5000 万美元，向生物医学高级研究开发局拨款 1.57 亿美元。这些资金将用于疫苗研制、病毒遗传学研究、临床实验等。如果将所有这些新增的研发投入考虑进去，2015 财年的研发投入有望比 2014 年增长 2.2%。

（二）区域创新环境不断优化

联邦政府重视区域创新环境建设，截至 2013 年，联邦各部门开展的支持区域创新的举措有 70 多项，投入达 2.5 亿美元，而且联邦投入要求相关实体提供匹配资金，因而推动了区域和地方层次的创新生态系统建设。商务部经济发展局自 2010 年起开始实施的《i6 挑战》计划非常成功。2014 年，商务部将该计划整合，推出了《区域创新战略计划》，并宣布首批投入 1500 万美元征集项目。小企业局继续支持创新集群发展，2014 年 10 月宣布投资支持位于新墨西哥、密尔沃基、欧扎克和墨西哥湾沿岸地区的区域创新集群。

美国很多州将创新生态系统建设纳入经济发展规划。一些州和地方政府大力发展创新集群，纽约州、南卡罗来纳州等州还制定了全面的集群发展战略，将创新集群建设作为发展经济和增加就业的主要抓手。

（三）制造业前沿部署继续扩大

2014 年奥巴马继续推进制造业创新研究所建设，加大了在前沿领域的科技部署。1 月，政府宣布下一代电力电子研究所总部设在北卡罗来纳州。2 月又宣布数字制造和设计创新研究所及轻型和现代金属制造创新研究所分别落户芝加哥和底特律地区。至此 2013 年提出建设的 3 家制造业创新研究所全部得到落实。2014 年奥巴马政府宣布再建 4 家制造业创新研究所。2 月，高级合成材料制造创新研究所开始征集，旨在提升有助于提高汽车、飞机等能效的高级材料制造能力。10 月，美国政府宣布由国防部牵头建设光子集成制造研究所。为此，公共和私营部门的投资总额将达到 2 亿美元，其中联邦投资 1 亿美元以上，私营部门的配套资金预计也将在 1 亿美元以上。12 月宣布启动 2 家制造业创新研究所，一个是能源部牵头的智能制造，另一个是国防部牵头的柔性混合电子。联邦政府对这两家制造业创新研究所的投资都是 7000 万美元以上，私营部门也将提供匹配资金。

2014 年 10 月奥巴马推出新举措加强先进制造伙伴关系计划，促进先进制造业发展。一是促进创新。政府增加 3 亿多美元投资用于支持对美国竞争力非常关键的新兴制造技术。二是扩大劳动力开发战略。劳工部提出投入 1 亿美元用于开展美国学徒制资助计划，激励新的学徒模式，并扩大先进制造等高增长领域的有效的学徒模式。三是改善商业环境。政府启动了新手段和一项为期 5 年的初步投资，以支持供应链中的创新型小企业。商务部的制造业推广伙伴关系计划将在未来 5 年投入 1.3 亿美元，支持 10 个州的小型制造商吸收和利用新技术和将新产品推向市场。

为吸引制造企业落户美国，2014 年美国商务部还建立了一套新工具，帮助制造商评估和避免离岸外包的隐性成本。另外，为刺激在制造业领域的投资和创造就业，2014 年奥巴马政府确立了 12 个“制造业社区”。这是 2013 年 9 月启动“制造业社区投资伙伴关系”之后确立的首批制造业社区。入选的社区将获得 11 家联邦政府部门合计 13 亿美元经济发展基金有选择性的支持，还可以利用“制造业社区”的品牌效应吸引更多的外部投资。

（四）研究成果商业化举措频出

美国联邦政府重视联邦资助的研究成果的商业化，致力于弥补科研成果与市场之间的鸿沟，避免可能产生重大影响的新成果陷入所谓“死亡谷”。20 世纪 80—90 年代以来，美国政府对小企业创新研究计划、小企业技术转移计划等给予了长期持续的支持，目前这两项计划均已延长实施至 2017 年。

奥巴马政府在 2015 财年预算中再次强调，要继续支持联邦资助的研究成果从实验室向市场的转化。预算案提出投入 2500 万美元支持国家科学基金会的创新军团计划（I-Corp），并投入 600 万美元支持“从实验室走向市场”的跨机构合作。总统的管理议程还发起了“从实验室走向市场”的倡议。

研究成果商业化的挑战在生物技术、清洁能源等资本密集型技术领域尤为突出。为此，2014 年 6 月国家科学基金会创新军团计划（I-Corp）首次联手美国国立卫生研究院，为国立卫生研究院资助的研究人员提供为期 9 周的商业化培训，加速生物医学研究成果的商业化。10 月，能源部宣布了新的“实验室军团”（Lab-Corps）计划，旨在加快清洁能源技术的商业化。能源部先期投入 230 万美元试行该计划，以发现可持续交通、可再生能源和能效实验室技术等领域的市场机遇。

（五）知识产权保护制度进一步加强

长期以来知识产权制度对于促进技术创新发挥了重要作用。2014 年美国专利商标局提出对新创企业和小企业提供新支持，如发布详细的指南文件，就专利和知识产权问题向创新创业者提供指导等。

为解决知识产权诉讼给企业带来的高昂代价和不必要的干扰，美国总统奥巴马在 2014 年 1 月的国情咨文中呼吁进行专利保护制度改革，以支持企业集中力量开展创新。2 月，美国政府宣布采取一系列重大措施，打击专利投机行为，进一步加强专利体系以促进创新。

美国政府还宣布采取 3 项行政措施鼓励创新，进一步提升专利体系的质量和作用。一是最先进技术的“众包”。利用企业、专家和公众的力量帮助专利审查员了解“最先进技术”，以便审查员做出关于专利新颖性的判断。二是加强技术培训。美国专利商标局专利审查员技术培训计划，帮助审查员跟上技术快速发展的步伐。鼓励创新者为专利审查员技术培训贡献时间和专业知识。三是向发明者提供专利援助。

（六）中等技能人才供应面临挑战

2014 年 9 月美国总统科技顾问委员会致信奥巴马，报告了美国面临的中等技能人才短缺的挑战，并就加强中等技能人才培养提出了建议。总统科技顾问委员会认为，要建立政府—产业界—教育培训机构三方更协调有效的联合方式，加强协同效应，避免无效重复。

事实上美国政府在职业培训方面已经开展了大量工作。劳工部设立了劳动力创新基金，各州和地区可以申请用于劳动力培训，支持集群创新计划。奥巴马政府从 2010 年开始启动贸易调整援助社区学院和职业培训计划（TAACCCT），提出要在 4 年投入 20 亿美元支持社区学院及其他有资质的教育机构开展职业教育和培训。2014 年 10 月美国副总统拜登宣布再投入 4.5 亿美元用于该计划，资助 270 所社区学院开展职业培训，以培养各地区企业需要的专门人才。12 月，劳工部宣布启动 1 亿美元资金，征集有关项目，扩大对学徒制的资助。

三、美国的重点科技领域

（一）气候变化问题提上重要日程

当前，气候变化问题已提上美国内政外交重要日程。

2014 年 5 月发布的《第 3 次国家气候评估报告》承认气候变化是科学事实，重申气候变化不再是遥远的威胁，已对当前美国的社会、经济、生态等各方面造成了严重的影响，人类活动所排放的温室气体是导致近 50 年来气候变暖的主要原因。

2014 年 11 月，美国与中国联合发布《中美气候变化联合声明》，对合作应对气候变化做出新承诺。美国首次提出到 2025 年温室气体排放较 2005 年整体下降 26%～28%，刷新美国之前承诺的 2020 年碳排放比 2005 年减少 17% 的目标。

（二）综合能源战略支撑持续发展

2014 年美国政府再次强调要依靠综合能源战略实现未来可持续发展。5 月，白宫发布题为《综合能源战略是实现可持续经济增长之路》的报告，强调综合发展各种能源，继续支持经济增长。

在太阳能领域，2014 年美国进一步提出了 5 项举措推动太阳能的广泛应用，包括要培养太阳能领域的熟练劳动力，创新融资方式支持太阳能应用，推动联邦建筑的能源升级投资，提高电器能效和强化建筑法规等。美国能源部还投入巨资支持核电建设，提供 65 亿美元联邦政府担保贷款，支持南方核电公司 Vogtle 核电站 3 号和 4 号反应堆的建设。

（三）生命科学领域加大研究力度

近年来，美国加大了对生命科学领域研究的支持力度。仅 2015 财年预算增列的补充性预算《机遇、增长和安全计划》中就有约 10 亿美元用于支持国立卫生研究院开展新项目。这 10 亿美元当中，国立卫生研究院在跨部门的“脑计划”项目和在阿尔茨海默症研究项目上的投入各追加 1 亿美元；1.25 亿美元用于疫苗开发；5000 万美元用于与产业界联合进行新药开发。

经过一年的运行，美国“脑计划”项目参与单位不断增多，投资规模逐步扩大。据统计，美国政府已经向脑研究计划投入 3 亿美元。2014 财年国立卫生研究院已经投入 4600 万美元资助脑研究计划，其他各部门的研究活动也在陆续展开。

美国重视公私合作开展研发和促进科研成果产业化。NIH 与 FDA、辉瑞等 10 家跨国制药企业以及多家非营利性组织合作实施“加速医药研发伙伴计划（AMP）”，共同开展有关新的生物治疗靶点的研究。AMP 计划在未来 5 年内投入约 2.3 亿美元围绕阿尔茨海默病、糖尿病，以及系统性红斑狼疮、风湿性关节炎等自身免疫性疾病，加速上述几种疾病的靶向治疗药物的研发进程。

（四）新材料技术明确发展路径

2014 年 6 月，美国政府宣布加大对材料基因组计划的投资。国防部、能源部、国家科学基金会等 5 个联邦机构投入 1.5 亿美元资助新研究项目。

为推进材料基因组计划实施，美国国家科技委员会材料基因组计划分委会于 2014 年 12 月正式发布了第一份《材料基因组计划战略计划》。该计划是美国新材料技术研发的路线图，旨在协调跨部门资源，加速推进材料基因组计划目标的实现。战略计划进一步明确，材料创新基础设施是先进模型、数据和实验手段无缝连接的框架，是实现材料基因组计划目标的关键。材料基因组计划还要建成联系大学、国家、联邦实验室和产业界的网络。战略计划指出，为实现上述目标，需要成功应对以下 4 个方面的重大挑战：一是引导材料研究文化的转变，鼓励和推动建立跨学科跨领域材料研究团队，将计算、数据和实验结合起来，并打破大学、国家、联邦实验室和产业界的界限；二是加强材料研究中实验、计算和理论的整合，向材料研究团体提供先进工具和技术，不拘泥于材料分类，并重视从研究到产业应用的整个链条；三是加强研究数据的数字化和开放共享，包括建立材料领域实验和计算数据库，鼓励研究人员公开其科研数据等；四是培养一流的新材料科技人才队伍。

（五）纳米技术发展面临重大转折

当前纳米技术的发展正处于一个关键的转折点，已经进入第二代，称为纳米技术 2.0（NNI 2.0）。第二代纳米技术的特点：一是纳米元器件将向跨学科纳米系统演化；二是基础研究的同时需要更加注重纳米技术的迅速商业化。纳米技术距在给药、能源技术、智能传感器、洁净水、量子计算等领域的重大技术突破也许只有一步之遥。

为适应纳米技术的发展现状，2014 年 3 月纳米技术计划推出了新的战略计划（第 4 版）。该战略计划提出四大目标，包括要继续推进世界一流的纳米技术研发项目；促进新技术转化为商业产品和公共利益；开发和保持必要的教育资源、熟练劳动力、良好的基础设施和工具；支持负责任的纳米技术开发等。

（六）信息技术领域机遇与挑战并存

信息技术的发展突飞猛进，新产品、新服务和新业态层出不穷，发展潜力巨大，同时也引发了隐私、安全等方面的新挑战。美国在以大数据技术为代表的一系列新兴信息技术领域重视整合资源，加快技术从研发到应用的速度。2014 年，《大数据计划》和《国家网络与信息技术研发计划》（NITRD）等跨部门重大计划继续实施，在数据管理、分析、建模、可视化等各领域的研究不断深入。联邦政府还发起了《从数据到知识到行动》伙伴计划，鼓励企业与研发机构合作，促进大数据技术应用。

作为物联网的重要应用领域，2014 年美国在车车通信方面取得新的进展——基于车车通信（V2V）的安全系统，可以避免两车或多车碰撞，同时也可以达到降低油耗、避免拥堵的目标。

随着信息系统成为美国社会不可或缺的基础设施，对于其引发的安全和隐私等方面的担忧逐渐成为一大挑战。2014 年 2 月，美国国家标准技术研究院（NIST）根据奥巴马的行政令发布了一份网络安全的指导性文件——《加强关键基础设施网络安全的框架文件》。该文件从识别、保护、监测、响应、恢复五大技术领域将政府机构、商业部门等各种组织的网络安全防护分为从高到低 4 个级别，并分别给出指导性标准。

（七）农业基础研究进入新阶段

2014 年 5 月，美国国家科技委员会发布了《国家植物基因组计划 5 年计划（2014—2018）》。《国家植物基因组计划》实施 16 年来，推动了植物基因组领域的显著进步，相关科学信息和数据得到了有效利用。但美国政府认为，在此基础上仍有大量工作要做，特别是需要加强整合，包括加强工具开发、人才培养、联合与合作，以完善国家植物基因组基础建设。

美国农业法案经过一年多的争议终于在 2014 年 2 月获得通过，取代了上一个 5 年农业法案。新农业法案提出未来 5 年投入 6 亿美元支持科学研究，并且创建了粮农研究基金会，这一新的农业研究融资工具。

（八）海洋、空间和地球观测仍是战略重点

海洋、空间技术和地球观测等仍然是美国的战略重点领域。2014 年美国国家航空航天局（NASA）提出要保持研发投入水平，保证美国在航天领域的世界领先地位。NASA 提出的 2015 财年目标是继续推动载人深空探测与空间科学研究，筹备詹姆斯 · 韦伯天文望远镜 2018 年发射升空，以及继续开展与私营部门的合作，推动商业化发射合作。未来几年 NASA 的重点任务包括：实现 2030 年前载人登陆火星的目标；将国际空间站的使用寿命延长至 2024 年；继续加强对太阳系及更广阔宇宙空间的科学探索，包括对于火星、木卫二、冥王星等星体的探索计划；推动下一代航空飞行器技术的研发，实现更为节能、减排、低噪声的目标。为实现 2030 年前载人登陆火星的宏伟目标，NASA 将把一颗近地小行星捕获至月球轨道，并实现载人登陆，作为测试技术成熟度的中间目标，NASA 正在研发为实现载人深空探测的 SLS 重型运载火箭及猎户座飞船。猎户座飞船的首次无人飞行试验于 2014 年 12 月进行，猎户座飞船顺利回收，成为美国载人航天历史上的一个里程碑事件。

在海洋研究和监测方面，美国国家科技委员会 2014 年 3 月发表了《联邦海洋酸化研究与监测战略计划》。该战略计划侧重 7 个重点领域，包括海洋酸化监测，研究，建模，技术开发，社会经济影响，教育、宣传与合作战略，数据管理和整合等。

2014 年 7 月白宫科技政策办公室发布了《国家民用地球观测计划》，旨在最大限度地利用联邦各部门对地球的陆地表面、海洋和大气观测的结果。

四、美国的国际科技合作

（一）气候变化成为重要外交议题

美国将气候变化视为人类所面临的最迫切、最复杂、最重大的挑战之一，并且认为气候变化是增进美国和全球安全及促进经济增长的机会。

美国希望主导应对全球气候变化的国际努力，增加了多边和双边接触，致力于主导主要经济体论坛、清洁能源部长级会议、《蒙特利尔议定书》和减少短期

气候污染物的气候与清洁空气联盟等多边机制，与 50 多个合作伙伴国加强了在气候变化方面的双边合作。

2014 年 9 月，美国宣布发起气候智能型农业全球联盟，旨在联合世界各国政府、企业、民间团体及其他机构一道，帮助农民应对气候变化，减轻温室气体排放对农业的影响，同时增加可持续农业生产。

2014 年美国继续支持全球清洁炉灶联盟，5 月美国环保署向加州大学伯克利分校等 6 所大学投入 900 万美元，用于评估更清洁的烹饪方式对气候的益处，对健康和环境的潜在效益。

2014 年 11 月美国与中国联合发布的《中美气候变化联合声明》是美国对实现低碳减排、应对气候变化的新承诺。奥巴马政府还承诺向联合国全球气候基金（Global Climate Fund）注资 30 亿美元。

另外，美国国际发展署设立了太平洋 - 美国气候基金（Pacific-American Climate Fund），投入 2400 万美元资金，用于支持环太平洋岛国非政府组织应对气候变化。

（二）主导多边合作应对全球性挑战

除气候变化外，海洋与环境、卫生与健康、粮食安全等全球性挑战也是美国多边合作的重要内容。

2014 年 6 月美国主办"我们的海洋 2014"（Our Ocean 2014）国际会议，就可持续渔业、海水污染、海洋酸化等问题进行了探讨。美国与伙伴方共同制订保护海洋的行动计划。美国国际发展署还启动了 19 个新的海岸项目，资金总计超过 1.7 亿美元。

2 月，美国在华盛顿发起了《全球卫生安全倡议》，提出要共同应对传染病等全球性挑战。美国已与越南、乌干达等国开展了示范性合作。9 月美国再次主办全球卫生安全会议，会上美国呼吁实施一项为期 7 年的全球性标准来应对致命性传染疾病和包括生物恐怖袭击在内的其他健康威胁。10 月，美国国际发展署联合白宫科技政策办公室、疾病控制和预防中心及国防部启动了一项《抗击埃博拉大挑战》计划。美国还联合英国等针对西非国家的埃博拉疫情开展了疫苗研制、试验和人体安全性研究。

2014 年 2 月，美国国际发展署联合 40 多个政府、企业和民间团体，启动了新的森林观测工具——全球森林观测网（Global Forest Watch）。该网络将免费和透明的信息传递给最关心森林的人，以遏制对森林的破坏。

（三）注重与发达国家的强强联合

国际互联网发展是美国外交和安全政策的中心，也是美国与欧盟战略伙伴关系的关键组成部分。2014 年美国与欧盟在双边和多边场合加强了有关网络的协调与磋商。

美、英两国国防部承诺加强网络安全、空间科学、能源等领域的研究合作。2014 年 1 月，美国卫生与公共服务部部长与英国卫生国务大臣签署一项谅解备忘录，两国承诺要共享健康信息技术的信息和工具。美国国家科学基金会与英国生物技术和生命科学研究理事会首次探索联合出资设立了一项为期两年的合作项目，支持美、英两国在系统生物学、计算生物学、生物信息学和合成生物学等领域的合作。

美国与法国建立了长期的科技合作关系。近 300 名法国研究人员参与了美国国立卫生研究院 2013 财年预算支持的研究项目。美国标准与技术研究院（NIST）与法国伙伴机构在纳米计量、金属材料、信息技术等领域进行了合作并开展研究人员交流。美国与法国签署了一项有关火星探索的协议，计划于 2016 年执行相关的火星探索任务。美国还提出要深化与法国在计算神经科学研究、应对气候变化、发展清洁能源和保护环境等领域的合作。

美国和澳大利亚创新合作重点是加强前沿领域的合作，从神经科学到清洁能源、信息技术和生物技术等。美国还在悉尼大学和新南威尔士大学设立了为期 3 年的资深学者和政策分析专家交流项目——“联盟 21 研究员”项目（Alliance 21 Fellowship），以探讨美、澳两国共同利益和共同感兴趣的问题。

美国与日本启动了新一代网络技术合作，加强了民用核能研发、安全管理等领域的对话和磋商。2013 年 5 月美国国家科学基金会与日本国立信息通信研究机构（NICT）签署谅解备忘录，旨在促进网络技术和系统领域的合作。

（四）发展与新兴国家的新型关系

美国致力于加强与新兴国家合作，并将美中关系视为美国与新兴大国关系中“最最根本的组成部分”。

2014 年是中美建交和《中美科技合作协定》签署 35 周年，两国政府有关部门在《协定》下签署了近 50 个议定书，在能源、环境、农业等多个领域开展了广泛深入的合作。

美国致力于与印度建设战略伙伴关系。2014 年 9 月印度总理莫迪访美期间，美国与印度首次签署了《战略伙伴愿景声明》，作为未来 10 年美、印两国深化各领域合作的指南。

美国与巴西的双边合作不断推进。特别是 2013 年以来美国与巴西在科研和人员交流方面取得长足进展。

（五）推进面向发展中国家的科技援助

美国国际发展署进一步推动将科技放在对外援助的核心的承诺，重视利用科学技术帮助发展中国家减贫和加强能力建设。

2014 年 4 月，美国国际发展署启动了全球发展实验室，旨在集聚企业、大学和非营利组织等各个角色的力量，应对世界最严峻的挑战，帮助发展中国家在 2030 年前消除极度贫困。全球发展实验室提出的目标是，未来 5 年要惠及 2 亿人。

2011 年启动的《推进研究合作伙伴关系》（PEER）计划已经资助了来自 40 多个国家的 150 个研究项目。2014 年 8 月美国国际发展署与国家科学基金会和国立卫生研究院联合宣布了 46 个新研究项目，受资助项目涉及印尼、菲律宾和东非等 23 个伙伴国。美国国务院、国际发展署和 NASA 联合发起了 LAUNCH 计划，旨在通过科技创新应对全球性挑战。另外，国务院发起了外国工程技术人员网络（NODES），支持在美国的外国科技人员利用其专业知识和网络帮助解决其祖籍国家面临的挑战。

美国继续通过《未来粮食保障行动计划》加强相关农业研究和能力建设。2014 年美国国际发展署向堪萨斯州立大学提供 5000 万美元资金，支持建立《未来粮食保障行动计划》创新实验室，目标是帮助世界上最脆弱的人群改善营养，消除饥饿，重点将放在西非、东非、南非和南亚。

美国支持东盟国家的信息基础设施建设。2014 年，向东南亚国家联盟（ASEAN）2014 年主席国缅甸提供技术援助，以开发一个贸易门户和一个能与东盟单一窗口（ASEAN Single Window）连通的国家唯一门户。

美国还致力于运用科技帮助发展中国家抗灾减灾。2014 年 5 月，美国国务院和国际发展署在菲律宾举办灾害风险减轻和抗灾能力建设技术训练营（Tech-Camp），旨在交流经验和发现切实可行的合作方式，利用创新帮助菲律宾加强灾害应对和灾后恢复。

（执笔人：黄军英）

加 拿 大

2014年，加拿大虽处于应对联邦选举之前的交接时期，但科技已先行一步，发布了新的科技创新战略——《抓住加拿大的关键时刻：向科学、技术和创新迈进》，为未来几年的科技创新发展指明了方向。

一、科技发展概况

（一）全社会研发投入（GDERD）与2013年基本持平

受本届保守党政府消减赤字财政政策和企业创新投入动力不足影响，从2011年以来，加拿大全社会研发支出一直呈现微小下降趋势，但变化幅度不大，基本维持300余亿加元水平。

2014年，加拿大全社会研发支出比2013年下降了0.57%，为305.7亿加元。其中，自然科学和工程领域占比超过90%，为277.9亿加元。

从活动主体看，企业研发支出（BERD）占全社会研发支出50%，达到154.0亿加元。其中，制造业、服务业和信息通信技术①产业位居前3位。高等教育经费123.6亿加元。联邦政府研究经费23.1亿加元。近年来，虽然加拿大的企业研发投入动力不足，且投入资金呈下降趋势，但仍占全社会投入比重最大。高等教育和联邦政府经费占全国经费总量的比例分别为40.4%和7.5%，省政府及其研究机构和私人非营利机构所占比例非常微小，不足2.5%。

（二）联邦科技支出总体小幅下降

2014—2015财年，加拿大联邦科技支出为102.8亿加元，比2013—2014财年下降5.4%。其中，研发支出为65.0亿加元。

---

① 北美产业分类系统（NAICS）。

从联邦科技支出的活动主体看，联邦政府内部支出①50.7亿加元，高等教育部门支出31.8亿加元，商业企业支出9.2亿加元，占比分别为49.3%、30.9%和8.9%。

（三）科技论文表现不俗

根据中国科学技术信息研究所统计，2004—2014年，加拿大发表科技论文（SCI）数量为54.3万篇，被引用次数784.4万次，平均每篇被引用次数14.4次，3项指标排名均居世界第7位；Scopus数据统计显示，加拿大1996—2013年科技文献累计被引用次数排名居世界第6位。加拿大2013年在《科学》《自然》和《细胞》三大著名期刊发表论文数量居世界第5位。

（四）创新能力和竞争力

世界知识产权组织等共同发布的《2014全球创新指数报告》显示，加拿大排名居第12位，比2013年下降1位，其在创新投入指数（排名居第8位）、商业环境（第2位）、大学排名（第3位）、文献引用指数（第5位）、市场成熟度（第5位）、政府在线服务（第6位）、制度（第7位）等方面表现突出。

洛桑国际管理学院（IMD）发布的《2014年世界竞争力》排名显示，加拿大的世界竞争力排名居第7位。世界经济论坛发布的《全球竞争力报告（2014—2015）》显示，加拿大排名居第15位。《全球竞争力报告（2014—2015）》报告认为，加拿大的经济发展主要得益于高效的市场。劳动力、金融市场和市场规模等指标在全球排名分别居第7、第8和第13位，在医疗卫生和基础教育方面排名居第7位。英国著名智库莱加顿研究所公布的2014年全球繁荣指数排行榜显示，加拿大居第5位，其中，教育指数居第2位。

二、重大科技政策和计划

（一）出台《抓住加拿大的关键时刻：向科学技术和创新迈进》战略

2014年12月4日，加拿大总理哈泊亲自对外宣布现政府第2个科技发展战略——《抓住加拿大的关键时刻，向科技创新迈进》。这是在2007年发布第一个科技战略《让科技成为加拿大优势》基础上，推出的又一重要的科技发展战略。该战略确立了人才、知识和创新三大核心支柱，聚焦环境和农业、健康和生命科

---

① 加拿大用于联邦政府的科技支出称作内部支出，包括研发经费、科研人员工资、材料费、设备费等；而用于包括大学、企业、私人非营利组织和国外团体在内的其他经费称作外部支出。

学、自然资源和能源、信息通信技术、先进制造等五大研究优先领域。

“战略”提出加拿大应抓住当前关键时期，调整战略，进一步投资加拿大“优势”领域，继续加大政府对大学研究和教育的投入，包括对大型研究基础设施的投资、联邦政府研究机构设施更新，以确保加拿大在科学、知识创造和人才培养方面继续保持世界前五的位置，同时大大加强了政府对企业创新活动的支持力度，以应对全球化、加拿大社会老龄化和科技迅猛发展的挑战。

“战略”认为，面对诸如ICT、纳米技术、3D制造、大数据等新技术对知识经济的重大冲击，加拿大必须加速转变和适应这些新技术平台，而加拿大在信息通信领域已建有世界一流的基础设施，为此，加拿大将实施“开放科学”以推动高校、政府、企业的合作伙伴关系，将加拿大的“优势”转化为生产力，确保加拿大经济的长期稳定发展。

“战略”依然实施“推进卓越、突出重点、强调合作、强化责任”的基本方针，将培养、吸引、留住一流人才，创造世界领先的知识，引领企业创新确立为三大核心支柱，聚焦环境和农业、健康和生命科学、自然资源和能源、信息通信技术、先进制造等五大研究优先领域。“战略”对加拿大未来的科技创新发展指出了方向和道路，提出诸多具体举措，重点对若干科技计划加大投入，并体现在2012—2014年联邦预算中，个别新举措将在2015年预算中体现。

（二）推出重点科技计划

1. 加拿大第一研究卓越基金

2014年11月4日，伴随新的科技创新战略的发布，加拿大总理亲自宣布第一研究卓越基金启动。未来10年，加拿大将出资15亿加元，帮助研究机构在人才、科学发现和相关研究领域跻身世界前列，进而创造长期经济利益。该基金面向全加拿大科研机构，资助规模大小不限，但要求项目申请必须紧密围绕新发布的科技战略提出的五大优先研究领域。该基金由社会科学和人文研究理事会、自然科学和工程研究理事会、卫生研究院等联邦三大科技经费拨款机构的总裁及加拿大卫生部和工业部副部长组成的指导委员会监管，由社会科学和人文研究理事会代表三大拨款机构管理。首批项目申报评审将于2015年3月启动，初步预算为5000万加元，第2批将于2016年启动，资助规模以每年5000万加元递增，直至稳定在每年2亿加元规模。

2. 《数字加拿大150》计划

2014年4月4日，加拿大联邦政府启动了《数字加拿大150》计划。该计划包括39项创新任务，将投资3.05亿加元。通过该计划实施，将扩展和提升高速互联网服务，使农村和边远地区 28 万家庭享有 5M/s 的网速，从而使 98% 的加拿大人上网速度达到 5M/s，以保障电子商务、高分辨率视频、工作机会和远程教育等；其网络交易安全将得到保障；使加拿大人更容易获得政府的在线服务；通过该计划，世界领先的反垃圾邮件法将生效，保障加拿大人免收网上恶意攻击；将提供 3600 万加元，用于公共图书馆、非营利组织、原住民社区的修缮、购置及计算机捐赠，使学生能够进入数字世界；通过加拿大商业发展银行，投资 3 亿加元作为风险投资，支持数字科技公司发展，同时投资 2 亿加元支持中小企业采用数字技术，对加速器和孵化器项目增加 1 亿加元投资支持相关中小企业发展。

3. 开放科学计划

《数字加拿大 150》计划中的一个重点内容就是支持新一轮的加拿大开放政府行动计划，其中包括开放科学计划。作为全球政府开放行动的一部分，加拿大于 2012 年 4 月加入了政府开放伙伴组织，同时启动了加第一个开放政府行动计划。2013 年加拿大科技国务部长与 G8 国家科技部长共同签署声明，推动政府资助研究结果的共享。据此，加拿大建立了政府层面的开放科学计划，促进联邦资助的科学数据和出版物共享。该工作由环境部和工业部牵头，预计 2014—2016 年完成。成果包括：发展并公布一个具有具体行动和节点的开放科学实施计划；建立一站式检索在线服务；开发联邦科学数据目录并向公众发布；公布并维护 2012 年以来联邦政府科学家发表文章的目录。联邦政府还将拨款 300 万加元，由加拿大数字媒体卓越商业研究网络中心牵头，3 年内在滑铁卢建立开放数据研究所。

4. 《企业创新准入计划》

《企业创新准入计划》（BIAP）是加拿大联邦政府的一项 2 年试点计划，支持金额总计 2000 万加元，通过为中小企业的每一个项目提供价值 5 万加元的创新券，帮助其获得大学、公共研发机构的商业、技术服务，以更快更好地推动创新市场化进程。若该计划取得成功，将有望成为永久计划。该计划在加拿大《国家研究理事会的工业援助计划》（NRC-TRAP）框架下管理实施。

5. 人才计划

加拿大设立了《杰出首席研究员计划》《首席研究员计划》《班廷博士后奖学金、VANJER 奖学金计划》等系列吸引挽留和培养不同层次人才的计划。2014 年，杰出首席研究员共计 22 人，评审出 70 个班廷博士后、166 个 VANJER 奖学金获得者。2013—2014 年度，为替加拿大企业储备创新和管理人才，联邦拨款

2.34亿加元，支持Mitacs项目用于研究生和大学生的研发创新项目、培训计划和吸引国际学生。2014年，还新增4000万支持亟须领域的实习医生计划。

另外，在2014联邦预算中，拨款3.8亿加元用于联邦实验室和科研设施更新改造；未来5年拨款2.22亿加元进一步支持加拿大国家粒子与核物理实验室（TRIUMF）的研发活动；未来5年拨款1亿加元支持基因组研发创新计划在相关食品和水安全及自然资源管理方面开展工作；拨款1500万加元帮助量子计算研究所对包括密码学和医疗诊断学在内的前沿量子技术进行商业化。

与此同时，加拿大继续支持相关产业创新计划，加快推进科技与经济融合。在航空航天和国防领域，5年投入10亿加元，支持《空间和国防战略创新计划》（SADI）；加拿大成立了航空航天咨询委员会，为航空航天业的未来发展提供战略咨询；投入3000万加元，建立新的产业导向型研发网络——加拿大空间研究和创新联盟（CARIC），推动航空航天业产学研结合和技术产业化。另外，4年投入9000万加元支持林业产业转化项目；4年投入4000万加元支持加拿大加速器和孵化器项目。节能创新项目拟于2011—2016年投资2.68亿加元支持清洁技术发展。可持续发展基金（STDC）与油气协会未来3年投资3000万加元联合设立可持续发展天然气基金，支持相关技术研发和示范。目前，加拿大可持续发展基金（STDC）已投入6.84亿加元支持了269个项目。

三、国际科技合作战略

（一）复审《国际科技伙伴计划》（ISTPP）

《国际科技伙伴计划》是加拿大专门推进企业与研究机构开展国际研发合作的计划。该计划为期5年，2014年完成了所有预算拨款项目的启动工作，后期还将继续完成现有项目的拨款任务，直至所有项目结束。目前，加拿大外交部正在复审是否继续支持该计划的新一轮项目。本轮计划，加拿大联邦政府共计投入1500万加元，重点支持了与中国、印度、巴西和以色列等四国的41个双边科技合作项目，助推144项专利或出版物、43个新产品的产生，撬动了4倍的相关投资。

（二）以欧美为主，不断发展与新兴国家科技创新合作

全面保持与美国的合作，深入推动2013年与欧盟签订的自由贸易协定，积极与传统友好发达国家的合作，推动加拿大高科技产业发展。

2014年，加拿大与日本签订非常规油气技术合作双边合作备忘录；与印度在经济、能源、农业、教育、科技、民用核能合作与贸易等领域达成共识，并就推进能源领域，尤其是核合作进行了深入会谈；与泰国卫生系统研究院（HSRJ）院长签署协议，吸纳泰国加入全球慢性病合作联盟（GACD），以加强非传染性

慢性病的国际合作研究。

（三）宣布新的国际教育战略、吸引更多的海外留学人员

2014 年，加拿大宣布了新的国际教育战略，以提高加拿大在全球人才争夺中的竞争力，使加拿大成为全球教育的最佳目的地。目标是使加拿大海外留学生数量从 2012 年的 26.5 万人，增加到 2020 年的 45 万人。2012 年海外留学生为加拿大带来约 84 亿加元的收入，若到 2020 年实现 45 万留学生目标，则可带来约 161 亿加元的收入。

新的国际教育战略将定位新兴经济体国家，重点开拓中国、印度、巴西、墨西哥、北非、中东和越南市场。为此，加拿大政府将每年投入 500 万加元用于开拓国际教育市场，并将启动 2013 年度预算提出的 1300 万加元奖学金计划，用于资助来加拿大的留学生和资助加拿大学生到海外留学。

（驻加拿大使馆科技处：高鲁鹏）

墨　西　哥

2014 年对墨西哥科技界来说是关键之年，新的科技创新 5 年计划正式公布实施，联邦政府把科技创新工作摆在了非常重要的位置，标志着墨西哥将开启以知识经济为主导的发展模式。对现有科研基金进行管理和改革，推进清洁能源与可再生能源发展，大力发展中高端科技产品生产制造，加强国际科技合作，取得了一定成绩。科技投入的增加，人才的培养、科技基础设施的建设为墨西哥科技工作迎来新的发展机遇。

一、推出新的国家科技创新特别计划

墨西哥培尼亚总统高度重视国家科技创新发展，认为国家科技发展水平决定了墨西哥在全球的竞争力，科技进步对提高国民素质、促进国民经济健康发展起着重要作用。2014 年，墨联邦政府对科技领域的投入 818 亿比索（1 美元约合 13 比索），比 2013 年增长了 28%，占国内生产总值的比例由 2013 年的 0.43% 提高到 0.56%，体现了墨政府大力发展科技创新的决心。

2014 年，墨西哥科技理事会制定并发布《2014—2018 年科技创新特别计划》，用于指导全国未来 5 年科技创新工作。新的计划包括将国家科研投入提高到占国内生产总值的 1%；加快地区科技创新能力建设；促进地区可持续发展；加快科技成果在高等教育机构、研究机构和公共、私有部门间的转化；加快国家科技基础设施建设。该计划详细指出了各部门未来 5 年的发展目标及重点发展领域，规划了未来 25 年国家科技工作的远景目标和计划，是墨西哥全国科技工作的纲领性文件，对未来几年国家科技创新工作具有重大的指导意义。

科技创新计划将国家科技发展划分为 4 个阶段，每个阶段都制定了不同的发展目标。

第一阶段：基础阶段（2013—2018 年）。加大对科技领域的投入，一方面要加大公共投入进行人才培养、推动地区科技发展水平，加强基础设施建设和加强公共与私人部门之间的联系；另一方面要制定全面的科技创新公共政策，指导部门发展。政府要起到良好的协调作用，鼓励私有部门对科技创新领域的投入，为建设知识经济社会建设提供基础。要充分利用科学知识解决国家发展遇到的问题，缩短地区科技发展的差距。

第二阶段：飞跃阶段（2019—2024 年）。增强国家战略部门和社会发展需求领域的科技创新能力，公共投入主要用于科技创新能力建设和全面体现科技发展政策的成果。同时加强部门间联系，为私营企业参与科研活动提供保障。要尽量缩短联邦政府和各州政府之间的差距及不同单位间的发展不平衡，以地方科技创新水平的提升带动国家科研实力的发展，加速创新发展。

第三阶段：转化阶段（2025—2030 年）。前期投入已建成具有重要影响力的科技创新能力，形成具有竞争力和特长的科技发展领域。科技政策将强调科技创新在不同部门间的联合及在各地的实施。企业将提高研发投入，提升竞争力，各部门间科技成果的流动性加强。

第四阶段：成熟阶段（2031—2038 年）。政府将主要集中于将资金投入重大的基础科研项目及高学历人力资源培养上，企业将更多地集中于科技应用及创新领域的投资，私人企业将与高等院校及科研机构建立更为紧密的联系。

根据国家发展规划制定的目标，科技创新被定位为国家经济、社会发展的支柱，并制定了科技创新领域发展的战略发展目标：

（1）未来几年实现国家科研投入占国内生产总值的 1%，除公共部门投资外，提高私有部门的研发投入；

（2）继续推进高学历人才的培养，特别是国家发展战略及优先发展领域的科技人才的培养；

（3）继续对高质量科研项目提供支持，为社会发展创造新的空间；

（4）推动科研基础设施建设，满足现代科技发展所需信息化，知识传播与大数据分析等硬件需求；

（5）制定并实施科技创新公共政策。各州根据各自能力及需求提升科技创新能力，打破不利于科技创新发展的环境，引进资金。加强科技创新能力建设；

（6）鼓励私营企业加大研发投入，积极参与科技创新活动，提升国内科技市场实力；

（7）推动形成创新国家机制，促进科技知识传播，保护知识产权，支持企业人员提高业务水平，推动科技成果向企业转移，支持企业创新；

（8）根据企业规模及所从事领域，不断提高科技创新企业数量；

（9）加强生物技术应用，解决居民及动物卫生、生物多样性、食品安全以及能源、气候变化等问题，对转基因技术应用进行适度监管；

（10）充分发挥国际合作作用，促进国家科技发展，人才培养，知识转化，优先发展具有高附加值的国家重点发展领域；

（11）进一步推进产学研结合，促进科技成果转化。

新的科技创新 5 年发展计划对全国科技工作发展具有重大的指导意义，墨西哥将会不断提升科技创新能力，实现计划制定的目标进而实现国家发展战略目标。

二、加强科研人才队伍建设

构建高素质的人才队伍对于国家科技和经济建设具有重要意义。截至 2014 年墨西哥国家科研人员体系共有注册科学家 21 358 名，比 2013 年增长 8.1%。

1. 奖学金计划

根据 CONACYT 公布的最新统计数据，截至 2014 年 3 月，CONACYI 共提供 52 634 名奖学金名额，比 2013 年同期增加 12%。其中，89.5%（47 099 名）为国家奖学金，10.5%（5535 名）为国外奖学金；36.2% 为博士奖学金，59.5% 为硕士奖学金，2.4% 为专业技术培训和博士后奖学金。

2.《高质量研究生国家计划》（PNPC）

截至 2014 年 3 月底，CONACYT 共有 1691 个注册实施的 PNPC 项目，比 2013 年同期增加 5.6%。其中，79.4% 分布在各州的高等教育机构中，20.6% 位于首都联邦大区。作为一项地区科技发展战略领域，该计划的目的是提高科技欠发达地区科研人员的数量和水平，最大限度地加强研究生教育水平和推动高等科研机构间的联合。

3.《CONACYT 教授计划》

《CONACYT 教授计划》是建设高水平科研人员队伍的重要战略之一。该计划由 CONACYT 统一登记、分配年轻科研人员到高等教育机构、科研中心，从事国家优先发展的科研领域，集中知识、技术和方法的各项优势，取得最大的社会经济效益。2014 年《CONACYI 教授计划》共投入 5 亿比索，吸纳 560 名教授。

三、加强科研基金的管理与改革

CONACYT 管理的基金主要包括加强地区科技创新基金、混合基金和部门基金。部门基金是 CONACYT 与其他政府部门合作的科研项目基金，混合基金是州政府与联邦政府合作开展的项目基金。

2014 年联邦预算委员会批准的加强地区科技创新发展的机构基金总额为 6 亿比索，比 2013 年增长 45%，2013 年初此项预算为 2 亿比索，后又调整为 4 亿比索，此项基金对加强全国各州的科技合作具有重大意义。

2014 年混合基金预算为 9 亿比索，比 2013 年增加 20%。2013 年初始预算为 3. 5 亿比索，比 2012 年增加 16. 6%。后又追加 4 亿比索，累计达到 7. 5 亿比索。各州共资助 6. 68 亿比索，其中，5. 7 亿为 2013 年预算，9869 万比索为之前欠款。截至 2014 年 3 月，共通过 7 个项目累计投入 2. 93 亿比索。

混合基金是 CONACYT 与各州政府按比例共同出资提供的基金，连同加强地区科技创新的机构基金，都是为了推动地区科技创新的发展，但在近年的运行中也存在一些问题，需要进行政策上的调整。2013 年，有 17 个州的科技投入欠费达 1. 47 亿比索，虽已收回 9860 万比索欠款，但仍有 7 个州拖欠经费。

混合基金与加强地区科技创新机构基金的运行标准不同，CONACYT 认为应该在科学技术法框架下对其运作规则进行修改。对混合基金而言，为避免再次出现拖欠经费的问题，CONACYT 要求在 CONACYT 资金到位的次日各州资金也必须到位，由各地主管部门负责协调和落实。

部门基金涉及的领域非常广泛，CONACYT 与能源部、矿业、水资源、教育、卫生、社会安全、森林、旅游、航空航天、经济、农业、渔业、水产、生物农业等多部门开展合作。从 2013 年开始，为了使部门基金运行更加合理有效，CONACYT 召集所有相关部门开会商讨修改基金项目运作章程。讨论如何增强部门基金运作的灵活性并统一项目运行机制，以便实施行之有效的管理。

CONACYT 已开始通过严格的审查制度对项目进行审核，截至 2013 年 12 月，已经停止了 1023 个项目。目前对正在运行的项目进行逐个审查，对不合理的项目坚决停止，避免再次陷入技术或资金问题

四、推进可再生能源及清洁能源发展

墨西哥政府进行了大刀阔斧的能源改革，为可再生能源和清洁能源的快速发展提供了机遇。此前墨西哥对柴油和燃油发电的依赖程度非常高，能源改革后，拥有丰富的风电、太阳能、地热能和水电资源的墨西哥，对新的、更加经济的发电装机容量的需求，为其清洁能源的发展注入了强大活力。

墨西哥在 2014 年上半年的清洁能源投资额为 13 亿美元，接近 2013 年全年 16 亿美元的投资总额。如果投资势头持续，2014 年墨西哥全年投资额将超过 2010 年的 24 亿美元高点。预计未来两年风电和太阳能光伏投资活动均将显著上升。

另外，未来两年将有 80 多个可再生能源项目落户墨西哥，总投资额将达到 85 亿美元，其中 80% 为风能项目，15% 为太阳能，其他为生物能源或水利项目。能源部负责人表示，到 2018 年墨西哥消耗能源中将有 25% 来自清洁能源，到 2024 年这一数字将达到 35%。

根据能源改革方案，可再生能源发电量要占到全国发电总量的 30% 以上，墨西哥联邦电力委员会计划在本届政府执政期间修建 3 个水电站，在墨西哥东南部将建设首座风力发电站，计划投资 18 亿比索，预计使用期限为 20 年。

（执笔人：兰　月）

古　巴

2014 年，古巴政府继续坚持在科技体制改革方面的探索，大力发展生物医药、可再生能源等关系国计民生的重点领域，强调科学技术要服务于经济社会发展的“闭环”模式，即产学研用一体化模式。

一、进行科技体制改革

随着经济社会发展和科技进步，古巴国内科研机构面临着诸多问题和挑战：研究工作未能完全从本国实际需求出发；技术科学和农业科学未受到应有的重视；许多机构工作内容、职能类似；分属不同部委分管，不利于统筹安排；产学研用一体化水平不高，许多科研成果无法转化成生产力；观念落后，市场化水平不高。

为解决当前古巴国内科技领域发展面临的诸多难题，进一步加强本国科学技术实力，古巴政府于 2014 年 7 月 31 日通过了关于重组国内科研创新机构的第 323 号法令。随后，古巴科技环境部连续出台了 2014 年第 164、第 165、第 166 号文件，就相关问题提供了具体实施方案。

依照新法令和具体实施方案，古巴将对本国 200 多家科研机构按照职能划分为研究、服务和创新发展三大类；对工作内容重合、职能类似的机构进行合并或裁撤；成立国家科技创新机构注册办公室（简称注册办）；成立科技创新基金；建立古巴科技工作大会制度。

重组后的科研机构将拥有更多的自主权，需要通过银行贷款和申请国家财政支持两种渠道筹集资金；注册办负责接收各机构提交的注册材料，并负责评估；科技创新基金将由科技环境部、财政部、外资外贸部和中央银行等部委组成联合执行委员会进行管理；科技工作大会将为本国科技工作提供指导，为国家在相关领域的重大决策提供专业依据，保证科技工作高速、有效进行。

二、重点领域发展动态及国际合作情况

2014 年古巴政府通过大力发展生物医药等高新技术和开展国际科技合作，为国内经济社会发展和改善国民生活水平提供了有力的支持。

（一）生物医药

生物医药是古巴科技发展的重点领域和优势领域，是其外汇收入的重要来源之一。目前古巴已经与中国、印度、越南、阿根廷、巴西等国通过共建联合实验室、创办合资公司、技术转让等方式在生物医药领域进行合作，产品远销世界 50 多个国家，出口的产品数量达 1099 种。2009—2014 年的 5 年，古巴生物医药的外汇收入为 27.79 亿美元，并计划在今后 5 年将该数字增加至 50.76 亿美元。

（二）卫生

2014 年古巴在公共卫生领域取得一系列举世瞩目的成就。国内人均寿命超过 78 岁，新生儿死亡率保持在 4.2‰以下，领先于欧美发达国家水平。

在世界卫生领域，古巴同样发挥着重要的作用。5 月，作为轮值主席，古巴公共卫生部长奥赫达在日内瓦主持召开了 2014 年世界卫生大会；世界卫生组织总干事陈冯富珍 7 月访问古巴期间，肯定了古巴国内的三级医疗制度，并对古巴在世界范围对其他国家提供的医疗援助给予高度赞扬；继续向委内瑞拉、巴西派遣医疗援助人员，目前共有 14 462 名古巴医护人员在巴西，为当地边远地区的人民提供医疗救助；在埃博拉肆虐西非的危急关头，古巴于 10 月 20 日在哈瓦那主持召开了美洲玻利瓦尔联盟特别首脑会议，决定联合地区力量，共同抗击埃博拉病毒入侵，并决定向塞拉利昂、利比里亚和几内亚派出共计 256 名医护人员，帮助非洲人民。

（三）环境保护及新能源

作为加勒比海岛国，古巴在应对气候变化方面采取了诸多措施。古巴政府增加投资，保护本国的生物多样性和生物安全；在全国范围内设立多处自然保护区；对群岛、山区等特殊地貌的生态环境进行研究；加强对青少年在环境保护方面的教育；注重可再生能源的开发和利用；为保护臭氧层，古巴计划在 15～20 年的时间内停止使用氟氯烃。

2012 年 12 月，古巴成立了能源政策委员会，计划通过发展可再生能源，降低对化石燃料的依赖（目前古巴每年发电量约为 170 亿度，其中，96% 依靠化石燃料）并降低发电成本、减少对环境的污染并实现自然资源的可持续性开发利

用。古巴政府计划在今后 15 年内，实现可再生能源在能源结构中占 20%，总投资额达 35 亿美元。目前，古巴在哈瓦那、西恩富格斯、圣地亚哥、关塔那摩、卡马圭、比亚克拉拉、青年岛建设了 7 座太阳能光伏发电示范园；在青年岛大力发展生物质发电，在拉斯图那省建设风力发电示范园等。

（四）信息通信

2014 年 7 月，中国商务部部长高虎城与古巴外资外贸部部长马尔米耶卡签署了《中华人民共和国与古巴共和国政府关于提供数字电视设备的换文》，由中国向古巴提供数字电视设备。古巴计划于 2015 年 6 月开始在哈瓦那示范区初步推广地面数字电视服务，并对信号的传输和接收进行调试。

此外，古巴还通过举办和参加国际研讨会等方式加强与世界各国的科技交流，增强在世界舞台的影响力。

（执笔人：张小伟）

哥斯达黎加

2014 年 5 月，哥斯达黎加公民行动党战胜民解党上台执政，新政府以促进可持续、创新、公平和参与性发展为使命，发布《国家发展计划（2015—2018）》，提出建立全民世代福祉、团结和包容性社会愿景。新任总统索利斯将促进经济增长并创造高质量就业，消除贫困并减少不平等，建设公开、透明、高效和反腐败的政府作为新政府三大政策支柱。

一、科技发展创新现状不容乐观

2014 年，哥斯达黎加《创新与人力资本竞争力计划》和《公立高等教育改进计划》双双落实，科技创新政策取得了一定成效，但其科技创新现状并不乐观。

据欧洲工商管理学院公布的 2014 年全球创新指数排名显示，哥斯达黎加创新指数居全球第 57 位，较 2013 年排名下降了 18 位，居拉美第 4 位。高素质人才流失、基础设施薄弱、企业界及公共部门联系过少、对投资者保护力度不足是造成其创新指数下降的主要原因。

科技创新尚未纳入政府优先议程，缺少中长期政策支持和可持续发展战略支撑，导致许多方案或计划未能有效实施。虽然努力构建科技创新体制框架，但缺乏协同配合；各届政府均制定 4 年期《国家科技创新计划》，却未配备相应预算资源。

哥斯达黎加研发投入长期低迷，未与 GDP 增长同步。2007—2012 年研发投入占 GDP 比例由 0.36% 增至 0.57%，远低于拉美和加勒比国家共同体（拉共体）均值（0.78%）。虽然出台创业政策，修改中小企业促进基金规则，但创新与激励资金供需差距仍持续扩大。研发激励机制和风险资本举措缺失。

科技创新人才匮乏，存在代际接替、性别差异、学术近亲繁殖问题。目前，哥斯达黎加科技人员平均年龄47岁，全国最杰出人才总体在55岁以上；科技人员在生物和农业领域的集中度比较高；地球与空间科学、物理、农、医学出现人才断代问题。

科技论文数量有所增长。2001—2011年被汤森路透收录的论文数量从243篇增至480篇；文献平均引用次数17.2次；79%的论文系与国外同行合作完成；每10万居民论文产量低于拉共体其他国家。

专利产出位居拉美前列，但几乎全部授予外国人，本国人专利授予量在拉美国家中最低，每年不超过两件。

二、科技领域重大政策动向

（一）国家发展计划明确科技电信发展战略

2014年出台的《国家发展计划（2015—2018）》明确指出，科技创新是经济发展和国家竞争力的关键要素。计划明确科技电信发展战略是：推动企业创新，建立科技创新电信公共政策体系，提高居民互联网接入质量和缩减连接鸿沟。

电信业向私营部门开放以来，市场活力迸发，行业竞争力显著增强。2013年电信业产值占GDP的1.47%，就业岗位贡献由2010年的7835人增至2013年的10 442人，占经济活动人口的0.5%。移动互联网服务2009—2013年增长126倍，固定宽带5年增长120%，近3年国家数字鸿沟年均减少11%。

（二）“2021知识创新路线图”为《国家科技创新计划（2015—2021）》奠定基础

为实现2021年建国200周年的国家竞争力、繁荣和人民福祉目标，建设知识与创新型社会，哥斯达黎加科技电信部推出了“2021知识创新路线图”。

路线图围绕国家发展目标，识别出科技创新应积极施加影响的五大挑战领域：能源、教育、食品、水与环境和健康。聚焦4项应对技术：数字技术、新材料、生物技术和电力电子工程。提出科技创新体系必须实现的5项具体能力要素：人力资源、法律框架、体制、激励和基础设施，以及5项普遍能力要素：跨机构连接、科技部门领导力、决策信息系统、科技创新预算和电子政府。

（三）《国家电信发展计划（2015—2021）》

2014年，为加强并改进电信发展模式，更加专注用户，兼顾全民利益，增加服务供给，促进政府透明和公民参与，拓展数字市场，增强企业数字技术能力，缩小数字鸿沟，哥斯达黎加政府制定了《国家电信发展计划（2015—2021）》。

《国家电信发展计划（2015—2021）》以“建立更具生活质量的社会”为愿景，确立电子和透明政府、数字经济、数字包容性发展三大电信业政策支柱，设定透明度、宽带、权力、环境可持续、体制和承受能力6项目标，提出37项具体任务指标，并明确数字议程4项使命：建设亲民与透明政府、实施全民宽带计划、确保电信业不断增长和加强信息通信技术创新。

三、重大科技计划取得积极进展

（一）《创新与人力资本竞争力计划》正式实施

为提高国家生产力发展水平，促进企业创新和研发活动投入，培育高新技术企业，政府出台了《创新与人力资本竞争力计划》（PINN）。计划所需3500万美元资金来自政府向美洲开发行的贷款，已获立法大会批准并正式实施，其中“企业创新投资”项目1040万美元，“高级人才培养”项目2350万美元。

“企业创新投资”项目旨在增强企业竞争力，促进研发创新和技术转让，提升高新技术企业创业初期创业技能，项目将资助中小企业205家。“高级人才培养”项目旨在增强生产部门竞争力和增加创新所需高级人才供给，受益人达501名。

（二）公立高等教育改进计划取得进展

《公立高等教育改进计划》旨在提高公立高等教育质量，增加科技研发创新投入，改进公立高教机构管理。共投入2.491亿美元，设公立高教机构“改进协议”和“能力建设”两个项目，分别投入2.318亿美元和1731万美元，其中，2亿美元系政府向世界银行贷款，已获立法大会批准并正式实施，3180万美元系高校自有资金，1731万美元来自政府。

四、国际科技合作

（一）在区域和次区域科技合作中积极作为

积极融入《利比里亚美洲科技发展计划》，参加第8届利比里亚美洲高等教育、科学与创新论坛，就科技创新如何融入国家议程展开对话。两次主办次区域网络安全研讨会，与美国、巴拿马、墨西哥、秘鲁、洪都拉斯和阿根廷专家加强网络安全交流，合作打击网络犯罪。主办中美洲电信会议，探讨电信技术委员会框架下的数字电视和互联网治理问题。

（二）充分发挥拉共体轮值主席国领导作用

主办第5届地区信息社会部长级会议筹备会，推动2018年拉共体数字议程，制定地区信息与知识社会行动计划。参加第3届拉共体电子政务部长级会议，推动网络安全、开放数据、投资回报、移动政府、社交网络等关键问题研究。主办第4次欧拉科技高官会，推出研究与创新联合倡议，签署《拉共体有竞争力的科技创新人才圣何塞宣言》，旨在推动跨区投资、研究和创新，加强地区科技人才培养。

（三）积极融入国际科技创新大家庭

以138票获选连任国际电信联盟理事国。新任科技电信部长上任伊始，便先后访问联合国科技发展委员会、欧洲原子能研究组织和国际大学联盟；出访新加坡，出席世界经济论坛信息通信技术部长论坛，与新加坡、爱沙尼亚、日本和中国香港代表团举行会谈，并会晤国际电联秘书长；出席联合国科技委员会跨部门会议；与CERN签署“核联合研究、实习和项目”协议。

（四）中哥科技交流合作务实前行

2014年，中哥政府部门科技交流活跃，农业部长对话双边农业科技、贸易与投资合作；主管电信副部长实现年内互访，信息通信技术与互联网安全合作日益密切。科技合作务实前行，中国科学院与哥大续签协议，院校（所）项目合作取得阶段成果；北京老年医院与哥老年医院签署科技合作协议，推动老年医学与病学交流；质检技术合作再上层楼，为哥第一大出口农产品菠萝输华保驾护航；首个科技援外项目在哥成功落地，两个哈密瓜品种试种喜获丰收，二期中试、产品欧美市场营销和新品种选育齐头并进，与之配套的“中哥果蔬病理安全联合实验室”获批立项；上海、安徽等地方科技交流方兴未艾，哥赴华培训技术人员逐年递增。

（执笔人：翟　跃）

巴　　西

2014 年是巴西总统大选之年。现任总统罗塞芙在第二轮选举中以微弱优势险胜连任。罗塞芙政府一直坚持由国家引导的经济增长方式，但在这期间，金融危机产生的负面效应逐渐显现，国内经济不景气，大宗商品价格下滑，外国对巴直接投资大幅收缩，通货膨胀率居高不下，导致巴西经济进入技术性衰退。据巴西国家地理与统计局数据显示，巴西经济 2011—2013 年分别微增 2.7%、0.9% 和 2.3%。巴西中央银行 2014 年 11 月统计报告显示，预计 2014 年经济增长仅为 0.21%，工业产值与 2013 年同比下降 2.3%，通胀高达 6.4%。巴西著名经济学家布劳利奥·博尔赫斯指出，政府需要不断加大对教育和技术研发投入，用创新驱动经济发展，尤为重要的是要下大决心进行税收等体制机制改革。

一、巴西科技发展基本情况

2014 年，巴西科技投入基本保持稳定，科技和创新部预算经费为 95 亿雷亚尔，比上一年增长 1.1%，其中有 1.2 亿雷亚尔用于紧急储备，实际上可供使用的经费和 2013 年的 94 亿雷亚尔基本持平。2014 年用于科技发展创新专项的预算投入为 68 亿雷亚尔，比 2013 年增加 1 亿雷亚尔。另外，2014 年巴西国家科技发展基金（FNDCT）预算投入为 33.8 亿雷亚尔，同比下降 0.7%。2014 年巴西全社会研发投入预计达到 594 亿雷亚尔，约占国内生产总值的 1.2%。

在科技产出方面，巴西国家知识产权局（INPI）的研究报告表明，巴西申请专利数量总体呈增长态势，从 2000 年的 20 639 件（本国企业和外国企业申请总量）增长到 2013 年的 33 989 件。在科学家的全球影响力方面，根据汤森路透公司公布的 3215 名全球高被引科学家名单，巴西有 5 名科学家入选。

二、科技政策与科技活动情况

（一）集中资源支持科技创新和成果转化

巴西自2013年3月起实施为期两年的《企业创新计划》，总计提供329亿雷亚尔的优惠贷款，重点扶持农业、能源、油气、医疗、航空与国防、信息通信、社会环境可持续发展等7个领域。2013年该计划投入190亿雷亚尔，2014年剩余优惠贷款已全部到位。

2013年9月，巴西工业创新研究院（Enibrapii）成立。该院作为企业和科研机构间的桥梁，与企业和科研机构三方各自承担项目研究经费的1/3，用于产学研结合和技术成果转化。目前已有13家科研机构通过认证，66个项目得到批准执行。迄今，工业创新研究院已投入1.84亿雷亚尔，计划到2019年投入5.7亿雷亚尔。

（二）加快科技创新人才培养和人才流动

2014年，为培养专业技术人才和高端人才，提高创新能力和国家竞争力，巴西继续推进“科学无国界”项目，选送本国学生赴海外一流大学学习深造。根据该项目计划，到2015年共提供10万个奖学金名额。截至2014年年底，已累计提供75 168个奖学金名额，与美国、英国、德国、中国、法国、加拿大、日本和韩国等多个国家签订了上述人才培养合作协议。

由国家科技发展理事会和洛迪学院（Instituto Euvaldo Lodi）于2013年启动的创新天才项目（Inova Talentos）得到了长足发展，2014年已进入第三轮。该项目旨在帮助巴西本国公司顺应市场，发展创新项目，挖掘创新人才资源。参与该项目的公司需要提供创新项目建议书和所需人才要求及项目期限，洛迪学院负责物色和培训与公司要求匹配的人才，并全程监督项目进展。国家科技发展理事会视人才具体情况提供1500雷亚尔、2500雷亚尔、3000雷亚尔3种不等的工资补贴。在项目执行的第一年，国家科技发展理事会共为巴西数百家公司提供了511个奖学金名额。预计到2016年此项目总计投入5600万雷亚尔。

巴西政府2014年通过简化行政手续，鼓励公立机构科研创新资源向企业流动，向市场靠近，有效提升了公立机构和企业科研创新转化的能力。

（三）着力筹建国家认知平台

2014年6月巴西科技和创新部正式推出了国家认知平台项目（Programa de Plataformag do Conhec imento）。该项目是为巴西的大学、研究机构、企业和政府之间发展紧密的科技合作关系而建立的基础设施平台，旨在缩短从学术研究到市场之间的差距，为巴西经济社会发展提供更加科学有效的解决方案。通过各种优惠措施，如提供世界一流的基础研究设施、各种平台间机构互通网路和协助聘请研究人员等，吸引世界一流高科技人才来巴西建立相应的子平台，并有望在10年内创建与农业、卫生、能源、航空航天、先进制造、航海和信息技术等领域相关的20个子平台。巴西科技和创新部认为，此举可为本国科技创新能力快速发展提供有力支撑。

三、重点领域发展及国际合作情况

（一）航天领域

2014年3月14日，巴西在阿尔坎塔拉发射中心成功发射了一枚基本训练火箭，并分别于5月9日和8月21日成功发射了第10颗和第11颗中级训练火箭。

12月7日，由中国和巴西两国科研人员共同合作研制的地球资源卫星04星在中国太原成功发射，顺利进入预定轨道，并发回卫星图像。

（二）能源领域

12月，巴西迄今最大的科学项目——安放直径为165m的一台Sirius同步加速器新建厂房奠基仪式在圣保罗州的坎皮纳斯市举行。该项目总投资13亿雷亚尔，计划于2018年完成。Sirius将成为世界上最低发射率加速器之一，其能量和亮度与同类型加速器相比，堪称世界领先。

截至2014年7月，巴西石油公司盐层下原油日产量达到了50万桶，相当于巴西日产石油量的22%。该公司计划2014—2018年追加海上勘探和开发投资700亿美元。据联合国能源署估计，到2035年，巴西石油产量将比目前增长3倍，成为全球第六大石油生产国。

在核能方面，巴西目前在里约有两座投产的核电站。在建的安格拉3号核电站，在2014年9月正式复工，预计2018年建成投产。预计到2015年6月，巴西核燃料循环将实现自给自足，为本国核电开发节约巨额成本。

在风能领域，巴西国家开发银行2014年5月的研究报告披露，2014—2017年将在风能领域投资190亿美元。计划到2021年，风电占国家电网份额将从目前的4%提升至10%。

英国能源咨询公司2014年11月发布的“全球数据”报告中指出，尽管美国目前在生物能源利用方面仍居领先地位，但预计到2018年，巴西物质发电装机容量将从2013年的1151万千瓦升至1710万千瓦，超越美国而成为全球第一大生物能源生产国。2014年9月起，巴西政府宣布对国内糖及乙醇燃料生产行业实施税收优惠，糖和乙醇燃料生产商将获得相当于其出口价值 0.3% 的税收减免，到 2015 年年初将可获得其出口价值 3% 的低息贷款。

2014 年 12 月起，巴西高尔航空公司（GOL）正式开通累西腓—费尔南多德诺罗尼亚群岛的生物能源燃料供能固定航线。该生物燃料是由煤油和甘蔗提取生物煤油的混合物。高尔公司预计 2016 年生物燃料将逐步应用于其他商业航线，巴西有望成为全球第一个大规模使用清洁能源航线的国家。

（三）信息技术

巴西国内云计算服务市场规模正以年均 35% 的速度增长，预计到 2015 年，其市场规模将达到 120 亿美元。

巴西科技和创新部 2014 年 5 月在玛瑙斯启用了亚马逊国家研究院云计算数据中心，并于 10 月在伯南布哥启用了云计算中心。这两个中心为巴西东北部科研机构共享资源和全国高等院校远程教学提供了有力支撑，推动了云计算技术在巴西的发展。

（四）互联网

2014 年 4 月 23—24 日，在圣保罗举办了“互联网治理的未来——全球多利益相关方会议”，来自中国、阿根廷、德国和美国等 85 个国家的代表和国际电信联盟、联合国经社理事会等国际组织代表与会。与会各方就互联网治理原则、互联网系统未来演进路线图进行了讨论。罗塞芙总统出席、致辞并签署了巴西《互联网民法》。巴西政府希望这一法案的实施能为维护本国网络安全提供有力的法律保障。

（五）转基因作物

据巴西著名农业咨询公司赛莱雷斯（Celeres）数据显示，2014—2015 年作物季，巴西转基因作物种植面积增加了 3.9%，达到 4220 万公顷。其中，大豆、玉米和棉花转基因作物达到粮油作物面积的 89.2%。增幅最多的转基因作物依然是大豆，达到 2910 万公顷。夏季玉米转基因种植面积为 1250 万公顷，约减 2.3%。冬季玉米转基因种植面积为 770 万公顷。由于当前国际大豆价格高企，部分农民弃玉米而改种大豆。转基因棉花种植面积基本保持稳定，占棉花总种植面积的 65.1%。

（六）医药卫生

巴西是全球登革热疫情最严重的国家之一。2013 年全国登革热登记病例 145

万人，死亡674人。为防止登革热蔓延趋，2014年卫生部已向疫情各州和相关城市拨款逾3亿雷亚尔。

巴西疫苗巨头布坦坦医学院（Instituto Butantan）和美国国立卫生研究院合作，引进美国研发的四价登革热疫苗目前已进入了第二临床实验阶段。

（执笔人：莫鸿钧　王　磊）

智　　利

据国际货币基金组织最新发布的《2014 年全球经济展望》预测，2014 年智利 GDP 比上年增长 2%，按购买力平价计算人均 GDP 达到 2.3 万美元，居拉美国家前列。据世界经济论坛公布的 2014—2015 年度全球竞争力报告显示，智利国家竞争力排名居拉美第 1 位，全球排名居第 32 位，比 2013 年度上升一位。

一、科技发展现状

智利国家科学技术研究委员会（CONICYT）是政府科学技术主管部门，成立于 1967 年，隶属教育部，主任由总统直接任命。其主要职能是推动科技进步，促进国家经济、社会和文化发展。其两大战略目标：一是促进科技人力资源的培养，二是加强国家基础科学技术研究。

智利技术创新的主管部门是经济部，通过下属的生产力促进委员会（CORFO）管理和支持国家技术创新项目。进入 21 世纪以来，智利政府更加重视科技创新，制定了国家创新发展战略，将科技创新作为促进经济发展、提高人民生活水平的重要措施。

智利的科研主力军是公立和私立大学，全国共有大学 70 多所，其中公立（包括联办）大学 25 所。智利大学、智利天主教大学和康塞普西翁大学被誉为智利"科研基地"，拥有全国一流的科研机构和科研队伍，每年承担着全国 50% 左右的科研项目，这 3 所大学的科研人员发表的科技论文量占全国的 50% 以上。智利政府部门下属 16 个研究机构，专门从事部门的科研活动与科研管理，是智利重要的科研力量，为智科技进步做出了重要贡献。

据智利国家科委 2014 年 8 月报告统计，2012 年，全国研发人员总数为 4559 人，每万人口研发人员 2.8 人。科技论文发表数量是衡量一个国家科技实力的重要指标。2012 年，智利科研人员在国内外发表的科技论文数量是 8671 篇，在拉美地区居第 4 位（仅次于巴西、墨西哥和阿根廷），世界排名居第 46 位。

据世界经济论坛公布的 2014—2015 年度全球竞争力报告显示，智利国家竞争力排名居拉美第 1 位，全球排名居第 32 位，比 2013 年度上升一位。

二、科技政策和科技进展

（一）科技与创新投入

2014 年，智利国家科委管理的研发经费预算为 2744.8 亿比索（约合 5.49 亿美元），同比增长了 3.3%，是近年来增幅较小的年份，如考虑通货膨胀率和汇率变化，年度增长为 0，智利科技界对此表示不满和批评。

12 个专项科研基金投入都有不同幅度的增减，其中，国家科技发展基金（Fondecyt）是国家支持基础科学研究的最重要基金，2014 年预算为 1016.7 亿比索，同比增长 16.3%；科技发展促进基金（Fondef）侧重支持应用研究项目，以提高竞争力和促进科技成果转化，2014 年预算为 189.6 亿比索，同比增长 12.5%；科研设备基金（Fondequip）主要用于支持科研设备更新，2014 年预算为 50.7 亿比索，同比下降 14.5%；合作研究项目（PIA）主要是通过资金和技术支持促进产研结合和科技成果转化，2014 年预算为 273.7 亿比索，同比增长 11.1%。

（二）实施《促增长、促创新、提高生产力计划》

2014 年 5 月，智利总统巴切莱特上台伊始便宣布未来 4 年国家将斥资 15 亿美元，积极实施《促增长、促创新、提高生产力计划》，该计划的重点是加强公共部门与私人企业的合作。计划共包括 7 个部分和 47 项具体措施。

七部分内容包括：①推动和促进优势行业发展。国家将重新制定和实施一揽子政策措施，包括提供战略性投资基金，加大对具有较大发展优势和潜力的矿业、旅游业、农业、渔业和水产养殖业等行业的投入和支持。②加强公共基础设施建设。协助该领域企业“走出去”开拓国际市场，提高电信发展基金额度，在智利中部地区新建一个大型港口。③增强企业融资和经营能力。④鼓励企业开展创业创新，在企业“孵化”阶段给予优先扶持。⑤增强私企发展潜力。通过完善法律法规，引进先进技术，提高办事效率，为私企提供良好的发展环境和优质的政府服务。⑥提高竞争力。加强政府对企业兼并行为的管控；加大对违法竞争的惩罚力度；强化国家经济检察院的职能。⑦强化政府机构职能，全力推动经济增长。

具体措施主要包括：①向国家银行注资 4.5 亿美元，扩大对中小企业贷款，此外，为小微创业者增加 5000 万美元保证基金，使国家银行向中小企业的贷款能力达 15 亿～20 亿美元。②在全国建设 50 个企业研发中心。各研发中心联合相关大学、行业协会等单位对中小企业研发和创业提供免费技术支持，更有效地支持创业者经营活动。③在全国 15 个大区建立小微企业出口中心，协调和扶持小微企业开展出口贸易。④建立政府扶持创新项目实验室。为改善政府对创新项目的扶持，专门建立一个政府扶持创新项目实验室，为那些寻求政府扶持的创新项目提供经验和帮助。⑤设立 10 亿美元战略投资基金。用于推动优势行业发展和创业创新政策研究，提高生产力。⑥建立一个独立的生产力委员会。该委员会主要职能是向政府献计献策，推动公共部门和私人企业合作和互动。⑦通过完善法律，由现有的国家创新和竞争力委员会研究和提出阶段性国家发展战略。⑧修改有关外国投资法律，改革现有的外国投资委员会职能和结构，强化该机构促进外国投资的作用。

（三）国家竞争力创新理事会制定未来发展战略目标

智利国家竞争力创新理事会成立于 2005 年，是总统的科技创新咨询机构，负责国家科技与创新发展政策的制定。2014 年 6 月，新一届（2014—2018 年）国家竞争力创新理事会在总统府成立并召开了首次会议。国家竞争力创新理事会主席贡萨洛·里瓦斯宣布了该理事会未来几年的战略目标：①将就制定国家科技与创新发展计划的原则和标准达成广泛共识；②紧密结合国家科学发展的挑战与需求，大力推动面向任务的科学研究；③扩展创新的概念范畴：从竞争力到发展；④扩大科技与创新发展的领域，如规则和标准；⑤提高信息的数量和质量，有效引导创新公共政策；⑥确定国家竞争力创新理事会及其区域机构的法律地位。

（四）《国际著名研发中心引进计划》取得较好成果

2009 年，智利经济部生产力促进局积极推动《国际著名研发中心引进计划》（CEI）。2014 年，该计划取得较好的成果，共吸引国际研究机构在智利设立了 4 个研究中心。加利福尼亚大学戴维斯分校建立了农业和食品工业研究中心；智利圣地亚哥大学、瓦伦西亚理工大学和巴塞罗那自治大学合作建立了智利 LEITAT 纳米纤维技术中心；昆士兰大学与康塞普西翁大学携手建立了可持续矿产研究中心（SMI）；弗劳恩霍夫太阳能研究所（ISE）也落户智利，将开展可持续能源应用研发。以上研究中心的建立将吸引 1.25 亿美元的投资，其中 40% 来自智利政府的投入。

（五）建立有效机制促进科研人员走向市场

2014 年，智利政府通过建立各种有效机制鼓励科研人员“走向市场”开展科技创新，促进科研与市场的有机结合。一是由智利生产力促进局（Corfo）在大学设立“技术转让办公室”，协助科研人员开展科技成果转让；二是在智利国家科委建立“科技发展促进基金”，以加强科技研究部门与企业的联系，重点支持应用研究项目，提高企业竞争力并促进科技成果转化；三是智利生产力促进局负责实施《走向市场》计划，该计划资助科研人员赴“硅谷”进行学习交流，促进他们寻找技术转让机会等，目前来自各大学的项目参与人员中已有70%的人员受益。

三、国际科技交流与合作

在国际科技合作方面，智利制定了多项优惠政策，吸引并资助外国研究人员和专家来智进行科学研究或建立研究机构。国家科委积极推动国际科技合作，与美洲、欧洲、亚洲和大洋洲多个国家签署了双边科技合作协议，在平等互利的基础上开展南南合作和北南合作。其国际科技交流与合作的重点领域有：天文学、地震学、海洋学、极地研究、生物技术、自然灾害、可再生能源、信息技术等。

2014年，在继续保持与美国、德国、法国、西班牙等传统科技合作伙伴关系的同时，智利不断加强与亚洲国家的科技合作。

（一）在天文领域的国际合作亮点突出

近年来，智利与中国在天文领域合作亮点突出。2013年10月，智利国家科委主任与中国科学院院长白春礼共同签署了《中智天文合作谅解备忘录》。同时，“中科院南美天文研究中心”和“中智天文联合研究中心”揭牌仪式在圣地亚哥正式举行。一年来，中心运转正常，双方合作密切，先后有30名多位中方天文学家、研究生、博士后到此中心与智利同行共同开展天文观测研究，取得了一些研究成果。2014年12月，“第4届中智天文科技研讨会”在中国广州成功举办。为进一步拓宽该领域的合作，中科院南美天文中心、华为智利公司和智利费德里哥圣玛利亚技术大学（UTFSM）就共同合作建立“中智天文大数据中心”项目已达成共识并签署了合作协议，该中心将于2015年建成。该项目将对有效利用智利的比较优势、开发数据、培养专业人才、促进天文研究多出成果具有重要意义。

智利与日本天文合作起步较早，目前有一个小组长期在智利开展天文观测研究。2014年11月，在圣地亚哥召开了智利日本天文科技研讨会及系列天文科技合作活动，日本东京大学将在智利北部建立一个大型光学天文望远镜TAO。

智利与韩国在天文领域合作也十分活跃。2014年11月，智利与韩国科学家在圣地亚哥举办了智韩天文科技研讨会，双方就进一步加强该领域合作进行了深入探讨与交流。

2014 年，欧洲南方天文台正式批准建造“欧洲特大天文望远镜”。该项目于 2010 年立项，并选址在智利阿塔卡马沙漠中部海拔 3060 m 高的塞罗阿马索内斯山顶，建造这座世界最大天文望远镜。这个光学和红外天文望远镜光圈直径超过 39 m，集光能力比世界现有最大的光学望远镜强 13 倍，成像清晰度将达到“哈勃”太空望远镜的 16 倍。“欧洲特大天文望远镜”项目总耗资近 11 亿欧元，目前第一阶段所需的 10 亿欧元已经到位。按计划，“欧洲特大天文望远镜”将在 10 年内建成并开始运行。

（二）智利与欧盟进一步加强太阳能领域科技合作

智利与欧盟科技官员及科学家于 2014 年 11 月在西班牙的塞维亚召开了“智利 - 欧盟太阳能研讨会”。与会 30 多名代表来自智利、德国、法国、西班牙等国家，他们就智利太阳能新技术的应用进行了深入研讨，旨在加强和促进在该领域的科技合作，探讨太阳能科研、产业化与智利太阳能发电增长潜力的关系。

（三）智利与比利时将加强干旱地区农业科技合作研究

智利与比利时科技官员及科学家于 2014 年 11 月在圣地亚哥和安托法卡斯塔召开“关于建立干旱地区农业国际科技合作研讨会”，旨在加强两国在该领域的科技合作研究。研讨会主要议题是：干旱地区农产品的评价、农产品加工技术、利用卫星图像监控荒漠化、干旱地区农业资源管理和生物技术应用等。双方一致同意，要进一步加强干旱地区农业科技合作研究。

（四）智利与伊比利亚美洲科技发展计划合作不断加强

智利国家科委主任布列瓦先生与伊比利亚美洲科技发展计划（CYTED）秘书长马霍先生于 2014 年 11 月在圣地亚哥就加强双方科技合作举行了会谈。期间，马霍先生宣布，从 2015 年起该组织将推出新的机制以增强区域内各成员国参与科技合作计划的积极性。

从 2004 年至今，该计划已资助了智利的 332 个课题组和 55 个企业参与相关研究项目活动，期间智利还主持了 17 个多边科研项目。

（执笔人：贾善刚）

欧　　盟

2014 年，欧盟又经历了不寻常的一年。经济上，在遭受全球金融危机和欧债危机双重打击之后，正当经济艰难复苏之际，乌克兰危机不期而至，欧俄关系骤然紧张，制裁与反制裁轮番上演，欧盟经济再次蒙上了厚厚的阴影；政治上，5 年一度的欧盟大选在下半年终于尘埃落定。欧洲理事会、欧洲议会和欧盟委员会三大领导机构逐一完成新老交替。总体来看，欧盟政治、经济和外交都面临着诸多严峻挑战，然而，这些并未动摇欧盟通过大力加强研发创新实现智能、包容和可持续增长的信心。

一、研发投入平稳增长，创新成为发展的关键主导

《欧盟 2020 战略》把提高科技创新能力作为核心，力争到 2020 年实现“创新型联盟”建设的战略目标。目前，欧盟堪称世界知识工厂，也是全球科研创新活动的重要中心之一。

（一）研发投入

据欧盟统计局 2014 年 12 月 11 日发布的最新数据，2013 年欧盟 28 国研发投入约 2750 亿欧元，绝对值较 2012 年略增 79 亿欧元，但研发投入强度稍有回落，从 2.06% 降至 2.02%。然而，由于欧盟 2014 年首次采用欧盟会计体系 2010（ESA 2010）的算法计算研发投入强度，新算法比原算法的计算结果平均降低 0.07%。因此，从这个角度来说，欧盟 2013 年研发投入强度基本与 2012 年持平。

企业仍为研发投入的主体，占研发总投入的 64%；教育机构投入占 23%，政府投入占 12%，私人非营利机构投入占 1%。在各成员国中，北欧国家研发投入占 GDP 的比例普遍较高。其中，芬兰研发投入占 GDP 的比例最高，达 3.32%，其次是瑞典（3.21%）、丹麦（3.05%）、德国（2.94%）和奥地利

(2.81%)；另有10个国家研发投入占GDP的比例低于1%。

(二) 科技人力资源

根据欧盟统计局2014年11月17日更新的数据显示，2013年欧盟28国研发人员全时当量达272万人，其中53.7%（146万人）分布在企业，这一比例低于美国（约80%以上）和中国（约60%）；此外，政府研发人员占13.5%（36.8万人），高校研发人员占31.7%（86.1万人），私营非营利机构研发人员占1%(2.8万人)。2007—2013年，欧盟28国研发人员全时当量增加35万人年，增长约15%。欧盟成员国研发人员分布情况差异较大，例如，在保加利亚，政府部门的研发人员所占比例较大，而在英国、葡萄牙、希腊、波兰、罗马尼亚和斯洛文尼亚等国，研发人员则主要分布在高等教育机构。

(三) 科技产出

在科技论文产出方面，据美国国家科学基金会（NSF）发布的2014版《科学与工程指标》报告，2011年欧盟科技论文产出以25.4万篇继续排名世界首位(占全球总量的31%)，随后是美国21.2万篇、中国8.9万篇和日本4.7万篇。

在专利申请方面，根据欧盟统计局2014年12月11日数据，2003—2012年，欧盟28国向欧洲专利局（EPO）提交的专利申请量累计达56万件。其中，德国约23.2万件，法国8.4万件、英国5.4万件、意大利4.6万件和荷兰3.3万件。同期美国32万件，日本21万件，韩国4.8万件，中国2.9万件。数据显示，欧盟28国专利申请量多年维持较为稳定的水平，每年在5.5万件左右波动；美国近年来在EPO的专利申请量方面呈下降趋势，2010—2012年连续3年回落。中国向EPO提交的专利申请虽然在总量方面依然单薄，但一直保持上升趋势，从2003年的800余件增加到2012年的近5500件。

(四) 创新能力

2014年7月，康奈尔大学、欧洲工商管理学院（INSEAD）和世界知识产权组织（WIPO）联合发布的《2014全球创新指数报告》(GII)显示，欧盟6个成员国进入全球最具创新力国家的十强，分别是：英国居第2位、瑞典居第3位、芬兰居第4位、荷兰居第5位、丹麦居第8位和卢森堡居第9位。瑞士已经连续4年排名居世界第1位，虽非欧盟成员国，但属于欧洲研究区（ERA）国家。欧洲国家在全球十强中占据七席，足见欧洲整体创新能力之强。在排行榜中，美国居第6位。德国和法国分别居第13位和第22位，韩国居第16位，日本居第21位。中国排名上升6位，居第29位。

企业研发投入是企业竞争力和创新能力的重要指标。2014年12月发布的

《欧盟2014年度企业研发投入记分牌》对全球2500家企业（占全球企业研发投入的90%）的最新研发投资数据进行了分析比较和排名。入榜的2500家企业2013年研发总投入为5385亿欧元，比2012年增加4.9%。其中，美国、欧盟和日本分别占36%、30.1%和15.9%；其他占比较大的国家分别为瑞士（4.2%）、韩国（3.8%）和中国（3.7%）。从行业优势看，欧洲企业在汽车行业的研发投入势头仍然强劲，约占研发总投入的1/4。

二、欧盟《地平线2020》隆重开局，框架计划步入新纪元

2014年，是欧盟全新研发框架计划——《地平线2020》（Horizon 2020）的开局之年。作为欧洲2020战略中《创新型联盟》旗舰计划的重要部署之一，《地平线2020》并未按照惯例沿袭原来"第 x 框架计划"（FPx）的名称，体现了欧盟对原有研发创新整体规划、支持领域、资助方式和管理机制等方面进行全面改革的决心。

《地平线2020》是欧盟有史以来规模最大的科研创新计划，它汇聚了欧盟层面的所有科研创新资金，简化规则，大幅度删除繁文缛节。其首要目标是打造一个连贯一致、简单易行的计划，减少参与阻力，让来自欧洲和欧洲以外国家的学术研究机构和中小企业也能够广泛参与。其最突出的特点就是建立囊括欧盟所有研发创新投入的统一框架，把几乎所有欧盟资助的研发创新活动都统筹在科学卓越、工业领先和社会挑战等三大战略优先领域、两大机构（联合研究中心JRC和欧洲创新技术研究院EIT）和欧洲原子能共同体（EURATOM）的核能专项之下。

2013年12月，《地平线2020》第一次招标启动，标志着欧盟全新的研发框架计划正式进入实施阶段。《地平线2020》的预算总额为770.28亿欧元，加上同时批准的EURATOM的《核能科研与培训专项计划（2014—2018）》的16.03亿欧元，总预算达786.31亿欧元，虽然比欧委会建议的800亿欧元略有减少，但与FP 7的532亿欧元相比，提高了48%，研发投入显著加大。

欧盟为《地平线2020》开局两年（2014—2015年）制定了总金额约150亿欧元的科研项目招标计划。其中，2014年度约77亿欧元，约占7年期总预算的9.8%，比年平均预算比例14.3%大约低了4个百分点，也反映了《地平线2020》在经费安排上平缓释放资金能量的策略。

（一）科学卓越

2014年，《地平线2020》在科学卓越方面安排的总预算约30亿欧元，包括

欧盟研究理事会（ERC）17 亿欧元的顶尖科学家前沿基础研究计划、未来和新兴技术（FET）约 2 亿欧元、玛丽·居里行动计划约 8 亿欧元的中青年科研人员培养和科研基础设施建设约 3 亿欧元，主要部署情况如表 3－1 所示。

表 3－1　科学卓越 2014 年经费预算情况

亿欧元

主要行动	总预算	2014 年预算	比　例
1. 欧洲研究理事会（ERC）：最优秀科研人员领衔的前沿研究	130.95	16.77	12.8%
2. 未来和新兴技术（FET）合作研究：开创性的创新领域	26.96	2.18	8.1%
3. 玛丽·居里行动：科研培训和职业生涯发展计划	61.62	8.17	13.3%
4. 科研基础设施（含 e-infrastructure）：建造世界一流的基础设施	24.88	2.80	11.2%
合计	244.41	29.92	12.2%

数据来源：Horizon 2020 work programme 2014－2015。

（二）工业领先

重点在关键产业技术领域（信息通信、纳米、材料等）进行重大投资，为欧洲企业的研发创新活动提供支持，使欧洲在这些领域保持领先地位；支持创新型中小企业成长为世界领先的企业；通过公共资金投入带动企业对研发和创新的投资。2014 年预算约 20 亿欧元，主要部署如表 3－2 所示。

表 3－2　工业领先 2014 年经费预算

亿欧元

主要行动	总预算	2014 年预算	比　例
5. 保持使能技术和工业技术领先：信息通信技术、纳米技术、材料、生物技术、制造技术、空间技术	135.57	14.48	10.7%
6. 撬动风险资本：激励研发和创新领域的私人投资和风险投资	28.42	2.98	10.5%
7. 中小企业创新：促进各类中小企业各种形式的创新	6.16	2.89	46.9%
合计	170.16	20.35	12.0%

数据来源：Horizon 2020 work programme 2014－2015。

（三）社会挑战

欧盟 2020 战略确定了七大社会挑战：卫生健康，农业、海洋与生物经济，能源安全，智能交通，气变行动、环境保护、资源有效利用与原材料，反思性社会，社会稳定与安全。为此，《地平线 2020》2014 年在应对社会挑战方面的总预算约28亿欧元，具体部署如表3－3所示。

表3－3 应对社会挑战2014年预算 亿欧元

主要行动	总预算	2014年预算	比 例
8. 健康、人口变化和福利	74.72	6.09	8.2%
9. 食品安全、可持续农业和林业、海运海事和水资源研究及生物经济	38.51	2.69	7.0%
10. 能源安全、清洁能源和能源效率	59.31	6.40	10.8%
11. 智能、绿色和一体化交通	63.39	5.79	9.1%
12. 气候变化、环境资源效率和稀有原材料	30.81	3.48	11.3%
13. 变化世界中的欧洲：包容性、创新性和反思性社会	13.09	1.49	11.4%
14. 社会安全：保护欧洲及其公民的自由与安全	16.95	1.91	11.3%
合计	296.79	27.86	9.4%

数据来源：Horizon 2020 work programme 2014－2015。

（四）EIT、IRC和其他相关经费安排

除上述三大领域的竞争性经费外，欧盟还为直属的欧洲创新与技术研究院（EIT）和联合研究中心（JIRC）在以上三大领域的研发和创新行动提供稳定的经费支持。2014年，BIT经费预算总额2.35亿欧元，JIRC为3.3亿欧元；科学与社会行动和传播卓越扩大参与行动共约1.2亿欧元（如表3－4所示）。

表3－4 EIT、JRC和其他研发2014年预算 亿欧元

主要行动		总预算	2014年预算	比 例
欧委会直属研发机构	欧洲创新与技术研究院（EIT）：支持知识和创新群体	27.11	2.35	8.7%
	联合研究中心（JRC）：为欧盟的政策提供强有力的科学支撑	19.03	3.3	17.3%
其他	科学与社会	4.62	0.54	11.7%
	传播卓越，扩大参与	8.16	0.69	8.5%

数据来源：Horizon 2020 work programme 2014－2015。

另外，欧洲原子能共同体（EURATOM）的《核能科研与培训专项计划（2014—2018)》保持独立预算和5年运行周期（《地平线2020》计划为7年)，其总预算约16亿欧元，其中2014年预算为1.9亿欧元（如表3－5所示)。

表 3-5　核能专项 2014 年经费预算

亿欧元

EURATOM 核能专项	总预算	2014 年	比　例
核聚变研发计划	7. 28	0. 77	10. 6%
核裂变研发计划	3. 16	0. 48	15. 2%
联合研究中心（JRC）核能研究定向拨款（非竞争性）	5. 6	0. 65	11. 6%
合计	16. 03	1. 90	11. 9%

数据来源：Horizon 2020 work programme 2014 - 2015。

三、公私合作，多项战略行动计划陆续出台

2014 年，在《地平线 2020》统一框架之下，欧盟针对不同领域，通过公私伙伴关系（PPPs）模式陆续推出多个较大规模的战略行动计划。例如，在工业领先方面，先后推出《“火花”计划》（SPARC）和《“大数据”计划》；在应对社会挑战方面强势启动《“蓝色经济”计划》；针对产学研用的无缝衔接启动“创新快车道”试点行动等。

（一）全球最大民用机器人研发计划启动

近年来，随着人工智能技术、数字化制造技术与移动互联网之间创新融合步伐的不断加快，发达国家纷纷做出战略部署，抢占机器人产业制高点。2014 年 6 月，欧盟宣布将投资 28 亿欧元启动全球最大的民用机器人研发计划《“火花”计划》（SPARC），寓意像火花一样点燃欧洲经济，使欧洲经济充满活力、持续发展。

《“火花”计划》采用 PPPs 模式，由欧盟与欧洲机器人协会合作完成。根据合作协议，欧委会和欧洲机器人协会为《“火花”计划》分别出资 7 亿欧元和 21 亿欧元，将有 200 多家公司、1. 2 万研发人员参与该计划。目前，欧盟机器人技术主要应用在八大行业：工业与制造业、农业生产、卫生健康、公民安全、交通运输、环境保护、培训娱乐和家庭辅助。2014 年，世界机器人市场产值预计达 220 亿欧元，其中，欧盟产值将占到世界市场产值的 35%。欧委会预期，到 2020 年，世界市场的产值将达到 600 亿欧元。

（二）发展数字驱动型经济，强力推动大数据研发

“大数据”已成为继云计算、物联网之后 IT 行业又一大颠覆性的技术革命。2014 年 10 月，欧委会宣布将与欧洲大数据价值会建立合作关系，投资 25 亿欧元促进数据行业发展。这项公私合作将从 2015 年 1 月 1 日正式启动，并从 2016 年

起启动一期项目。2016—2020 年，欧委会将通过《地平线 2020》计划向这项合作进行超过 5 亿欧元的投资，私营行业合作伙伴的投资则将超过 20 亿欧元，为未来发展数据驱动经济打下基础。发展大数据有望使欧洲在全球数据市场占据多达 30% 的份额，到 2020 年前创造约 10 万个与数据相关的工作岗位，减少 10% 的能源消耗等。

欧盟公共财政资助支持的大数据技术研发创新重点优先领域主要包括：①云计算研发战略及其行动计划；②未来物联网及其大通量超高速低能耗传输技术研制开发；③大型数据集虚拟现实工具（VRT）新兴技术开发应用；④面对大数据人类感知与生理反应的移情同感数据系统（CEEDS）研究开发；⑤大数据经验感应仪（XIM）研制开发等。

（三）聚焦“蓝色增长”目标，力推《“蓝色经济”计划》

2014 年 5 月，欧盟正式推出“蓝色经济”创新行动计划，旨在通过研发创新，利用占地球表面积 2/3 的海洋资源解决人类面临的气候变化、能源安全和粮食安全等诸多挑战。行动计划主要由五大行动组成，分别为：①到 2020 年，绘制欧盟整个水域的海床资源分布图；②创建欧盟在线海洋技术研发创新网络平台，2015 年底之前正式运行；③建立欧盟蓝色经济商务与科学论坛，共同探讨蓝色经济的未来、主要挑战、创新创意和成果经验交流；④2016 年之前制定出欧盟海洋科研、生产、培训等行业部门的劳动力能力需求与教育培训计划；⑤多种途径鼓励和刺激海洋技术研发创新投入，强化海洋技术研发创新活动，争取 2020 年之前创建欧盟海洋技术“创新与技术研究院”（EIT）和“知识与创新共同体”（KIC）。

目前，欧盟“蓝色经济”主要由五大行业组成：海洋渔业与养殖、海洋运输、海洋生物技术、海洋能源和沿海休闲娱乐，直接就业人数超过 500 万。2007—2013 年，FP 7 平均每年投入 3. 5 亿欧元，资助支持有关海洋技术研发创新项目，成员国的国家科技计划也进行了大量投入，如法国和德国的每年海洋技术研发投入均超过 3 亿欧元。

（四）铺设“创新快车道”

2014 年 7 月，欧委会发布《地平线 2020》“创新快车道”（FTI）试点行动的实施细节。FTI 试点行由欧盟议会提出，2013 年正式确定纳入《地平线 2020》。FTI 是欧盟加快创新产品或服务走向市场化的一种全新尝试，旨在通过加大投入，为具有市场潜力的创新产品或服务提供更强助力，促其驶入创新快车道，缩短创新产品或服务的市场化进程，从而实现从创意到实现新产品或新服务完全进入市场、在整体上加强产学研用的无缝衔接，促进欧洲全球竞争力的全面提升。

FTI 采用试点项目的形式组织实施，总经费 1 亿欧元。2015 财政年度正式启动并公开招标。为鼓励跨学科、跨行业协同创新，创造激活潜在的商机，FTI 为项目遴选设定了两个基本条件：①项目团队精悍且必须由来自 3～5 个具有较强商业背景的科研机构和创新型企业组成；②必须保证欧盟项目资金主要用于将新产品或新服务推向市场。欧盟工业关键使能技术（KETs）、面向社会民生需求与挑战的重点优先领域均可申请 FTI 项目资助。

四、基础研究前瞻部署，未来新兴技术计划旗舰项目平稳推进

欧盟明确以支持基础研究为使命的资助计划有两个：一是欧洲研究理事会（ERC）的五大基金，即启动基金、巩固基金、高级基金、概念验证基金和协同基金；二是欧盟未来新兴技术计划（FET）。在 FP 7（2007—2013）预算框架下，ERC 经费为 75 亿欧元，FET 经费为 6.17 亿欧元，二者共占 FP 7 总经费的 15.2%。在新的《地平线 2020 计划（2014—2020）》中，ERC 的经费预算达 130 亿欧元，FET 经费预算达 26.96 亿欧元，二者共占《地平线 2020》计划的比例为 20.5%。

（一）ERC 基础研究工作部署

ERC 专门支持泛欧层面的前沿基础研究。在 FP 7 预算框架下，ERC 负责的原始创新计划的经费达 75 亿欧元，约占 FP 7 总经费的 14%。在《地平线 2020》计划中，ERC 预算 130 亿欧元占总经费的 17%，无论是经费总量还是比例均大幅增长。自 2007 年成立以来，ERC 从 4 万项申请中择优资助了 4000 个项目。ERC 的受资助者中，产生了 11 位诺贝尔奖获得者和 5 位菲尔兹奖获得者。ERC 在欧洲乃至世界已赢得了广泛赞誉。

（二）FET 两大旗舰项目顺利实施

FET 旗舰行动计划是欧盟着眼未来需求启动的大规模基础研究计划，旨在资助能够对未来的技术创新和商业开发产生广泛和深远影响的信息科学研究，以期通过研究的突破而解决经济社会的重大问题。FET 旗舰项目有 3 个突出特点：①支持大规模、长期性、基础性和变革性的交叉学科研究；②具有促进技术创新和商业开发的良好前景；③聚焦于欧洲的优势科学领域。

2013 年 1 月，欧委会把“石墨烯”和“人脑计划”项目列为欧盟未来新兴技术（FET）旗舰项目，同年 10 月正式启动实施。每个项目获得 10 亿欧元的经

费（欧委会提供5亿欧元资助，其余由成员国政府、大学和企业提供），实施周期长达10年。2014年9月，经过一年多的组织和实施，欧委会针对两大旗舰项目发布了第一份工作报告，并进一步明确了下一步工作安排。根据报告，2015年1月将对两大旗舰项目的组织实施情况开展年度审查；3—4月，将签订框架合作协议并制定2023年前旗舰项目的实施细节。2017年，将针对两大旗舰项目的实施情况，包括项目最新进展、组织管理、实施机制和前景预期等进行全面的中期评估。欧委会强调，将针对旗舰项目建立开放透明的管理模式，实现高效决策，合理利用资金和资源，并将设立管理论坛，组织召开围绕科学、行业和产业等各方面的研讨会。

五、倚重国际科技合作，深化互利共赢关系

欧盟强调，在应对全球社会挑战方面，必须加强同国际伙伴的紧密合作，共同寻求创新解决方案。为了继续保持全球科技创新的领先地位，欧盟必须积极参与全球顶尖科技人才竞争和将自身建设成为科技创新最具吸引力的地区。2013年结束的FP 7，总经费532亿欧元中，有324亿欧元用于合作专项计划，约占61%，堪称全球最大规模的国际科技合作计划。

在框架计划下建立联系国机制，是欧盟推动国际科技合作的重要抓手之一，也是欧盟与非欧盟国家开展紧密合作的重要方式。这种合作方式，需要正式加入框架计划并按GDP比例向欧盟缴费，签订联系国协定后，联系国的研究机构、组织和人员可以与欧盟成员国享有同等身份参加研发框架项目。在成员国、伙伴国和第三国建立国家联系点是欧盟推进国际合作的重要手段。FP 7在成员国和联系国设立国家联系点83个。在其他主要合作国家设立了众多联系点，其中，俄罗斯27个，印度2个，中国1个（中欧科技合作促进中心）。

为推动国际合作，欧盟设立了《欧盟研究区域网络》（ERA-NET）计划，旨在推动欧盟成员国之间、欧盟成员国与主要国际合作伙伴间的合作，建立联合行动，促进相关国家及区域层面的科技计划的相互开放。实施以来，资助了“黑海地区”国际合作网络建设、欧盟俄罗斯国际科技合作、欧盟印度发展与整合计划、欧盟韩国科技合作计划、东南欧主要科技机构整合计划等国际合作网络计划，有效地促进了欧盟与上述地区的国际科技交流与合作。

目前，共有19个非欧盟国家与欧盟签订了科技合作协定，这些国家参与FP 7的项目占所有非欧盟国家参与项目的86.3%，经费占67.3%。从参与项目数量上看，与欧盟合作最多的10个国家分别是：美国、俄罗斯、中国、巴西、印度、南非、澳大利亚、加拿大、乌克兰和阿根廷。从获得经费数量上看，排名前几位的国家分别是：美国、俄罗斯、印度、南非、中国、巴西、乌克兰、埃及、墨西

哥。从国际科技合作的领域来看，欧盟与美国的合作领域主要集中在：卫生健康、信息技术、食品农业和生物技术等；与俄罗斯的合作集中于交通、空间、食品农业、生物技术；与中国的合作集中在环境、食品农业、生物技术和信息通信领域。

欧盟《地平线2020》制定了国际合作发展战略目标，即加强欧盟科学卓越、提高欧盟研究与创新的吸引力，促进经济发展和提高产业竞争力；解决全球社会挑战；支持欧盟对外政策。《地平线2020》继续沿用FP 7联系国的合作方式，但联系国协议需要重新续签。目前已有10个国家与欧盟签订了协议，分别是：冰岛、挪威、以色列、土耳其、阿尔巴尼亚、波黑、摩尔多瓦、黑山、塞尔维亚和马其顿。另外，欧盟将全球国家划分为三类：即工业化及新兴经济体国家、欧盟周边扩大国家和发展中国家。中国被列为新兴经济体国家。

（执笔人：宋海刚）

英　　国

2014 年，英国继续在世界科技舞台上扮演着重要的角色，先后推出一系列推动科学研究和创新的新举措，努力保持在科学研究领域的全球领先优势，并积极抢占未来新兴产业的制高点。英国在全球创新积分榜排名上升到第 2 位，在全球创业发展指数排行榜排名跃居第 4 位。

一、英国科技创新总体情况

（一）研发投入

根据英国国家统计局 2014 年 3 月公布的数据，2012 年英国国内研发总投入为 270 亿英镑，其中，投入民用科技 252 亿英镑，投入国防领域 18 亿英镑。研发强度为 1.72%，较 2011 年的 1.77% 有所下降。从绝对投入数量来看，2012 年的总投入比 2011 年下降 2%，但如果考虑通货膨胀等因素，2012 年的实际投入比 2011 年下降 3%。

从经费来源看，英国研发经费主要来自企业、政府、海外和大学。2012 年的绝对投入中，企业投入 123.2 亿英镑，占总投入 45%；政府投入（指政府各部门的直接研发经费投入）28.7 亿英镑，占 11%；研究理事会投入 26.9 亿英镑，占 10%；高等教育基金管理委员会投入 21.9 亿英镑，占 8%；高等院校投入 3.1 亿英镑，占 1%；非营利机构投入 12.8 亿英镑，占 5%；海外资金投入 53.6 亿英镑，占 20%。

从经费使用看，2012 年，252.3 亿英镑的民用科技经费中，企业使用 155.2 亿英镑，占 62%；大学使用 71.8 亿英镑，占 28%；政府部门使用 12.1 亿英镑，占 5%；研究理事会使用 8.13 亿英镑，占 3%；私人非营利组织使用 5.13 亿英镑，占 2%。

2012 年，英国企业研发绝对投入为 171.1 亿英镑，投入较多的前 6 个领域分别是：第 1 位是制药，投入 42.06 亿英镑，占 24.6%；第 2 位是计算机编程和信息服务领域，投入 19.30 亿英镑，占 11.3%，；第 3 位是汽车和零部件领域，投入 17.32 亿英镑，占 10.1%；第 4 位是航空航天领域，投入 15.18 亿英镑，占 8.9%；第 5 位是机械装备领域，投入 9.98 亿英镑，占 5.8%；第 6 位是通信领域，投入 8.89 亿英镑，占 5.2%。从研发投入总体强度看，2009—2011 年英国制造业平均研发投入强度为 3.4%～3.7%。

就科研队伍而言，与其他国家相比，英国劳动力接受科技专业培训的比例很高。2011 年，英国 3905 万适龄工作人口中 26% 持有高等教育资格证书。在受过高等教育的人中，有 463 万人是有资格证书的工程师和科学家，占适龄工作人口总数的 12%。

（二）科技产出

研究质量和效率高。2008 以来，英国论文发表量每年增长 2.35%，论文引用率每年增长 7.2%——高于世界平均水平（6.3%），占全球引用的比例也从 2008 年的 10.5% 增长到 2012 年的 11.63%。在 1% 的高被引论文中，英国所占的比例已上升到 13.8%，仅次于美国。从单个研究人员和单位 GDP 研发投入的产出看，除专利外，英国在其他方面均远远超过世界其他国家，显示出极高的研究效率。

英国研究领域较为全面，优势领域主要集中在临床医学、健康与医学、生物学、社会科学、商业和人文学科；在工程、物理和数学领域，活性指数稍低于世界平均水平。

专利申请量低。2011 年英国研究人员申请专利 50 749 件，占世界专利申请量的 2.4%。但英国专利授权数和有效专利数增长较快，2008—2012 年年均增长分别为 5.4% 和 1.7%，分别达到 18 314 件和 83 261 件。

跨部门之间的知识流动活跃。英国由企业署名的论文下载使用者中有 61.7% 来自学术界，大学署名的论文下载使用者中有 52.6% 来自企业界，这表明英国知识的流动和转移充满活力。此外，英国单位研发支出产生的衍生企业和初创企业数较高，单位研发支出获得专利许可收入也较高，分别位列 G8 国家中的第 2 位和第 3 位。

二、英国科技创新政策动向

2014 年英国政府继续保持了对科学和研究的投入水平，并加大了对资本性研究经费的投入。一方面大力支持优势领域科学研究，巩固英国在科学研究方面的领先优势，同时大力支持新兴技术开发；另一方面积极推动研究成果的商业化，鼓励关键技术创新应用。特别是在发展重点上，强调国家战略导向，围绕 11 个产业战略实施，大力支持重点领域和八大未来关键技术的创新发展，并在深入研究的基础上对科技发展进行长远规划。

（一）稳定科技投入水平，重点支持优势领域科学研究

2014 年，英国政府在继续大幅度削减财政赤字的压力下，严格保持科学研究投入水平，除了维持 46 亿英镑的资源性科学经费不变外，还通过建立研究中心和建设科研基础设施等方式提高资本性研究经费的投入。新公布的 2015—2016 财年预算案宣布：将面向 2021 年每年投入 11 亿英镑的资本性经费，用于支持科学基础设施建设；增加对量子技术及与新兴国家合作的经费投入；新增对英国医学科学院的支持。根据该预算案，2015—2016 财年英国科学经费总投入将达到 58 亿英镑，与近几年英国科学经费相比，增长幅度较大。此外，英国政府 2014 年秋季财政预算声明还承诺，将继续通过研究伙伴投资基金支持 27 个研究基础设施项目，公共和私营资本总计投入将达 10 亿英镑以上。

在支持重点方面，英国政府强调保持英国的领先优势，围绕产业战略实施，进一步提高在生物医药领域、健康领域、航空航天领域和低碳能源领域等方面投入；对新兴技术，尤其是有望引领未来新兴产业发展的关键技术也予以大力支持，包括合成生物学、大数据、石墨烯、网络安全、能源效率计算、非动物实验技术、新兴成像技术、石墨烯和量子技术等。英国政府还积极拓展欧盟框架项目和跨国企业研发项目，利用国际科技资源支持本国研究和创新，欧盟《地平线 2020》计划 2014 年在英国正式启动，英国超越德国成为欧盟项目资助最多的国家。

（二）借助英国创新署，全方位谋划和支持技术创新

2014 年，英国宣布 4 亿英镑的创新投资，包括了一系列资金措施，发现顶级创新思想，助推英国在创新方面居于世界领先地位。英国创新署发布了 2014—2015 年预算执行方案，除新设立精准医疗和能源系统两个技术创新中心外，投入 3.44 亿英镑支持竞争性创新项目。其中，包括能源领域 8200 万英镑，健康产业领域 8000 万英镑，高值制造领域 7200 万英镑，交通领域 7000 万英镑，数字技术领域 4200 万英镑。

英国创新署还通过新发布的新兴技术与产业战略，向合成生物学、节能计算、能量收集、非动物实验技术、新兴成像技术、石墨烯和量子技术等七大新兴技术领域投资 5000 万英镑，重点包括：识别和评价具有破坏性创新潜力的新兴技术；与合作伙伴通过协同投资实施协同项目；通过支持示范加速商业化，帮助企业寻找合作伙伴，制定标准；继续在特定领域提供支持培养能力，通过建设共

同体提高参与受众，锻炼能力。

2014 年，英国商业、创新与技能部设立两个驻部创业家岗位，利用他们的知识和技能帮助推动生命科学产业发展和促进小企业发展。以英国商业银行为中心，英国政府继续使金融市场更好地发挥作用，为创新型中小企业提供支持。英国秋季财政声明宣布在未来 3 年投资 4 亿英镑，扩展银行的风险资本项目；企业资本基金将允许基金为小型创新企业提供高达 500 万英镑的投资。税收减免也是英国政府刺激创新的重要政策，从 2015 年 4 月 1 日起，大企业税收减免比例将由 10% 提高到 11%，小企业减免比例将由 225% 提高到 230%；此外，英国政府还进一步强化科学与创新在地区经济增长中的作用，鼓励地方企业伙伴通过地区增长基金支持研究项目。小企业仍然是英国政府创新政策的关注重点，除了继续实施 SMART 计划和小企业研究计划外，英国政府还通过初创企业贷款、小企业成长券、设立专门支持中小企业的商业银行、建立技术研究院、促进技术商业化等系列举措，支持小企业发展。

（三）强化政府职能定位，发展重点的选择突出国家战略导向

英国在科技政策、特别是发展重点的选择上，国家目标导向色彩越来越重。在优先发展重点的选择上，英国政府围绕产业战略的实施，不断加强对八个关键技术领域的支持力度，并确定未来重点支持的若干新兴技术领域。在具体投入方面，围绕产业战略的实施，加大对英国优势产业和优先领域研究和创新的重点投入。

英国政府继续加大对国家级创新领导资助机构——英国创新署的支持力度，并通过创新署加强对全国创新工作的统筹协调。英国创新署的资助重点主要围绕产业需求、重大挑战和前沿技术，资助方式灵活多样，不仅自身设立大量不同类型的资助项目，还联合研究理事会、政府各部门和产业界共同设立了一批联合资助项目。作为 2015—2016 财年预算的一个部分，英国政府决定将向英国创新署增加 1.85 亿英镑预算。新增预算主要用来支持生物医学催化基金、技术创新中心、能源和生物技术等方面的创新项目，通过创新项目，支持创新型企业产品的商业化和市场拓展，进而促进经济增长。

为更好发挥英国优秀的研究对经济发展的影响，发挥研究和创新为经济复苏与经济持续增长的重要作用，英国政府积极推动英国研究理事会、高等教育基金管理委员会、创新署等主要研究资助机构推出新的举措，促进研究和创新发挥影响。英国研究理事会在项目遴选标准中增加了经济和社会影响的条目，并每年发布研究理事会的影响报告，各研究理事会也开始对支持的研究成果的经济和社会影响进行回顾并发布报告；高等教育基金管理委员会改革了大学评价机制，增加了经济和社会影响在大学评价系统的权重。经过 4 年酝酿，2014 年卓越评估框架

（REF）评估结果终于公布，它将为每年近20亿英镑的研究经费的分配提供参考依据。

（四）围绕产业战略实施，全面推动技术商业化

2014年是英国产业战略实施的关键一年。截至2014年，英国已经建成并开放了高值制造、卫星应用、细胞治疗、近海可再生能源、未来城市、交通系统和数字等7个中心，能源系统和精细医疗两个中心正在建设之中。英国政府最新发布的2014年财政预算提出，要投入7400万英镑继续支持技术创新中心第3期建设，搭建研究开发和市场之间的桥梁，促进创新成果商业化。该投入将支持在石墨烯和细胞治疗两个领域建设新的技术创新中心，以保持英国在这两个领域的领先优势。

2014年英国政府围绕产业战略涉及的重点领域，加大了对创新的资助力度，包括推出了航空技术研究院、能源技术研究院、先进动力研究中心等新的组织模式，通过政府投入撬动产业资金，共同设立围绕产业需求的研究项目，助力产业解决未来发展中的重大问题和挑战。此外，围绕产业战略实施过程中人才和技能需求，政府牵头推出了各类人才和技能培养计划，包括加强对博士培训中心的资助，建立并推广国家级职业技术学院，与产业联合设立技能培训和实习项目等。

英国政府在发布产业战略的同时还提出了8项未来关键技术，并进行重点投入。这8项未来关键技术包括：海量数据和能效计算、合成生物学、再生医学、农业科学、能源存储、先进材料和纳米科技、机器人和自动化系统、卫星和空间商业应用。2014年英国政府通过不同渠道加大了对这8项技术的支持，为产业战略实施打下了良好的基础。

（五）面向未来长远发展，出台科学与创新战略

在英国《10年科学投资框架（2004—2014）》即将结束之际，英国政府制定和发布了新的科学与创新战略，提出英国的目标是通过实施科学与创新长期发展战略，成为世界上科学与商业最好的地方。该战略主要包括6个方面内容：一是决定发展优先级。强调政府要在发展重点的选择中发挥主导作用，联合学术界和产业界共同进行战略选择，并进一步明确对八大技术和产业战略的支持。二是要坚持科学人才培养，吸引、教育、培训和留住科学与创新人才。三是继续投资科学基础设施，承诺2016—2021年投入59亿英镑支持科研基础设施，其中，29亿英镑投入重大挑战基金，支持国家层面的大型科学技术设施项目，8亿英镑支持新的研究设施和项目。四是大力支持研究，加强资金分配和资助模式方面的基础工作。五是继续推动创新，构建创新生态系统。继续支持技术创新中心的建设，加强技术创新中心对中小企业发展的支持作用；以英国商业银行为中心，更好地

发挥金融市场的作用，为创新型中小企业提供支持，包括继续增加风险资本催化基金的投入和扩展银行的风险资本项目。六是积极参与全球科学创新，推动牛顿基金支持卓越科学的发展，构建未来科学伙伴关系，继续参与欧洲研究机构、七国集团和20国集团等组织工作；进一步支持英国大学和研究机构从多边开发银行、联合国和其他捐赠方面获得研究资金。

（六）建设国际一流的研究与创新中心，研发有望引领未来新兴产业发展的关键技术

成立量子技术研究中心网络。作为国家量子技术计划（计划投入2.7亿英镑）的一部分，英国注资1.2亿英镑成立了国家量子技术中心网络，开展量子技术的研究与开发。该网络由伯明翰大学、格拉斯哥大学、牛津大学和约克大学4所大学主导的四大研究中心组成，共有17所大学和132个企业参与其中。

成立石墨烯工程创新中心。为开发和维持英国在石墨烯及有关2D材料方面的世界领先地位，英国投资6000万英镑在曼彻斯特大学成立石墨烯工程创新中心，建造新的尖端石墨烯研究设施。此前已投资6100万英镑在曼彻斯特大学创建的国家石墨烯研究院预计将于2015年年初正式建成开放。作为英国国家石墨烯研究院的补充，石墨烯工程创新中心将加速石墨烯的应用研究和开发。这两大科研投资项目凸显了英国致力于石墨烯研发的决心和力度。

计划新建三大合成生物学研究中心。为提升英国的合成生物学研究和创新能力，未来5年内，英国生物技术与生物科学研究理事会和工程与自然科学研究理事会将联合新建三大多学科合成生物学研究中心：布里斯托合成生物学中心、诺丁汉合成生物学研究中心、剑桥/诺维奇开放植物合成生物学研究中心，对三大合成生物学研究中心的总投入将达4000多万英镑。

宣布建立大数据研究所。为了能够在未来大数据驱动的经济和社会中处于领导地位，英国政府决定5年持续投资4200万英镑，建立世界一流的大数据研究所，主要开展数据收集、大型数据集分析方法等方面的研究。

国家病毒学研究中心揭幕成立。2014年，在萨里郡普尔布莱特动物健康研究所新成立的国家病毒学研究中心揭幕。该研究中心将采用世界领先的生物防护技术研究蓝舌病、口蹄疫、禽流感和非洲猪瘟等疾病，通过疫苗开发和诊断预测防止疾病的爆发，保护英国免受影响动物和人类的致命性疾病的侵袭。

成立油气创新中心。为促进开发新技术，提高英国大陆架油气行业的生产率，降低运行成本，苏格兰研究理事会以1060万英镑作为启动资金成立油气创新中心，来自苏格兰12所大学的450名研究人员和2300个企业将参与创新中心的工作，研究重点包括石油开采的改进、页岩气开发、生产最优化、油井建设、钻探和环境问题等。该中心在运行的头5年内有望撬动外部投资2500多万英镑。

（七）与地区合作，全面打造区域创新集群

投资打造高技术中心。英国向位于牛津郡的四大商业“孵化器”投资6700万英镑，以发展世界领先的科学技术。其中，政府将出资3000万英镑，企业、地方政府和大学将提供匹配资金。该投资将把该区域打造成为高技术生产中心，吸引国内外各类大小不一的企业向先进制造业投资，投资包括喷气式飞机和航空技术、医学研究、核工程和超高速计算机和机器人等方面。

实施商业和地方经济刺激计划。作为政府长期经济计划的一部分，英国将投放4.15亿英镑资金支持商业发展、提升商业街、创造就业并促进地方经济繁荣。该计划具体包括：为30万个小型零售企业各免税1000英镑，共计免税3亿英镑；1亿英镑支持企业区内关键商业基础设施的发展；1500万英镑在英国伯明翰、利物浦、曼彻斯特等8座城市建立新的大学企业区。这8座城市的大学可对1500万英镑的资助进行竞标，以建立大学企业区。大学企业区的建立将进一步强化高校在促进地方经济发展和创新中的重要作用。

打造北英格兰数字科技集群。北英格兰数字科技集群（TechNorth）将整合英格兰北部主要城市的数字科技资源，打造与旧金山、上海、柏林和伦敦等齐名的数字科技集群。英国贸易投资署负责推进相关支持工作。

打造北方经济强区。根据2014年政府财政预算案，英国将实施一揽子的科研投资计划，以增强英国北方的科学与创新实力，继而把北方打造成经济强区。这些计划的具体情况如下：投资2.35亿英镑在曼彻斯特创建亨利·莱斯爵士先进材料研究院；投资2000万英镑成立新的老龄化科学创新中心；投资1.13亿英镑在达斯伯里成立新的认知计算研究中心；注入75万英镑发展基金（产业界和教育界将提供匹配资金）在黑泽市成立新的海岸油气大学；向能源安全与创新观测系统投入3100万英镑。运用北方页岩气开发所得的税收建立新的长期投资基金，以便为未来几代人捕获页岩气的经济利益，确保把该税收投资于北方长期的经济建设、创造就业并拉动投资；投资6000万英镑拓展国家核用户设施的能力；投入1000万英镑支持北方有关院校的扩张，为创造就业和促进经济增长储备大量技术人才。

三、英国国际科技合作

推动三大尖端国际科学合作项目。英国将投资3亿英镑助推三大尖端国际科学合作项目，其具体情况如下：一是向欧洲散裂中子源（ESS）项目投资1.65亿英镑。这种巨大超强的中子显微镜的诞生将使科学家们能更好地观测世界和宇宙，有望发现用于快速飞机、新型电脑芯片、新型药物、超长寿命电池和超轻军

事装备的材料，创造成千个工作机会。二是向平方千米阵列项目（SKA）投资 1 亿英镑。平方千米阵列项目是世界上最大和最为敏感的射电望远镜项目。英国科学家们目前已着手开发能阅读海量新数据的中央电脑。这意味着该项目在未来能为英国带来更快的智能手机与因特网。全球数据分析市值有望在 2016 年达到 310 亿英镑，英国具备引领该市场的优势。三是投资 2500 万英镑参与柏拉图空间望远镜项目。

牛顿基金正式实施。中英两国签署中英研究和创新伙伴基金首批项目协议，确定两国将投入 5300 万英镑资助双边研究与创新合作，到 2019 年中英研究和创新伙伴基金总计资助金额将达 2 亿英镑。首批项目主要分为三类：一是科学研究项目，资助总额 2300 万英镑。主要资助应对极端天气的服务基础，并为应对亚洲地区气候变化做好准备。二是联合研究伙伴项目，资助总额 1600 万英镑。主要资助海洋能源、再生医学和干细胞、大气污染、人类健康和土地系统的可持续性等方面研究。三是牛顿奖金，投资 1400 万英镑，为中英科学家开展合作提供机会。按照协议，中英双方各自出资 50%。此外，在牛顿基金框架下，2014 年英国还与巴西签署了为期 3 年总计 1800 万英镑的双边合作项目，主要涉及食品安全、未来城市、生物经济和“被忽略疾病”的防治等方面。

（执笔人：李振兴）

法　国

2014 年法国经济形势严峻，复苏乏力，失业率高企，消减赤字承诺难以兑现。面对一系列经济和就业问题，法国左派拙于应对，内部矛盾丛生，2014 年一年内法国政府先后经历更迭和重组，负责科研和创新的相关部门和部长也因此先后被两次调整和更换。法国左派的科技发展政策已经基本推出并开始实施，同时法国也保证了研发投入强度和国家科研机构的预算规模。以刺激经济发展为目的的巨额投资也将间接促进相关重点领域的技术进步和产业提升。

一、科技投入产出情况

（一）研发投入

根据法国 2014 年 8 月发布的最新数据，2012 年法国国内 R&D 经费投入达 465 亿欧元，投入强度为 2.23% （2011 年为 2.19%），较 2011 年增长 1.9% 。其中，增加部分主要源自企业投入，总额达 301 亿欧元，较 2011 年增加 3.0%；政府投入部分保持稳定，总额为 165 亿欧元，较 2011 年仅增长 0.1% 。

同期，法国国民 R&D 投入，即由法国政府或企业资助的法国境内外 R&D 活动经费 2012 年达到 484 亿欧元，企业贡献占比 60%，政府贡献占比 40% 。总额较 2011 年增加 20 亿欧元，增长 3.0% 。其中，在法国境外实现的 R&D 活动经费达 54 亿欧元。法国国内 R&D 投入强度自 2007 年以来一直保持增长，2007—2012 年增幅依次达 2.02% 、2.06% 、2.15% 、2.18% 、2.19% 和 2.23%，2013 年的预估值仍为 2.23% 。2009 年之后的增长源自于 R&D 投入的增幅高于 PIB 的增幅，2009—2012 年 R&D 投入依次年增长 4.2% 、3.0% 、2.8% 和 1.9% 。

1. 国内 R&D 企业投入情况

2012 年法国企业 R&D 投入达 301 亿欧元。企业 R&D 投入自 2008 年以来一直保持增长，2008—2012 年增幅依次达 1.7%、2.5%，2.8%、4.1% 和 3.0%。企业投入的行业分布越趋集中，2012 年企业投入额排名居前 3 位的汽车工业、航空航天制造和制药这三大领域汇集 36% 的企业投入。

就法国的工业和服务业整体上的对比来说，2005—2012 年服务行业整体的企业 R&D 投入增长远较工业行业强劲，平均年增幅达 13.8%，而工业行业整体的平均年增幅仅为 0.9%。服务行业自 2007 年以来经历迅猛增长，2010 年增幅一度达 20.9%，2012 年增幅达 10.3%，总额达 61 亿欧元，占工业和服务总值的 20%。

2. 法国国内政府 R&D 投入情况

2012 年法国政府 R&D 投入达 165 亿欧元。其中，大学等高等教育机构的 R&D 经费显著增长，科学技术型公立机构（EPST）略微增长，工商型公立机构（EPIC）出现回落。

大学 R&D 经费一直是政府投入的主要部分，2012 年大学的内部 R&D 活动经费达到 57 亿欧元，占比 35%，较 2011 年的经费增长 1.9%；EPST 机构 R&D 活动经费达到 53 亿欧元，占比 32%，较 2011 年微涨 0.3%。其中，占比最大的国立科研中心（CNRS）一家即支出 31 亿欧元。由于很多重大项目结束研发并转入生产阶段，EPIC 机构 2012 年的 R&D 活动经费较 2011 年减少 5.7%，总额为 38 亿欧元，占比 23%。其中，占比最大的原子能和可替代能源委员会（CEA）一家即支出 24 亿欧元，占 EPIC 机构 R&D 总支出的 63%。

法国政府在全国预算紧缩的情况下，仍然保证了高等教育和研究的预算。根据法国 2015 年度财政预算法案，全法科研和教育财政预算安排 880.7 亿欧元。其中，国民教育预算 650.2 亿欧元，科研和高等教育预算 230.5 亿欧元，同比分别增长 2.4% 和 0.2%。自 2012 年以来，科研和高等教育财政费用累计增加 6.38 亿欧元。此外，《投资未来计划》2015 年为科研和教育安排预算外资金约 11 亿欧元（国债），为创新型企业等减免各类税收约 50 亿欧元（包括科研税收信贷政策、竞争力与就业税收信贷政策、创新税收信贷政策和新设立的能源转型税收信贷政策）。

2015 年度科研和高等教育财政预算中，科研专项资金为 77.6 亿欧元，与上一年度基本持平。其中，公共科研机构经费 57.8 亿欧元，国家科研署的国家科研项目经费 5.8 亿欧元。

此外，根据法国政府公布的《未来 10 年投资计划》(PIA)，政府将在 2016—2025 年加大投入，实现提升竞争力和能源转变目标。该计划总额 120 亿欧元，其中，36.5 亿欧元投向科研和大学，23 亿欧元直接投向生态与能源转换。另外，六大重点投资板块分别为可持续工业创新（17 亿欧元）、国防工业技术（15 亿欧元)、航空航天(13 亿欧元)、数字经济(6 亿欧元)、青年、培训和国家现代化(5.5 亿欧元)、卫生健康(4 亿欧元)。超过一半的投资直接或间接涉及生态与能源转换战略。

(二)从业人员

2012 年法国从事 R&D 活动人员总数达 41.2 万人,其中,企业部门人员占 60%,公共部门占 40%,总数较 2011 年增长 2.4%。

无论公立或私人部门整体,2012 年法国 R&D 从业人员中的研究人员占比均为 60%;具体到大学,这一数据为 75%;而 EPST 机构为 50%。在企业中工作的研究人员占全国的 60%,达 15 万人。

(三)科研产出

根据法国政府最新数据,2012 年法国科技论文数量占全球的 3.6%,居世界第 6 位,依次落后于美国(22.6%)、中国(12.6%)、英国(5.3%)、德国(5.1%)和日本(5.1%),领先于意大利(3.2%)、加拿大(3.2%)和印度(3.1%)。两年内的引用率占到全球的 4.0%,影响指数为 1.10,超过世界平均水平。其中,数学、天文学、天体物理学方面最为出色,数学方面的论文影响指数达 1.63;农业、植物生物学、土木工程、采矿、农食加工等领域的论文国际被引量位居前列。论文的国际合作比例世界最高,达到 48%。

在欧盟专利体系内,2011 年法国专利占全球的 6.5%,居世界第 4 位,尤其在交通、纳米技术、微型结构、有机化学等领域世界领先。

二、出台实施的科技政策和计划

2014 年,法国政府坚定不移地推进国家创新计划实施,继续保持对科研经费的投入力度,深化高教与研究体制改革,激励企业增强创新与研发投入,积极推进科技成果转化,完善技术成果转化平台和基地的建设,大力扶持优先发展领域,积极推进国际科技合作,着力提升科技水平。

(一)制定实施《国家创新计划》,强化创新体系建设

2013 年 11 月,法国在《创新:法国面临的重大利害》基础上提出了《国家创新计划》。主要围绕三条主线:一是在高等教育中培育发展创业和创新文化;二是消除研发和企业之间的障碍,建立持续的对话和合作机制;三是选择和确定统一的优先领域。

（二）制定实施《法国－欧洲2020》，确保科研战略方向和重点任务

法国政府于2013年5月出台《法国－欧洲2020》（France Europe 2020）规划，旨在帮助法国更好应对气候变化、能源、工业复兴等重大经济社会挑战，鼓励技术转移和创新，提高国家竞争力，确保法国科研在欧洲的领先地位。奥朗德总统提到，该战略再次把法国科研的首要任务确定为创造知识和学问，但同时强调要通过创新来发挥科研对于国家复兴的决定性作用，并更好协调法国科研的区域战略、国家战略、欧洲战略和国际战略。该规划主要有两大目标：一是提升法国青年的素质并协助其进入就业市场，将高等教育普及率由目前的40%提高至50%；二是通过保持基础研究和各学科领域间的平衡，促进科研和技术转化，为法国的研发活动注入新动力，以应对法国未来几十年所面临的科技、经济和社会等方面的重大挑战，并与欧盟《地平线2020》同步。

《法国－欧洲2020》规划调整了法国的科研工作管理协调机制。成立直接受命于总理的战略研究理事会，负责确定优先发展的科研任务，制定相应的实施措施，评议实施成效。成立由国民教育、高等教育和科研部的科研与创新总司长主持的部际指导委员会，负责科研战略的具体实施，并向战略研究理事会提供建议。战略研究理事会和部际指导委员会以国家专项研究联盟和国家科研中心为依托。国家专项研究联盟包括生命科学联盟、环境联盟、能源联盟、数字科学与技术联盟、人文与社会科学联盟，致力于改善公共科研系统，消除科研领域的隔阂，协同重大科研任务，并组织科研参与方和国家开展战略对话。

规划明确了法国科研亟须应对的九大社会挑战，包括资源节约化管理与适应气候变化，清洁、安全和高效能源，促进工业复兴，健康和民生，食品安全与人口挑战，交通与可持续城市体系，信息与通信社会，创新、包容和适应型社会，发展欧洲航天事业。

（三）制定实施《34项工业振兴计划》，推进“新工业化法国”建设

根据法国统计局数据，法国制造业产值占国内生产总值的比重自2000年的22.9%下降到2014年的11.2%。法国成为欧洲国家中“去工业化”趋势最为严重的国家。

2013年9月，奥朗德总统宣布《34项工业振兴计划》，重点培育战略性新兴产业，抢占新型工业化制高点。《34项工业振兴计划》又称“新工业化法国”，为法国工业设定了三大优先发展方向，即能源与生态转型、数字化、新技术与社会，并要求把能源与生态转型放在发展首位，其次是数字化。该计划不仅要求法

国在未来10年重点扶持34个计划，还要对每项计划进行细化，设立项目负责人，研究建立相关行业法规，开展技能培训，给予财政经费保障，提高公共采购份额。

34项计划涉及领域广泛，包括可再生能源、百千米油耗低于2 L燃油的新型汽车、电动汽车充电电子桩、自动驾驶汽车、未来高速火车、电动飞机和新一代航空器、重型飞艇、嵌入式软件与系统、电力推进卫星、生物医疗技术、数字化医院、大数据、云计算、物联网、超级计算机、机器人技术、网络安全、未来工厂等。

这些计划将调动约200亿欧元的社会资金，私人和国有部门的投资将分别占3/4和1/4。2014年7月前，已有9项计划的实施方案获得政府批准，随后将于年底前逐一审批其他计划的实施方案，全面启动实施。预计这些计划将在10年内为法国创造48万个就业岗位、450亿欧元的工业增加值，并将使法国出口额增加40%。

（四）成立"法国创新2030"委员会，推动优先发展的七大未来战略产业

法国成立以核电巨头阿海珐集团（AREVA）前总裁安娜·楼维隆（Anne Lauvergeon）为首、由20名相关领域专家组成的"创新2030"委员会。在深入调研的基础上，委员会放眼10年后（2025—2030年），紧密结合法国自身的经济发展需求和科技、产业优势条件，以特定的标准选定能源存储、稀有金属回收利用、海洋开发与海水淡化、植物蛋白与植物化学、个性医疗、老年经济、大数据等七大攸关法国长期繁荣和就业问题的战略产业。

2013年年底，委员会完成并提交了正式报告《创新的原则和七大战略产业目标》。法国总理已先期自《投资未来计划》中拨付1.5亿欧元用于委员会最初的战略产业项目启动和支持；委员会随后将在法国生产振兴部、高等教育和科研部等相关政府部门的指导下，协同法国战略与展望总署、法国投资总署、法国公共投资银行等机构，以促进各种规模的创新企业创建和发展为根本取向，持续推动这些战略产业的培育与发展。

（五）出台《高等教育和科研指导法》，联动推进科教体制调整

法国在调整经济发展战略的同时，高度重视深化科技体制改革，着力推进科研和教育的深度融合。2012年年底，法国政府开展了为期半年的全国性会商，充分听取社会各界的意见建议，认真查摆科研和高等教育中存在的突出问题，研究对策，消除体制性障碍。2013年7月法国正式实施《高等教育和科研指导法》，该法案是法国首次以立法的形式，把高等教育和科研合二为一，引起社会

广泛关注。

实施一年来，法国围绕3个方面推进科研和高等教育体制调整改革。一是改革和重组国家科研与高等教育评估署。即撤销评估署，组建一个新的独立行政机构——国家科研与高教评估高等委员会。二是强调把科研摆在国家发展战略位置，创建国家科研战略委员会，由总理直接领导。该委员会按照教研部部长的指令，把优先发展和热点竞争的科研摆在国家战略位置，代表政府督促、落实政府与各高校签订的多年度目标合同。三是明确科技成果转化作为高校重点工作。

（六）修订出台《法国国家科研战略》

《法国国家科研战略》于2014年6月正式修订出台，该战略每5年修订一次。

该战略的主要目标包括：为更好面对法国在数十年内所面临的科技、环境和社会等方面的挑战，选择少数优先发展科研领域。确认国家战略对科研的指导、支撑作用，促进公私科研机构的合作。与《地平线2020》对接，应对社会、经济挑战。强化基础研究的重要地位，保持基础研究的高水平。推动创新、技术转移的发展，提升科研能力。

在国家科研战略委员会的指导下，国民教育、高等教育和科研部将和法国公共科研机构、高校签订长期科研合同，由法国国家科研署及其他公共科研基金会负责具体项目实施。

（七）推进四大税收信贷政策，激发企业科研创新活力

1. 科研税收信贷政策

科研税收信贷政策（CIR）主要采取抵扣或退税形式，鼓励企业研发创新，吸引研发型外资项目。2008年，法国政府开始实施CIR优化改革，放宽企业研发活动享受税收信贷政策优惠的范围，提高企业与公共科研机构合作开展研发活动的税收减免百分比。税收抵扣主要包括研发项目人员和材料费、固定资产折旧费、研发转包费和知识产权保护成本费等。2012年以前减税额为30%，2013年开始执行减税额为40%的标准。目前CIR已成为全球最具吸引力的税收激励措施之一。

2. 创新税收信贷政策

创新税收信贷政策从2013年正式执行，仅面向职工人数250人以下或年营业额低于5000万欧元或资产总额不超过4300万欧元的中小企业群体，而且必须是由教研部、国家科研署或国家创新署其中一个单位认证的创新项目。企业享受

研发投入抵扣税政策之外，经认定的创新项目固定开发人员和材料费用，工程转包费用，专利、制图和铸模成本费，新建固定资产折旧费等总支出计算率按100%；租赁的固定资产折旧费按75%计算为基数，临时聘用人员费用按50%计算为基数。最高限额为40万欧元，减税定额为20%，条件是抵扣税款需投入到创新样品设计和新产品开发。

3. 竞争力与就业税收信贷政策

2013年起，法国推行竞争力与就业税收信贷政策，目的是为企业改善投资、研发与创新、人员培训、人员招聘、开发新市场及其创业资金筹集等方面提供财政支持，提高竞争力，解决当前就业困难。竞争力与就业税收信贷计划2014年实现200亿欧元的税收优惠目标。这一措施将使那些有助于国家经济增长、保障就业但却无法盈利的企业通过税收减免使劳动力成本于2013年下降3%，2014年下降6%，从而在不影响社会保障资金供应的前提下促进就业。

4. 能源转型税收信贷政策

法国能源转型税收信贷政策，自2014年9月正式实施，并取代了先前的可持续发展税收信贷政策。

能源转型税收信贷政策对所有能源创新工程统一减免30%的抵扣税，电动汽车充电桩的设置也被包括在内。法国环境和能源控制署负责建立所有可以享受能源转型税收信贷政策的材料、仪器、设备的名录，对每项开支最高数额也做了限制，并对其技术特点明确了最低标准。法国希望通过税收杠杆撬动能源转型，保证能源和原材料战略安全，并持续保持核电价格优势，吸引更多对外投资。

三、主要优势领域情况及进展

（一）航空航天

法国泰雷兹集团和意大利芬梅卡尼卡集团的合资子公司泰雷兹阿莱尼亚宇航公司，通过与法国原子能和可替代能源委员会（CEA）等研究机构和企业合作，正在研制一种能够停留于距离地面20 km处于平流层的巨型飞艇。2014年11月，法国和英国两国的国防部装备总局负责官员签署协议，启动两国合作的“未来战斗机系统”（SCAF）研发项目。法国达索航空和英国BAE系统因此获得一份为期两年的可行性研究合同，金额达1.5亿欧元。

（二）民用核能和可再生能源

2014年7月，法国部长理事会通过了《绿色发展能源过渡法》。该法的主要目标是：在核电和化石燃料等一次性能源方面，计划到 2025 年将核能发电比例由目前的 75% 降到 50%，并限定以现有的核能发电量为今后的最高值。化石燃料到 2030 年减少 30%，不再鼓励使用重油。可再生能源占能源总消耗的比例，到 2020 年提高至 23%，2030 年提高至 32%。2030 年可再生能源占发电量比例提高至 40%，占供热耗能比例提高至 38%，占燃油比例提高至 15%。在能源消耗和温室气体排放方面，到 2050 年能源消耗量降到目前的一半；2030 年温室气体排放比 1990 年减少 40%，2050 年减少到目前的 1/4。

具体实施计划：一是要求法国电力集团（EDF）制订一份符合国家要求的战略发展计划。二是重订电价定价方案，使价格更具竞争力。三是将税收信贷中有关节能改造项目的返还比例提高至总额的 30%。零利率的生态贷款限制将由每年 3 万笔/年放宽至 10 万笔/年。四是建全家庭照明和取暖的“能源支票”（困难家庭能源消费补贴）措施，该措施已将重油（燃料油）消费补贴排除在外。

（执笔人：宋文通）

爱　尔　兰

2014 年，爱尔兰经济继续保持增长势头，GDP 增长率有望达到 4.5%，位居欧洲首位。一年来，爱尔兰政府继续以《就业行动计划》为主线，以拉动经济和促进就业为首要目标，增收节支，以有限的科技投入促进重点领域研发，鼓励以企业为主体的科研创新，以科技、金融等手段推动中小企业发展，全面布局新兴产业，培育新的经济增长点，推动经济进入全面复苏阶段。

一、政府科技投入保持稳定，国家竞争力持续增强

2013 年，爱尔兰政府研发投入为 7.73 亿欧元，与 2012 年基本持平；全国研发支出为 27 亿欧元，占 GDP 的比例为 1.58%，企业、高校和国有科研机构研发经费支出比例分别为 66.3%、29.0% 和 4.7%。企业研发投入占 GDP 的 1.17%，其中，外资企业研发投入占 71%。

2012 年和 2013 年政府研发投入强度（占 GNP 比例）均为 0.57%，占 GDP 的 0.46%，低于 2012 年欧盟 27 国 0.65% 的平均水平。

爱尔兰政府于 2014 年 10 月公布了 2015 年度财政预算草案，宣布将不再实行紧缩政策，政府支出比 2014 年增加 4.29 亿欧元，主要用于社会保障、卫生服务、教育民生等领域。科研预算基本与 2014 年持平。爱尔兰基金会获得政府预算 1.54 亿欧元，比 2014 年增加 1200 万欧元。爱尔兰企业局获得 1.13 亿欧元用于资助企业研发，与 2014 年持平。

除了保证政府财政对研发的支持，爱尔兰还积极借助欧盟科研项目资助，预计 2014 年爱尔兰获得欧盟项目科研经费资助 1 亿欧元。爱尔兰政府将《地平线 2020》计划视为再一次突破科技创新能力的重要机遇。2014—2020 年，爱尔兰将负担欧盟预算的 1.2%（相当于 9.53 亿欧元），但爱政府计划在《地平线 2020》项目中争取到 12.5 亿欧元的资助。

持续稳定的科研投入和政策支持有效地提高了爱尔兰的综合实力，国家竞争力持续提升。福布斯杂志将爱尔兰评为全球最适宜经商的国家。在瑞士洛桑国际管理发展学院（IMD）国家竞争力排名中，爱尔兰从2011年的居第24位上升到2014年的居第15位，是该国自2008年以来的最好成绩。

二、大力支持重点领域研发，实现部分领域跨越式发展

近10年来，作为一个小型经济体，在经历了由传统农业向以高科技为主导产业的新兴经济体成功转型的过程中，爱尔兰依靠科技创新，大力发展高技术产业，信息通信、生命科学等产业相继成为推动爱尔兰经济发展的引擎。为了推动爱尔兰在重点领域内取得进一步的优势，建成一批国际水准的研究机构，爱政府从2013年开始重点投入5.45亿欧元用于12个研究中心的建设，以期在这些领域的科研能力达到国际水准。该项目为期6年，是爱尔兰目前规模最大的政府和企业共同资助的科研投入。其中，3.55亿欧元由政府投入，1.9亿欧元来自企业。12个研究中心为数字内容平台研究中心（ADAPT），先进材料及生物工程研究中心（AMBER），微生物营养药物研究中心（APC），未来网络与通信研究中心（CONNECT），医疗器械研究中心（CURAM），应用地球科学研究中心（CRAG），胎儿及新生儿转译研究中心（INFANT），大数据及分析研究中心（INSIGHT），光电子集成研究中心（IPIC），软件研究中心（LERO），海洋可再生能源研究中心（MAREI）和合成与固态药物产业集群（SSPC）。

三、以《就业行动计划》为主线，以创新驱动经济发展

受欧债危机影响，过去4年中，爱尔兰失业率最高达15.1%。为全面推动企业发展，拉动就业，政府于2012年开始实施就业行动计划。目前就业状况开始出现好转，截至2014年11月，失业率已降至11.0%。2014年，就业行动计划通过跨部门协调方式，采取改善金融环境、降低商业成本、鼓励重大创新等一系列措施，在2013年的基础上，重点实施9项“颠覆性”改革措施：在全国各地开设企业发展中心，支持创新，鼓励创业，将爱尔兰建成世界最适宜创业的国家；拓展海外市场，2014年重点放在拓展新兴发展中国家市场；发展制造业，通过支持企业研发、技术改进、技能培训等措施，发展精艺生产，提升企业生产力；通过建立一系列研发中心，大力发展大数据产业，将爱尔兰发展成为欧洲大数据中心；加大信息人才的培养和引进，以满足信息通信产业的发展；对零售业

采取一站式申请体系，降低企业负担；从2014年开始的两年内，吸引2000家以上的微小企业从事网上贸易；建立节能基金，支持企业节能项目，到2020将爱尔兰建成欧洲最具能效的国家；推动企业发展医疗卫生技术和相关产品及服务，将爱尔兰建成具有国际水准的世界医疗卫生创新中心。

为加强政府对发展经济和促进就业的直接影响，爱尔政府于2014年8月决定解散爱尔兰企业贸易科技创新咨询委员会（Forfas），将其科技贸易政策研究的功能并入就业企业与创新部，以整合政策研究、咨询和执行机构，更经济有效地发挥政府为带动企业发展和促进就业所起的作用。

通过几年的实施，就业行动计划成效显著。在最近欧盟委员会发布的《推动企业增长——2014年欧盟工业竞争力报告》中，将爱尔兰工业竞争力列于第一类，即竞争力强且仍在持续增强的国家。爱尔兰投资发展局和企业科技局分别创造了该机构多年来促进就业的最好成绩，使全年新增就业岗位12 000个。预计到2016年，该计划将使爱尔兰全国新增10万个就业岗位，为爱尔兰经济复苏做出了重要贡献。

四、加大资金扶持力度，推动中小企业发展

为了推动高增长企业的迅速发展，爱政府计划于2013—2018年，投入1.75亿欧元用于种子项目和风险投资计划，该计划将带动5.25亿欧元的企业资金投入。该计划是爱尔兰针对企业发展的一系列政府投资计划的一部分，政府投资计划为爱尔兰企业发展提供总共超过20亿欧元的政府投资。

此外，爱尔兰政府将国家养老储备基金改制，成立了爱尔兰战略银行集团（Strategic Banking Corporation of Ireland），该集团掌握5亿欧元的资金，为中小企业发展提供信贷支持。该集团由德国复兴信贷银行、欧洲投资银行和爱尔兰战略投资基金共同出资成立，是爱尔兰退出欧盟救助计划后，为了寻找新的经济复兴道路而采取的又一举措。

五、发展高端服务业，培育新的经济增长点

爱政府在大力发展信息通信、生物制药、农业健康食品等已有优势产业的同时，为增强发展后劲，积极发展金融租赁、大数据、设计产业等高端服务业，培育新的经济增长点。

（一）金融服务业

近年来，爱尔兰不断完善在政策、税收、法律、融资途径和专业服务等方面

配套制度，形成了促进飞机租赁业务发展的独特优势，成为全球飞机租赁业务中心之一。目前，全球排名居前10位的航空金融租赁企业均在爱尔兰设有机构。现有实际运营的航空金融租赁公司40家，占全球航空金融租赁企业数量的11%，管理飞机租赁资产占全球40%以上，在国际市场有举足轻重的地位。为了进一步支持金融服务业的发展，爱政府宣布投入500万欧元建立金融服务风险管控技术中心，重点研发面向企业和市场的应用金融技术，为金融服务业的发展提供支持和动力。

（二）大数据产业

由于爱尔兰在信息通信领域有非常雄厚的产业基础，全球排名居前10位的网络企业都在爱尔兰设有机构，排名居前10位的软件企业有9家在爱尔兰设有机构，很多企业将欧洲总部设在爱尔兰。爱尔兰政府计划利用现有产业基础，将大数据、云计算、物联网等产业作为下一个经济增长点。目前，都柏林已有包括谷歌、微软、亚马逊、SAP、惠普等23家数据中心，另有Digital Realty、DropBox等大数据企业正在向爱尔兰布局。在爱尔兰政府最新资助的12家研究中心中，有3家与信息通信技术有关，加上原有的此类研发中心，爱尔兰目前共拥有与大数据、云计算、物联网有关的研发中心10家。新兴数据产业和研发布局已初见雏形。爱政府计划再续10年前软件产业的辉煌，将爱尔兰建成欧洲乃至国际大数据、云计算和物联网中心。

（三）设计产业

2014年，作为就业行动计划的一部分，爱政府提出以现有优势产业为基础，依托现有的大量跨国公司，大力发展设计产业，将2015年定为“设计年”，并举办“2015设计年活动”（Irish Design 2015）。全年举办300场设计类促进活动，催生200家设计企业，创造1800个新增工作岗位，带动1000万欧元与设计有关的出口产值。

据测算，在设计领域每投入1欧元，将产生20欧元的营业额，带动5欧元的出口，创造4欧元的净利润。爱政府计划鼓励在设计产业领域的投入，大力发展设计产业，将爱尔兰建设成国际设计中心，以刺激经济增长，带动投资。主要举措有：政府资金支持爱尔兰设计企业拓展海外市场；建立一站式设计信息中心，提供设计产业信息、寻找设计工具和技术、联系设计企业、获取最新设计研究成果等；实行与设计有关专业的教育计划，为设计产业持续发展提供后劲。

2015年，爱政府继续将发展经济与拉动就业作为政府主要目标，继续加大对企业发展的资金投入，继续实行就业行动计划，继续加大力度吸引外资。在科研领域，继续以农业食品、生物医药、软件、医疗仪器和可再生能源等领域的研发和创新为重点，还将加大对大数据、金融服务、设计产业等高端服务业的研发支持。同时，将继续建设一批国际规模的企业研发中心、工程技术中心，推动产学研合作，以科技创新持续推动企业发展和就业增长，支持爱尔兰经济可持续增长。

（执笔人：杨志军）

比　利　时

2014 年 10 月 11 日，比利时组建了新的联邦制联合政府，法语革新运动党主席查尔斯·米歇尔担任新首相，任命埃尔克·斯勒尔斯女士担任联邦科技政策国务秘书，主管科技工作。2014 年比利时科技发展情况和 2013 年相比未有重大变化，始终把增加科研经费、突出重点研究领域、强化基础研究、增强科研与工业界的联系和加强国际合作作为比利时科技政策与战略的核心。

一、经济和科技发展基本情况

2014 年，比利时经济逐渐复苏好转，经济增长率为 0.9%，高于欧元区 0.8% 的水平；比利时在“全球化指数”排名中位居第 2 位，“良好国家指数”排名居第 10 位，“国家竞争力指数”排名居第 21 位，全球“基础教育质量”排名居第 2 位，“科学教育质量”排名居第 3 位，“科研机构质量”排名居第 4 位，“产学研合作”排名居第 6 位，“创新能力”排名居第 10 位，“企业研发投入”排名居第 16 位，“人均专利申请量”排名居第 14 位。比利时大学在世界排名也名列前茅，比利时人均财富位居世界第 7 位。

比利时政府认为，要保持全球竞争力和促进经济增长，对研发和创新进行投资十分关键，必须支持企业，特别是中小企业成为创新的关键驱动因素。目前比利时用于科研的经费占国内生产总值的 2.24%，并向 3% 的欧盟目标努力迈进。比利时是科技创新型国家，具有较强的科研实力。其主要优势科研领域包括电子信息通信技术（纳米微电子）、生物技术、农业和食品加工、医药、环保、清洁技术、航空航天等。

二、推动科技创新和经济增长的政策

比利时联邦政府和 3 个大区政府重视科技工作，注重科技研发活动，始终把研发和创新作为提升国家竞争力水平、促进社会和经济可持续发展的原动力。同时，比利时联邦政府和各大区政府采取积极举措，不断完善各项科技政策，提高竞争力，大力发展绿色经济、智能电网、生物技术、先进制造业的创新能力，促进经济社会可持续发展。大力发展清洁技术，加速产业转型，提倡废物转化为能源，废物转化为材料的新概念，提高经济和生态效益。

2014 年比利时联邦科技政策办公室（BELSPO）根据《比利时在〈地平线 2020〉中的地位》等框架文件，进一步明确比利时在未来欧盟研究和创新中的地位和作用并出台相关应对措施。围绕《欧盟 2020 战略》和《创新型联盟旗舰计划》的总体战略目标，联邦政府一是强化欧盟科学的卓越与原创，积极支持比利时科研人员参与欧盟科研项目，保持本国科研人员的顶尖水平与原创能力和一流人才队伍建设，包括积极参与欧盟科研理事会（ERC）资助的科学前沿基础研究计划；二是强化欧盟工业的世界领先水平与竞争力，保持本国科技人员的技术研发顶尖水平与创新能力，积极参与欧盟竞争力与创新框架计划（CIP）、欧盟创新与技术研究院建设计划（EIT）、创新伙伴关系计划（PPP）、增加私人企业研发投入的杠杆效应和资助创新型中小企业的投资融资机制等；三是积极应对经济社会挑战和促进经济增长与就业，应对如气候变化、可持续交通与通信、可再生能源与能效、资源有效利用、粮食与食品安全、老龄化社会等挑战。比联邦政府结合欧盟未来研发框架计划《地平线 2020》的总目标任务，继续实施《人才回归计划》、生态税等各项政策，推动科研机构与企业从非技术创新到整个创新链，从基础研究到市场开发，都采用集成和广泛的创新方式；注重关键技术的创新，以保持强大的竞争力；强调应对社会挑战，使应对社会挑战成为比利时研究和创新战略的核心，通过加大创新，解决比利时面对的社会发展等问题。特别是 2014 年比利时对高技能人才采取特殊的移民政策和便捷办理流程。对于本科或本科以上学位，且税前年薪不低于 38 665 欧元的高技能人才，颁发有效期为一年的工卡，而且可以每年续期。

三、主要优势领域发展动态

2014 年比利时各相关优势领域的研发与创新取得丰硕成果。

（一）微电子领域

比利时微电子技术国际领先，代表单位是比利时微电子研究中心（IMEC）。该中心拥有世界一流的研究团队及装备。与世界 600 多家知名企业和 200 所大学及研究机构成为合作伙伴，在先进存储器、纳米材料、MEMS、智能传感器、生物芯片、有机电子、先进功率器件、先进太阳能器件、先进封装技术和无线通信等领域开展研发工作。

2014 年比利时在微电子领域的主要科技动态有：IMEC 和 Alix Partners 针对降低先进半导体技术的成本建模；IMEC 与 Besi 合作研发热压技术；IMEC 与富士通合作开发医用 BAN 无线收发器技术；IMEC 和比利时根特大学研制出世界上首个可拉伸的“光路”；IMEC 和 Septentrio 共同为高精度全球卫星导航系统设计天线；IMEC 和布鲁塞尔自由大学使用 CMOS 工艺研制出全球首个 79 GHz 雷达；

IMEC 研制出转换频率达 8.4%，不含富勒烯的多层堆叠有机光伏（OPV）；IMEC 研究人员证明塑料 X 射线探测器能够提供医疗成像性能等。

（二）生物技术领域

生物技术一直是比利时的强项。根据经合组织的数据，比利时在生物技术创新领域处于世界领头羊地位，特别是在生物制药专利权的申请、新药开发、生物科技风险投资和生物科技企业数量等方面表现突出。比利时是世界十大最具创新性的生物制药谷之一。对过去 10 年在美国市场注册的药物专利来源的研究显示，大量专利来自比利时实验室的研究人员。经合组织认为比利时在生物科技方面的优势在于：一是公共机构对于这一领域的极端重视和支持；二是这一行业劳动力中高度密集的研究队伍；三是科学和工程学的高校毕业生数目庞大；四是整体就业中科技领域的就业人数比例较高；五是创新领域的合作优势。

2014 年比利时在生物技术领域的主要科技动态有：鲁汶大学研究人员发现卵巢肿瘤诊断新方法；鲁汶大学研究者发现一种新方法在单个 HIV 病毒颗粒水平上来检测蛋白质间的相互作用；鲁汶大学和根特大学的研究人员发现二甲双肌的新效应，能减缓衰老、延长寿命，并揭示其可能的机制等。

（三）核能领域

比利时核能研究中心 SCK/CEN 是比利时联邦最大的研究机构，创立于 1952 年，目前有 700 多名研究人员，年度经费 1.25 亿欧元。比利时核能技术在很多方面是世界领先的。比利时核研发优势包括以下几个方面：比利时是世界上第一家拥有上规模 MYRRHA 加速器驱动反应堆装置的国家；比利时的二号反应堆是世界上第二高通量堆，承担着世界 1/4 的单晶硅辐照业务，是世界放射性同位素最大产能的反应堆之一；比利时实现了全球第一例核动力堆的退役去污，在核废物处置方面一直处于世界领先地位；混合核动力燃料 MOX 生产技术是比利时的专利技术；比利时在放射性医疗和工业方面的应用技术世界领先。

四、2015 年科技发展展望

2015 年，比利时新一届政府将全面开始运行。根据新政府的财政整顿计划，中央联邦政府的管理职能将继续弱化，而地方政府在政治、经济、科技等领域将扮演主要角色，特别是比利时联邦科技政策办公室（BELSPO）也将有计划的整改撤销。尽管如此，比利时作为一个科技小巨人，会继续完善联合研究和集成研究模式，力争在微电子、生物、农业、航空航天、核能和节能环保等领域保持世界领先水平，为社会提供世界一流的知识技能。

（执笔人：王　望　韩丽娟）

挪　威

2014 年，挪威隆重庆祝了宪法颁布 200 周年，纪念活动引发了全社会希望在宪法构架下建立知识型社会的强烈回应，对国家经济和科技的发展起到了积极的作用。虽然受国际市场石油价格走低的影响，但在往年累积的财政运转良好的基础上，挪威经济、科技和创新活力仍然保持了往年平稳上升态势。挪威在英国智库发布的《2014 年列格坦全球繁荣指数》榜上位居首位；在世界经济论坛公布的最新《全球竞争力报告》中排名居第 11 位；在美国康奈尔大学、英国国际商学院和世界知识产权组织联合发布的《2014 年全球创新指数》中世界排名居第 14 位。2014 年值得一提的是挪威科技大学的 Edvard Moser 和 May-Britt Moser 夫妇荣获了 2014 年度诺贝尔生理和医学奖，极大地激励了挪威研究界走更加国际化的道路，致力于成为世界最先进的研究国度，由此，挪威在 2014 年启动了《国家长期科研和高等教育优先发展计划》，该计划将对挪威科技的发展起到里程碑式的促进作用。

一、科技发展基本情况

挪威国家统计局的最新数据显示，2013 年挪威 GDP 总量为 5113 亿美元，占世界 GDP 总量的 0.32%，人均 GDP 为 100 318 美元；产业集群发展居世界第 14 名；挪威在国际学术期刊发表的论文数量约 12 000 篇，排名居世界第 18 位，1996—2013 年论文索引量排名居世界第 20 位；专利申请量居世界第 32 位；高技术出口居世界第 42 位。2014 年挪威政府 R&D 支出预算将比 2013 年的 277 亿克朗增加 3.4%；2015 年政府将再增加 21 亿克朗的科研经费预算。总体来看，挪威 R&D 投入占 GDP 的比例低于 OECD 国家约 2.3% 的平均水平，世界排名居第 25 位，但挪威政府对科研经费的投入始终保持平稳上升趋势，被主要国际智库列为“创新驱动的国家”。

二、重大科技举措

挪威在临床医药、海洋技术、石油技术、风湿病学、气象和大气研究（气候变化研究）等方面已经成为世界的领跑者。为应对科研、贸易、工业和社会面临的挑战，挪威研究理事会在制定 2014 年的科技发展战略中提出了 8 个优先，包括 4 个优先主题（积极健康的长期福利规划、气候变化和适应气候变化、挪威的陆地和海洋生物资源、可再生能源和石油）和 4 个优先结构（国际化、研究型创新贸易和工业、青年研究英才、欧洲联合研究基础设施），总投资约 4.68 亿克朗。除往年 10 年期大型科研项目外（如水产养殖工业增长项目、石油二期研究项目、能源研究项目、纳米技术和先进材料、气候变化对挪威影响项目、信息技术核心竞争力项目），2014 年的重要科研项目还包括：研究基础设施项目、独立科研项目、税收优惠项目、用户驱动的企业研究创新项目、工业技术成果转化项目、大型气候变化研究专项、教育界研究与创新项目。

（一）出台首个健康与护理国家发展战略

2014 年 7 月，挪威政府发布了第一个国家健康与护理服务领域研究与创新发展战略（Health&Care 21）。建立良好的医疗卫生保健体系、取得国际高水平的研究突破和增强国家经济和商业发展是 Health&Care 21 战略的主要愿景。该战略规划了 5 个重点：①各个市政府必须确立充足的、可持续的 R&D 经费投入；建立国家级市政健康护理服务注册体系；大学和学院的研究要面向市政医疗需要。②产业政策必须采取措施面向健康保健，注重卫生健康领域良好的公共和私人之间的相互作用。③建立和增加方便的健康数据获取渠道。④注重实证为依据的健康护理体系应建立在用户参与和竞争的基础上。强调在临床和组织系统上发展新的治疗手段，并记录其效果和影响。⑤强调科研活动的国际化，积极参与欧洲研究体系内的竞争项目。

（二）采取 7 项措施聚焦教育与研究质量

挪威政府对国家教育与科研结构进行重新审定，提出了从拨款制度和科研结构上根本改善教育与研究的质量，并规划新的蓝图。围绕达到高质量的教育和科研，挪威政府将从 7 个方面着手改进：①任命一个专家组检查高校的经费情况，研究如何改善国家拨款来提高教育与高校科研的质量。②发布《高等教育白皮书》，指导大学开设教育课程，确定科研质量标准，国家高等院校必须依照标准建校。政府将适当减少高等教育机构的数量，以符合质量的要求。③制定长期科技发展规划和战略优先发展领域。④发展世界领先水平的科学研究，投资改善研究环境，支持研究机构做出突破性科研贡献。⑤制定新的战略，确保挪威研究人员成功地参与欧洲研究框架计划《地平线 2020》。⑥确保研究人员的工作条件，如聘用、就业和职业结构等。⑦加强教师队伍建设。

（三）组建国家产业集群 NCE

面对国际竞争，为吸引用户、投资者和专业人才，促进优势领域技术的发展，挪威政府通过设立“专业技术中心”（NCE）来打造国家产业集群，提高国家创新和竞争力。NCE 由贸工部、地方政府区域发展部两个政府部门联合挪威创新署、挪威研究理事会和挪威国企挪威工业发展公司（SIVA）共同管理和经营，在诸如系统工程、海运、癌症治疗、水产养殖、轻质材料、能源贸易、仪器仪表、峡湾旅游、海底设备、微纳米技术、钻井工程等行业，全国集中建立起以企业为主、研发机构和高校为伙伴的联合产业集群促进模式，设定 3 个发展阶段，即地方集群、国家级集群和世界集群，来增加创新能量，提升竞争力。

（四）引领北极议题

2014 年度“北极前沿”论坛于 1 月 20—24 日在北极门户城市特罗姆瑟召开。本届论坛的主题是“在北极的人类”。来自 25 个北极理事会成员国和观察员国的 1000 多名政府、科学界、企业界和社会代表参会，共同探讨北极开发对经济、社会、环境和可持续发展带来的机遇和挑战。北极议题是挪威最重要的国家政治和国际政治，其关注涉及全球未来的议题包括：气候变化、全球化、国际合作、能源安全和食品安全，希望找到经济发展和环境保护之间的平衡点。此外，挪威正在建造最先进的冰级科考船，计划 2017 年正式投入使用。挪威政府还为北极研究所投了 1500 万克朗，给特罗姆瑟弗拉姆研究中心拨款 700 万克朗。

（五）采用新模式管理国家电子基础设施

为实施国家长远科研投资战略，便于国立大学和研究机构充分利用国有计算机存储设施，共享科研数据，挪威教研部采用一种新的投资管理模式来发展和经营国家高性能计算机存储系统和科研数据共享服务系统，即建立一家企业化经营的国有公司来承担国家电子基础设施的建设任务，包括战略目标的制定、运营管理能力建设、长期科研活动投资计划等。该计划为期 10 年。挪威政府希望这一新模式能激励研究界开展现代科研活动，特别是那些依靠计算机计算能力和储存数据的国家重点研究活动，如气候模型研究、生命科学、材料技术、物理、化学、地球科学和语言技术等，同时便于政府、研究机构、大学共享研究平台。欧盟也将对此提供资金支持。

三、重视人才培养和引进

（一）《青年英才计划》

作为建设“知识国家”的关键投资，设立《青年英才计划》，鼓励39岁以下的年轻人追求理想、细化完善研究方向、建立自己的研究团队。由国际专家组成的评审团负责遴选。2014年共有42名青年学者获得了总计3亿克朗的3年期资助，计划实施至今，共有64名年轻人获得了4.5亿克朗的赞助。

（二）《公共领域的博士计划》

新政府上台以来，为向福利社会建设输送更多的高级人才，鼓励学术界高学历的年轻人从事公共事业的服务，加大了对人才培育的政策支持，设立了《公共领域的博士计划》（OFFPHD）。作为一项长期计划，每年支持25个博士后项目，在社会实践中开展培育博士学历的教育，激励博士生在公共领域带动科研和创新活动。OFFPHD计划已经成为政府6个长期优先发展计划之一。

（三）吸引国际人才计划

挪威的国际引智工作目标性和战略性极强，重点面向欧洲、北美、德国、日本和中国市场。挪威研究理事会为此分别设立了与欧洲的YGGDRASIL人才流动计划、与北美的Leiv Eiriksson研究人员交换计划、与德国的E. ON奖学金计划、与JSPS日本学术振兴会的奖学金计划、与CSC中国国家留学基金委合作的奖学金计划。着眼于长远的人才储备，挪威与美国还新设立了LISI长期国际人才流动计划。此外，考虑到吸引世界其他地区的人才，挪威也设立了GROW项目，即《世界范围的研究生科研机会计划》。在吸引学者方面，挪威与美国有《学者奖金计划》，与法国有《极光人才计划》，与德国有《DAADppp人员交流计划》，而向到挪威从事研究的学者提供更好的生活待遇是其吸引国际研究人员的重要手段。

四、重要科技发展动态

（一）获得2014年诺贝尔生理医学奖

因发现构成人脑定位系统细胞，挪威科技大学（NTNU）的Edvard Moser和May Britt Moser夫妇与拥有英国和美国国籍的科学家John O'Keefe教授分享了2014年度诺贝尔生理和医学奖。Moser夫妇发现了大脑定位系统的关键组成部分“网格细胞”，这种神经细胞的兴奋能形成坐标系，可以精确定位和寻找路径，可以帮助人们进一步了解人类大脑空间记忆的中枢机制，特别是为患有脑功能障碍的痴呆患者的预防和治疗提供了科学依据。

（二）完成大西洋三文鱼基因组测序

经过5年的国际合作，挪威与智利、加拿大的科学家共同完成了对大西洋三文鱼遗传物质的基因组测序。研究发现大多数物种（包括人类）每个染色体有两个副本，三文鱼却有4个，这个研究成果被认为是里程碑式的，为人们理解鲑鱼遗传密码和生物学间的关系提供了一个有力的工具，也为世界各地水产养殖业的发展带来了新机遇。

（三）建成世界上第一座海底湿燃气压气站

世界上第一座海底湿燃气压气站在挪威卑尔根附近的Horsoy成功安装并完成了最后的测试，使得挪威南布伦特产油区额外增加了2200万桶石油产量，并解决了石油钻井平台的负载重量和空间问题。该项技术为石油企业在未来开发海底石油项目的工程设计与作业、延长油井开采寿命提供了技术解决方案。

（四）研制新型海洋探测器

卑尔根大学的研究人员开发出一种遥控无人驾驶型海洋滑行探测器，探测器的外观形似卡通火箭和飞鱼的混合体，工作人员只需携带一台电脑在陆地上任何地方通过卫星便可操作探测器，并接收其传来的各类海洋数据。其优势是造价低廉，工作时间长，3小时内可下潜1000米，一次远航可长达10个月，配有GPS定位系统，没有噪声，低能耗和智能化。这为科学家了解海洋热传递、洋流、气温变化、海洋营养物和生态状况等提供了获取知识的新途径。

（五）建成世界上第一座最佳环境友好办公楼

挪威Powerhouse公司将奥斯陆的一组旧建筑成功改造成环境友好、能源自产自供的办公写字楼，这座名为Kjorbo的办公楼成为挪威也是世界上第一座全凭清洁可再生能源发电运行的正能量结构建筑。Kjorbo建筑面积2600m^2，其密闭性材料墙体、天花板、窗户和绝缘材料使建筑的热损失降低到最低点。

（六）探寻空间科学和技术

欧洲卫星哨兵一号2014年在法属圭亚那库鲁升空，挪威著名军工企业Kongsberg Defence & Aerospace、光电子OSI Optoelectronics公司和挪威船级社DNV为该卫星提供了技术，3家企业还将为哨兵三号卫星提供技术支撑。欧洲卫星哨兵一号用于监测航运、海上漏油事件、冰川、海冰、冰山、洪水等各种地质风险。

五、国际科技合作

2014 年加拿大的“科学矩阵”（Science-Metrix）公司对挪威国际合作的评价结果认为，美国、中国、德国、法国、加拿大、意大利、印度和西班牙在科学产出方面居世界前 10 位，挪威在 58 个国家科学产出量中排名居第 31 名。德国、瑞典、英国和美国是挪威最重要的合作伙伴。因此，根据自身需要和国家战略，更好地汲取国际优势资源，挪威在 2014 年重新审定了除欧盟外，未来最重要的 8 个优先合作国家，即巴西、加拿大、中国、印度、日本、俄罗斯、南非和美国。

挪威将欧盟科研框架计划《地平线 2020》作为未来 10 年最重要的合作平台，并为此专门设立了与之匹配的 STIM-EU 计划。2014 年 STIM-EU 计划资金为 8500 万挪威克朗，另外还增加 3000 万克朗支持参与其他欧盟的研究项目。2014 年挪威共有 122 个合作项目申请《地平线 2020》，其中 17 个项目成功获得了资助，挪威申请欧盟框架计划的成功率为 15% 。

（执笔人：史　义）

瑞　典

2014 年瑞典继续在国际创新绩效排名等方面保持领先，但国际竞争力有所下降；科技投入稳定增加，人才战略推出重要举措，生物医药、能源、环境、材料等传统科技优势领域继续取得新进展。同时，由于政府更迭，新政府将推出新措施促进科技长远发展，并协调创新。

一、总体表现

2014 年瑞典经济依然缓慢复苏，瑞典经济研究所（NIER）估计 GDP 年增长率为 1.7%，略高于 2013 年的 1.3%，约为当年全球增长率 3.4% 的一半。但失业率从 2013 年的 8.0% 降低为 7.9%。出口率增长 2.4%。

在创新方面，根据欧盟委员会发布的《2014 创新联盟记分牌》报告，瑞典仍然居欧盟 27 国创新绩效第 1 位。这是自该报告有综合排名以来，瑞典连续第 11 次名列榜首。在世界知识产权组织、美国康奈尔大学、英士国际商学院（INSEAD）联合发布的《2014 年全球创新指数》（GII）中，瑞典从 2013 年的居第 2 位，降到 2014 年的居第 3 位，但仍然保持国际领先地位。

在国际竞争力排名中，瑞士洛桑国际管理学院（IMD）《2014 年世界竞争力报告》将瑞典排在第 5 位，较之 2013 年的第 4 位有所下降；在世界经济论坛（WEF）2014 年发布的《2014—2015 年全球竞争力排名》报告中，瑞典居第 10 位。这是自 2010（居第 2 位）、2011（居第 3 位）、2012（居第 4 位）、2013（居第 6 位）以来再次下降。

二、政策动向

2014 年是瑞典的大选年。由于面临大选，而科技创新在瑞典各界已有共识，并非选战议题，且瑞典在研究与创新方面的主导政策《2013—2016 年研究与创新法案》已于 2013 年获议会一致通过，目前正处实施阶段，故在一年的大部分时间里，温和联合党领导的中右联盟政府无意推出新的政策措施。

在 9 月举行的大选中，已执政 8 年的中右联盟让位于传统大党社民党与环境党（绿党）组成的中左组合。10 月组成了以社民党领袖勒夫为首相的新政府。新政府在政策文件中指出，要保持瑞典在发展、平等与应对气候变化方面的全球典范地位，就要在降低失业率、提高学校质量、改善社保、促进男女平等和实现环境目标方面做出努力。要通过改革使瑞典更加现代化。由于其社民党和环境党背景，新政府更加重视平等、教育、气候变化等问题。内阁的政府部门也进行了重组。与科技创新有关的调整包括：

一是教育与研究部由原来的两名大臣（副首相兼教育大臣、平等事务大臣兼副教育大臣）改为由 3 名大臣分别负责教育、高中和继续教育、高等教育和研究。

二是原来管理瑞典创新署（VINNOVA）的“企业、能源与交通部”改组为“企业与创新部”；撤销了原“农村事务部”，在“企业与创新部”增设了农村事务大臣。新的“企业与创新部”成为超级大部，负责企业与工业发展、地区发展、农村事务、住房与建设、交通与基础设施、信息技术、国有企业。

三是原“环境部”改为“环境与能源部”，增设了能源大臣。为突出新政府对气候变化议题的重视，原“环境大臣”改为“气候变化与环境大臣”。

高等教育与研究大臣科努特松上任后，肯定了上届中右联盟政府在科技方面的措施，认为新一届政府将在原有工作的基础上继续前进，而不是另起炉灶。同时，针对瑞典科研与创新中存在的问题，新政府拟采取两项突出的措施：

一是针对将研究创新更好地转化为竞争优势的问题，新政府将设立创新理事会，由首相担任主席，科特努松大臣为常任成员，吸收企业、学术、社会团体的代表为成员，就改善瑞典的创新环境提出建议，从而更好地协调创新。

二是为使研究人员能够着眼长远、潜心开展长期研究，新政府提出原来 4 年一期的研究与创新法案将可能延长为 10 年一期，以确保对研究的稳定支持，从而鼓励更多的青年科学家投身基础性研究。

由于瑞典在 2014 年年底刚刚避免了再次选举，新政府得以在任期内稳定执政，内部仍在重组调整中，其科技创新的政策走向仍需拭目以待。

三、科技投入

瑞典政府的科技投入按照 2013 年议会批准的《2013—2016 年研究与创新法案》继续稳步增长。2014 年，瑞典政府在科技领域研发投入为 329 亿瑞典克朗，与2013年相比增加了8.5亿瑞典克朗，占政府总支出的3.8%，占GDP的0.84%。公共部门研发投入410亿瑞典克朗，占GDP的1.6%。公共基金投入研发经费11亿瑞典克朗，较2013年减少了3000万瑞典克朗。

（一）瑞典研究理事会（VR）

瑞典研究理事会是瑞典教育与研究部下属机构，是资助和协调自然科学和社会科学基础研究的政府机构。2014年共投入55亿瑞典克朗资助自然科学，医药和人类社会学研究，资助国际组织，支持青年科学家发展并大力引进国际领军人才。

（二）瑞典环境、农业科学和空间计划研究理事会（Formas）

Formas是瑞典环境部下属的政府机构，促进和支持环境领域，农业科学和空间规划3个领域的基础研究和需求驱动研究。Formas支持的发展项目包括支撑研究，战略分析和研究交流。Formas经费来自瑞典环境部和瑞典农村事务部。2013年投入研发经费11.11亿瑞典克朗。2014年，投入经费11.12亿瑞典克朗。

（三）瑞典创新署

瑞典创新署是瑞典企业、能源和交通部下属政府机构，其职能为提高创新环境，促进可持续发展，支持需求驱动型研究。2013年，共投入23.8亿瑞典克朗资助了2412个项目。2014年，投入24亿支持医药、交通、环境等领域创新项目和与欧盟及其他国家的国际合作。

（四）瑞典基金会研发投入

瓦伦堡基金会是瑞典及欧洲最大的支持科研的私人基金会。近年来，平均每年投入14亿瑞典克朗支持瑞典科学院及高等院校研究。基金会主要支持在自然科学、技术和医药领域具有发展潜力的科研项目和优秀科学家。

瑞典癌症协会是瑞典最大的支持癌症研究的非营利性组织，协会主要目标是提高癌症的生存率和降低发病率。2014年，瑞典癌症协会共资助4.15亿瑞典克朗支持癌症科研项目、为科研人员提供岗位，发放助学金等。该协会资金主要来自社会捐赠。2013年，协会共筹集5.05亿瑞典克朗善款，其中43%来自遗产捐赠，45%来自大众捐款。

四、科技人才

《2013—2016年研究与创新法案》出台后，瑞典研究理事会，瑞典创新署，瑞典环境、农业科学和空间计划研究理事会，瑞典能源署和瑞典国家空间委员会联合发布了《2013—2016 年瑞典研究和创新规划》，大力引进国际科研人员和促进研究人员流动性是规划的重点之一。五大机构要求政府对现有法规进行审查，制定有利引进国际型人才和访问学者的新政策，并建议参考欧盟取消影响欧洲研究区项目执行障碍时制定的有关建议和方案。

2014 年 7 月，瑞典政府发布新的移民政策，在瑞典留学超过一年的学生可以无条件获得半年延期签证用以在当地寻找工作或者自主创业（之前规定学生毕业后必须离开瑞典），获得工作签证 4 年后可以申请瑞典的长期居留。同时为了吸引高端人才留在瑞典，所有外籍博士生在瑞典学习满 4 年即获在瑞典的永久居留权。

为提高国际竞争力和创新能力，保持先进科研水平，瑞典研究理事会、瑞典创新署等政府机构和瓦伦堡基金会启动了多项人才项目，吸进国际顶尖研究人员，培养本土青年杰出科学家（如表 3 -6 所示）。

表 3-6 2014 年瑞典主要人才计划实施情况

管理部门	项目名称	项目执行期	支持人数	总经费/亿瑞典克朗	项目简介
研究理事会	国际领军研究人才	10 年	12	13.91	资助高校聘用国际人才长期在瑞典工作，每人每年可得到 500 万～1500 万瑞典克朗研究经费，旨在帮助大学吸引国际领军人才带动相关学科发展。自然科学、工程等领域杰出教授，旨在对最杰出的研究人员进行具有巨大潜力和高风险的长期研究提供持续经费支持，2014 年，共拨款 2250 万瑞典克朗
	国际博士后	18～36 个月	41	1.22	资助在瑞典高校取得博士学位不久且希望在海外开展研究的研究人员。每人每年可得到 105 万瑞典克朗资助
创新署	开放创新资助	1 年	9	0.02	国际研究人员在瑞典短期工作，增加开放创新的应用和理解
	VINNMER——“居里夫人”资助项目	1～3 年	9	0.12	VINNMER 是 ERAWATCH 计划下支持女性科研人员进行重点基础研究的项目。居里夫人资助项目主要支持有经验的科研人员进行国际科技合作，提高科研人员流动性
	VINNMER——“居里夫人”工业界出访资助项目	1～3 年	3	0.06	支持瑞典工业界女性科研人员到国外进行合作，每人最多可获得 100 万～300 万瑞典克朗的经费支持

续表

管理部门	项目名称	项目执行期	支持人数	总经费/亿瑞典克朗	项目简介
Formas	青年科学家项目	3 年	34	1.43	支持环境、农业和空间规划领域青年科学家带头人发展；经费支持100 万～600 万瑞典克朗
	青年科学家流动项目	2～4 年	20	0.68	支持环境、农业和空间规划领域青年科研人员到国外发展；经费支持100 万～500 万瑞典克朗
瓦伦堡基金会	数学领域青年科学家项目	9 年	14	1.60	项目拟支持 24 名瑞典博士到海外工作做博士后；为全世界科学家在瑞典大学和科研院所提供 35 个博士后岗位和 25 个访问岗位
	瓦伦堡临床学奖学金	10 年	—	6.00	25 名瑞典最杰出临床科学家，1500 万瑞典克朗/人/5 年。（2014 年发布指南）
	瓦伦堡学术委员会基金	—	29	12.00	计划 5 年内资助 125 名科学家，瑞典及世界范围内在医学、自然科学、工程技术、人文科学领域的杰出科学家

五、国际科技合作

（一）双边科技合作

自 1999 年以来，瑞典与印度、日本、加拿大、中国、墨西哥、新加坡、南非、韩国、美国分别签署了政府间双边科技合作协议，促进双方深入交流与合作。

1. 瑞典－印度：卫生与疾病预防联合研究项目

2014 年 1 月，瑞典创新署和瑞典研究理事会与印度政府科学技术局共同确定“卫生与疾病预防”合作研究项目，瑞典共投入 4000 万瑞典克朗资助 9 个项目。2 月，两国政府再次联合发布合作指南，划拨额外经费资助医药、健康、自然科学和工程科学领域联合研究项目。此次，共有 7 个项目通过评审，支持年限为 2015—2017 年，总经费 525 万美元。

2. 瑞典－意大利：技术领域合作

2014 年 11 月，瑞典教研部和意大利教育、大学和研究部共同决定在技术领域进行合作研究。瑞典教研部共收到 140 份申请，其中 5 项获得资助。项目执行期为 2015—2017 年，总经费 372.3 万美元，主要研究领域为纳米科学、神经科学、文化遗产和老龄化社会研究。

3. 瑞典－瑞士：第3次和第4次联合项目征集

作为两国创新计划的一部分，瑞典和瑞士分别于2014年4月和9月联合发布第3次和第4次双边联合项目征集。经过两次联合项目征集，瑞典和瑞士已共同支持了17个双边合作项目，投入经费达到2000万欧元。瑞典和瑞士都是EUREKA成员国，项目由EUREKA支持。合作领域集中在传感器、材料和生物医药领域。

（二）北欧地区合作

由于地缘及历史原因，与北欧地区的合作一直是瑞典国际合作的重要组成部分。北欧部长理事会成立于1971年，是由北欧国家政府所组成的合作论坛。北欧地区科研和创新合作主要由北欧部长理事会下的北欧创新中心（Nordic Innovation Center，NICE）和NordForsk两个机构来推动和支持。

1. 北欧创新中心

北欧创新中心致力于推动北欧贸易，工业和创新合作计划，促进北欧地区国家之间的合作和交流。2013年10月，北欧贸易与工业部长会通过了《2014—2017年北欧创新和经济政策合作计划》，该计划重点支持可持续增长，在企业融资、绿色增长、新福利政策、文化与创造力4个主题下设立了5个研究项目，经费支持主要来自北欧经济政策高层委员会、北欧理事会框架经费和各国研究理事会等机构。瑞典与挪威共同承担新福利政策主题下的北欧福利制度创新项目。

2. NordForsk

NordForsk是北欧部长理事会下属机构，为北欧科研合作提供经费并参与制定北欧研究政策。NordForsk支持各个领域内的研究合作，项目一般涉及至少3个北欧国家或自治区之间的合作。2014年，NordForsk获得1.21亿挪威克朗的资金支持，并对北欧部长理事会指定任务进行支持。7月，瑞典研究理事会、NordForsk、冰岛研究中心、丹麦高等教育与研究部和芬兰科学院联合投资8500万挪威克朗资助3～4个北欧卓越中心，力图提高北欧地区在极地研究中的主导地位并促进国际合作。

（三）北极地区合作

1. 北极理事会（Arctic Council）

北极理事会由加拿大、丹麦、芬兰、冰岛、挪威、瑞典、俄罗斯和美国8个北极国家组成，于 1996 年 9 月在加拿大渥太华成立，是一个高层次国际论坛，关注邻近北极的政府和当地人所面对的问题。其宗旨是保护北极地区的环境，促进该地区在经济、社会和福利方面的持续发展。2013 年 5 月 15 日，中国、印度、意大利、日本、韩国和新加坡成为理事会正式观察员国。2014 年 10 月，瑞典外交部 Anna-Karin Enestrom 女士出任瑞典在北极理事会的高级代表。

2. 巴伦支欧洲 – 北极理事会

丹麦、芬兰、冰岛、挪威、俄罗斯、瑞典和欧盟委员会之间的巴伦支海地区的合作开始于 1993 年。巴伦支欧洲 – 北极理事会主要解决该地区的环境问题，为长远经济发展提供支持。环境工作组分为四部分：清洁生产和可持续消费、自然资源保护、水问题和“污染热点”排除。2015 年 1 月，原瑞典驻俄罗斯大使馆 Tomas Hallberg 出任国际巴伦支海秘书处负责人。

（执笔人：艾瑞婷）

芬　兰

2014年欧洲经济仍然疲弱，处于低增长和低通胀并存状态。芬兰作为北欧地区唯一的欧元区国家，其经济发展面临着更严峻的挑战。继2012年和2013年连续两年萎缩后，2014年芬兰经济继续下滑。从内部因素分析，芬兰失业率居高不下，人口老龄化现象加剧，给公共财政带来压力和负担。从外部环境分析，欧盟与俄罗斯之间的制裁与反制裁大战愈演愈烈，俄罗斯的农产品禁令使芬兰出口遭受重创，出口市场份额的损失预计仍将持续。

一、科技创新总体表现

受经济下滑影响，芬兰2014年全社会R&D支出预计将比2013年减少3亿欧元，达63.8亿欧元，占GDP比例维持在3.1%左右。芬兰政府的R&D支出为19.95亿欧元，比2013年减少4200万欧元，占财政总预算的比例为3.8%。芬兰是世界上研究人员密度最高的国家，每千名就业人口中研究人员数量为16.1人（OECD平均值为7.7人）。

根据世界经济论坛2014年9月发布的《2014—2015年度全球竞争力报告》，芬兰在基于全球竞争力指数（GCI）的十强经济体中排名居第4位，在欧盟国家中排名居第1位。芬兰最大的竞争力在于全球第一的创新能力。在12项主要评价指标中，芬兰在创新、健康与初等教育、高等教育与培训3个方面继续保持排名第一，其完善而透明的公共服务体系在全球名列第二。在“大学与产业合作研发”和“科学家和工程师的可获得性”两项具体创新指标中，芬兰均在全球拔得头筹，充分显示了其在创新人才和产学研合作方面的竞争力优势。此外，世界经济论坛2014年6月发布的《欧洲2020竞争力报告（2014年版）》也将芬兰评为欧盟最具竞争力的国家。该报告利用“欧洲竞争力指数2020”，从智慧增长、包容性增长和可持续增长3个主要方面，对欧盟28个成员国的竞争力进行评估。

芬兰在总体排名中超过瑞典跃居首位，同时在创新、教育与培训、数字化进程3项指标中位列第一，在企业环境、包容性增长、环境可持续性等指标中位列第二。

世界知识产权组织2014年7月发布的《2014全球创新指数》报告指出，芬兰重返“最具创新力经济体”前5位，继瑞士、英国、瑞典之后排名居第4位，比2013年上升两位。芬兰在政治稳定性、政府效能、新闻自由、法律规则、高校/产业研发合作、专利产出、信息通信技术和商业模式创新等具体指标中也处于全球领先地位，彰显了其在创新环境建设方面的总体成效和优势。根据世界经济论坛2014年4月23日发布的《2014全球信息技术报告》，芬兰连续第二年荣登网络就绪指数（NRI）的榜首。芬兰是世界上信息与通信技术发展和使用程度最高的经济体。

此外，芬兰统计局2014年10月23日公布的统计数据结果表明，2013年芬兰专利申请总数为1737项，比2012年下降了5%左右。其中，由企业和行业协会提交的专利申请为1252项，比2012年下降了3%。2013年芬兰专利授权的数量也继续萎缩，共有711项专利获得授权，其中，企业和行业协会获得的专利授权为573项，比2012年减少约9%，为6年来最低水平。另据世界知识产权组织2014年12月发布的《2014年世界知识产权指标》，在2013年度知识产权活动总体排名中，芬兰排在第24位，比2012年下降5位。

二、主要科技政策与举措

在芬兰国家创新体系建设中，政府发挥了有效的指导和协调作用，历届政府都高度重视将科技创新聚焦于芬兰社会经济发展面临的重大问题和挑战，并且努力保持政策的前瞻性和连续性。2014年6月，芬兰民族联合党主席斯图布担任第73届芬兰政府总理，8月发布了新的施政纲领，明确提出要建立一个透明、开放、公平和自信的芬兰。新一届政府在延续以往整体科技创新战略的基础上，全面启动了新一轮的科研改革，加强宏观统筹和国家导向，全面提高芬兰的科研和创新水平，以实现推动可持续经济增长，扩大就业和增强竞争力、增加福利和改善环境等施政目标。

（一）出台《2015—2020年芬兰研究和创新政策纲要》，全面启动科研改革

2014年11月5日，芬兰国家研究与创新理事会研究通过了《2015—2020年芬兰研究和创新政策纲要》，旨在通过提高研究和创新活动的质量和成效，增强芬兰的综合竞争力，增加福利和改善环境。国家研究与创新改革方案包括6个方

面：①对大学科研体系进行彻底改革；②促进研究和创新成果应用，提升应用成效；③加强对新增长点的培育、无形资产的利用和创业活动的支持；④广泛提升各领域专业水平，重点促进优选尖端技术的发展；⑤进行公共部门改革，加强跨部门合作；⑥合理分配研究与创新资金。为更好应对激烈的国际竞争，芬兰将增加研究与创新经费支出，并根据促进经济发展、扩大就业和提升专业水准的原则有效分配资金。为落实改革方案，研究与创新理事会建议，在2015—2020年国家研究与创新经费应保持2%的年均实质增长率，增加的资金将用于支持高质量研究与创新活动，撤销低效机构，鼓励试验和提高研究与创新成果的利用率。

（二）设立战略研发基金，实施科研经费改革

在科研经费方面，芬兰政府决定设立战略研发基金，组织实施一批以满足社会发展需求、改善社会功能和服务为目的的竞争性项目。该项基金主要来自于芬兰科学院（750万欧元）、芬兰国际技术创新局（1000万欧元）和15家国家科研院所的财政预算研究拨款（5250万欧元），总规模将达到7000万欧元。战略研发基金的日常管理将由设在芬兰科学院的战略研究理事会负责。政府每年根据理事会提出的建议，确定年度研究主题，由理事会设立具体研究计划并进行公开征集，然后根据研究质量、社会相关性和影响力三方面的评估确定立项项目并组织实施。芬兰政府现已批准通过2015年战略研发基金的研究主题领域，包括技术变革的有效利用、制度改革、碳中性气候与资源稀缺社会、社会平等，项目预算总额将达到5560万欧元。除战略研发基金外，为加强对政府有关社会发展决策的研究和分析支撑，还将分阶段从国家科研院所的财政预算研究拨款中划拨一定经费，由总理办公室统一调配给政府部门使用，2014年已划拨500万欧元，计划到2016年共划拨1250万欧元。

（三）修订《芬兰科学院法》，加大基础研究力度

为了配合科研体制改革，2014年6月17日，芬兰议会通过了新修订的《芬兰科学院法》，于2014年7月1日生效。修订的主要内容包括：成立战略研究理事会，负责战略研发基金项目工作；加强科研基础设施委员会的功能，由其负责监测研发基础设施（包括在芬兰境内的国际研发设施）的进展，确定资助项目并进行跟踪；芬兰科学院委员会将继续由政府任命，包括主席1名，委员5～7名，各专业研究理事会的主席将不再是科学院委员会成员，但有权出席委员会会议并有发言权，这些权利也适用于战略研究理事会和科研基础设施委员会的主席；科学院院士数量由原先的12名增加到16名，加强科学在社会中的地位，为充分利用院士杰出的专业优势提供更多机会。

（四）组建芬兰自然资源研究所，启动科研机构改革

作为芬兰研究和创新体系改革的重要内容，自2015年1月1日起，由芬兰森林研究所（Metla）、芬兰农业食品研究所（MTT）、芬兰狩猎与渔业研究所（RKTL）和芬兰农林部信息中心（Tike）合并而成的芬兰自然资源研究所（Luke）正式开始运作。新组建的芬兰自然资源研究所是芬兰为实施生物经济发展战略而采取的重要措施之一，目的是通过加强自然资源研究，为发展生物经济和建设福利国家提供知识、技术诀窍和创新成果等基础保障。针对来自政府、企业和其他服务对象不断增长的需求和日趋复杂的社会挑战，芬兰自然资源研究所将开展广泛的生物经济研究，寻求更加集成的解决方案。主要研究领域包括：生物质产品与能源、粮食系统与食品安全、健康与福社、可持续自然资源经济与政策等。芬兰自然资源研究所将成为芬兰国内仅次于VTT芬兰国家技术研究中心的第二大公共研究机构，也将成为欧洲最大的生物经济专业研究机构之一。该研究所人员总数将达到1700人，年度预算为1.5亿欧元。

（五）重组VTT芬兰国家技术研究中心，深化产业技术研发服务

VTT芬兰国家技术研究中心成立于1942年，是芬兰最主要的，也是北欧最大的多学科工业技术公共研究机构，其使命是“用技术开创商机”。2013年年底员工总数2900人，营业收入3.08亿欧元。根据“促进研究和创新成果应用，提升应用成效”的改革目标，2014年，VTT芬兰国家技术研究中心进行了全面改制，按照服务功能和业务领域进行了人员和机构重组。自2015年1月1日起将实施企业化运作，更名为VTT芬兰国家技术研究中心有限公司，下设VTT专家服务有限公司、VTT创业投资有限公司、VTT MEMSFAB制造服务有限公司和VTT国际有限公司。改制后的VTT虽然将继续为芬兰就业与经济部的隶属机构之一，但将享有更大的自主决策和经营权。VTT董事会具有最高决策权，由总裁兼首席执行官带领的执行管理团队负责具体运营。为了增强协调性和更加面向市场需求，三位副总裁在分别主管战略与业务发展、客户解决方案和资源与基础设施等横向管理的同时，也分别负责3个专业业务领域的经营管理。新的VTT将主要按照知识密集型产品与服务（KIPS）、智能产业与能源系统和自然资源与环境解决方案（SONE）三大业务领域为客户提供一系列旨在加快技术商品化进程的服务，包括战略研究、以客户为中心的业务流程合作研究与开发、产品定制开发、咨询、测试与认证服务和风险投资等。

（六）发布《科研基础设施战略及路线图（2014—2020）》

2014年3月14日，芬兰科研基础设施委员会发布了《科研基础设施战略和

路线图（2014—2020）》。该战略是芬兰首个国家层面的科研基础设施发展规划，提出到2020年，通过建设一批关键科研基础设施，使芬兰在世界顶级科学研究方面的能力获得进一步提升，并能够有效促进教育、社会和企业的复兴。该路线图共包括31个科研基础设施，以及两个有可能成为重要基础设施的项目。这些基础设施项目是通过两个阶段的国际评审按照以下3个主要标准而确定的，包括对整个芬兰科学界和参与单位自身科研发展策略的重要性、设施潜在用户的质量与范围和项目参与单位的投入情况。路线图每5年将更新一次。

（七）发布《开放式科研路线图（2014—2017）》

2014年11月25日，芬兰教育文化部在其组织召开的“开放式科研论坛”上发布了《开放式科研路线图（2014—2017）》，基于“开放研究带来惊人发现和创造性见解”的理念，该路线图的目标是到2017年使芬兰成为开放式科研的领先国家，并确保开放科研所带来的机遇可以得到全社会的广泛利用。路线图的具体目标是：①强化科学研究的内在本质，开放和可重复性可以确保科研的质量和可靠性；②增强开放式科研的专业技能，使芬兰研究体系内的工作者知道如何利用开放性带来的机会提升芬兰的竞争优势；③确保稳定的科研基础，形成功能健全而定位清晰的基础设施和服务，使得开放性带来的机会及时地被加以利用；④提升科学研究的社会影响力，通过开放式科研为研究人员、决策者、企业、公共机构和民众创造新的机会。

（八）出台《健康领域研究与创新活动发展战略》

2014年5月，芬兰就业与经济部、社会事务与卫生部、教育与文化部与芬兰国家技术创新局、芬兰科学院联合发布了《健康领域研究与创新活动发展战略》，提出了促进健康领域研究与创新活动系统化发展、增加投资和实现经济增长的重要建议。该战略提出了促进健康领域发展13项关键措施，包括：依托大学医院建立研发和创新生态系统；强化高校、研究院所和大学医院在其重点研究领域的特色发展，鼓励参与国家层面的合作与分工以提升整体水平；建立由研究院所、高校和私营部门组成的健康领域研究团体，为公共决策和社会发展提供更好的服务；促进高校、研究院所的技术转移和商业化机构更紧密地与国内外公共和私营机构开展合作以获得专利权等实质竞争力；芬兰国家技术创新局与芬兰科学院将联合设计新的资助工具，鼓励研究人员和研究团体将具有国际增长潜力的创新思维进一步开发成为具有商业应用价值的发明；利用国有资本投资，引导私营部门风险投资者对健康领域企业的投资，以促进其增长和国际化发展；芬兰科学院、Tekes和其他公共部门将从战略和业务层面开展合作，共同支持健康领域的发展；社会事务和卫生部等部门将负责制定一份有关基因组数据的国家行动计划和应用条例，以保证个人健康数据和病人资料可用于研究目的；制定政府部门与产业组织的联合行动计划，增强芬兰在欧盟的影响力；通过医疗技术现代化和完善药品法规促进健康研究机构创新成果的商业开发和应用；通过在全国范围内加大健康领域研发相关法规和标准的培训力度，加强对健康领域产品和药品开发的主动控制；通过分工协作，采取系统行动吸引外国产业投资；由芬兰团队联合行业工会和竞争力集群，建立“芬兰团队健康网络”，制订年度推广计划，促进健康领域研究人员、企业家、投资机构与国内外产业组织和公共机构的交流与合作。相关政府部门成立了联合工作组，共同负责战略的组织实施、监测和评估。每一项措施都有明确的行动计划和责任分工，由国家机构、高校、研究院所、地方政府和企业组织等联合推进，并充分利用相关政策工具的协同效应，引导和支持包括创新思维、应用研发、市场准入和产业发展各个环节的健康领域研究与创新活动，从而进一步促进芬兰社会发展和经济增长。

（九）加强北极科学研究和技术研发，促进北极战略实施

作为一个北极国家，芬兰政府非常重视极地问题。2014 年，芬兰科学院和 Tekes 分别启动了《北极研究计划（2014—2018）》和《北极海洋计划（2014—2017）》，从基础研究和商业技术开发两个层面同时为北极战略的实施提供科技支撑。《北极研究计划（2014—2018）》的主要目标是获取对北极地区多维变化过程及影响因素的最新研究成果，加强芬兰在跨学科和问题导向的北极研究领域的长期能力，传播新的研究知识，为决策制定者、利益相关者和公众提供参考。计划将主要支持 4 个专题领域的多学科和联合研究项目，包括：北方地区高质量生活；北极条件下的经济活动和基础设施；北部气候与环境；跨境北极政策。《北极海洋计划（2014—2017）》与芬兰科学院北极研究计划不同的是，重点支持面向北极海洋自然资源和物流利用的商业化研发项目，旨在将芬兰在北极方面的技术专长转化为具有国际吸引力的优势，并创造新的商业机会。该计划支持的研发领域包括：北极地区的减排（如清洁技术和低排放燃料）、北极信息和数据分析及劳动生产力优化（如自动化和高效装备）等。该计划总投资 1 亿欧元，其中 Tekes 提供 4500 万欧元，其余 5500 万欧元由承担项目的企业提供。

（十）发布《卓越研究中心计划（2014—2019）》

卓越研究中心计划是芬兰主要的基础研究计划之一，设立于 1995 年，由芬兰科学院负责组织实施，旨在资助和支持芬兰国内领先的重点和优势学科及实验室的发展。《卓越研究中心计划（2014—2019）》的支持对象包括 14 个实验室，由芬兰科学院委员会于 2013 年通过招标和专家评审确定，是 COE 计划实施以来资助的第 6 批卓越研究中心，项目参与单位涉及来自大学或研究机构的 12 个研

究团队。这些中心将重点围绕经济和社会发展所面临主要问题开展研究，包括癌症生物学、心血管和代谢疾病、太阳能长期变化趋势及影响等自然科学课题，也包括领土政治研究等社会学课题。2014 年 6 月，芬兰科学院开始对第 6 批卓越研究中心提供资助，根据芬兰科学院网站有关资料显示，这批卓越研究中心前 3 年（2014—2016 年）的预算总额为 4500 万欧元。

三、国际科技合作

（一）实施《芬兰杰出教授计划》，吸引国际人才

《芬兰杰出教授计划》（FiDiPro Professor）是面向芬兰高校和研究机构设立的国际人才吸引计划，由芬兰科学院和 Tekes 共同组织实施，各自利用其研发经费预算为计划提供资金支持。《芬兰杰出教授计划》的申请需要由芬兰的大学和研究机构提出，推荐候选人并提出合作研究项目建议书，项目周期为期 2～5 年不等。入选 FiDiPro 计划的研究人员将在其推荐单位参与合作研究，计划提供的资助可用于其薪酬、差旅费和研究经费。截至 2013 年年底，共有来自世界各地的 100 名科研人员入选《芬兰杰出教授计划》。2014 年芬兰科学院为 9 名新入选的杰出教授所在团队的研究项目给予立项资助。

（二）积极参与欧盟合作

自 1995 年加入欧盟以来，芬兰一直是欧盟科技合作的重要参与者，在推动欧洲研究与创新区建设及北欧合作中发挥重要作用。芬兰是欧洲科学基金会（ESF）、欧洲研究理事会（ERG）、欧洲科技研究合作网络（COST）和北欧应用研究合作组织（Nord Forsk）的重要成员，同时也是欧洲创新与技术学院（EIT）、欧洲航天局（ESA）、欧洲南方天文台（ESO）和欧洲核研究组织（CERN）的成员。

2014 年欧盟《欧洲地平线 2020》计划启动。芬兰科学院与芬兰国家技术创新局（Tekes）共同作为芬兰的国家联络机构，并在比利时建立了联合办公室，负责跟踪、分析和报告欧盟研究和创新政策的最新动态，并协助芬兰参与欧盟有关政策的制定。芬兰参与了 9 项欧洲《联合项目计划》，其中包括：神经退行性疾病研究，农业、粮食安全和气候变化，健康饮食与健康生活，更长寿命和更好生活，气候变化，欧洲城市，水资源挑战，健康和富产的海洋和抗生素耐药性研究等。此外，芬兰在欧洲研究基础设施建设中也发挥了重要作用。2014 年，欧洲综合碳观测系统（ICOS）建设工作正式启动，总部设在芬兰赫尔辛基大学。该系统将通过欧洲各地 100 多个大气、生态系统和海洋测量站，形成一个长期观测网络平台，通过收集和建立温室气体浓度、吸收和排放数据，了解全球碳循环

和温室气体排放动态，并进行未来分析预测。

（三）广泛开展双边合作，积极推动科研和创新国际化

除积极参与欧盟科技合作外，芬兰也根据其整体科技创新发展战略的需求，与其他科技强国及新兴经济体开展广泛的科研与创新合作。在与美国、日本、韩国等保持合作的同时，近年来芬兰不断加强与金砖国家等新兴经济体的合作。合作领域主要集中在芬兰的优势领域，包括纳米技术与材料、信息通信技术、生物医学、清洁技术和可持续发展。另外，Tekes 在欧盟、美国和中国等重点国家和地区都设立了海外办事机构，与各国政府及创新机构开展交流和务实合作，为芬兰企业和研发机构与国际伙伴实现对接建立渠道和搭建平台，同时通过实施联合创新计划等措施，为芬兰企业，特别是中小企业开展国际合作、实现全球化发展提供资助。目前，Tekes 每年资助的国际合作研发项目超过 800 项，项目合作伙伴遍及 60 多个国家。

（执笔人：钱金秋）

丹　　麦

2014 年，丹麦政府出台了新的增长计划，强调要加大教育和研发投入，积极吸引国外优秀人才，进一步提高劳动者素质，确保丹麦经济和科技的国际竞争力。科技主管部门更名，新的创新基金会开始运行，基础研究投资增加，国际科技合作不断深化。

一、继续深化科技管理体制改革

2011 年 9 月丹麦议会选举后，新一届政府对科技管理体系进行了重大改革，高等教育管理职能从原教育部剥离出来，原“科学技术与创新部”被重组为“科学创新与高等教育部”，主管全国的公共科技政策制订、技术研究开发、产学研合作和高等教育。2014 年 2 月，丹麦政府又将“科学创新与高等教育部”更名为“高等教育与科学部”，但部内设机构没有发生变化。

2014 年 4 月，丹麦研究政策委员会更名为“丹麦研究与创新政策委员会”，高等教育与科学大臣任命了委员会主席和 8 名委员。该委员会是一个咨询机构，主要为政府、大臣、议会提供科技与创新领域的政策咨询和建议，其秘书处设在科技创新署。

为实施国家创新战略，丹麦政府于 2013 年决定将丹麦战略研究理事会、丹麦技术创新理事会、丹麦国家高技术基金会 3 个机构合并重组为“国家创新基金会”，新的基金会从 2014 年 4 月开始运营，其年度预算约 16 亿丹麦克朗（以下简称克朗）。该基金会除其 9 名董事会成员由高等教育与科学大臣任命外，独立运行，预算单列。

二、研发经费投入情况

丹麦长期以来重视研发投入，2009 年时全国研发经费占 GDP 的比例突破 3%，近几年来保持在 3% 以上，研发投入强度在 OECD 成员国中位居第六。丹麦的公共研发投入占 GDP 的比例超过 1%。在 OECD 成员国中位居第四。以企业为主体的私人研发投入相当于公共研发投入的 2 倍，约占 GDP 的 2%。

受近年来经济增长乏力影响，丹麦公共研发投入增长较慢。2014 年前三季度，丹麦 GDP 实现增长 0.8%，固定资产投资增长 2.7%，出口增长 3.0%，进口增长 3.7%。全年的公共研发预算约为 211 亿克朗（含国际拨款），约占 GDP 的 1.11%。

2014 年 5 月，丹麦政府出台新的增长计划，除降低公司能源税、红利税等减税措施外，强调要加大教育和研发投入，进一步提高劳动者素质，确保丹麦经济和科技的国际竞争力。作为此计划的一项措施，政府承诺今后 12 年内将向丹麦国家研究基金会（DNRF）投入 30 亿克朗，以支持《卓越中心》（CoE）计划，提高丹麦的基础研究水平。2014 年 10 月，DNRF 公布第 8 批卓越中心申报和评审结果，批准新建 12 个国家级卓越中心，今后 10 年内 DNRF 对这 12 个中心的投入达到 11 亿克朗，中心依托单位需要匹配相当于 DNRF 投入额 50% 或更多的经费。从 1991 年以来，DNRF 共批准资助建设 100 个卓越中心，经费资助采用“6 + 4”模式（每个中心首期获资助 6 年，通过中期评估后，可申请延长资助 4 年）。

三、国家创新战略及主要指标

丹麦政府于 2012 年 12 月发布了《国家创新解决方案——完善创新体制，强化企业合作》（简称“创新战略”）。这是丹麦发布的首份国家创新战略，具有重大意义。创新战略提出要确保丹麦在科研、创新、教育方面的投资能够更好地推动经济增长和增加就业率，实现 3 个目标：

（1）增加创新企业数量。到 2020 年，创新企业数量增加 15%，使丹麦成为拥有创新公司数量最多的 5 个 OECD 国家之一。

（2）增加企业研发经费投入。到 2020 年，企业研发经费投入增加 15%，使丹麦成为企业研发投入占 GDP 比例最高的 5 个 OECD 国家之一。

（3）提高私有企业中受过高等教育职员的比例。到 2020 年，私有企业中受过高等教育的员工量增加 28%，使丹麦成为私有企业雇佣高学历员工比例最高的 5 个 OECD 国家之一。

根据丹麦科技创新署近期发布的《研究与创新指数 2014》评估报告，丹麦几项关键指标及其在 OECD 国家的排名情况如表 3 - 7 所示：

表 3-7 丹麦创新战略提出的研究与创新关键指标发展现状

指 标	丹 麦	OECD 平均水平	丹麦在 OECD 国家的排名
创新企业占企业总数的比例	52.56%	50.10%	11
私人研发经费占 GDP	2.03%	1.33%	7
私营部门高学历员工所占比例	23.50%	26.40%	14
公共研发经费占 GDP	1.06%	0.73%	4
公共研究从外部获得经费所占比例	19.84%	16.86%	13

四、科技人才、论文和专利

（一）科技人才

近年来，丹麦政府大力实施大学自治化改革和教育国际化战略，各大学的招生人数增长较快，政府不但鼓励本国学生到国外留学，也积极吸引外国优秀人才到丹麦大学攻读硕士和博士，鼓励他们毕业后留在丹麦工作，对在丹麦工作的外籍博士生实行个人所得税减免政策。2014 年，丹麦宣布拨款 2500 万克朗设立奖学金项目（2015—2017 年，60～65 个奖学金名额），以吸引来自非欧盟国家的优秀留学生。

根据丹麦统计局公布的数字，在 25～64 岁的丹麦人口中，具有大学及以上学历的人口比例为 34%（2011 年统计），这一比例高于 OECD 国家的平均水平（32%）。丹麦每百万人口中的博士比例在 OECD 成员国中排名居第 7 位。在全国 560 万总人口中，有超过 80 000 人从事与研发相关的活动（包括研究员、技术辅助和管理人员），按全时当量计算，2011 年研发人员总量为 56 126 人年，2012 年为 58 657 人年。

（二）论文

根据汤森路透对 OECD 成员国在 2008—2012 年发表的科技论文统计，丹麦人共发表论文 62 410 篇，平均每百万人口发表论文 11 183 篇，两项指标排名分别居第 17 位和第 3 位；若按照平均每篇论文被引用次数计算，丹麦排名居第 3 位。

（三）专利

2014 年 5 月，丹麦经过全民投票决定加入欧盟“单一专利法院协议”（UPC）体系，成为第 5 个正式批准“单一专利法院协议”的欧盟成员国。根据欧洲专利局（EPO）的统计数据，2013 年丹麦人提出 EPO 专利申请 1929 项，相当于每百万人口申请345项，这两项指标在OECD国家中排名分别居第12位和第6位。

五、气候能源政策及研发情况

2014年6月，气候变化法案获得丹麦议会批准，该法案是丹麦在逐步摆脱对化石能源依赖、减少温室气体排放和向低碳社会转变过程中出台的一份重要法律文件。该法案授权政府设立新的独立性常设机构——气候委员会，该委员会为政府和议会提供气候政策咨询和建议。气候委员会秘书处设在气候能源与建筑部，每年预算900万克朗，预计将于2015年1月开始工作。

丹麦每年在气候能源领域的研发预算约10亿克朗。由丹麦能源署负责实施的《能源技术发展示范计划》（EUDP）每年分两批征集项目。2014年的研发项目主要集中在储能、建筑节能和智能电网3个优先发展领域，大部分项目预计在2～3年完成。

六、国际科技合作

2014年，丹麦继续在优势领域推进各类国际科技合作，主要体现在积极参与欧盟研发计划，加强与中国、印度、巴西等新兴经济大国的合作，深化与发展中国家在气候能源和绿色增长领域的合作。

（一）中丹科技合作

2014年，丹麦女王、首相先后访华，中共中央政治局常委刘云山、全国人大常委会副委员长张宝文访问丹麦，两国之间政治互信不断深化，进一步推动了科技相关领域的合作。

4月，丹麦女王访华，女王和高等教育大臣出席了中丹科教中心大楼奠基仪式，丹麦气候能源与建筑部分别与中国国家能源局、住房和城乡建设部续签了关于建立中丹可再生能源伙伴关系的谅解备忘录、关于建筑节能合作谅解备忘录，丹麦能源署与中国国家节能中心签署了关于能效领域合作的谅解备忘录。9月，丹麦首相访华并参加在天津举行的夏季达沃斯论坛，中国水利部与丹麦环境部签订了《中丹水力合作行动计划（2014—2018）》，中国国家节能中心和丹麦能源署共同举办了“中丹工业余热利用与区域供热研讨会”。

5月，中国国家卫生计生委副主任徐科访问丹麦，两国卫生部门签署《2014—2019年卫生合作执行计划》。6月，国土资源部副部长王世元访问丹麦并与丹麦住房和城乡事务大臣卡森·汉森会谈，双方同意加强在土地管理、城镇化等领域的合作；中科院副院长张亚平访问丹麦，中科院与丹麦诺和诺德公司续签了研究合作协议。9 月，上海市科委代表团访问丹麦，上海市与丹麦中部大区签署了新的科技合作协议。10 月，国家能源局副局长刘琦率团访问丹麦并出席第 4 届“全球绿色增长论坛”（3GF）；国家气象局副局长沈晓农率团参加在哥本哈根举行的联合国政府间气候变化专门委员会（IPCC）第 40 次全会。

中丹科教中心（SDC，北京）是在中丹两国政府的共同支持下，由中国科学院大学与丹麦高等教育与科学部、丹麦大学联盟合作创建，自 2012 年开始招收研究生，2014 年 4 月在北京举行了 SDC 新楼奠基仪式。中心新楼由丹麦工业基金会投资建设，丹麦政府每年为中心运行安排专项预算（2014 年度丹方预算为 2900 万克朗）。

中国国家自然科学基金委员会和丹麦国家研究基金会自 2009 年以来联合资助双方大学及科研院所成立了 10 个中丹研究中心，项目合作期 3 年，到期后自动延续 3 年。中丹研究中心是两国开展基础研究合作的重要平台。2014 年 9 月，中丹金属学纳米研究中心在丹麦技术大学举行了双边学术研讨会。

（二）丹麦与欧洲国家的合作

丹麦积极参与欧盟的框架计划和《地平线 2020》计划，与英国、德国、法国、瑞典等欧盟国家的合作较多。在第 7 框架计划期间，丹麦共获得项目经费 9.71 亿欧元，占总预算的 2.35%。2013 年以来，丹麦政府为启动和参与欧盟《地平线 2020》计划做了大量宣传和准备工作，积极帮助研究机构和企业参与该计划，力争使丹麦利用该计划预算比例达到 2.5%，预计今后 7 年将会有约 3500 家丹麦的科研机构和企业参与该计划。2014 年，丹麦从欧盟获得的研发经费约为 15.37 亿克朗。

2014 年 6 月，丹麦成功举办了第 6 届“欧洲科学开放论坛”（ESOF）。本届论坛的主题是“科学搭建桥梁”，主要内容包括“绿色经济”“全球资源管理”“健康的社会”“21 世纪的学习”“材料与虚拟世界”“心灵的革命”“科学、民主与市民社会”和“城市化、设计与宜居”8 个科学专题。论坛传递出的主要信息是科学界对社会、商业和年轻一代更加开放，跨国界、跨学科、跨传统领域的科研合作日益普遍，科学文献共享、开放性数据库利用、交叉学科知识分享等已成为科研、教育和创新的最关键驱动力。

经过多年筹备和谈判，欧洲散列中子源（ESS）项目于 2014 年 9 月初在瑞典隆德市动工建设。ESS 项目由瑞典、丹麦等 17 个欧洲国家共同参与建设，预计 2019 年初步建成，2023 年正式运行。项目建设预算约 19 亿欧元，瑞典、丹麦、德国、英国、西班牙等国家分别承诺出资 35%、12.5%、11%、10%、5%。ESS 主要设施建在瑞典隆德，其数据管理和软件中心（DMSC）设在丹麦哥本哈根。

（三）其他合作

2014 年 10 月，丹麦举办第 4 届“全球绿色增长论坛”3GF 论坛，主题是“通过变革改变生产和消费模式”，丹麦、中国、韩国等国政府、国际组织和企业近 300 名代表与会，丹麦首相和各伙伴国代表在开幕式上致辞。

2014 年 9 月，由丹麦技术科学院（DTI）主办的世界工业与技术研究组织协会（WAITRO）第 22 届大会在哥本哈根举行。会议的主题是“地平线 2020 和更远：研发组织的国际合作”。会议旨在推动发达国家和发展中国家的工业与技术研发组织之间开展合作，并交流组织管理经验。

2014 年 9 月，丹麦高等教育与科学部与韩国中小企业管理局签署了技术创新合作协议，双方将加强在科技成果转化和技术创新领域的合作，重点是要推动大学向中小企业技术转移。丹麦技术大学、哥本哈根大学分别与韩国有关部门及大学签订了合作协议。

（执笔人：陈德春）

意　大　利

2014年，一向动荡不安的意大利政局再起风云。2月22日，年仅39岁的中左翼政党领导人马泰奥·伦齐取代执政仅10个月的恩里科·莱塔，成为意大利总理。伦齐上任后积极推行创新和改革，对经济、司法、教育和国家管理进行改革，誓言要通过改革使意大利尽快走出危机，并且在7月1日意大利担任欧盟轮值主席国后，提出要为欧盟各成员国的改革提供便利，为欧盟解决移民、能源和环境等问题做出贡献。

但是，改革之路并不顺利。数据显示，2014年8月，意大利公共债务创下了2.16万亿欧元的历史新高。10月，失业率达到13.2%，15～24岁的青年人失业率也升至43.3%。继经济连续3年出现负增长后，2014年意大利统计局继续调低GDP预期，预计2014年GDP将萎缩0.3%。在如此困难的政治和经济背景下，意大利的科技发展也由于资金不足、人才流失等问题而遭遇严峻挑战。为应对挑战，意大利政府积极倡导创新与改革。2014年初，上一任教育大学与科研部（MIUR）部长玛利亚·卡罗扎在任期内出台了《意大利国家研究计划（2014—2020）》，2月底新上任的教育大学与科研部长斯特法尼亚·贾尼尼也多次在不同场合强调研究与创新的重要性，并出台了多项相关政策举措，希望通过创新与改革来促进意大利经济复苏，从而实现欧盟《地平线2020》确定的研发目标。

一、重要的研究与创新政策及发展趋势

2014年度，在前任莱塔政府和现任伦齐政府的相继领导下，意大利出台了多项研究和创新政策，如促进中小企业创新的政策举措、促进智能城市发展的举措，以及研发税收减免举措等，并设立了相应机构来应对结构化挑战。

意大利在研究与创新领域的政策改革，表明其在提高质量及智能专业化方面

取得了一些进步。然而，在紧缩政策背景下，一些机构式改革尚不具有可操作性，一些关键问题仍受限于公共资金。

（一）发布研究与创新战略指导文件——《意大利地平线 2020》

《意大利地平线 2020》是确定意大利 2014—2020 年研究与创新战略的重要文件，由教育大学与科研部于 2013 年发布。《意大利地平线 2020》的主要目标包括提高研究与创新投资的效率、增加研究人员的流动性，以及吸引更多的欧盟资金等，希望从意大利的国家预算中获得稳定的资金流动，并更多地依赖于欧盟资金。《意大利地平线 2020》支持将欧盟的研究优先领域纳入意大利的国家框架，重组国家研究与创新管理体系，使其包含在欧盟共同体计划之中。

（二）研究与创新体系改革

意大利研究与创新体系近期的改革包括：修订《意大利数字化议程》（IDA）、提议设立领土凝聚署（Invitalia）、在研究与创新体系中赋予意大利引进外资与企业发展署新的角色。

《意大利数字化议程》是由意大利数字化署（AgID）负责执行，该机构于 2012 年设立，但是由于缺少必要的法律法规，该机构尚未完全运作起来。《意大利数字化议程》受总理办公室直接管理，它将负责协调公共管理部门的数字化、在全国范围内发展宽带、管理数字鸿沟计划和其他信息通信技术相关计划。

莱塔政府在 2013 年 9 月提议，设立领土凝聚署，以确保对 2014—2020 年欧盟结构化资金的管理，而这些结构化资金是研究与创新资金的关键来源。但是，由于机构的使命和相关活动等法规尚在讨论中，因此该机构尚未运作起来。

意大利引进外资与企业发展署是受意大利政府直接管理的机构，其使命是吸引外国直接投资，支持企业发展。2013 年，Invitalia 被纳入区域智能战略计划，用于对计划的任务进行管理。将 Invitalia 纳入研究与创新体系，是因为它在区域智能战略框架下作用的相似性，未来几年它将负责监督欧盟中小企业和初创企业基金的使用情况。

（三）《预算稳定法》对研究与创新的影响将持续到 2015 年

2012 年年底颁布的 2013 年《预算稳定法》对各部委的预算进行了削减，由此，它对研究与创新体系金融框架产生的影响将会一直持续到 2015 年。教育大学与科研部的总预算从 2013 年的 511 亿欧元削减至 2015 年的 500 亿欧元，这其中包括大学的预算支出削减（从 2013 年的 78 亿欧元减至 2015 年的 75 亿欧元），研究预算从 2013 年的 19. 1 亿欧元降至 2015 年的 19 亿欧元，用于国际合作的研究经费从 2013 年的 1. 272 亿欧元降至 2015 年的 1. 271 亿欧元。经济发展部用于科学研究的预算也有所削减，从2013年的1654亿欧元降至2015年的1641亿欧元。

（四）改革企业激励机制以促进创新

2013年3月，意大利经济发展部（MISE）改革了企业的激励机制，目的在于支持创新以提高竞争力，支持使能技术，以便从企业获得大量研发资金。通过“可持续增长基金”（FCS）对企业提供激励，FCS将提供企业技术创新所需的全部资金。FCS遵循《意大利地平线2020》的指导方针。它取代了之前“支持企业的周转基金和研究投资”（FRI），不仅简化了管理，还重新定义了受益者的范围，这将有益于间接投资。2013年3月，经济发展部接管了对FCS的管理，分配资金6亿欧元。

2013年5月，教育大学与科研部发布了科技研究投资基金（FIRST）法规，为产业界和基础研究提供激励。

莱塔政府还对研发间接投资激励方法进行了修订，出台了永久性增量研发税收减免制度，目的是为企业的商业计划提供稳定性支持。

（五）颁布法律大力支持初创型中小企业创新

意大利99.9%的企业为中小企业，政府对中小企业创新给予了特别关注。2012年12月13日，意大利经济发展部颁布“增长2.0法令”，支持创新型初创企业创业。2014年1月，经济发展部对法令执行情况进行了总结。报告显示，在法令批准后的一年里，在意大利商会商业注册处登记注册的创新型初创公司达到了1500家。具体举措包括：

（1）便捷启动。意大利商会为创新型企业设立了专门的注册处，不仅简化了注册过程，还确保商业信息的透明度和可获性。

（2）无成本创建。创新型初创公司无需向意大利商会支付创建和注册成本。

（3）招聘更加容易。初创企业招聘雇员实行更加灵活的就业法国，因而招聘更加容易。雇用高素质的员工可获得35%的税收减免，对合作者的报酬可通过“股票期权”或者“股权收益”的方式提供。

（4）财政激励。2013—2016年度，意政府为初创公司的直接投资和间接投资提供财政激励。对能源领域的支持力度更大。

（5）股权众筹。意大利对创新型初创公司实行“创新型初创公司股权众筹法规”，允许企业在线筹集资金。意大利是目前欧洲唯一对股权众筹实行法制化管理的国家。

（6）免费获得担保基金。初创公司和孵化器可以直接免费获得“中央担保基金”，通过银行贷款担保获得贷款。

（7）支持国际化。初创公司可以从意大利对外贸易委员会（ICE）以低成本获得援助，并免费利用国际展会或活动的展览空间。

（8）破产更加快速且负担更小。简化破产程序，万一初创公司不能启动，创业者可以更加容易地完成清盘程序，并且开始新的业务项目，从而降低被长期“锚定”在一个徒劳项目上的风险。

（六）为智能城市和社会创新提供资助

2014 年 2 月 19 日，意大利教育大学与科研部签署法令，为智能城市和社会创新拨款 3. 05 亿欧元。资助的项目包括：

32 个产业研究项目，涉及从智能移动到家庭自动化、从文化遗产到电子医疗等多个领域，旨在鼓励智能城市和社区的发展；48 个社会创新项目，全部由 30 岁以下年轻研究人员来执行，旨在为相关领域提供先进的创新技术解决方案。产业研究项目共涉及 399 个课题，其中，302 个为私人产业课题，由大型、中型和小型企业参与；97 个为公共研究课题，由大学、研究机构和实体参与。社会创新项目将获得 2500 万欧元的资助。

二、重要的科技人才政策

为了吸引和留住科技人才，意大利政府自 2013 年来出台了多项人才举措，特别是重视对高层次人才的培养，以及对海外顶尖人才的吸引，对年轻研究人员开展研究也给予了很大支持。

（一）出台博士人才培养新法规

2013 年 2 月，意大利教育大学与科研部颁布了新的博士计划法规，2014—2015 年开始实施。该法规满足欧洲研究理事会（ERC）对创新型博士人才的培养原则，旨在增加意大利高校对博士生的吸引力，特别是对外国博士生的吸引力，鼓励与国外高校建立伙伴关系。允许培养跨学科博士人才，在博士生课程中设立共同模块来进行跨学科培训。鼓励与企业合作，包括为企业培养高水平的学徒等。

（二）大学人才招聘经历重大变化

2013 年，政府提出要逐步增加高等教育部门的人员流动率，从 2013 年的 20% 提高到 2016 年的 60%，并引入了招聘教授和研究人员的额外资金。2013 年起，首次申请全职正教授和副教授者要通过一个“教授资格”测试。

（三）出台计划支持年轻研究人员独立研究

2014 年 1 月 23 日，意大利教育大学与科研部发布“年轻研究人员的科学独立性”计划（SIR）项目征集，支持年轻研究人员在研究生涯早期独立从事研究活动。

按照教育大学与科研部的要求，该计划首次将项目遴选领域与欧洲研究理事会保持一致，即将项目资金分配给三大研究领域：生命科学、物质科学与工程学、社会与人文科学。该计划的预算资金总额为 4700 万欧元，其中，40% 分配给生命科学，40% 分配给物质科学与工程学，20% 分配给社会与人文科学。每个项目的预算资金总额不得超过 100 万欧元，项目期限最长为 3 年。

（四）颁布法令吸引外国研究人员

2014 年 1 月 30 日，意大利教育大学与科研部长签署“访问”法令，吸引外国的教授和研究人员到意大利，以促进意大利教育的国际化。事实上，从 2013 年起，高等教育普通基金（FFO）和研究机构普通基金（FEO）分别拨专款 500 万欧元和 160 万欧元，用于吸引海外高水平的研究人员到意大利高校和公共研究机构。教育大学与科研部允许意大利研究机构利用这 160 万欧元研究基金“直接招聘相关学科领域的海外杰出研究人员和技术人员”，或者“在国际科学界得到重要认可的研究人员和技术人员”，并且鼓励意大利人才回流，从而提升意大利的研究与创新能力。

然而，尽管出台了这么多项举措，但预算削减、高等教育部门和公共研究机构就业岗位减少及研究人员工资水平较低等问题，均给吸引外国研究人员造成了障碍，尤其是影响到对顶尖人才的吸引。

（五）出台新的博士人才安置计划

2014 年 8 月 1 日，意大利经济计划部际委员会（CIPE）出台了一项新的博士人才安置计划——“PhD ITalents”，目的在于让博士人才进入企业。该计划开创了博士人才安置的新模式。

教育大学与科研部将遴选出 136 位高技能的博士人才，安排他们进入创新型和研究型企业，为期至少 2 年。“PhD ITalents”计划总预算为 1623.6 万欧元，其中 1100 万欧元由 MIUR 以特别基金的形式分配给研究部门，其余的则由私营部门提供。教育大学与科研部负责推进该计划，意大利大学校长理事会（CRUI）和意大利工业家联合会（Confindustria）参与了有关工作。

三、重要的科技统计数据

（一）研发投入

1. 总量及强度

根据欧盟统计局2013年的统计数据，2012年，意大利的国内研发支出总额达到198.34亿欧元，研发强度为1.27%，均低于欧盟的平均水平。此外，意大利的人均国内研发总支出（326.1欧元）也低于欧盟27国的平均值（525.8欧元）。

意大利的研发投入占GDP的比例近年来一直较为稳定，从2009年的1.26%增至2012年的1.27%。意大利政府设定的研发强度目标是，到2020年达到1.53%，而欧盟的目标是3%。

2011年，意大利政府研发支出和高等教育研发支出占国内研发总支出的比例高于欧盟27国的平均值（意大利的政府研发总支出比例为13.7%，欧盟27国的平均值为12.7%；意大利的高等教育研发支出比例为28.6%，而欧盟27国的平均值为24%）。

2010—2011年，意大利的企业研发支出从105.79亿欧元增至107亿欧元，增长了1.1%，但远远低于欧盟27国4.9%的平均增长率。

2. 研发资金来源

意大利研发资金的两个主要来源分别是政府部门和企业部门。2011年，政府提供的研发资金为83亿欧元，企业提供的研发资金为89亿欧元。2011年，国内研发总投资中，企业部门提供的资金占比为45.1%，政府部门占41.9%，海外资金占9.1%，私营非营利部门占3.1%，高等教育部门占0.9%。

研发资金来源较为稳定，2010年的相应数据分别为：企业部门占44.7%，政府部门占41.6%，海外资金占9.8%，私营非营利机构占3.1%，高等教育部门占0.9%。

3. 研发资金的分配

就研发资金的配置而言，政府部门提供的研发资金主要投向了大学和公共研究部门，而企业部门提供的研究资金几乎全部投向了企业。此外，政府部门还对私营部门的研发资金支出起到了不可忽视的作用。9.1%的海外研发资金凸显了意大利国家研究与创新体系吸引资金的能力，这主要表现为企业研究部门从欧盟计划中获取的资金。

从研究性质来看，意大利的研发总投资中约有一半用于应用研究（2010 年占 48.6%），其次是基础研究（占 25.7%）和试验设计（25.7%）。2009 年以来，用于基础研究的研发资金减少了，这主要是由企业和大学的研发投资减少所致。

2011 年，意大利一半以上的企业研发资金用于机械制造、计算机、汽车与交通设施和信息通信服务。2010 年，大约 70% 的企业研发支出来自雇员人数为 500 人或 500 人以上的企业。

（二）创新人力资源

2012 年，意大利科技人力资源在全部劳动力中所占比例为 32.9%，低于欧盟 27 国的平均水平（40.8%）。2012 年，30～34 岁完成高等教育的人口占比为 21.7%，而欧盟 27 国的平均值为 35.7%。

根据欧盟统计局的统计数据，如果按全时当量（FTE）计算，2012 年，研究人员总数达 11.08 万人，占总就业人口的 0.43%，主要集中在大学（4.52 万人）和企业部门（4.31 万人）。

然而，2011—2012 年，科技人力资源的失业率也随着总失业率（高达 12%）的提高而提高，从 2.8% 提高到 3.6%，失业人数从 23.2 万人增至 30.7 万人。

（三）创新综合指标

根据《2014 欧洲创新联盟记分牌》的统计分析，意大利属于中等创新国家，大部分评估指标低于欧盟平均值。2012 年创新绩效稳定增加，但 2013 年出现小幅下降。在 25 项评估指标中，只有 8 项高于欧盟平均值。

意大利在“国际科技合作论文”（欧盟平均值为 100，意大利为 155）和“欧共体设计”（欧盟平均值为 100，意大利为 131）方面远超过欧盟平均值。但在“非欧盟博士生数量”方面远低于欧盟平均值（欧盟 100，意大利为 35），可喜的是，意大利该指标增长最快，比 2012 年增长了 19.9%。

（四）论文

尽管意大利的研发经费投入并不高，但就产出而言，不论是在国际刊物上发表的论文数量还是论文的被引次数，都好于欧盟平均水平：2010 年，意大利每百万人口的国际发文量为 465.8 篇，而欧盟 27 国的平均值为 301.1 篇；2001—2011 年意大利的论文数和被引次数的排名均居第 8 位。

（五）专利

根据世界知识产权组织 2014 年发布的统计数据，2013 年意大利的国际专利申请数量达 2872 件，比 2012 年增加了 0.3%，占全球国际专利申请总量的 5.0%，排名居全球第 11 位。

另外，根据欧洲专利局 2014 年发布的统计数据，2013 年意大利居民在欧洲专利局申请的专利数量为 4662 件，占欧盟的 2%，比 2012 年减少了 2.7%。

四、重要的科技计划

（一）《意大利国家研究计划（2014—2020）》

《国家研究计划》（PNR）是意大利国家研究与创新领域的重要计划，旨在确定国家研发政策优先领域、管理框架和手段，使研究成为意大利文化、社会和经济增长的新动力。以往每 3 年发布一次，从 2014 年开始改为 7 年计划，从而与欧盟新的研究与创新计划《地平线 2020》相一致，该计划也是一个 7 年期计划。

2014 年 1 月 31 日，教育大学与科研部长玛利亚・卡罗扎向部长理事会提交了《意大利国家研究计划（2014—2020）》（PNR），计划在未来 7 年内每年提供 9 亿欧元共计 63 亿欧元的研究资助，用以重振意大利的研究，鼓励研究人员成长和自主从事研究。

该计划围绕着国家发展所面临的 11 个重大“社会挑战”而制定，这也是欧盟所面临的挑战，包括：文化与科技的进步；卫生、人口结构的变化和福祉；欧洲生物经济的挑战；安全、清洁、高效的能源；智能、绿色和综合的交通运输；气候行动、资源利用效率和原材料；不断变化世界里的欧洲——包容性、创新性和响应性（Reflective）的社会；空间与天文学；安全的社会——保护欧洲及其公民的自由与安全；修复、保护、评估和管理欧洲的文化遗产及创造力；数字化议程。

（二）《2014 年国家能效行动计划》

2014 年 7 月 25 日，意大利经济发展部发布了《2014 年国家能效行动计划》。在该计划中，意大利国家新技术、能源和可持续经济发展署（ENEA）概述了意大利计划到 2020 年实现的能效目标及其相应的政策措施，具体目标包括每年减少温室气体排放 5000 万～5500 万吨，减少用于化石燃料进口的资金 80 亿欧元。

此外，根据美国能效经济理事会发布的《国际能效记分牌》，意大利在全球最发达经济体能效排名中居第 2 位。该记分牌排名共涵盖了 16 个经济体，占全球国内生产总值的 80%，占全球能源消费的 71%，其中，德国的能效排名居全球第一，而意大利在交通运输领域能效最佳。

（三）《2014—2018 年开放获取路线图》

2014 年 11 月，意大利的大学和研究机构在 Messina 大学签署《2014—2018 年开放获取路线图》，旨在找到一种意大利的“公开”获取研究数据的方法，鼓励国家研究的国际化。这也是响应欧盟委员会提出的开放研究数据和国际标准的举措。

（执笔人：盖红波　尹　军）

西　班　牙

2013年7月至今，尽管欧元区逐渐沦为全球增长最疲软的区域经济体，但西班牙得益于拉霍伊政府主政3年来强力推行的财政紧缩政策和结构性改革措施，经济逆势复苏迹象明显，已连续一年半实现了增长。根据国际货币基金组织和经合组织分别于2014年10月和11月各自发表的《世界经济展望报告》预测，一致认为2014年西班牙GDP涨幅为1.3%，2015年将达到1.7%，经济增速有望领跑整个欧元区国家。然而，也有分析指出，阻碍西班牙经济发展的主要硬伤依然存在，如高企的失业率（第三季度达23.6%）和飙升的公共债务（预计2015年占GDP比例将超过100%），加之受国际形势不确定因素的影响，特别是受欧洲变化不定的经济前景的拖累，西班牙经济增长潜能的完全发挥还将面临巨大考验。

在谨慎乐观的前提下，西班牙政府借助经济抬头之势，放缓了紧缩的财政政策，年内提交的《2015年国家预算案》与2014年相差无几，各部门的预算额度基本保持不变。客观而言，西班牙经历了近6年的经济衰退，科研经费连年大幅削减造成的恶劣环境积重难返。一年来，许多公共研发机构仍然陷于被动维持的境地，人才流失加剧，科技生态普遍萧条暗淡。在经济利好的局面下，政府引领发展和提升信心同步发力，西班牙科技创新体制改革正在深入推进。

一、科技基本概况

根据世界经济论坛2014年9月初发布的《2014—2015年全球竞争力报告》，在世界144个经济体的竞争力排名中，西班牙综合排名保持了2013年第35名的位次。表现良好的指标有：交通运输基础设施质量（排名居第6位）；市场规模和成熟度（排名居第14位）；高等教育入学率（排名居第8位）；信息和通信技术就绪度（排名居第18位）。就技术实力而言，西班牙在航空材料、新能源材料和技术、汽车制造业、银行业等方面具有世界领先的企业和机构。

根据经合组织11月发布的《2014科学技术与工业展望》报告，西班牙在科学产出方面的表现居于OECD平均水平，而研发投入强度和企业创新产出比OECD平均水平低；中小企业比大型企业的研发表现更活跃，科技创新型企业2013年比2012年增长0.3%，这是自2008年以来首次正增长。2011—2013年，西班牙政府累计拨付18家塞韦罗·奥乔亚卓越研究中心7200万欧元科研经费；2013年为“卫生战略行动”和“数字化经济社会”提供了21亿欧元的预算。另据SCIE数据库中各国在环境科学领域和生态学领域（2004—2013年）发表论文数量统计结果，西班牙分别居第6位和第7位。

二、国家科技创新体制改革的主要动态

近些年的经济衰退对西班牙科技创新体系建设和科技创新政策实施都产生了重大影响。2009—2013年，民用研究经费总体降低了近40%，科技投入严重不足，人才资源急剧滑坡。以西班牙最高科研理事会（CSIC）为例，其2013年预算比2008年减少了近36%，2011—2013年，人才流失超过2000人。由于预算形势艰难，导致国家科技发展战略推进乏力，国家科技计划实施受阻，科技创新事业发展持续困顿低迷。

在经济回暖背景下，政府部署科技改革的步伐正在加快。

（一）《西班牙科技创新体系评审报告》出炉

为了把脉国家科技创新体系的症结所在，找准进行体制机制改革的突破口和着力点，西班牙经济竞争力部委托欧洲研究区委员会（ERAC）组织13名专家，历时4个月，进行广泛深入的调查研究和全面细致的分析总结，于7月底完成《西班牙科技创新体系评审报告》。报告指出，实现国家科技创新体系竞争力的提升，当务之急是加大科研投入，同时进行彻底的结构改革。最根本的是要建立国家科研资金（包括奖学金）管理机构，对科研机构进行全面检查，建立强有力的评估监测问责机制。专家们认为，西班牙在一些优势领域具有卓越的科研成绩，但总体科研水平不高。存在的问题突出表现为：①科研管理机制碎片化；②知识和人才流动体制僵化；③科技创新政策效力不足；④绩效评价体系及专利管理不完善；⑤研发创新领军型大企业数量少；⑥私营部门研发贡献率低等。

报告指出，未来3年内，政府的科研投入应该从目前占GDP的比例由0.61%提高到0.7%（现欧盟各国的平均值为0.72%，德国达0.97%），带动企业增加科技投入。专家们提出了10项改革建议，包括可持续的投入增长与结构性改革相结合、强化人才流动和配置机制（去老龄化）、给科研机构更多的自主权、竞争性分配资源、激励产学研和区域协同创新，以及建立有效的科技政策评

估监测体系等。此外，报告中强调政府应该切实以 2011 年颁布实施的《科学、技术与创新法》为准则，把关于科研人员的职业化认定和国家研究局职能等条款规定落实到位。

（二）发布《2014 年国家改革计划》

7 月，西班牙政府推出《2014 年国家改革计划》，其中涉及科技改革的具体措施包括：①充分发挥面向企业资助计划的引导作用，激发企业开展科研创新活动的积极性和协同合作的潜力，到 2020 年，实现企业研发支出占 GDP 的比例达 1.2%（2013 年为 0.69%）；②成立国家研究局并依法行使其职能，以提升国家研发制度的实施效率，提高公共资金的利用率；③加强与欧盟伙伴机构的合作，提高项目评审的国际化水准；④大力扶持人才培养；⑤促进信息化建设。实施《国家电子政务行动计划》和《国家数字化信息服务计划》，开放资源共享，特别是在医疗、教育、司法等领域的信息透明度。

（三）CSIC 改革拉开序幕

在经历了预算拨付风波引发的剧烈震荡后，CSIC 新推出《行动计划（2014—2017）》。该计划提出 5 项重大战略目标任务：①改革组织体系和管理机制，探索新的体制机制和科研活动组织管理模式，对所属 125 个研究机构进行系统调整和精简优化，提高整体运作效能；②强化高品质的科研产出，应对经济社会面临的难题和挑战；改善科研队伍建设，改革职位评聘模式，打造开放协同的科技创新支撑服务体系；③拓展公私合作伙伴关系模式，加强知识产权管理，促进专利成果转移转化并助力形成优势高端产业；④推动全方位多领域的国际合作，鼓励团队参与欧盟《地平线 2020》计划；⑤致力于科学文化的传播和科学知识的传承。

三、振兴国家科技创新事业的主要举措

2014 年是西班牙《国家科技创新战略（2013—2020）》和《国家科学技术研究及创新计划（2013—2016）》颁布实施的第 2 年。为扭转 2013 年执行不力的被动局面，政府在投入上解危纾困，在政策上引领激励，通过资金、项目、人才的新举措，以及鼓励卓越科研活动的新方略，为科技创新事业注入新活力。

（一）多渠道筹措科技投入资金

2014 年民用研究经费总预算 56.3 亿欧元，比 2013 年增加近 1.3%。其中，33.8 亿欧元以贷款形式提供给企业，22.5 亿欧元用于科研项目（比 2013 年略升

6.1%）。一些国家级科研机构预算增加，如国家农业与食品技术研究院（INIA）和国家海洋研究院（IEO）增幅分别达 9.8% 和 4.3%，而 CSIC 微增 0.1%。科研项目预算中指定 1.11 亿欧元覆盖西班牙参与欧洲核子研究中心（CERN）的科研合作经费。

6 月，部长理事会批准了 9500 万欧元的信贷资金，用于组织实施"人才培训及其就业与流动性"国家项目系列。12 月，研发创新国务秘书办公室与欧洲投资银行（BEI）签署合作协议，BEI 将在未来 4 年（2015—2018 年）为西班牙注资 5.15 亿欧元，用作国家研发创新的公共投资。

（二）组织实施国家项目

6 月，研发创新国务秘书办公室斥资 2.67 亿欧元启动征集"应对经济社会难题和挑战"项目系列。7 月，研发创新国务秘书办公室斥资约 1.86 亿欧元启动创新专项。该专项包含 4 个资助计划：①《合作挑战》计划（1.46 亿欧元）；②《就业计划》（2900 万欧元提供 285 个技术合同）；③《企业入驻科技园区刺激计划》（760 万欧元）；④《欧洲技术中心计划》（290 万欧元），鼓励创新型技术中心参与欧盟《地平线 2020》计划，跻身欧洲技术中心行列。8 月，研发创新国务秘书办公室再斥资 3.9 亿欧元启动征集"卓越的科学技术研究"项目系列。

此外，西班牙工业技术发展中心（CDTI）全年共完成了 7 个批次的项目征集工作，累计批准立项 995 项，总经费达 6.04 亿欧元。这些项目资金源自国家用于企业研发创新的专项资金，以扶持和推动企业技术创新发展和国际化。特别是，CDTI 在 5 月斥资 1.25 亿欧元，组织征集了《国家产业集群研究战略计划》（CIEN）的项目。该计划瞄准世界未来产业发展制高点和全球化市场，支持企业联合（3～8 家）开展前瞻性、战略性重大关键核心技术的研发创新项目。

（三）启动公私合作新计划

西班牙研发创新国务秘书办公室 2013 年 12 月宣布，2014 年启动《科技研发创新合作挑战计划》，配套资金 5.48 亿欧元，旨在促进研发创新领域的公私合作伙伴关系，推动新技术的开发和应用，鼓励创造新产品，提供新服务。公共科研机构、大学和企业均可参与申报项目（需要满足企业投资 60% 以上的要求），资助期限为 2～4 年。

（四）加强重大科技基础设施建设

10 月，西班牙科技创新政策理事会审议批准了《2014 年重大科技基础设施路线图》。新的路线图中有 29 个成员，它们是从全国现有的 59 座科技基础设施（含 3 个在建）中遴选出来的，涵盖 8 个领域：①天文学和天体物理学；②生命科学、地球科学和海洋科学；③信息通信技术；④卫生健康与生物技术；⑤能源；⑥工程；⑦材料；⑧人文与社会科学。

（五）稳定人才队伍

9月，西班牙政府宣布投入8040万欧元，绑定910个博士前合同（包括博士生就读期间及短期流动性开支等），其中94个合同为定向选拔，即从自18个塞韦罗·奥乔亚（Severo Ochoa）卓越研究中心优选，资金额度870万欧元。12月，西班牙政府宣布投入8670万欧元，绑定800个博士研究人员及辅助类技术人员工作合同。其中吸引精英人才项目（Ramóny Cajal项目）名额为175名，项目经费约5400万欧元；博士后研究员项目（Juan de la Cierva项目）名额为450名（“培训类”和“融入类”各占一半），项目经费约2560万欧元；研发辅助人员项目（Técnicos de Apoyo项目）名额为175名，项目经费约700万欧元。

四、国际科技合作的主要进展

近年来，西班牙开展国际合作的重要的伙伴机构和计划包括欧空局、欧洲核子研究中心（CERN）、欧洲分子生物学实验室、《尤里卡》（EUREKA）计划、《伊比利亚美洲合作发展计划》（CYTED）、《伊比利亚美洲创新计划》（PII）和《欧洲研究领域网络（ERA-NETs）专题联合研究计划》等，骨干参与了欧盟《未来技术与新兴技术旗舰研究计划》的项目“石墨烯科技与应用”和“人脑工程技术”，并领衔主持了《欧盟联合创新研究计划》（JPI）的项目“变化世界中的水资源挑战”等。

在科研经费大幅削减的严峻形势下，西班牙政府已连续5年没有启动新的国际合作计划，而是集中有限资金，优化服务，着力引导、协调和推动大学、企业和科研机构广泛参与申报欧盟《地平线2020》计划。据官方11月底公布的消息，在2014年38批次的项目征集中，西班牙的大学、研究机构和企业共申报成功761个项目（成功率约14%），获得立项资助逾2.24亿欧元，仅次于德国和英国，排名居第三。为支持本国科学家参与欧洲南方天文台超大型望远镜（E-ELT）建设项目，部长理事会5月特批专款3800万欧元。

关于政府间双边科技合作，西班牙与中国、印度和日本分别保持了双边研讨会形式的交流。2014年中西双边科技合作的最大亮点是国家自然科学基金委（NSFC）与CSIC签署了合作谅解备忘录，旨在支持两国科学家就共同感兴趣的课题举行双边研讨会，这标志着两大机构间的合作重启。

（执笔人：李晓贤）

罗马尼亚

2014 年，罗马尼亚与欧盟签署了《伙伴关系协议》（PAs），出台了《国家研发创新战略（2014—2020）》（SN CDI 2020）和《精明专业化战略》等重要战略文件。但是 2014 年 11 月公布的科技统计数据表明，2013 年罗马尼亚研发投入大幅降低，只占 GDP 的 0.39%，是近 10 年以来的最低点。

一、科技领域政策动向

（一）《伙伴关系协议》（PAs）获欧盟批准

2014 年 4 月，罗马尼亚第 2 次向欧委会递交《伙伴关系协议建议书》，8 月，欧委会接受了罗马尼亚的《伙伴关系协议》，确定了 2014—2020 年，罗马尼亚将使用 230 亿欧元的欧盟结构和投资基金（ESIF）来促进经济增长和就业。其中，10 亿多欧元用来加强罗马尼亚的研发创新能力，支持罗马尼亚实现到 2020 年时 R&D 投入增加到 2% 的目标。

（二）发布《国家研发创新战略（2014—2020）》

2014 年 10 月 28 日罗马尼亚政府发布了《国家研发创新战略（2014—2020）》，本应与之配套出台的《国家研发创新计划（2014—2020）》未能同时推出。

《国家研发创新战略（2014—2020）》确定了三大优先发展领域，通过这些领域的研发创新产生的成果提升罗马尼亚的竞争力。

（1）集中资源保障生物经济，ICT、空间和安全，能源、环境和气候变化，生态纳米技术和先进材料领域在地区或全球具有竞争优势。

（2）针对社会发展迫切需要的领域——健康、遗产和文化认同、新技术和新兴技术，投入科技资源。

（3）保障基础研究在教育部研究创新战略中的优先地位。

《国家研发创新战略（2014—2020）》重点支持两个重大科研基础设施建设：一个是“极端光基础设施－核物理”（ELI-NP）；另一个是“多瑙河－三角洲－黑海”国际先进研究中心。

该战略将实施一系列的计划项目：教育部的《国家研发创新（2014—2020）》（PNCDI3）、支持企业创新、提高企业竞争力的《优先领域计划》；国家科学院的“研究项目”；国家地区发展部的“地区发展项目 2014—2020”；劳工部与教育部共同协调的《人力资本计划（2014—2020）》；农业部及其他相关部门协调的《乡村发展计划（2014—2020）》等。

（三）出台“精明专业化战略”

该战略是《国家研发创新战略（2014—2020）》的一部分，旨在确立罗马尼亚有限发展的领域，充分有效地利用欧盟基金。罗马尼亚“精明专业化战略”制定分三步：首先进行“罗马尼亚研发创新市场的分析及依据”的研究；第二步进行大规模前瞻调研，也是阐述项目的一部分；第三步是“政策对话”。开展多次专家、学者、利益相关者的研讨会，多次网上征集建议，数千人参与。在最初形成 29 个优先领域的基础上筛选出农业食品、ICT 等 13 个板块，在此基础进一步凝练出 4 个专业化领域：生物经济（基于巨大的农业潜力与食品加工业），ICT、空间和安全，能源、环境和气候变化（重点放在降低能源依赖，加强能源效率、水资源管理、智慧城市的建设），生态纳米技术和先进材料。此外还确立了 3 个公共优先领域：健康、遗产和文化认同、新技术和新兴技术。罗马尼亚希望通过这些具有优势的或有潜力的领域为其 GDP 的增长做出较大贡献。

二、科技发展概况

（一）投入情况

根据罗马尼亚统计局 2014 年 11 月发布的数据，2013 年研发投入大幅降低，为 24.65 亿列伊（约合 5.6 亿欧元），占 GDP 的 0.39%，比 2013 年度的 0.49% 减少 0.1%。其中，相比 2013 年度，基础研究经费占总经费的比例下降 1.6%，从 2013 年度的 41.4% 减少到 39.8%；应用研究投入比例与 2013 年度持平，为 40.5%；实验开发经费增长 2.5%，由 2013 年度的 17.2% 增加到 19.7%。研发经费仍主要来自公共财政资金和企业，分别占 52.3% 和 31.0%。获得研发经费支持最多的是政府部门所属的研究机构，占总经费的 49.2%。获得公共财政资金支持最多的是政府部门研究机构，占 70.0%，其次是高校和企业，分别占 21.1% 和 8.2%。

（二）研发预算与实际支付情况

从罗马尼亚教育部2013年全年研发投入预算与拨付情况可以看出，绝大部分研发创新投入的修正后预算比初始预算降低很多，并且实际拨款额又未达到修正值。例如，投资于研究所的初始预算为2000万列伊，财政预算修正后的投入为1580万列伊，降低了21%，但实际拨付只有约1514万列伊。国家研发计划的初始预算约为6.48亿列伊，财政预算修正后的投入为5.58亿列伊，但实际拨付只约5.43亿列伊。境外基金无偿资助的项目实际投入降幅更大，其中，欧洲区域发展基金项目（FBDR）ELI-NP项目的初始预算为5.35亿列伊，而修正后及实际拨付只有1.21亿列伊。值得一提的是对开发项目的投入预算与实际支付差距不太大，初始预算为3.41亿列伊，修正后及实际支付分别为3.17亿、3.16亿列伊。

2014年教育部研发投入全年初始预算共计14.87亿列伊，比2013年减少近11%。投资于研究所的初始预算为2000万列伊，没有增减。但2014年国家研发计划的初始预算为5.66亿列伊，比2013年减少12.6%。2014年境外基金无偿资助的项目初始预算比2013年减少26.7%，其中，欧洲区域发展基金项目（FEDR）ELI-NP项目的初始预算为3.85亿列伊，同比下降28%。2014年对开发项目的投入预算比2013年增加5.7%，金额达3.6亿列伊。

（三）人才状况

根据罗马尼亚统计局2014年11月发布的数据，2013年全国从事研发工作的人数为43 375，比2012年度增加了701人，其中，企业研发人数减少371人，政府研究机构增加1099人，高校只增加16人，非营利性私营机构减少43人。女性为20 173人，占总人数的46.3%。

尽管博士毕业生的数量接近欧盟平均水平，但由于缺乏基金、职业前景不明朗，罗马尼亚一直处于人才流失的状态，留下的研发人员年龄偏高。据估计，罗马尼亚目前有15 000名研发人员在国外。

（四）研发创新成绩比较

欧盟2014年发布的《创新联盟记分牌》显示，2013年，在25个创新指标中，罗马尼亚有16个指标高于欧盟平均水平，其中，智力资产指数中的共同体商标数量和设计数量大幅高于欧盟平均水平，新毕业博士数量、接受中等教育以上年轻人比例、国际合作期刊论文数、应对社会挑战的国际专利申请数量、国外授权许可、专利收入、快速增长型中小企业等指标均高于欧盟平均水平。有9个创新指标低于欧盟平均水平，如非欧盟国家博士生比例、企业R&D支出、创新型中小企业比例、生产和加工创新产品的中小企业、国际专利申请数量等创新指标均低于欧盟平均水平。

三、国际科技合作

（一）参与国际组织的科技合作

为支持参与欧洲空间局的项目及研发活动，罗马尼亚制订了国家资助计划，为参与 STAR 研发项目的罗马尼亚人提供资金，2012—2017 年计划投入 3.841 8 亿列伊。2012 年第四季度组织了项目申报，筛选出 5 个战略项目和 47 个研究项目予以资助。2013 年用于这些项目的金额达到 3276 万列伊。2013 年 8 月，开展了第 2 次 STAR 项目申报，共有 153 个项目申报，其中，研究项目 145 个，卓越中心项目 8 个。

罗马尼亚在跨国研究机构的科研活动中支付了 2.337 6 亿列伊，45.35% 用于跨国研发机构，53.1% 用于欧洲研发项目，1.55% 用于双边和多边研发项目。

（二）双边合作

罗马尼亚与中国政府间科技合作委员会第 42 届例会原计划于 2014 年 10 月在北京召开，因罗马尼亚总统大选而一推再推，现初步定于 2015 年上半年召开。在本次项目征集中，双方科研院所积极踊跃，共申报了 92 个项目，数量远远高于往年。中方有近 70 个科研院所、14 家医院、博物馆和企业参与申报，罗方有 38 个科研院所、实验站、企业参加申报。双方均有企业参与项目申报，说明双方科研人员与企业希望有更多的科技合作与交流。

（三）多边合作

2012 年，罗马尼亚参加了《欧洲经济区（EBA）研究计划（2009—2014)》优先领域研究，是由挪威、冰岛和列支敦士登共同出资用于无偿资助研究所与中小企业的优先领域的研究，旨在缩小欧洲经济区经济与社会差距，同时，通过研究合作加强受援国与援助国之间的双边关系。2013—2014 年项目结果：可再生能源有 3 项，批准预算 300 万欧元；环境保护与管理有 6 项，批准预算 600 多万欧元；卫生与食品安全有 7 项，批准预算 746 万欧元；社会科学与人文有 7 项，批准预算 520 万欧元。

四、研发创新政策取得的成效

（一）研发创新体系能力得到加强

2013 年罗马尼亚对 39 个国家级研究所进行评估。结果显示，全部进入 A

类。但在国际层面上，这些研发机构参与欧盟项目不够活跃。

研发创新体系的能力建设通过三方面的投入得到加强。①对欧洲科研基础设施的投入，其中，欧盟极端光－核物理基础设施（ELI-NP）项目获欧盟资金1.8亿欧元用于2012—2015年的建设，该项目将于2017年完成并运行。目前，罗马尼亚共有15个项目列入“欧洲科研基础设施战略论坛”（ESFRI）泛欧洲科研基础设施的清单中。②对国家科研基础设施维护的投入，2013年，19个国家级研究所获得5560万列伊的科研基础设施维护运行费。2014年10月，政府批准了教育部关于对国家科研基础设施与国家利益目标进行资助的实施方案，同意对这些科研基础设施的维护、运行、开发和安全保护等费用由教育部在年度预算中列支。9月底，教育部在“科研基础设施开发与新的科研基础设施的创建（实验室与研究中心）”框架下，批准了17个科研项目，共投入资金6000万欧元。通过这些科研项目，可配置最先进的科研设备，以加强罗马尼亚的科研能力。③对重大项目的投入，通过“能力建设”项目，支持研究所参与欧盟研发创新活动，特别是第7框架计划。2010—2013年，罗马尼亚共资助能力建设计划和重大项目7个。

通过对人力资源的投入，强化研发创新体系。在竞争机制下，人力资源通过国家计划与科学院的项目获得支持。国家计划主要包括：人力资源项目（2013年投入8390万列伊）、能力建设项目（2013年投入1.702亿列伊）、创意（IDEI）项目（2013年投入1.202亿列伊）和其他项目，其中，最重要的是国家核心计划（2013年共有46个项目，共投入2.567亿列伊）。

（二）鼓励私营部门增加研发创新投入

国家科研计划中设有鼓励私营部门参与研发创新活动“优先领域与创新伙伴项目”，研究解决企业实际中遇到的复杂问题。2013年，在竞争性的子计划《应用研究合作项目》中，有640家企业与大学、研究所共同合作申请约2000个项目。企业投入1400万列伊，财政投入1.468亿列伊，比例为1：10。这个合作项目还支持企业大学参与欧盟合作计划，如《航空》（Clean Sky）、《纳米技术》（ENIAC）、《能源》（Fuel Cells）、《计算机》（ARTEMIS）、《健康》（IMI）等计划。

为增强创新型中小企业的竞争力，《优先领域与创新伙伴项目》中设有《创新项目》，2013年超过300个中小企业参与该项目，企业与财政资金投入比例为1：1。

为方便中小企业融资，设立创新优惠券政策，以鼓励企业发展IT产品、系统、技术，并刺激出口。2013年的创新支票176张支票，总额770万列伊。

《优先领域2》（Operatiunile Axei Prioritare 2）是国家研发创新计划中支持企

业创新的重要措施。2013 年有 350 家企业参与，其中有 300 多家是中小企业。《优先领域 2》中财政预算 8 亿欧元，吸引私营企业资金 2.09 亿欧元投入研发创新活动。约 9400 万欧元支持企业研发部门的研发创新活动；7000 万欧元用于企业研发基础设施的发展；约 1500 万欧元用于没有研发部门的企业购买研发服务；约 2000 万欧元投入在 100 多个创新型初创公司或拆分公司；对成立 6 年以内的创新型创业投入至少 100 万欧元。

（执笔人：余忠庆　战洪起）

保加利亚

2014年保加利亚科技发展的总体情况延续了2010年以来的态势，科技管理体系已然初步成型，但是科研机构经费匮乏现象未有明显改善。由于受经济发展状况所限，保加利亚政府在研发上的投入远远不够，目前反而在不断减少。无论是对保加利亚的公立科研机构还是企业，以欧盟资金为主的海外资金正成为主要的研发投入来源，保加利亚科技发展的现实与前景日益依赖欧盟的支持。

一、科研管理体系逐步形成

保加利亚目前的科研管理体系自20世纪90年代初开始逐渐成形，主要涉及议会、科技主管部门、公立科研机构和高等院校。国民议会是保加利亚科研管理体系中最高政策制定机构，决定着政府科技投入预算，包括在相关部委和科学院的预算分配。议会的教育、科学、儿童、青年和体育常务委员会负责审定和颁布科技发展相关法律和国家科技发展战略。主要科技管理部门包括教育科学部和经济部及其下属的国家科学基金会和国家创新基金会。尽管近些年来保加利亚政府更迭频繁，但上述主要科技管理部门除经济部从经济和能源部拆分出来以外，没有其他重要变化。

教育科学部是政府科技主管机构，负责起草国家科技发展战略等重大科技政策文件并提交议会批准，负责执行国家科技发展战略，协调各部委、地方科技计划和科技活动，管理和协调国际科技合作，监督科研经费使用等。国家科学基金会是教育科学部下属具体负责科研经费分配的机构，是保加利亚最主要的科研经费管理和执行机构。国家科学基金会有7个常任专家委员会，其行政管理部门负责召集专家委员会对竞争性项目进行评审，并以此为依据为项目提供经费支持。经济部继承了原经济和能源部的有关职能，承担国家创新政策的制定和执行，支持中小企业进行技术开发。国家创新基金会是经济部下辖具体负责推动企业及企业和科研机构合作进行应用技术开发的机构。该基金会自 2008 年起不再从政府预算中拨付项目经费，其主要角色变成了协助中小企业获得欧洲之星项目经费的窗口。

保加利亚主要科研机构是科学院和农业科学院。此外还有一些影响力很有限的公立科研机构，如卫生部的国家公共卫生和分析中心。尽管自 20 世纪 90 年代转型以来，保加利亚的公立科研机构在规模上不断缩小，但仍然是雇佣本国科研人员和产出科技成果的主要部门。保加利亚的高等院校承担部分科研活动，但影响力比较有限。保加利亚有大学 42 所，其中，37 所为公立大学；另有 10 所专科院校。

二、公共研发投入过少，科研机构经费不足

保加利亚无论是在研发投入总额还是在研发强度上均处于欧盟最低水平。据保加利亚最新统计数据，2013 年保加利亚研发投入总额为 5. 2 亿列弗（约合 2. 6 亿欧元），比 2012 年增长 5%；研发强度为 0. 65%，略高于 2012 年的 0. 64%，远低于欧盟 2% 的平均水平。纵观过去 5 年的统计数字，保加利亚政府一直在减少对科技的拨款，对欧盟资助的依赖程度越来越高。

保加利亚政府研发经费投入 2009 年为 2. 18 亿列弗，占全国研发投入总额（GERD）的 60%；2010 年猛降至 1. 82 亿列弗，占 GERD 的 43%；2013 年研发经费投入为 1. 65 亿欧元，占 GERD 的 32%。与此同时，海外（主要是欧盟）资金则从 2009 年的 3000 万列弗（占 GERD 的 8%）持续升至 2013 年的 2. 5 亿列弗（占 GERD 的 48%）。公立科研机构的研发经费主要来自政府拨款，从 2009 年的近 2 亿列弗（占 GERD 的 55%）降至 2013 年的 1. 5 亿列弗（占 GERD 的 30%）。海外资金大部分投入到企业。企业研发经费 2009 年占 GERD 的近 30%，其中保加利亚本国企业自主研发投入当时仍占主要部分，与海外投资的研发经费相比接近 10∶1。2013 年企业研发经费占 GERD 的比例升至 61%，其中本国企业自主研发投入与海外投资相比已跌至接近 1∶3。

三、科研队伍面临人才断层

经费不足导致科研人员的低工资，无法吸引有才能的年轻人。保加利亚科学院目前严重缺乏年轻研究人员，也缺少愿意留下来读博士或做博士后研究的年轻人。科研队伍平均年龄偏大，人才断层现象比较明显。保加利亚科学院研究人员的报酬在欧盟是最低的，也是本国公立机构中最低的，2008 年平均月薪为 628 列弗（约合 320 欧元），在随后的年份里甚至降低至 529 列弗（约合 270 欧元），直至 2013 年才恢复到 628 列弗的水平。2010—2013 年有 300 名科研人员离开了保加利亚科学院，其中，仅 2010 年就有 130 名青年科学家离职。如果不能稳定地

增加科技投入，保加利亚人才外流的状况难以好转，科研人员的数量恐怕会进一步减少。

四、科技发展日益依赖欧盟的支持

保加利亚政府在面临高额赤字的情况下，将欧盟资金视为发展本国科技力量的主要依靠。自2010年起，保加利亚政府以改革科研经费的名义，把来自欧盟的各类科研经费也纳入预算范围，试图以外来的资金弥补本国科研经费的不足。保加利亚在欧盟第6框架计划中共取得250个项目，获得2700万欧元的科研经费；在欧盟第7框架计划中取得189个项目，获得2100万欧元的科研经费。2014年是欧盟启动《地平线2020》计划（亦即欧盟第8框架计划）的第一年，保加利亚对参加该框架计划寄予厚望，争取在2014—2020年将获得欧盟科研经费的水平提高3个百分点。保加利亚迄今已与17个欧洲国家签订了合作协议，共同参与了《欧洲科技合作计划》（COST）的近300个项目。

从保加利亚企业来看，研发投入的增长主要来自欧盟结构基金（Structural Funds）和凝聚基金（Cohesion Funds）。目前欧盟资金已占保加利亚企业研发总额的70%以上，然而本国自主研发投入没有明显改善，占企业研发总额的比例现已降至不足30%。在相当长一段时间内，保加利亚在企业方面的研发增量将主要来自欧盟的投资。

2014年11月，保加利亚政府讨论通过了《创新与竞争力》计划和《面向智能增长的科学与教育》（Science and Education for Smart Growth）计划的文本内容并提交欧盟审议。《创新与竞争力》计划的目标在于推动企业创新，优化制造链，提高附加值，改善经济活力。《面向智能增长的科学与教育》计划的目标在于增加科研和教育投入，促进科研和教育领域的信息化，改善科研和教育设施，创造有利于包容性增长和技术创新的环境。根据欧盟结构基金和凝聚基金的预算计划，2014—2020年，欧盟拟为保加利亚《创新与竞争力》计划拨款10.18亿欧元，为“面向聪明增长的科学与教育”计划拨款5.87亿欧元。

主动也好，被动也罢，保加利亚正更加紧密地和欧盟捆绑在一起，其经济、社会、科技发展将不可避免地与欧盟日益一体化，与欧盟共荣共衰。保加利亚实力有限，市场有限，科技、经济领域不可能做到小而全，面面俱到。部分有地域优势或传统优势的领域将得到鼓励和发展。然而对于其他技术领域，要么能集中人力财力聚焦重点方向，找到合适的细分市场并加以积极开发，以特色和比较优势为支撑得以发展，要么靠参与、分包国际科研项目寻求发展，再没有第3条出路。

（执笔人：罗　青）

塞尔维亚

2014 年 4 月 27 日，塞尔维亚议会通过投票批准了塞尔维亚新一届政府的成立。新政府仍然将科技和教育划为一个部门，沿用上届政府的部名，积极推动已有的一些计划。

一、科研投入现状

塞尔维亚 2014 年实际财政赤字将达到 3000 亿第纳尔（约合 25 亿欧元），公共债务达 209 亿欧元，9 月平均月薪是 43 975 第纳尔（约合 370 欧元），失业率在 8 月达到 20.3%，而且失业人口的一半是 30 岁以下的年轻人。

10 月初发布的塞尔维亚《宏观经济分析和发展趋势》指出，塞尔维亚经济已经进入衰退。但即使科研预算紧张（2014 年科技经费占政府预算的比例是 0.34%），塞尔维亚教科部本年度仍然批准发放 200 份攻读博士学位的奖学金，资助 166 名科学家出国参加会议，并购买了 16 种科研杂志的电子版。但对于科学研究必需的大型仪器设备，因其费用昂贵，除了统筹安排解决外或可利用援助经费添置。例如，2014 年 6 月 25 日在贝尔格莱德大学医学院启用的“蛋白质功能遗传研究实验室”所需的仪器设备就利用了欧盟援助塞尔维亚的“高等教育教学基础设施合作项目”的专项经费。

招商引资是塞尔维亚利用先进科技，学习先进科技的有效措施。中国是塞尔维亚工程技术和基础设施领域的重要合作伙伴。具有代表性的合作项目有：中国路桥工程有限责任公司承建的跨越多瑙河的 PuPin 大桥、中国机械设备股份有限公司参与的科斯托拉茨电站一、二期工程、华为技术有限公司承担的塞尔维亚通信系统现代化项目。塞尔维亚政府还希望能和中国企业合作共建科技工业园区。除中国外，俄罗斯也是塞尔维亚在工程技术和基础设施领域内的重要合作伙伴。

俄罗斯积极参与泛欧铁路10号走廊塞尔维亚境内段的建设。塞尔维亚另一项与招商引资有关的重要计划是继续实施对国有资产的私有化政策。2014年8月13日，塞尔维亚私有化管理局（Privatization Agency）宣布出售502家国有公司，其中近400家公司的业务范围与工程技术或科研相关。

二、重点发展的科技领域

（一）农业领域

农业是塞尔维亚国民经济中的重要组成部分，农业产值占到GDP的10%，提供了21%的就业岗位。新政府上台后，农业部将制定完善《2014—2024年农业发展战略》列为首批任务。通过每年举办诺维萨德农业博览会，塞尔维亚可以接触到欧洲最先进的农业机械和优良的作物和牲畜品种，了解和学习欧洲农业发展的趋势和最新进展。此外，在德国国际合作局的指导下，塞尔维亚的有机农业持续发展。据塞尔维亚有机农业协会每年更新出版的2014版“塞尔维亚有机农业概况”，塞尔维亚的有机农业的面积到2013年9月已经达到7455公顷，种植种类包括作物、果树和蔬菜。牲畜、家禽、蜂蜜的有机生产也达到一定规模。2013年，塞尔维亚出口有机农产品7100 t，价值1070千万欧元。尽管许多国家看中塞尔维亚的农业资源，纷纷表示出合作的愿望，例如，美国通过美国国际开发署（USAID），资助在塞尔维亚北部成立农业现代种植技术培训中心和赠送检测农产品品质的高端仪器，但塞尔维亚农业由于缺乏深加工技术，以至于大多农产品只能以初级产品的形式出口，高附加值难以体现。

（二）能源产业

塞尔维亚虽然是小国，但能源构成却非常齐全。除潮汐能和核能外，其余能源（石油、天然气、煤、水、光、风、地热、沼气）一应俱全。但由于生产量小于需求量，塞尔维亚总体上是能源进口国。因此，塞尔维亚选择大力发展可再生能源，其战略目标是到2020年，可再生能源的比例将占总能源的27%。俄罗斯是塞尔维亚最重要的化石能源合作国，但也开始向可再生能源开展合作。2014年10月，俄塞共签署了7项协议或备忘录，与科技有关的有3项（军事科技合作、涉密信息保护合作和能源合作），其中，能源合作涉及可再生能源。此外，从2009年起，塞尔维亚政府实行“上网电价补贴政策”以促进可再生能源的发展。因此，尽管目前塞尔维亚经济不景气，但可再生能源产业的发展持续向前：2014年7月，塞尔维亚农业部宣布和德国Baden-Württemberg州合作打造一个价值800万欧元的生物质市场；2014年9月，斯洛伐克Prima Energy公司投资200

万欧元的太阳能发电厂建成投入使用。该发电厂位于 Tancos，占地 2.5 公顷，安装了 4500 块发电板，发电功率为 1 MW；2014 年 11 月，塞尔维亚太阳能公司（Solaris Energy）投资 300 万欧元、塞尔维亚迄今最大的太阳能发电厂在 Djerdap 电站附近的 Kiadovo 市建成，占地 4.5 公顷，发电功率为 2 MW；美国洲际风电伙伴公司（CWP）计划投资 4 亿 5000 万欧元，在 Kovin 市建设一个 300 MW 的风电发电场。

（三）信息技术

ICT 是塞尔维亚优先发展的领域。2014 年 11 月，美国国际开发署（USAID）投资 70 万美元，和两家塞尔维亚公司共同在塞尔维亚 Zvezdara 科技园成立 ICT 孵化中心。中国的电信企业华为、中兴公司也进入塞尔维亚信息产业市场。除开放市场引进先进的信息技术外，塞尔维亚也在努力研究开发具有自主知识产权的信息技术。以塞裔美籍科学家 Pupin 命名的研究所（IMP）是这一领域的代表。IMP 的研发目标聚焦在应用领域，例如，应用于光伏电站、热电厂、水厂等各类生产过程中的电子监控系统，以及交通管理决策支持系统、电话语音加密系统、车辆定位追踪系统、机场电子监管系统、机器人控制系统和教练模拟机器（如飞行器模拟机、坦克模拟机等），名牌产品是 SCADA（数据采集和监控系统）领域的硬件系列和软件系列。在 2014 年 5 月贝尔格莱德技术博览会上，IMP 展出 20 项成果，其中，“多语种自然语言处理语义文本的软件系统”和“用于癌症分类的多重分形分析仪”这两项成果被博览会授予优秀成果奖。IMP 参与研发的“骨转移原发癌诊断软件”被作为重要成果在第 39 届（贝尔格莱德）国际医学博览会上展出并获得好评。除 IMP 外，塞尔维亚一些小公司也积极投入技术研发。2014 年 5 月，在由美国著名数据公司（EMC）在拉斯维加斯举办的 IT 技术大会上，塞尔维亚 Asseco SEE 公司研发的、处理大众数据的软件“ASEPA”获得大会颁发的最具创新奖。

三、开辟国际科技合作新领域

新一届教科部在科技领域的工作主要集中在落实以往签署的国际合作协议和开辟新的国际合作：和欧盟签署加入欧盟《地平线 2020》科研计划的协议；作为发起国之一参与组建“中欧国家生命科学和纳米科技研究基地联盟”（Ceric-ERIC）；与意大利 Trasta AREA 科技园签署合作协议；执行落实相关的国际合作项目（尤里卡科技合作项目、北约和平与安全科技应用计划、欧洲研究区域网络科研计划和双边科技合作协议框架下的科技合作计划）。新政府执行的双边合作涉及中国、白俄罗斯、法国、意大利、葡萄牙和德国六国。《地平线2020》是塞尔维亚最重视的国际合作项目。自2014年7月1日签约加入《地平线2020》后，塞尔维亚教科部做了大量的宣传，例如召开如何申报《地平线2020》的研讨会，旨在鼓励和呼吁本国科学家和中小企业利用这一计划，获取科研经费，促进创新，提高塞尔维亚国家科技竞争水平，改善塞尔维亚国家的经济情况。

（执笔人：陈永宁）

希　　腊

2014 年希腊政局相对平稳，希腊政府对外宣称，在连续衰退 6 年后经济开始恢复增长。据希腊经济与产业研究基金会（LOBE）发布的预测，2014 年希腊经济将增长 0.6%～0.7%，失业率将下降到 26.7%。财政状况也略有好转。希腊财政部信息显示，2014 年 1—10 月政府主要预算盈余增加到 35 亿欧元，占 GDP 的 1.9%，远高于 2013 年的 14 亿欧元。LOBE 称，希腊经济危机最严重的时期虽已过去，但若不及时进行产业结构改革，危机持续的风险依然存在。国家竞争力还有进一步提升的空间，尤其需要加强生产性投资。

2014 年 1 月，希腊官方正式发布了研发投入最新统计指标，这是希腊自爆发主权债务危机后首次公开发布科技投入指标，此前的统计数据都早于 2007 年。根据新的统计数据，2011 年希腊研究与开发活动总支出共 13.912 亿欧元。投入规模在欧盟 27 国中居第 16 位。其中，企业投入 4.859 亿欧元，政府投入 3.317 亿欧元，高等院校投入 5.595 亿欧元，民营及非营利机构投入 1400 万欧元。希腊研发投入占国内生产总值的 0.67%。在欧盟 27 个成员国中排名居第 24 位。2011 年从事研发活动的人员为 70 229 人，其中，专门从事研究的人员 45 239 名，全职研究人员 3913 名，在欧盟 27 国中居第 16 位。2020 年欧盟的研发投入目标是达到 GDP 的 3%，而目前欧盟的平均水平是 2%，希腊的指标距离欧盟的平均水平还相差较远。

综观 2014 年希腊科技领域的新动态，以下方面值得关注。

一、科技管理新举措

（一）任命新的国家研究与技术委员会成员

2014 年 3 月希腊教育部举行特别会议，教育部长任命国家研究与技术委员会（NCRT）新主席和新成员。理事会新成员是来自希腊、欧洲和国际学术界公认的著名科学家，具有丰富的多学科科研经验。

国家研究与技术委员会的主要工作是根据教育部长要求，提出国家科技发展的框架建议，负责公共研究中心和机构负责人的工作评估及研究机构的定期考核。国家研究与技术委员会由教育部长任命并直接向部长报告，由研究与技术总秘书处提供秘书支持。NCRT 设置 7 个学科的理事会，即能源与环境、社会科学、自然科学、数学与信息科学、生物科学、工程、艺术与人文科学。

（二）政府机构改革，研究与技术总秘书处部门压缩，人员大量削减

在欧盟债权人的压力下，希腊政府部门加大机构改革力度。自 2014 年 11 月起，公共机构人员裁减 30%。研究与技术总秘书处从原先的 10 个司局级部门削减到 4 个部门，人员削减 25%～30%。希腊政府公务员分成两部分，一种是长期雇佣的正式公务员，一种是合同制公务员。这次裁员是采取提前退休和停止续签合同的方式。

二、科技政策新举措与新动向

（一）发布《国家研究基础设施路线图》报告

希腊于 2014 年 4 月发布了《国家研究基础设施路线图》。报告的前言称，希腊尽管目前正面临挑战性的经济环境，此时制订研究与创新的长期计划投资似乎过于雄心勃勃。但是“危机”一个词本来就出自希腊，其原意是“决定性的瞬间”或“拐点”，它能够帮助希腊更加明确此时的优先发展领域和重点。

发布此战略报告的目的是明确和制定希腊的研究与开发战略重点和优先发展领域，规划未来国家研发基础设施的发展建设。结合《2014—2020 年技术开发与创新国家发展战略》的实施，完善研究与创新所需的基础设施，提高和有效利用公共机构和企业 R&D 经费，建设前沿科学研究所需的欧洲地区乃至国际一流的环境，提高希腊在欧盟和国际水平的研究领域的竞争地位并且将最大限度地发挥其潜力，通过科学和创新发展观促进希腊国家和地区经济复苏。

（二）议会通过新的研发与创新国家法规

2014 年 11 月底希腊议会表决通过了《研究、技术开发与创新及其他规定》（RTDI）法案。新法规将对希腊科技界进行重要改革，在科技界引起广泛关注。有关方面评论说，经过 29 年新的现代化科研发展框架才制定出来，在希腊科技界具有里程碑的意义。

新的立法参照欧洲研究与创新政策，目标是加强希腊在欧洲科研领域的地

位，推动希腊科研发展，确立将通过研究开发与创新来促进国家的经济发展。根据新法规，研究与技术总秘书处（GSRT）是专门负责规划、资助、协调、落实和监督管理研究与创新政策相关活动的主要政府机构。政府为科研中心提供经费资助的程序将进一步简化，科研机构自主权扩大，能够更灵活和自主地开发利用潜在资源。新法规将推动科研机构和大学及企业之间建立更紧密的联系，实现所谓的科研-创新-创业的“知识三角形”关系。根据新法规，政府将按照创新联盟的指标定期评估国家科研与创新发展状况。

根据新的立法，将制定7年期的《国家研究、技术与创新战略》，扩大研究、技术与创新国家委员会的成员，成立区域研究与创新委员会，在各政府部门中设立研究与创新联络办公室，促进人才流动，加强私营部门参与研究与技术开发活动等。

（三）发布《国家战略参考框架计划》项目

12月，欧盟委员会批准支持希腊《2014—2020年国家战略参考框架计划》（NSRF）项目，总金额达190亿欧元。资助的优先领域是加工业、旅游业、能源和农业食品，同时也向具有发展趋势的行业领域倾斜，包括研究与技术开发、制药、计算机科学、通信、废物管理、水产养殖、特色医疗服务、文化传承、贸易与货运服务的创新发展、教育与终身培训，以及通过采用新的信息通信技术提高现代化公共管理水平等诸多领域。

项目由欧洲区域发展基金（ERDF）、欧洲社会基金和凝聚力基金（CF）共同资助。希腊政府新的《国家战略参考框架计划》的目标是开创经济发展新开端，利用社区资源，改变生产模式，提升增长潜力和提高经济竞争力。

三、国际科技合作新动向

（一）利用任欧盟主席国时机推动海洋领域合作

希腊担任轮值主席国期间主持一系列海洋合作发展会议，突出其关注海洋地缘战略的重要性。2014年2月，希腊利用其担任主席国的机会组织欧盟和欧洲委员会在雅典举行“推动制定亚得里亚海和爱奥尼亚海宏观区域发展战略”利益相关方的高级别会议，这标志着该区域8个国家开展合作的宏观区域战略准备工作已进入新阶段。这是第一次在宏观区域战略中出现了欧盟国家（克罗地亚、希腊、意大利、斯洛文尼亚）和非欧盟国家（阿尔巴尼亚、波斯尼亚和黑塞哥维那、黑山、塞尔维亚）建立平等合作关系，共同应对挑战。在欧洲冲突最严重的地区，该战略将有助于使西巴尔干地区更接近欧盟。

（二）与欧洲航天局签重要合作协议

2014 年 12 月在卢森堡举行的欧洲航天局部长理事会（ESA）会议期间，希腊分别与法国和德国签署了两个重要的双边合作协议。据这两个空间领域双边合作协议，希腊企业和研究机构将获得 3300 万欧元资助，以便在欧空局计划框架下与这两个国家的企业合作开展空间领域科研活动。协议规定双方的各项科研活动都将在欧空局的监督下实施。协议将保证为希腊航天产业提供发展机会，提高其专业技术，扩大国际联系并增加其出口。这两个协议的合作领域包括开发新型的和创新型的原材料、微电子、软件开发、地球观测和先进网络技术。

（执笔人：梁雪军）

德　国

2014 年是德国新一届联邦政府全面施政的开局之年，与以往历届政府类似，本届德国政府仍然十分重视科技创新，增加公共财政科研投入，强化科研体系建设，营造宽松的创新氛围，促进中小企业创新，优化科技人才发展和支持政策，吸引全球顶级人才和科研后备力量，进一步深化和拓展国际合作，在科技前沿领域取得了一批重大成果。

一、科研投入概况

据《2014 年德国研究与创新报告》，2014 年德国联邦政府研发经费为 144.04 亿欧元，比 2013 年的 144.59 亿欧元略有下降。新一届联邦政府继续对科研创新给予优先支持，重点主要在 3 个方面，一是对德国科学基金会（DFG）、马普学会（MPG）、费朗霍夫协会（FhG）、亥姆霍兹联合会（HGF）、莱布尼兹联合会（WGL）5 家科学促进组织和大学外科研机构的经费支持保持 5% 的年增长率，以巩固和增强德国科研机构的世界领先地位和其对一流科学家的吸引力；二是通过《卓越计划》继续支持大学提升科研能力，2014 年的预算为 7.3 亿欧元，较 2013 年增长 7% 。同时，联邦政府与各州协商，计划建立联邦政府稳定支持大学科研的投入机制；三是继续加大对德国高技术战略框架内科研计划的支持力度，2014 年的预算为 21 亿欧元。

从研发经费预算执行部门看，2014 年联邦教研部支配联邦层面近 60% 的研发经费、共计 84.42 亿欧元，其他 10 余个联邦部门支配约 40% 、共计 59.62 亿欧元。其中，联邦经济与能源部支配 29.66 亿欧元，联邦国防部支配 8.73 亿欧元，联邦营养、农业和消费者保护部支配 5.76 亿欧元，联邦环境、自然保护和核安全部支配 2.94 亿欧元，联邦交通和数字基础设施部支配 2.45 亿欧元。

从研发经费技术领域分布看，2014 年联邦层面支出排名前 5 位的分别是健康研究和卫生经济 19.85 亿欧元、航空航天 14.59 亿欧元、能源研究和能源技术 12.39 亿欧元、气候环境和可持续发展 12.20 亿欧元、基础研究和大型装备 11.18 亿欧元，各领域支出比例与 2013 年基本保持平衡。

二、科技战略与计划

（一）联邦政府发布新一轮高技术战略——创新德国

2014 年 9 月，德国联邦内阁通过了新的高技术战略。该战略的目标是推进德国成为全球创新的领头羊。该战略突出了以下 5 个方面：

1. 更优先的任务

围绕国家繁荣和生活品质，确立创新活跃度高、事关未来、有望保障经济增长与富裕的领域作为优先发展的重点，集中力量进行科研与创新。同时，要着眼于应对全球挑战，使得人人享受更高的生活品质。新一轮高技术战略确立了数字经济和数字社会、可持续的经济和能源、创新型职业、健康生活、智能交通、公民安全六大优先领域。

2. 更好的转移转化

创新处于不同学科、主题和视角的交融点，因此德国要加强企业、高校、科研机构之间的协同，继续促进并扩大它们与国际伙伴的合作。对此，将采取一系列新措施，挖掘高校与经济和社会各界的战略合作潜力，填补成果转化空白，推进尖端集群、前瞻项目及相关创新网络的国际化。

3. 更高的创新动力

联邦政府促进发展竞争力强、就业容纳能力强的经济，并依赖有前景的产品和服务与世界上最强大的创新对手博弈。为此，德国要发掘关键技术的经济潜力，如微电子与电池技术等方面；构建更加友好的资助政策环境，让更多中小企业参与承担创新项目；优化现有促进措施，进一步支持初创企业融入全球性的经济增长和价值创造中心网络，提高德国创新型初创企业数量。同时，要在相对落后地区开拓新的创新潜力。

4. 更完善的政策

德国计划采取新的措施，提高职业教育的吸引力，改进高等教育和职业教育之间的互通性；着力营造针对外国员工的“欢迎文化”；强化技术规范和标准的统一；制定开放获取战略，建立新的管理机制，以便科教人员能够长期、高效地获取政府资助的文献；强化面向创新的政府采购，为经济界创新注入新动力；提升德国对国际风险投资的吸引力。

5. 更紧密的交流对话

德国将通过加强科学传播与对话，进一步提升社会对技术创新和变革的接受能力；吸纳感兴趣的公民参与完善创新政策；建立公民对话和公民研究的新形式；构建新的战略预测机制，采取更加透明的研究资助措施。

（二）实施《数字议程（2014—2017）》，打造数字经济和安全强国

2014 年 8 月，德国政府内阁审议通过了《数字议程（2014—2017）》。该议程聚焦三大核心目标：一是进一步挖掘德国的创新潜力，促进持续增长和就业，力争欧洲数字经济增长第一；二是加快网络普及，支持高速网络建设，促进面向各年龄段人口的数字传媒发展，进一步改善宽带接入和共享，到 2018 年全德实现 50 Mbit/s 以上高速宽带网络在城市和乡间全覆盖；三是进一步改进信息技术系统及服务安全，确保经济和社会的网络安全，提升信任度，打造全球第一的加密大国。

围绕上述目标，德国将在 7 个重点领域采取一系列政策措施：一是依靠市场机制推动网络建设，政府要完善激励市场机制发挥作用的政策，财政资金主要支持市场机制难以解决的宽带建设，保证乡间的宽带接口；二是实施《高技术战略工业 4.0 和智能服务》前瞻计划，推进经济数字化，将初创企业的数量从目前的每年 10 000 个逐步提高到 15 000 个；三是对公共管理进行数字化改造，建设创新型政府；四是增强公众运用数字化新技术的能力，提升公众对数字化进程的信心和参与感，塑造数字化的生活方式；五是挖掘教育、科技、文化与传媒领域的数字化应用潜力，联邦将成立信息基础设施委员会，以政府战略项目撬动资源共享；六是确保数字经济和社会安全与公众信任，打造全球第一加密大国；七是在欧洲和国际层面推进数字议程，积极参与国际标准制定、互联网治理和域名、IP 地址等关键互联网资源的重新分配。

（三）深入实施生物经济战略，减少对石化能源的消耗和依赖

德国联邦政府 2010 年先后发布了《国家生物经济研究战略 2030——通向生物经济之路》《能源规划——环境友好、可靠与廉价的能源供应》《原料战略》等战略规划，2012 年又启动了《资源效率计划》《生物炼制路线图》等计划。2013 年德国联邦政府公布了《国家生物经济政策战略》，将发展生物经济提升为国家战略。德国生物经济战略主要围绕增加可再生资源的生产和供应、加快技术

和产品的创新、通过智能化价值链提升产业附加值、切实提高土地资源的利用效率、在全球背景下发展生物经济 5 个方面，确定了研发和政策重点。2014 年 6 月，联邦教研部等召开生物经济战略计划中期大会，总结第一阶段实施情况，发布进展报告。近年来，德国生物经济在农林业、生物制药、化工、能源、汽车、建筑、机械制造、食品、日用消费品、纺织品十大行业都得到了快速发展，产生了一批新技术、新工艺和新产品，带动了传统产业升级，形成了新的经济增长点，对德国的经济和社会发展产生着积极影响。

三、创新体系建设

德国注重构建面向未来的科研体系，建立以高校为核心的竞争与合作网络交错、功能和机构分工明确的多元化科学体系，核心关注点包括增强高等院校、强化大学外科研机构、突出各科研主体的战略优势、促进科研体系内机构间的合作。2014 年的重点措施包括：

（一）延续《研究和创新协定》《高等教育协定》和《卓越计划》

2014 年 12 月，根据德国联邦和州科学会议（GWK）的建议，联邦和各州政府决定延续实施《研究和创新协定》《高等教育协定》和《卓越计划》，以进一步强化联邦政府和州政府之间的合作，加强大学外科研机构的研究和创新，并为来自全球的最优秀科研人员提供优越工作条件，增强科技创新国际竞争力。2016—2020 年，对 DFG、FhG、HGF、MPG、WGL 的经费将以每年 3% 的速度增长，共计 39 亿欧元。

（二）继续建好行业科研机构

联邦有关部门直属科研机构是联邦层面科研体系的重要组成部分。联邦政府将进一步加强行业部门研究，重点是让联邦物理技术研究院、联邦材料研究和测试研究院、联邦地理科学和自然资源研究院等部门直属科研机构也能够从《科学自由法》的优惠政策中获益，扩大这些机构在经费、人员、投资和基本建设等方面的自主权和灵活性。

（三）新建一批科研机构和设备

在科研机构方面，2014 年 8 月成立了质子治疗中心，德国结构系统生物学研究中心（CSSB）举行奠基仪式，9 月成立汉诺威临床研究中心，马普学会在阿根廷的罗萨里奥新建立了结构生物学、化学和分子生物物理学实验室（MPLbioR）。联邦政府还斥资 1000 万欧元创建了两个大数据研究中心。在大型装备方面，

2014年11月德国新深海科考船“太阳号”交付使用。联邦教研部部长万卡称，这是当今世界最先进的高科技科考船，将满足现代海洋科研的最高要求，为科学家提供气候保护和变暖、海洋酸化、北极冰川融化等相关科学数据，并重点开展印度洋和太平洋气候变化、海洋资源供给和生态系统干预造成影响等方面的研究。

（四）开展创新体系评估

2006年，德国联邦政府成立了由资深专家组成的、独立的智囊团队——研究和创新专家委员会（EFI），定期对德国研究、创新和技术能力进行把脉。EFI的所有成员均为国际知名的经济和管理咨询专家，每年2月底向联邦总理递交《德国研究、创新和技术能力报告》。2014年的报告指出，当前德国创新体系存在诸多问题，包括科研人才外流加剧；受劳动力市场等限制，引进紧缺人才难；缺少促进知识和技术转化的中介机构；信息安全受到威胁等。针对科研评估问题，该报告建议加强对科研支持措施实施成效的评估，并把能否增强德国国际竞争力作为重要指标；完善一些联邦部门已经开始建立的核心评估机构并创新数据中心。

（五）加强科学对话和科普宣传

“创新对话”是联邦政府就创新话题直接与科研、经济界精英交流、沟通、听取意见的顶层对话活动。“创新对话”小组由联邦总理任命，包括15名科学界、经济界和其他社会各界的知名人士。代表联邦政府参与对话的是联邦总理、联邦教研部长和联邦经济部长，对话主题由对话小组成员商议后提出，由联邦总理决策，对话会议在联邦总理府进行。第6次创新对话于2014年10月举办，重点对德国创新体系现状进行了总结，并将加强数学、信息、自然科学和技术教育作为创新政策的挑战。

德国政府非常重视科学普及，采取多种措施提高公民的科学素养和参与度。“科学长夜”是德国重要的科普活动之一。除柏林和波茨坦外，在德国其他很多城市也都有自己的“科学长夜”。2014年5月柏林和波茨坦地区第14届“科学长夜”举行。德国联邦教育与科研部（BMBF）推出了一个新的网站——“公民创造知识网”（www. buergerschaffenwissen. de），旨在鼓励研究爱好者参与科研项目，帮助科学家共同开展课题研究，提升全民科学意识。“数字化社会”是“2014科学年”的主题，德国政府采取措施进一步加强微电子研究，开设数字化教室，扩大网络化教育范围。“科学号”科普船是德国科学年的一个特色活动，特别注重活动的趣味性。2014年5—9月该船在德国38个内河港口城镇停留，所到之处，市民特别是中小学生可以登船参观主题为“数字化在向我们走来”的科普宣传展览，与专家进行互动交流研讨。此外，与科普船流动科普宣传设施装备相类似的还有“纳米科普卡车”和“生物技术科普卡车”等。

四、支持中小企业创新

中小企业是德国经济的支柱和推动力量，创造了57%的国民经济总产值和44%的财政税收，完成了全国总投资的46%，贡献了70%的税收和2/3的专利技术。德国经济界的创新非常活跃，创新投入一直处于高水平并且连年增长，但近年来增长主要来自大型企业，中小企业的创新支出在过去几年并没有持续增加，为此德国政府的创新资金特别关注支持中小企业。

（一）加大项目和资金支持

2013年，联邦政府支持中小企业的资金达14.26亿欧元。继续实施《中小企业核心创新计划》（ZIM），每年支持5000家企业，促进中小企业技术跨越，形成有市场前景的创新成果，推动增长和就业。此外，还通过高技术创业基金、《“EXIST”创业计划》《“SIGNO”计划》等支持中小企业创新。

（二）缓解中小企业投融资瓶颈

主要措施有：设立风险投资补贴，目的是促进50人以下、创办不足10年、营业额不到1000万欧元的“年轻”创新型企业获得“天使基金”。每个企业每年补贴不超过100万欧元，一个投资者在同一企业每年获得的补贴不超过25万欧元；与欧洲投资基金会共同设立“欧洲天使基金”，共投入6000万欧元，挑选经验丰富、操作专业且有规律开展投资的“商业天使”和其他非金融机构投资者，德国和这些“商业天使”各出资50%，帮助高科技公司填补资金短缺。其他措施有：引导银行等金融机构强化中小企业创新风险投资，在欧洲银行资本监管规定的修订中避免产生其他妨碍资助中小企业创新的因素，保证竞争自由等。

（三）做好外贸技术服务和对外宣传

重要措施包括：建设一流的质量和技术管理机构，加强联邦物理技术研究院、联邦材料研究和测试研究院、联邦地理科学和自然资源研究院等部门直属科研机构建设，为产业界和社会提供高质量服务；提升德国认证中心等独立认证机构的专业水准和国际认证能力，打破贸易壁垒，提高德国技术产品的出口机会；组织围绕创新问题的代表团，支持高技术产业等开拓新的国际市场，降低出口风险；联邦外贸和投资署加强国际市场分析，争取外国投资者在德国进行研发和生产。

五、重要人才政策

（一）进一步凝聚全球顶尖人才

联邦政府和社会各界分别设立总统未来奖、洪堡教授职位奖、莱布尼茨奖等一系列政策和奖项，以激励和奖励全球顶尖人才到德国进行创新活动。2014 年，有 6 位外国科学家获得洪堡教授职位奖，11 位学者获得了莱布尼茨奖。

（二）进一步放宽技术移民政策

近年来，德国转变了移民观念并采取了调控性技术移民措施，规定科研人才年薪超过 44 800 欧元或紧缺人才年薪超过 35 000 欧元就可按照“欧盟蓝卡政策”移民，工作 21 个月后就可申请永久居留权。作为德国联邦政府人口发展战略的一个重要措施，2014 年 12 月德国联邦政府设立统一的移民问题咨询热线，将咨询服务的范围从迄今主要用德语和英语向外国人提供职业资质认证咨询，拓展到劳动和职业、找工作、移民乃至德语学习等所有与移民相关的方面。这是联邦德国政府第一次设立内容全面广泛、采用多种语言的移民问题热线。

（三）保障专业技术人才队伍

面对人口老龄化局势，德国政府把保障专业人才队伍和创造更好就业机会作为重要社会任务。联邦政府采取参加教育、建立网络、融合和再获取资质项目、更好的学历认证、专业化的咨询服务等措施，促进移民可持续地融入劳动力市场。进一步强化终身学习理念，保持中老年的从业能力。通过实施《新的工作质量计划》和《超过 50 岁人员职业计划》，支持企业加强适应老龄化的工作环境建设。继续实施《专业人才争取计划》，进一步改善欢迎和挽留外国专业人才的文化。

（四）建立服务企业人力资源保障的专业化中心

这个中心为中小企业提供如何按需求从国外获取专业人才等方面的咨询服务，定期出版《职业资质情况监测报告》，介绍目前和未来专业人员总体状况，帮助中小企业了解人力资源、人力需求和面临的人才瓶颈等。

（五）进一步提高移民就业能力

完善联邦和州的《职业资质认可法》，加强国内外咨询机构建设，做好移民职业资质能力认证。此外，还设立网上“国外职业资格信息平台”，该平台对各商会评价国外职业资质提供支持。有关信息对雇主透明，目的是加速并统一国外职业资格认证。

其他人才政策措施还有，继续用好优秀学生奖学金，第 18 届联邦政府将保持 2% 的大学优秀学生获得奖学金的机会；加强数学、信息、自然科学和技术教育，与科技和经济界共同支持，力争 2015 年 80% 的幼儿园有“小科学家屋”，及早应对数学、信息、自然科学和技术领域人才匮乏问题。

六、法律法规

（一）动议修改基本法，强化联邦与州科教协同

2014 年 7 月，德国联邦内阁通过了基本法修改草案，动议修改相关条款，旨在扩大联邦和州在科研领域的合作范围，加强联邦政府对高校的长期稳定性经费支持，进一步消除制约联邦和州协同促进跨区域的科学、研究和教学工作的法律障碍。德国酝酿对基本法中有关科研支持的条件进行修改由来已久，具有重大意义：一是完善联邦和州合作支持科教发展的机制，原有条款规定高等教育属于州事务，联邦政府不能对高校直接进行类似的稳定资助，修改条款将允许联邦和州通力合作，更有计划性、战略性地稳定支持高校的科研创新工作；二是凸显高校在创新体系中的战略基础地位，修改基本法从法律层面放宽了加大高校基本科研投入的决心，提升了高校在科研体系中的地位；三是强化跨区域科研协作，修改基本法相关条款，有利于德国联邦与州两个层面充分利用科研资源，解决共同面对的科技难题，提高成果产业化效率。

（二）酝酿出台《电动汽车法》，助力电动汽车产业健康发展

2014 年 9 月，德国联邦内阁通过了由 BMVI 和 BMUB 联合提交的《关于电动汽车使用优先权法令》（又名《电动汽车法》）（草案）。旨在赋予电动汽车使用者更多优先权，创造更友好宽松的政策环境，刺激电动汽车在德国全境的推广。这项法令如能获联邦议会通过，预期将于 2015 年生效。该草案包括 4 项核心内容：一是明确定义了“电动汽车”的概念和范畴，适用该法的电动汽车涵盖纯电池驱动汽车、环境友好的插电式混合动力汽车和燃料电池汽车 3 种类型；二是采用牌照标识法，通过清晰可见的标识，与普通汽车牌照明显区别开来，以便电动汽车更便捷地享有优先权，便于监管和提高公众认可度；三是放宽了停车、限行等方面的政策，停车区域优惠或免交停车费，可驶入特殊限行地段；四是规定了电动汽车有限使用公交车道的权利。不过，该法属于非强制性法令，地方政府可结合当地交通情况，灵活制定实施相应的措施。此外，德国联邦政府还规定，政府新购置的公务用车中电动汽车的比例应占到 1/10。

七、国际合作

国际化是德国政府科研创新政策的一个重点，目标在于把德国科研的国际合作提升到一个新的水平，更好地利用德国在国际合作中的潜力和机会，促使德国更多地承担国际责任，为把握和应对全球化带来的挑战做出贡献。国际合作主要围绕两个中心展开：一是面向整个科研体系的国际化，包括科研机构、高校和中介机构，甚至企业；二是通过科研市场化和营造欢迎外国科研人员的氛围，提高德国作为科研创新高地的国际知名度。

（一）重视中德科技合作

2014 年 3 月，中国国家主席习近平访问德国，将两国关系提升为全方位战略伙伴关系，中德关系迎来历史最好时期。中国科技部和 BMBF 共同签署《关于“中德清洁水创新中心”的联合意向声明》，2014 年 4 月“中德清洁水创新中心”在张江揭牌。2014 年 10 月李克强总理访问德国期间，中德双方发表《中德合作行动纲要：共塑创新》，将创新作为中德合作的重要内容，特别是在研发、城镇化与交通体系、农业与食品、环境与气候等方面开展全方位的合作。在清洁水、电动汽车、半导体照明、海洋科学等项目和领域成功合作的基础上，继续拓展领域、深化创新。中国科技部和 BMBF、BMVI 分别签署《关于“2015 科学年：未来城市”合作的联合意向声明》和《关于在创新驱动技术和相关基础设施领域深化拓展合作的联合声明》。

（二）发布《国际合作行动计划》

在 2008 年制定实施的《联邦政府的国际化战略》基础上，BMBF 于 2014 年 10 月首次对外发布了其支持国际科研合作的一揽子计划——《国际合作行动计划》，旨在进一步加强在教育、科学、研究和创新领域的国际合作。行动计划对德国未来在世界范围内开展科研合作的目标和实施策略进行了全面系统描述。涉及的具体问题包括如何有效开展与发展中国家和新兴国家的合作、德国怎样为应对全球挑战做出更大贡献、通过高技术战略等机制平台开发新的创新潜能等。针对不同国家和区域的优势和特点，行动计划分别制定合作战略。

（三）启动《尖端集群和前瞻项目国际化》计划

2014 年 12 月，BMBF 启动《尖端集群和前瞻项目国际化》计划，这是德国联邦政府新一轮高技术战略中推进创新国际化进程的重要措施，旨在深化拓展德国科技与经济的全球网络，与国际领先的创新群体建立战略伙伴关系，并持续融入全球知识和技术创新链，增强企业竞争力和应对全球挑战能力，巩固德国的创新地位。获得支持的创新集群和网络将扩大已有的国际合作，与国际合作伙伴共同设置标准、克服技术障碍，并发挥重要桥梁，尤其作为中小企业与大企业、高校和科研机构合作的独特载体，与优势互补的国际伙伴开展目标明确的创新活动。该计划实施期为2015—2021年。

（四）实施《非洲战略（2014—2018）》

2014年6月，BMBF发布《非洲战略（2014—2018）》，这是其落实2011年德国联邦政府提出的《非洲计划》的具体行动。主要合作目标是，共同应对未来挑战、建立高标准的德非科研合作体系、推动区域与洲际合作发展、提升新兴市场开拓能力、增加德国作为非洲教育科技重要合作伙伴的显示度等。主要合作领域包括环境、健康、生物经济、社会发展、资源管理、创新体系、科研成果转化等方面。

（五）参与大科学工程国际合作

德国参与的欧洲X射线自由电子激光装置（XFEL）和新一代粒子加速器FAIR两大科技项目进展顺利，前者计划于2015年底进行首次科研实验，后者计划于2018年建成。此外，德国积极参与欧洲散裂中子源（ESS）项目的建设及实验装置的研发。由于经费紧张，2014年6月BMBF宣布退出平方千米阵列射电望远镜组织（SKAO）。

（执笔人：赵清华　王敬华）

瑞　　士

经联邦政府2012年的教育、科研和创新管理体制一体化改革和2013年国家新四年科技发展计划开局一年的努力，2014年本应是瑞士科技发展腾飞的一年。但令瑞士科技界始料不及的是，受2月9日全民公决《限制大规模向瑞士移民》提案通过的影响，欧盟委员会相继中断了与瑞士关于参与《地平线2020》（Horizon 2020）和《伊拉斯莫+》（Erasmus Plus）两个计划的合作谈判，取消了瑞士参与欧盟科研与教育合作的"欧盟成员国同等待遇"。因此，2014年也成了瑞士科研和教育界人士最郁闷的一年。

尽管与欧盟科技发展框架计划合作受阻，但在《2013—2016年国家科技发展计划》确保"瑞士产品世界领先地位"和"科研国际领先水平"两个既定目标的驱动下，2014年中，瑞士联邦政府和科技界一方面通过多种渠道，努力改善与欧盟的科技合作关系，同时加大多边和双边合作，扩大瑞士在国际科技界的影响；另一方面推出一批旨在提升本国研究水平和实力的国家重点项目和实施措施，并通过国家实施新《研究与创新促进法》和《职业教育法》打通职业教育和终生教育及建立国家级科技园等举措，继续夯实瑞士创新基础。

高投入的研发经费、高水平的科研组织和一流的创新能力，使得瑞士在与欧盟合作受挫的情况下，国家创新指数和竞争力的国际排名在2014年仍保持领先水平。在世界知识产权组织发布的《2014全球创新指数报告》中，瑞士国家创新能力的排名仍居榜首，连续4年获得第一；在"世界经济论坛"发布的《2014—2015年全球竞争力报告》中，瑞士国家竞争力也名列前茅，连续6年获得第一。以上两组数据表明，2014年瑞士的科技与经济发展态势良好。

一、与欧盟科技合作受限，瑞士各界做出的不懈努力

瑞士长期以来一直重视与欧盟的合作，虽不是欧盟成员国，但早在1998年

就已与欧盟签署涉及人员自由流动、陆运、空运、科研、农业、公共市场和贸易7个方面的一揽子“双边合作协议”，获得了与欧盟合作“欧盟成员国同等待遇”。据统计，在欧盟科技发展第7框架计划执行期中，瑞士获得欧盟批准资助的项目远远超过了瑞典、芬兰、奥地利和比利时等国，在欧盟国家中排名居第7位。在2013年启动的“Horizon 2020”项目第一轮申报中，瑞士在获批的9个“面向未来旗舰项目”中占了6个，其中，2个为项目牵头国家。

正当瑞士科技界准备在“Horizon 2020”第二轮项目中大干一番时，因1998年签署、2002年实施的移民政策引发了瑞士国内房租上涨、交通拥堵、犯罪率上升等一系列社会问题，瑞士右翼人民党提出的“限制人员自由流动”提案在2014年2月的全民公投中以50.3%赞成的微弱多数获得了通过，一下子将瑞士科研与教育界推到了“火山口”。瑞士的公投结果一出，立即引起了欧盟的强烈不满，指出欧盟与瑞士当年签订的一揽子协议是不可分割的，如果瑞士限制移民，将不能继续享受目前与欧盟合作的其他待遇。因瑞士参与欧盟“Horizon 2020”和“Erasmus Plus”两项计划的协议正在谈判中，于是欧盟反制措施的第一棒首先就挥向了瑞士的科研与教育界。2月16日，欧盟委员会宣布，终止与瑞士参与两项欧盟计划的谈判。2月26日，欧盟委员会又正式通知瑞士，冻结对瑞士第一批获批项目的资助，今后只能以“第三国”形式参加“Horizon 2020”和“Erasmus Plus”的合作。

欧盟的制裁措施宣布后，瑞士联邦政府和科技界人士走马灯式地不断到欧盟去游说，希望不要将瑞士排斥在欧盟科技发展框架计划之外，但欧盟方面的态度始终强硬。无奈之下，瑞士科研与教育界上书国会，要求联邦政府拿出解困对策。4月，国会召开专门会议，责成联邦教育、科研与创新署限期拿出行之有效的解决方案。5月，联邦教育、科研与创新署提出了用国会通过的2013—2016年科研经费预算额来资助已获得欧盟批准项目的方案。8月，联邦国会同意了教研创新署的方案，决定凡以瑞士为牵头国申请到的欧盟项目，均由联邦政府进行资助。

与此同时，在瑞士联邦政府主管科技教育要员的多次斡旋下，考虑到瑞士承担的脑研究计划影响力大、牵涉面广等因素，欧盟首先同意了向脑研究计划提供3年的资助。9月，在瑞士决定用本国预算资金资助已获批欧盟项目后，欧盟也做出决定，同意从2014年9月15起，对瑞士承担的“Horizon 2020”一期项目给予资助，资助期限截至2016年年底，但同时仍重申，对2017年以后的欧盟科技发展框架计划项目，瑞士还是只能以第三国的方式参加。

上述过渡性方案虽然解决了瑞士已承担欧盟项目的资助问题，但并没有从根本上扭转瑞士参与“Horizon 2020”和“Erasmus Plus”计划合作受限的局面。为阻止其负面影响持续发酵，瑞士左翼社民党和工会联合会寄希望于出现“全民公决复决”局面，联邦外交部甚至有官员提出修宪动议，建议将“发展与欧盟的双边关系”写入联邦宪法，从顶层为瑞士营造和净化与欧盟合作的大环境。

二、扩大瑞士在国际科技界影响

在参与欧盟科技发展框架计划合作受限的情况下，为不因此削弱瑞士在国际科技界的影响，联邦政府只能另辟蹊径。

欧盟共有三大科技发展与合作平台，分别为《科研框架计划》《尤里卡计划》（EUREKA）和科技领域研究合作组织（COST）。2014 年，瑞士联邦政府加大了介入后两项合作平台的力度，同时拓宽渠道，加强了双边科技合作。

首先是抓住 2014 年担任《尤里卡》（EUREKA）计划轮值主席国的机会大力推动欧洲国家间、特别是瑞士企业与欧盟成员国间的合作，旨在彰显瑞士在欧盟科技合作中的作用。

其次是 3 月再次重申瑞士为欧洲科技合作联盟（COST）成员，并正式签约成为该联盟新成立的欧洲科技合作协会（COST Association）的一员，表现出瑞士不愿被排斥在欧盟合作阵营大门外的意愿。

另外，瑞士作为具有投票权的观察员国，积极参与了欧盟科研基础设施共建。

与此同时，联邦政府科技主管部门还用进一步密切已建立的双边科技合作关系和拓宽渠道的方式，扩大瑞士科技的国际影响，重点加强了与亚洲国家的双边合作：瑞士与中国政府间科技合作项目（SSSTC）招标启动；借日本与瑞士建交 150 周年之际召开了瑞日技术创新合作研讨会；在印度新建了“瑞士科学之家”（Swissnet），并正式揭牌运营；瑞士科技管理最高行政长官——国务秘书兼联邦教育、科研与创新署署长莫洛·德拉布朗乔（Mauro Dell’Ambrogio）先后率团出访韩国、新加坡和越南，并将越南列为南亚地区科技与创新发展最有潜力的国家之一，与其建立了新的双边科技合作关系。

2014 年，瑞士与美国、南非、澳大利亚、坦桑尼亚等重点双边科技合作国家的经费也有所增加；在“瑞士科学之家”在美建立 10 周年之际，还专门举行了庆祝活动。

三、提升国家研究水平和实力

受联邦政府委托，瑞士国家科学研究促进基金会（NFS）年初推出了“国家重点研究第四系列项目”。这批项目共 8 个，均具有前沿且跨学科的特点，每个项目的资助额度均在千万瑞士法郎以上，它们是：①空间研究：行星起源、发展和表征，天文观测与对太阳系本体测定，开发相关航天器，建立实验室及理论模型；②社会发展：人口迁移与流动性对瑞士社会经济的影响；③数字化制造：建立未来数字化大楼的最佳结构和建设标准；④材料革命：计算设计与新型材料发现（MARVEL）；⑤分子系统工程：研究如何将单个的分子模块组装成功能性分子系统；⑥核糖核酸（RNA）与疾病：了解疾病机制中的核糖核酸的生物学作用；⑦物理学中的数学；⑧仿生刺激相应性材料：量子科学技术、改善生活质量用智能机器人。

同时，联邦教育、科研与创新署向联邦议会递交了一批面向应用的国家科研计划项目（NFP）建议，联邦议会将在2015年年初进行讨论。

在推出“国家重点研究第四系列项目”的同时，为有效集成力量、提升国家科研水平和实力，加强科研机构之间、大学与校外科研机构之间合作，将科研力量有效地集中到与国家发展相关的战略研究领域，确保瑞士科研优势领域在研究水平国际领先地位，NFS推行了一项新的“学研合作”措施，规定承担国家重点科研计划项目（NFP）的大学和科研单位，均必须成立国家研究竞争力中心（National Center of Competence in Research，NCCR），要求按项目成立“合作办公室”（Leading House）或成立附有1～2个“协同办公室”（Co-Leading Houses）的“合作领导办公室”（Main Leading House），所有项目参加单位都必须派人参与办公室的工作，并给予物资支持。NFS对国家研究竞争力中心的资助时间为10年，要求研究既要有新颖性，又要有创新性，并具备可转让性，同时要求项目参加人员要有一定的男女搭配和科研后备人员。

四、夯实创新基础

2014年1月1日起，瑞士新《研究与创新促进法》正式生效。该法主要由“研究促进条例”和“创新促进条例”（V-FIFG）两部分组成，内容包括对国家计划、由国家管理的研究促进、创新研究、间接研究费用、国际科技合作和协调与规划的资助办法。另外，根据现实需要，新法中新增了对管理经费，如知识产权管理经费的拨款办法、参与欧盟研究与创新框架计划的措施和联邦政府“研究行为管理信息系统”（ARAMIS）的建设及其相关术语规定等内容。该法中的一个新的亮点，就是在V-FIFG中确认国家创新委员会已实行的一系列行之有效的创新资助办法的法律地位，从而强化了国家创新委员会对创新资助的功能。

2014年，也被瑞士称为是“职业教育年”。随着新《职业教育法》的实施，为打通初等职业教育到中等职业教育直至进入应用科技大学接受高等职业教育、包括进入最高学府——联邦理工大学接受学位教育的通道，3月18日，联邦议讨论了作为新《职业教育法》配套法的《健康职业法》。该法主要用于培训更多的健康护理专业人才，内容是在专业技术大学内设健康护理师、心理健康咨询师、运动疗法教练、助产师、营养师等新职业专业硕士课程。与此同时，为在专业技术大学设立更多与社会需求相结合的专业，培养更多高水平的专业技术人才，联邦政府还与州政府商讨了有关高等职业教育的资助问题，拟比照国际认可的等级，在各专业技术大学设立新的"专业学士"和"专业硕士"课程，现已完成对有关技术大学基础设施的评估，新增专业有关方案也已在年内完成，并有望在2017—2022年实施。联邦议会还通过了《联邦继续教育法（草案）》。该法将在2015年生效，旨在强化继续教育。联邦政府大打职业教育和继续教育牌，目的都是夯实瑞士国家的创新基础。

另一项夯实创新基础的重要举措是，改变瑞士没有科技园的状况，依托苏黎世和洛桑联邦理工大学建立两个产学研紧密结合的国家级创新园。2014年夏，这两所大学所在的州已向联邦议会递交了建立创新园的实施方案。

（执笔人：叶建忠）

波　　兰

2014 年，波兰科技体制改革进一步深化，出台了一系列旨在促进产学研结合和国家创新能力的举措：在提高研发投入的同时，注重优化投入结构；大力发展研究基础设施，进一步改善科研条件；加大科研人才培养力度，建立和健全有利于青年科技人才成长的激励机制；推动科技对外开放，加强国际科技合作，在欧盟有关科研基金中所占份额显著提升。随着科技体制改革的深入发展，波兰科技创新体系进一步完善，产学研结合得到加强，国家整体创新能力与科技对经济社会可持续发展的支撑力有所提升。

一、加大研发投入

近年来，波兰研发投入稳步增长。2013 年研发投入为 144.24 亿兹罗提（1 兹罗提≈0.25 欧元），占 GDP 的 0.87%；2014 年有望提高到占 GDP 的 1%。科研经费的稳步增长有助于波兰政府兑现到 2020 年研发投入占 GDP 的比例达到 1.7% 的承诺。与此同时，通过多种激励措施，波兰政府引导企业增加研发投入，并通过充分利用欧盟的科研资助机制，使得本国的研发投入结构渐趋合理。2011—2013 年，企业研发投入增加了 80%，占波兰全社会总投入的比例从 2011 年的 24.4% 上升至 2012 年的 32.3%，2013 年升至 43.6%。其中，2013 年，企业研发投入达到 62.9 亿兹罗提，比 2012 年增加了 9.5 亿兹罗提，增幅为 17.8%。虽然政府研发投入逐年增加，但其占波兰研发投入总额的比例呈下降趋势。2012 年政府研发投入占波兰研发投入总额的 51.9%，比 2011 年下降了 4 个百分点。

二、促进产学研合作

（一）修改高教法，改革科研成果处置权

2014 年 10 月 1 日，波兰高等教育法修正案正式生效，对目前高等教育体系存在的诸多问题提供了解决方案，致力于加强高校间的合作，营造良好环境以促进创新。新法案赋予高校研究人员科研成果所有权。研究人员及其所在高校通过签订合同，明确以适当的形式将发明或研发成果商业化。该合同将确定研发成果处置方案，包括研发成果所有权如何归属，收益如何分配。如果校方与研究人员没有签订这样的协议，那么新法案中的规定就将适用。高校有 3 个月的时间决定是否愿意将一项发明成果商业化。如果高校决定这样做，那么取得该项发明的科学家有权获得其商业化收益的至少 50%，并最多承担商业化成本的 25%。如果这 3 个月内高校没有做出决定，那么发明者有权以不超过最低工资 10% 的价格获得这项发明的全部所有权。发明者本人可以自主决定以对自己或合作机构有益的任何方式将其发明成果商业化。

（二）修改公共采购法，为科研松绑

按照原有《公共采购法》，所有价值超过 14 000 欧元的采购项目都必须进行公开招标，这样会显著拖延研究进度。修正案将执行公共采购程序的上限从 14 000 欧元提高到 30 000 欧元，研究机构的采购上限提高到 130 000 欧元，大学提高到 200 000 欧元。此外，修正案提出，如果科研机构没能获得研究资助，之前宣布的公开招标会被取消。此举将推动申请经费与招标程序同时展开，有利于早日启动研究项目。

（三）研究基础设施可用于商业目的

近年来，波兰得到欧盟基金大力资助，用于建设研究基础设施的资金达到 260 亿兹罗提（约合 62 亿欧元）。2014 年 3 月，波兰科教部长莱娜·博宾斯卡在一封致大学校长和研究所主任的信中说，尽管存在争议，但利用欧盟基金建设的研究、教育基础设施，可以用于商业目的，也可与产业界合作，共同开展研发项目。她指出，在这个推进科学与创新发展的年代，允许这样做尤为重要，而且这也与欧盟援建这些项目的初衷是一致的。前提是项目受益人必须监督由此产生的收入并向相关部门报告。此外，根据欧盟理事会的相关规定，项目受益人应返还部分收益。为此，波兰国家研发中心出台了相关收入计算和监督程序文件，并组织了关于研究基础设施使用原则的培训。

（四）择优确定“创新孵化器”

波兰科教部通过公开竞争方式择优确定了12所大学作为“创新孵化器”。每个孵化器将获得150万兹罗提的资助。创新孵化器的主要功能是促进大学研究成果商业化和应用，建立研究项目及其实际应用情况的数据库，分析发明成果的市场需求，进行生产前期研究并申请专利保护等。

（五）设立创投基金

作为波兰《创投桥梁计划》（Bridge VC）的一部分，2014年9月，波兰国家研发中心出资50%，与以色列创投集团Pitango、波兰创投集团INVESTIN签署协议，筹资2.1亿兹罗提成立P1创投，支持高技术产业化融资。

三、注重青年人才培养

2010年以来，波兰科教部推出了一系列加强青年科技人才培养的举措，设立有多个奖项，各有侧重，形成了一套有效的资助机制，支持青年科学家的科研事业发展。例如，负责资助基础研究的国家科学中心，有30%的预算经费专门用于资助青年科学家。又如资助应用研究的国家研发中心，设立“帅才”项目（Lider）专门资助青年科技人才，每个项目的资助金额超过100万兹罗提。

波兰科教部建立了专门激励青年科技人才的资助、奖励机制。面向35岁以下青年学者，科教部设立了杰出青年科学家奖学金，面向那些在大学、波兰科学院各研究所及其他研究机构工作的青年学者给予资助。由其就职机构提出申请，专业评审委员会根据其学术成就、研究水平、参与国际项目等指标进行评估。2014年，202名青年科学家从700多项申请中胜出。他们来自人文、社会科学、艺术、自然科学与工程技术、农业、医学等领域，共获得总计3550万兹罗提（约合887万欧元）的资助，相当于在2014—2017年，每人每月可获得最高5000兹罗提的资助。科教部还设立了面向35岁以下青年科学家的“尤文图斯+”项目（Iuventus Plus）支持他们开展高水平的科学研究活动及在国际知名刊物上发表论文。2014年该项目将资助145名青年科学家，总金额约为3800万兹罗提。

面向在校大学生，科教部设有“钻石奖学金”（Diamand Grant），帮助他们开展科研工作，促进其科研事业发展。该奖每年颁予100名大学生，每人最高可获得20万兹罗提的资助。获奖学生可以成为自己的科研项目管理者，完成研究课题的学生可以提前获得博士学位。自2012年项目实施以来，已有300名优秀学生获得资助，政府为此拨付了5000万兹罗提。2014年度的钻石奖学金总预算1500万兹罗提，共有86个项目获奖。在校大学生还可以申请“未来一代”项目

（Generation of the Future），该项目资助在校大学生代表波兰参加各类国际竞赛。2014 年度资助总金额约为 500 万兹罗提，最终 26 个优秀项目胜出，涉及技术、自然科学、医学等领域。获奖者主要为理工大学的学生，个人最高可获得 10 万兹罗提的资助，团体可获得 40 万兹罗提的资助，用来支付参加国际竞赛的旅费、采购小型研究设备、试剂及其他物资等。另外，波兰科教部还设有推动创新的培训项目"创新 500 人"，支持女性青年科学家的"未来女性——沿着居里夫人的脚印"项目，培养年轻人对科学兴趣的"哥白尼之路"项目等。

2014 年 11 月，为加强高校与中学的合作，科教部与国民教育部推出了"创新学生、创新市民"项目，并下设"青年发明家大学"（Universities of Young Inventors）和"学术创新中心"（Academic Creativity Centres）两个子项目。青年发明家大学项目总预算为 200 万兹罗提，2014 年有 40 个项目获得支持，每个项目可得到 5 万兹罗提的资助。这些项目在波兰十多个城市的大学展开，用于大学与中学联合开展研究项目。这些学校的中学生从此可在科学家的专业指导下进行科学研究。科教部还在 8 所大学设立了 9 个学术创新中心，每个创新中心最高可得到 25 万兹罗提的资助，用来聘请访问教授、购买软件等。科教部希望把这些中心打造成模范教师培训中心，培养各学科领域合格的教师。

四、利用国际资源提升创新能力

（一）积极加入大型国际研究组织

2014 年 10 月，波兰科教部长莱娜·博宾斯卡与欧洲南方天文台总干事签署协议，正式加入欧洲南方天文台（European Southern Observatory）。波兰天文学家从此有机会使用世界上最先进的望远镜和观测设备，包括位于智利的超大型望远镜（YLT），并可能参与建设欧洲极大望远镜（E-ELT）。同月，欧洲散裂中子源（European Spallation Source，ESS）项目在瑞典隆德奠基，波兰成为该组织的创始会员国。波兰科学家、工程师将有机会参与建设这个世界上最强、最大、技术最先进的中子源项目。为此波兰将承担设备建造成本的 2%，即 3686 万欧元，其中，至少 70% 将为实物贡献。此外，波兰还是欧洲核子研究中心（CERN）的成员。波兰投资近 2900 万欧元，参与建造 X 射线自由电子激光装置（XFEL），包括设计建造加速器、低温管线部分和其后的测试部分。

（二）争取更多欧盟科研资金初见成效

在欧盟第 7 框架计划中，波兰科学家只争取到了约合全部项目预算 1.7% 的资金，其获得的项目数量在欧盟国家中列倒数第二。为提高波兰科学家申请欧盟研究基金的积极性和成功率，波兰科教部采取了一系列措施。

2014 年 6 月，科教部长莱娜·博宾斯卡致信给大学校长、研究机构负责人，呼吁签署《争取地平线 2020 基金协议》（Pact for Horizon 2020）。在该份协议中，科教部承诺采取一系列激励措施，主要包括：与科研机构评估委员会合作，制定新的评价标准，将科研机构参与《地平线 2020》计划竞争及成功率作为评估科研机构的指标；重组欧盟科研项目波兰国家联络点和 11 个地方联络点，建立支持系统帮助科学家参与竞争；在申请程序上，向欧盟提交项目申请之前，必须先由专家组进行评估；启动“为申请基金的基金”项目（Grants for Grants），科研单位可获得高达 3 万兹罗提的资助，用于申请欧盟科研项目的前期准备工作；国家科学中心和国家研发中心帮助甄别最具潜力的研究项目，并对申请人提供个案支持；建立专门网站，提高关于《地平线 2020》计划竞争程序和规则信息，介绍大学和研究机构的成功案例；在波兰主要学术研究中心区举办会议，研讨《地平线 2020》计划带来的机遇及如何有效参与竞争。在科教部长的倡导下，340 余所大学、研究机构签署了该协议。

根据《地平线 2020》计划第一轮项目申报情况看，波兰成功率为 15.8%，高于欧盟平均水平 2%，波兰科学家将牵头 11 个国际研究项目。此外，科教部还支持《地平线 2020》计划框架下的 11 个“结伴”项目（Teaming Program）。根据该项目，优秀的波兰科研机构可以有机会与欧洲顶尖的研究中心建立战略伙伴关系。科教部下一个目标是提高在规模较小的研究机构工作、尚未申请《地平线 2020》计划的科学家的参与率。

（三）参与建造仿星器 W7-X

2014 年 6 月，仿星器文德尔施泰因 W7-X（Stellarator Wendeistein 7-X）在德国马普离子物理研究所正式启动，整个工程耗资 20 亿欧元。按照设计，W7-X 将在地球上以可控的形式复制太阳产生能源的过程，产生核聚变反应所必需的离子并维持一段时间，从而使科研人员能对极高温度下的离子开展研究。仿星器有助于开发 ITER 聚变反应堆所需的新技术和材料。科学家希望通过 W7-X 能产生持续 30min 的离子放电。仿星器 W7-X 项目首先由德国提出，后来逐渐发展成了国际合作项目。波兰科学家从 2006 年起加入了这个项目。波兰科学院核物理研究所参与组装了超导电缆和母线，华沙理工大学、波兰等离子体物理与激光微熔研究所与欧波莱大学为软 X 辐射的磁系统和诊断系统提供结构和机械分析，波兰国家核研究中心参与建造中性束注入器、反光磁铁、注入室基座和液压调平系统。

（四）小卫星 Heweliusz 号成功升空

2014 年 8 月 19 日，波兰小卫星 Heweliusz 号搭载长征四号乙运载火箭在太原卫星发射中心成功发射。波方负责人表示，由中国火箭发射的卫星入轨精度非常准确，波兰科学家和该卫星在第一时间即建立了联系。此次搭载发射是中波两国航天界的首次合作，双方对此高度评价。

（五）波兰技术应用于彗星登陆器

2014 年 11 月 12 日，欧洲航天局《罗塞塔彗星探测计划》下的菲莱登陆器（Philae）登上楚留莫夫 - 格拉希门克彗星（Churyumov-Gerasimenko），成为有史以来第一个在彗星上成功受控着陆的探测器。菲莱登陆器上使用的地表及地下多功能传感器（MUPUS）由波兰科学院空间研究中心制造，采用了华沙理工大学提供的技术。MUPUS 是一个复杂的地质穿透器，它的任务是穿透彗星地表，测量彗星表层和表层以下的温度及其导热性。MUPUS 耗能低、重量轻（不超过 1. 5kg），在穿透过程中不能让反作用力传到探测器本身，以免影响探测器的稳定，同时 MUPUS 上的温度传感器必须能在真空、低温条件下工作。

五、展望 2015 年

虽然波兰近年来在深化科技体制改革、建立和完善国家科技创新体系、促进科技与经济和社会发展紧密结合、提高国家整体创新能力方面，取得了阶段性成果和显著进展，但在建设创新型国家的进程中仍面临不少问题和挑战。一是总体科技创新水平较低，研发强度、人均研发支出、产业研发投入等指标离欧盟平均水平尚有较大差距。在世界知识产权组织公布的 2014 年全球创新指数排名中，波兰列居世界第 45 位，在欧盟国家中排名靠后。二是科技投入严重不足。虽然近年来科技投入稳定增长，研发投入由 2007 年占 GDP 的 0. 57% 有望提高到 2014 年的 1. 00% ，但总体上仍远低于 2. 06% 的欧盟平均水平。尽管波兰承诺到 2020 年将这个指标提高到 1. 7% ，但届时欧盟的整体目标是 3% ，波兰仍将处在落后追赶状态。三是产学研结合不够紧密，科技成果转化率不高，企业参与研发的内在需求、动力有待进一步提高，企业尚未成为技术创新的主体。

针对这些问题和挑战，2015 年波兰政府将继续把深化科技体制和高等教育改革作为重点任务来抓，进一步促进产学研结合，提高科技创新服务于经济社会发展的效能。同时，将进一步加大研究开发和创新的国际化步伐，通过加强国际科技合作，更好地利用国际创新资源，特别是争取更多的欧盟合作研究资金，通过开放合作提升国家的整体研发能力和创新水平。经过科教部等多方面的努力，波兰政府已把科技与高等教育列为 2015 年优先发展领域之一。2015 年，波兰科技预算将达到 74. 38 亿兹罗提，比 2014 年增加 6. 9 亿兹罗提，增幅为 10. 2% ；高等教育预算 149. 75 亿兹罗提，比 2014 年增加 9. 05 亿兹罗提，提高 6% 。

波兰科教部正在研究制定注重学术质量的科研资助的新规定。根据新规定，政府资助将直接取决于研究质量与所处的科研等级类别。研究机构在很久以前所取得的科学成就或其他历史原因将不再作为政府资助的考虑因素。新的规定计划于2015年起生效，此举将给波兰科研资助体系带来重大变化。同时，科教部与有关部门积极筹划如何通过加强科技与金融的结合，加强技术转移机构的建设，为创新过程各个阶段提供资助或融资手段，进一步促进科技成果的转化，将研发人员的创新发明进一步推向市场。为此，波兰国家研发中心计划于2015—2020年，以多种形式投入150亿兹罗提支持企业或产学研联盟开展研发活动。2015年波兰将在进一步深化科技体制改革，引入竞争性及绩效导向的科研资助体系，促进技术转移和产学研结合，加强科技人才培养，充分利用国际资源提升国家科技创新能力等方面，取得新的进展和成效。

（执笔人：邵英红　叶向东）

匈　牙　利

2014 年是匈牙利科技改革之年。匈牙利总理欧尔班在多种场合讲话中强调指出，匈牙利必须要成为研发与创新中心。“创新”是 2014 年匈牙利社会最热门的词汇，匈牙利政府提出不仅要把匈牙利打造成中东欧地区的制造业中心，而且要打造成中东欧地区的研发和创新中心。匈牙利科技创新体系正处在较大的变革之中。

一、科技基本情况

2014 年 4 月执政联盟青民盟－基民党在国会选举中获得 2/3 多数议席，再次赢得选举，青民盟主席欧尔班再次出任总理。欧尔班一直主张与中国和俄罗斯等东方国家建立更加紧密的关系，执行了“向东开放”的外交政策。多数匈牙利人民支持欧尔班的政策。2014 年匈牙利经济继续处于回升阶段，前三季度 GDP 同比增长分别为 3.5%、3.9% 和 3.2%。在一项由德国商会组织的中东欧地区国家参与的 20 个国家经济形势调查比较中，匈牙利经济形势连续 3 年逐年向好，在该地区首选投资目的国排名居第 9 位，而 2013 年排名居第 10 位、2012 年排名居第 13 位。经济增长速度明显高于欧盟的平均增长水平。外国对于匈牙利投资者信心指数与 2013 年相比有所增加，但匈牙利经济政策的可预见性仍然需要改善。待改进的其他领域还包括法律背景的可信性、打击腐败的力度和透明度等。

据康奈尔大学、欧洲商学院和世界知识产权组织 2014 年 9 月 10 日联合发布的《2014 年全球创新指数报告》，在全球 143 个国家和地区创新指数排名中，匈牙利排名居第 35 位，比 2013 年下降 4 位。据世界经济论坛 2014 年 9 月 2 日发布的《全球竞争力报告（2014—2015）》，在全球 144 个国家和地区创新指数排名中，匈牙利排名居第 60 位，比 2013—2014 年度上升 3 位，属于正在崛起和发展中的欧洲国家行列。

二、国家科技创新体系

现行匈牙利国家创新体系包括5个子系统：议会：教育和科技委员会，研究和创新特别委员会；政府：总理办公室（国家研究、发展和创新专员，国家创新署），司法部（国家知识产权局）、国家经济部、国家发展部（国家发展局）、国家人力资源部（主管教育、文化和卫生）、农业部等；科研机构：匈牙利科学院，农业部等部属科研机构，各州科研机构，独立科研机构；高等院校；企业。

匈牙利政府科技主管部门为匈牙利国家创新署（2015年1月1日起正式更名为国家研究、发展与创新署，统筹政府创新资源，由一个政府部门主管科技研发与创新，将有限的经费集中使用）。该部门原隶属于国家经济部，从2014年5月起直属总理办公室。创新署内部机构设置包括国内事务司和国际合作司，国际合作司内设有国际处和欧盟处。创新署有四大职能：一是负责制定国家科技创新战略和政策；二是协调与欧盟及其他国家和组织的多边和双边合作；三是建立和维护科技信息系统平台和数据库，为科技决策提供科学依据；四是为企业提供创新服务。

匈牙利科学院（MTA）是匈牙利的主要科研机构，成立于1825年。经过2012年改组后，科学院共有研究人员2305名，设立生态学研究中心、农业研究中心、能源科学研究中心、人文和艺术科学研究中心、自然科学研究中心、社会科学研究中心、天文和地球科学研究中心、魏格纳物理学研究中心、经济和区域研究中心9个研究中心，实验医学研究所、数学研究所、语言研究所、生物研究所、原子能研究所、信息学研究所6个研究所。匈牙利现有国立大学19所，国立学院9所。其中罗兰大学、布达佩斯技术与经济大学、塞梅尔维斯医科大学、塞格德大学、德布勒森大学和佩奇大学因较强的研发实力被列为研究型大学。

三、科技发展政策动态和主要举措

2013年6月，匈牙利政府通过了《国家研究、开发和创新战略（2014—2020）》。该战略确定了4个主要目标，第一，将匈牙利研发投入占GDP的比例从2012年的1.29%（其中一半来源于企业）提高到2020年的1.8%，并保持以企业投入为主的“健康比率”；第二，将匈牙利研究人员从目前的3.8万人增加到5万人以上；第三，创建应用研发机构，鼓励学术机构创办技术公司；第四，政府将考虑针对企业研发活动出台税收优惠政策。具体目标包括：创办30所具有世界一流水平的研究和开发实验室；推动30家跨国公司在匈牙利创建研发中心（或加强现有的研发中心）；使30家国内技术型中等规模企业在中东欧地区处于行业领先地位；使300家研发中小企业高速增长，走向国际市场；使1000家创新创业公司，在创办初期得到国家支持。

作为对上述《国家研究、开发和创新战略（2014—2020）》的细化和补充，2014年11月，匈牙利政府通过并开始实施《国家智能专业化战略（2014—2020）》和《国家科研基础设施建设规划（2014—2020）》。《国家智能专业化战略（2014—2020）》提出的研发投入规模将达到23亿欧元，是上一个规划期（2007—2013）的两倍。

（一）加大科技创新投入

2014年是欧盟继第7科研框架计划后，投资达770亿欧元的主要科研计划《地平线2020》实施的开局之年，匈牙利政府积极参与该项科研计划，申报的中小企业创新项目数位居欧盟28个成员国的前5位，并且承诺，自2014年起未来7年内，把欧盟财政补贴的10%（约合7670亿福林）投入到科技研发及创新领域（匈牙利公共投资资金的95%来源于欧盟）。

匈牙利全社会研发投入增速加快。根据匈牙利中央统计署数据，2013年匈全社会研发投入为4200亿福林（按当年汇率约合18.42亿美元），比2012年增长15.5%，是近10年来增速最快的一年，占GDP的比例也从2012年1.29%提高到1.44%，创过去20年最高纪录。在研发投入中，政府投入约占40%，企业投入约占50%，国外资金约占10%。政府研发投入虽然比2013年增加了12.4%，达到1510亿福林（约合6.62亿美元），但研发投入在政府财政预算中的比例持续下降；来自国外的研发投入达创纪录的24.3%的增速，占比也相应提高。投入基础研究的经费约占24%，应用研究占36%，试验发展约为40%。企业部门研发机构的开支增加了22.2%，政府部门研发机构的开支增加了19.1%，而高校研发机构的开支则减少了9.7%。

（二）加强有特色的科研基础设施建设

2014—2020年匈牙利将投入1100亿福林（约合4.5亿美元）用于科研基础设施建设。继2013年6月建成欧洲核子中心（匈牙利）魏格纳物理学研究中心大型强子对撞机（LHC）数据中心与11月建成匈牙利科学院自然科学研究中心后，2014年2月欧洲极端光基础设施阿秒光脉冲源（ELI-ALPS）中心项目在匈牙利塞格德大学奠基。

2009年10月，匈牙利、捷克和罗马尼亚联合竞标获得建设欧盟极端光基础设施（ELI）建设项目。该项目在匈牙利部分的一期工程投入370亿福林（约合1.6亿美元），其中，欧盟投入85%，主要用于建筑物和部分安装投资。2014—2020财年，欧盟将再投入243亿福林用于二期工程，主要用于购买和安装设备。

二期工程计划在2018年完成。该中心建成后，将不仅为超高速基础物理学研究，而且为生物学、医学和材料科学研究提供世界一流的研究手段。该中心建成后，将雇用400名科研及管理人员，将为匈牙利间接创造4000～5000个就业机会。

（三）启动《国家脑科学计划》

未来4年，匈牙利政府将投资120亿福林（约合5000万美元）实施《国家脑科学计划》（NPIBS）。匈牙利是第一个宣布实施脑科学计划的国家，比美国总统奥巴马宣布的《美国脑科研计划》（Brain Initiative）还早两个月，并且政府计划投入的经费比美国国立卫生研究院多（但美国全社会公、私部门计划投入到脑科研计划的资金将超过3亿美元）。匈牙利仅有一所医学研究所，即匈牙利科学院实验医学研究所，专攻神经科学领域。现任国家脑科学计划负责人弗洛因德曾获得2011年度欧洲脑科学奖，2014年又当选美国科学院外籍院士。此外，匈牙利几所有名的研究型大学的相关科学家都将参与国家脑科学研究计划。

（四）实施国家人才计划

得到国际社会赞赏的匈牙利吸引人才计划——《动力计划》(Momentum Programme）已实施6年，2014年获得立项资助的有18个研究团队。获得资助的课题包括智能材料、恶性肿瘤患者生存概率预测研究等。新任科学院院长洛瓦斯指出，《动力计划》的重要意义不仅在于留住了匈牙利境内优秀人才和吸引境外优秀人才回国发展，而且表明匈牙利正在开展世界一流的科研活动。《动力计划》实施6年来，资助研究团队总数已达97个，投入经费总额达到38亿福林（约合1550万美元），有效地减缓了匈牙利优秀科研人才严重流失的现象。其中一些团队已取得国际水平的研究成果。

（执笔人：陈一斌）

奥　地　利

2014 年奥地利经济增长不容乐观，GDP 继 2013 年全年增长 0.3% 后，2014 年前两个季度分别只增长了 0.1% 和 0.2%，第三季度出现了停滞，第四季度面临下滑，失业率第三季度升至 8.6%。受经济影响，奥地利 2014 年的科技发展相对乏力，基本延续往年轨迹，创新能力稳中稍降，在欧盟 28 国创新联盟记分牌上，排名居第 10 位，比 2013 年下降 1 位，但仍属欧盟中上水平。随着经济放缓和创新能力下滑，奥地利对国外企业的吸引力也在下降，据奥地利美国商会的一项调查，奥地利对美国企业的吸引力正在大幅下滑。针对种种挑战，奥地利政府 2014 年在科技领域正采取措施，一方面不断改善框架条件，成立科研经济部，加强创新链整合，加大对教育、科研和创新的投入；另一方面大力推进科研技术创新战略（FTI），引领制造业向“工业 4.0”转型，同时扶持顶尖企业创新，抢占技术制高点和市场，并进一步推行国际化战略。

一、继续加大研发投入，基本维持创新能力

2014 年奥地利的研发投入在经济增长乏力的背景下继续保持增长，国内生产总值的比例在欧盟国家中继续维持较高水平，据奥地利统计局统计，2014 年奥地利国内研发经费投入预计为 93.2 亿欧元，比 2013 年增长 2.73%。研发投入占国内生产总值的比例为 2.88%，高于欧盟平均水平（2.06%）。

二、多层次、广领域推进 FTI 战略实施

自 2011 年推出 FTI 战略后，奥政府成立了由多部委组建的 FTI 战略领导小组，根据领域和重点设立了 8 个工作小组，具体制定推进措施。

（一）组建联邦科研经济部

根据《联邦部委法修正案》，奥地利政府于2014年3月正式组建联邦科研经济部（BMWFW），部长由原联邦经济家庭青年部部长霍尔特·米特雷纳担任。该部职能范围既包括经济、贸易和工业，又包括科学和研究领域，原联邦科研部被撤销。奥联邦政府希望通过此次重组，加强对整个创新链的协调和资源配置，推动基础研究、应用研究和市场的互动与合作，提升创新能力和技术水平。

联邦科研经济部设部长和国务秘书各一名，行政结构分为经济事务领域和科研事务领域两部分。分属经济事务的部门有两个处室（信息处、新闻公共事务处），两个行政管理部门（预算兼行政事务部、人力资源兼法务部），两个中心（经济政策、创新兼技术中心，对外经济政策兼欧洲融入中心），3个总司（第一司企业政策司、第二司旅游兼古迹司、第三司能源兼矿业司）和联邦竞争管理局。分属科研事务的部门为3个总司——第四司高教司、第五司科研兼国际事务司、第六司综合司（负责科研相关的预算、人事、法务等），以及一个学生监察办公室。

（二）创新型公共采购

2012年9月，奥联邦政府正式批准了创新型公共采购（IÖ B）的指导方案并开展实施，用政府采购手段促进企业创新，2013年7月，《联邦采购法》进行了修改，创新作为第二重要的采购标准，同年底联邦采购公司正式设立了创新采购办公室，并将LED照明作为第一个试点项目，要求公共机构优先采购创新型产品，促进创新型企业特别是科技型中小企业的发展。2014年，奥地利创新采购办公室开展了如“创新采购日”“创新采购论坛”“创新采购竞赛”等一系列活动，推动公共机构采购和使用创新产品。2014年9月，在比利时根特召开的“绿色采购”大会上，奥地利联邦采购公司凭借创新型公共采购方案进入了第一届国际公共采购创新奖候选前6位。

（三）未来制造

制造业是奥地利国民经济的支柱产业。未来制造科研专项是奥政府保持制造业活力，面向未来，抢占技术制高点的重要措施。

该专项2011年的资金额为5000万欧元，2012年增至9500万欧元。2014年，未来制造专项共发布5次招标，采取设立教席、资助项目、参与国际合作等多种形式推动制造业创新。年资助金额总计为2400万欧元。

（1）基金教授席：2014年1月就在“先进制造业”和“高性能钢铁材料”两个重点领域设立教席进行招标，总金额达到400万欧元。

（2）国内专题项目：2014 年 5 月就高效资源利用、高效生产技术和高性能产品进行项目招标，资助金额总计 2200 万欧元至招标结束，总计招标项目 137 个，参与方 475 家。

（3）泛欧研究网络计划项目：2014 年 6 月，就参加泛欧研究网络中的科研项目开展联合招标，金额为 100 万欧元。泛欧研究网络的作用是协调跨国研究和发展项目的资助实施，由欧盟 36 家资助机构联合开展。

（4）泛欧研究网络计划－俄欧合作项目：在该领域奥地利就能源、交通、通信与信息技术和制造业开展联合招标。

（5）中奥纳米技术合作项目：促进中国上海的大学和奥地利研究机构开展合作。合作研究项目执行期不超过 3 年。奥方将投入约 50 万欧元。

（四）领跑者计划

领跑者计划于 2013 年由奥地利联邦交通创新技术部推出，旨在支持具有国际竞争力的奥地利顶尖企业。这些企业大约有 400 家，其创新投入占奥地利企业创新总投入的 41%。奥地利政府希望这些获得支持的企业在关键技术领域成为创新领导者。2013 年政府在该计划中投入资金为 2000 万欧元，支持了 31 个项目，2014 年预算投入 2200 万欧元。领跑者计划每个项目投入一般不超过 300 万欧元，支持额度上限为大企业为项目总预算的 25%，中型企业为 35%，小企业为 45%。

（五）知识转移中心和知识产权

“知识转移中心和知识产权开发”（WTZ-IPR）专项由联邦科研经济部于 2013 年 10 月正式推出，旨在改善大学与其他研发机构及企业间的合作模式，加强专利战略，促进科技成果产业化。该专项共分知识转移中心、专利和样机 3 个模块，2014 年已全面进入实施阶段。

2014 年专项以维也纳医科大学（东部）、格拉茨技术大学（南部）和因斯布鲁克大学（西部）3 所大学为中心设立了 3 个区域知识转移中心，资助产学研合作项目 16 个。针对信息、生命科学等重点领域，奥地利政府也将按此模式建立专题转移中心。

在知识产权和样机开发方面，专项将各投入 100 万欧元，用于高等院校专利申请和保护及中小企业样机开发。

（六）研究基础设施

奥地利在研究基础设施方面，特别是大型设施方面积极谋求与欧盟合作，参与欧洲研究设施战略论坛（ESTRI）路线图制定和实施工作。至今已参与资助

ESTRI 研究设施 10 个，特别在欧洲生物库与生物分子资源研究基础设施（BBM-RI）方面，奥地利起着核心作用。2014 年 BBMRI 研究联盟在格拉茨成立，联盟由 12 个欧盟成员国组成。奥地利格拉茨医科大学生物库是目前欧洲最大的生物库，保存超过 600 万个生物标本。

2014 年 7 月，由奥地利 8 所大学共同研发的新一代超级计算机系统“Vienna Scientific Cluster 3”（简称 VSC 3）在维也纳技术大学正式启用，该超级计算机是 VSC 系列的第三代系统，拥有 2020 个节点，每个节点搭建 16 个处理器内核，运算能力为每秒 600 万亿次浮点运算。在兼顾计算能力的基础上，VSC 3 采用了一种全新的油冷方法节能和保护环境，比上一代 VSC 2 更加节能。VSC 是奥地利超级计算方面的旗舰项目，其超级计算机保障了奥地利尖端研究的开展。

三、推动企业创新，迎接“新工业革命”

面对经济全球化浪潮，传统产业向发展中国家转移和产业空心化趋势，奥地利与其他欧洲国家一样，正积极采取措施，加强企业创新，起动“再工业化”进程，以扭转制造业发展颓势。

（一）加强应用研究

奥地利最大的应用研究资助机构奥地利研究促进署（FFG），2014 年上半年对应用研究的资助金额高达 2.86 亿欧元，资助项目 2200 个，重点领域为材料技术、制造技术、电子和微电子。另外还包括信息通信、生命科学、建筑和测量。

（二）推动能力中心建设

以建立能力中心为主要任务的《COMET 计划》（Competence Centers for Excellent Technologies）是奥地利产学研合作领域最重要的计划，根据规划，2008—2019 年奥地利将为此投入 14 亿欧元资金，其中一半来自联邦和州政府，其余大部分由企业承担。奥地利能力中心主要分 3 种类型：K2、K1 及 Kprojekt。

2014 年 K1 能力中心进行了第 3 批项目征集。共有 10 家中心通过评审，获得总计 9200 万欧元资助，加上企业资金，10 家能力中心的总投入达到 2.005 亿欧元。新获批的 K1 能力中心主要集中在生产技术、信息与通信技术、能源、环境和生命科学等领域。2014 年，奥地利还进行了 Kproject 的项目征集，共有 11 个项目通过评审，获得资金 1391 万欧元，加上其他资金，11 个项目总计获得 5110 万欧元的资助。项目所属领域主要集中在生产技术、信息与通信技术和生命科学领域。

目前奥地利共拥有 5 家 K2 能力中心、15 家 K1 能力中心和 29 个 Kproject。

（三）推进“工业4.0”

根据德国罗兰贝格战略咨询公司的一份调查结果，在发展“工业4.0”方面，瑞士、德国和奥地利为欧洲排名前三的“领跑者”，其优势在于强大的工业基础和先进的经济技术条件。近年来，奥地利在“未来工厂”的研究框架下加强了围绕“智能制造”“智能工厂”的创新活动，未来两年将投入2.5亿欧元资金，帮助企业向“工业4.0”转型，主要扶持方式为三类，第一类是通过奥地利研究促进署对企业的创意、创新项目进行资助；第二类是资助科研院所与企业共建“工业4.0”试验工厂；第三类是通过奥地利经济服务公司对制造企业开展的设备及软硬件创新行为进行资助，单项资助金额可高达50万欧元。

2014年8月，奥地利创新部正式宣布与维也纳技术大学合作设立第一家“工业4.0”试验工厂，如果试验工厂的模式成功，创新部计划在2016年再筹建5家试验工厂。

（四）企业研发能力建设

2014年6月，奥地利科研经济部负责的《企业研发能力建设》（Forschungskompetenzen fuer die Wirtschaft）计划完成了第二轮招标，共批准11个项目，资助金额总共450万欧元。该计划主要资助企业的人才培训项目，支持企业和大学、研究机构在举办研讨班、建设培训网络、设立培训课程3个层次进行合作。一般参与该计划的科研院所可获得全额资助，企业则可获得最多80%的资助。

奥地利研究工作室计划《基础研究成果商业化的计划》（Research Studios Austria）是奥联邦政府针对基础研究成果商业化的计划，旨在弥补基础研究与企业研究间的缺门。一般项目执行期为4年，每个项目资助最多至130万欧元。2014年该计划总共向17家工作室提供了1580万欧元的资助，领域集中在能源资源效率（9家）和生命科学医疗技术（8家）。

四、空间领域发展活跃

2014年3月，欧洲空间局（ESA）理事会会议决定，由奥地利航天专家、奥地利航天局局长Harald Posch担任新一届ESA理事会主席，任期3年。奥地利1987年成为欧空局正式成员，此次是奥地利人首次担任欧空局理事会主席。随后不久奥地利国民议会修改联邦部委法，正式确认奥地利联邦交通创新技术部承担“空间部”职能，体现了该国对太空领域发展的重视。

奥地利空间技术近十几年来发展迅速，1999年该国仅有约10家公司从事空间技术领域活动，截至目前数量已增至100家（包括公司和科研机构），从业人员超过1000人，年营业额超过1.25亿欧元。无论是阿丽亚娜系列火箭的燃料还是NASA轨道通信技术，奥地利空间技术随处可见。

凭借其日益增强的竞争力，奥地利得以参与欧盟地球观测和气象领域的多个项目。在2014年欧空局新一代环境卫星哨兵1A号的研发中，卫星绝热系统、卫星全球定位系统接收器均来自奥地利，奥地利还为卫星提供了大量的系统测试设备及数据发送和传输控制系统。在利用卫星数据方面，因斯布鲁克ENVEO公司利用数据生成欧洲积雪实时地图，以记录欧洲高山冰川的融化情况，维也纳技术大学将利用卫星数据提炼出全球的土壤水分信息为预测干旱和洪水提供方便，Joanneum研究所使用卫星数据执行森林管理任务等。

五、积极开展欧盟以外国际科研合作，拓展海外技术市场

根据奥地利FTI战略，奥地利政府将进一步加强与欧盟以外国家开展科技交流和合作。根据相关报告，奥地利将有关国家分为3个梯队，最重要的第一梯队为美国、中国、俄罗斯、印度，第二梯队是韩国、巴西、日本、南非等，第三梯队是非洲（南非除外）、拉美和东南亚国家。按照其国际科研合作战略，2014年奥联邦政府主要与以色列、东南亚、波罗的海沿岸及中国加强了科技合作与交流。

为提振经济，奥政府正在加大创新支持力度和提高经济科技国际化水平，以寻找新的技术增长点和市场。展望2015年，奥政府将继续以创新为驱动，积极调整经济发展结构，以智慧城市、未来交通、未来工厂、工业4.0、未来住宅等理念，进一步统筹、整合和革新传统优势领域，以形成具有国际竞争力的优势产业，同时将通过科技和经济合作等手段，加速对海外市场的开拓。

（执笔人：周顺杰　江晓渭）

俄 罗 斯

2014 年，乌克兰危机、卢布贬值和国内经济面临的零增长境地使俄罗斯遭遇重大政治与经济危机。但整体来看，俄罗斯科技发展受政治因素和经济下滑的影响尚未全部显现，这在一定程度上得益于总统普京和俄联邦政府对科技和创新的高度重视。一年来，俄罗斯政府竭力保障对科技研发的财政投入，并对各领域国家发展规划和专项计划做出调整，在多个领域取得一批重要成果。

一、2014 年研发投入

2014 年的联邦民用科技预算为 3668.6 亿卢布（约合 114.6 亿美元①），占 GDP 的 1.17%，其中基础研究预算 1136.77 亿卢布（约合 35.5 亿美元）；应用研究预算为 2531.84 亿卢布（约合 79.1 亿美元）。用于《科技优先发展领域研发》联邦专项计划的预算为 1900 亿卢布（约合 59.4 亿美元），计划吸引预算外资金 676 亿卢布（约合 21.1 亿美元）。此外，基础研究基金会预算为 92 亿卢布（约合 2.9 亿美元），人文科学基金会预算 154 亿卢布（约合 4.8 亿美元）。

二、科技和创新领域重大政策动向及举措

2014 年，俄联邦政府科技政策的出发点为：对科技领域法律法规逐步进行调整，建立旨在沟通国家与科技界、科技界与实业界之间关系的制度，提高俄罗斯高技术产业的竞争力，促进科研成果的产业化，建立必要的服务体系。同时，俄罗斯政府利用国有科学院改革，收回了国家对科研院所资产和人员的管理控制权，便于政府在科技领域出台统一的政策，对科研体制做出系统的调整。

---

① 按 2014 年年初汇率折合，下同。

（一）完善科技和创新立法

1. 启动《俄罗斯联邦科学、科技和创新活动法》立法程序，为科研和创新活动奠定法律基础

2014 年，俄罗斯在科技立法方面一个重要举措是着手起草《俄罗斯联邦科学、科技和创新活动法》。该法的起草工作由俄联邦国家杜马科技与教育委员会、联邦教育科学部及俄罗斯科学院共同承担。到 2014 年年底，其基本框架已经具备。该法的主要结构包含：国家政策，对象和基础设施，科学、科技及创新活动的组织，成果利用和资金保障 5 个部分。新法规更多地关注创新领域，如能出台，将是对现有《国家科学和科技政策法》的有力补充和对科技创新活动的强力推动。

2. 修改《科学和科技政策法》，完善科研活动经费拨款机制

2014 年，俄联邦教科部在《科学和科技政策法》修改建议中提出了将科研经费从预算拨款机制向项目资助模式转变的设想，即以发展各类国有和非国有的支持科学、技术及创新活动的基金会为基础，形成新的科研活动拨款机制。新科研拨款机制的特点是在招标基础上，定向资助著名科研领军人才、包括大型仪器设备共享中心等在内的科技基础设施、重大科研项目及从事基础和应用科学研究并有实力取得重大科研成果的科研团队。此外，政府将通过基金会对科研和教育机构提出的科技发展领域内有前景的项目进行拨款。

3. 修改《劳动法典》，将科研人员和科研机构领导人任职机制化

2014 年，俄罗斯政府针对科研人员的入职、晋升和离职及科研机构领导人的任职年限做出新的规定。俄罗斯国家杜马两度审议通过的《劳动法典》修正案规定，科研人员需要通过竞争入选后才能签订就职协议或转任其他岗位。对于签订了不确定任期的劳动协议的科研人员，也将定期进行考核。《劳动法典》修正案还规定科研机构领导人（所长和副所长）年龄不得超过 65 周岁，特殊情况可延长到 70 周岁。俄罗斯政府拟借助这一措施降低本国科研人员整体年龄，提高科研人员工作效率。

（二）深化科研机构改革

1. 俄罗斯科学院机构改革初见成效

始于一年前的俄罗斯科学院改革是重组整个国家科技政策实施体系的重要步

骤，是实现完善国家科技拨款机制、调整科研人员劳动关系、改革国家科研课题等目标的基础。正如普京在 2014 年 12 月 8 日的总统科教委员会会议上所指出的，科学院系统进行改革和整合的目的是提高科研竞争力，保障国家技术独立性，改善人们的生活质量。改革一年多所取得的成果得到了联邦政府和普京总统的肯定。新俄罗斯科学院在国家科技政策制定、国家计划和项目论证和评审等方面拓展了咨询和服务功能；国家科研经费支持机制更加灵活、便捷；科研管理体系日趋完善，科研机构与团队的研究自主权逐步扩大，青年人才参加管理工作的机会明显增多。

2. 联邦科研机构管理署对科研机构的重组力度不断加大

联邦科研机构管理署主要在相关法律文件的制定、资产的登记与清点、各类工作组和委员会的创建、与科学院之间的关系协调等方面开展了工作。目前管理署下属 1010 个机构（其中 732 家科研机构），汇集了全国 20% 的研究人员，掌握着多达 930 亿卢布（约合 29 亿美元）/年的科研财政预算资金（2014 年实际拨款达 1080 亿卢布，约合 33 亿美元）。目前亟须解决的问题包括：提高科研工作的协调性、落实青年科学家的住房保障、划清俄罗斯科学院和研究所之间的财产界限等。

管理署计划从建设科研机构现代人事管理制度、制定科研机构绩效评价规则、改革科研机构经费体系等方面着手，构建更高效的基础研究支撑体系。下一步将根据下属科研机构的工作绩效和研究方向进行机构重组。其主要设想如下：

第一，成立联邦研究中心。并入联邦科研中心的研究院所应具备从事国家战略性重点领域（优先科技发展领域）内的超前研究和应用开发的能力。中心应依托在某个或某些优先领域拥有科技界公认的科学学派且具有世界级研究水平的原俄罗斯科学院研究所，同时辅以拥有试验和应用能力的科研机构组建而成。

第二，成立国家研究院。完成基础科学研究是国家研究院的专一功能。研究所工作成果可以体现为数据、设想、理论的积累，可形成对世界和生命形式的新设想，为完成未来的应用研究和实验设计工作开辟新的机会。国家研究院依托具有某些世界领先学科并拥有科技界认可的科学学派的现有研究所组建。

第三，成立联邦科学中心。联邦科学中心可看作是科学创新的核心和技术开发的平台，其基本任务是从事研究开发并为新的关键技术和超前技术方案的应用提供科学支撑。联邦科学中心将成为向技术平台上实现的生产过程提供现代化技术改造解决方案的创新中心。

第四，成立地区科学中心。主要任务是为所在地区经济门类的发展提供科技支撑。该地区内无法归入上述三类机构的科学院研究所将通过有效整合组成地区科学中心，原则上这些面向某地区和某些国民经济门类提供科技保障的研究所应重组为统一的机构。

（三）调整国家重大科技规划与计划

2014 年是俄罗斯执行科技发展规划和行业发展规划承上启下的关键年，全年虽没有新的重大《规划》和《计划》出台。但俄政府根据经济发展及实际需求，对多个领域内的大部分国家规划进行了修改和完善，涉及《国家科技发展规划（2013—2020）》《国家经济发展及创新型经济规划（2013—2020）》《2008—2015 年发展电子元器件和电子产品》联邦专项计划、《国家工业发展和工业竞争力提升规划》《国家制药和医疗产业发展规划（2013—2020）》《国家能效与能源发展规划（2013—2020）》《国家民用航空工业发展规划（2013—2025）》《国家信息社会发展规划（2011—2020）》和《国家环境保护规划（2012—2020）》等。

（四）确定俄联邦科技优先发展领域和关键技术清单

2014 年年初，俄罗斯教科部、科学院及其他相关机构启动了重新确定科技优先发展领域和关键技术清单的工作，其特点是科技对经济和社会发展的强化作用得到鲜明反映。最终纳入清单的领域包括：能源安全及能效，国家安全与反恐，生物医学与生活质量，生物产业、生物资源与食品安全，信息通信技术系统，航天设备与系统，材料与新一代制造技术，前景武器装备、军用和特种技术，自然资源合理利用与生态安全，运输工具与系统八大民用优先领域和 2 个军用领域。

（五）加强科技人才培养

2014 年，俄罗斯在科技及创新人才培养方面采取的主要措施包括：实施俄联邦总统“青年博士、副博士及主要科学学派”资助计划，总统“工程技术人员水平”提升计划和教科部“俄罗斯高校军工人才培养体系”建设计划等。

1. 总统“青年博士、副博士及主要科学学派”资助计划

该计划每年向 400 个青年副博士（35 岁以下）提供定向资助，人均 60 万卢布（约合 1.9 万美元），向 60 个青年博士（40 岁以下）每人提供 100 万卢布资助（约合 3.1 万美元），向每个主要科学学派资助的金额为 40 万卢布（约合 1.25 万美元）。此外还设有 1000 个总统奖学金，人均金额为 2 万卢布（约合 620 美元）。

2. 总统“工程技术人员水平”提升计划

该计划自 2012 年起实施，为期 3 年，共耗资 7.5 亿卢布（约合 2500 万美

元）。2012—2013 年已经有 1.15 万名工程技术人员接受了培训，其中，有 4714 人在国内实习，1588 人到国外实习。2014 年共实施了 28 个项目，惠及 5017 人名工程技术人员。

3. “俄罗斯高校军工人才培养体系”建设计划

为完善军工体系人才职业教育体系，俄罗斯教科部从 2014 年起实施“俄罗斯高校军工人才培养体系”建设计划，通过竞标方式选择建设军工人才培养体系的高校。①挑选毕业后愿意到军工企业工作的全日制学生签订协议进行定向委培，为每名学生向学校追加 4.3 万卢布（约合 1340 美元）教育费用，同时，接收单位也需提供等额经费；②为委培学校建设教学用设施。2014 年共有10～15 所高校入选，每所入选学校可获追加 3000 万～5000 万卢布（合 93.8 万～156.3 万美元）不等的经费，同时共建企业也需投入至少 10% 的建设费用。

（六）完善科研课题机制

2014 年，根据教科部提议，俄罗斯开始在所有联邦政府机构的科研工作中推行统一的国家科研课题体系。科研课题的指标和任务必须参照正在实施的各类国家规划的指标任务来确定。新的国家科研课题体系将科研机构的国家科研任务经费分为基本部分和项目招标部分。基本部分涉及基础设施建设经费、人员工资、差旅补贴及其他支持措施；项目招标部分主要是根据招标结果，对项目和人员提供支持经费。这种做法更有益于对青年科技人才的培养。同时，在高校科研领域也开始实行新的国家科研课题体系。根据教科部学术委员会批准的《国家科研课题编制条例》，将首次允许向研发能力强的科研人员提供专项资助，提高其在大学的地位和待遇，吸引更多人才进入高校科研领域。

（七）建立科研机构绩效评价体系

继 2013 年 11 月 1 日俄联邦政府公布了新版的科研机构绩效评价规则之后，2014 年 6 月 27 日，俄教科部批准成立了由 33 人组成的国家科研机构绩效评价跨部门委员会，标志着俄罗斯新的科研机构绩效评价体系已经形成。新体系依据的主要原则有：科研机构提供资料的开放性；由专业评估团体参与的绩效评价结果的公开性；根据机构研究领域特点和实际取得的成果分组进行绩效评价；采取发达国家通用的科学计量信息分析方法等。教科部确定的全部评价指标共 25 大项。

三、重点领域发展动态

（一）公布科技发展预测报告

2014 年初，俄罗斯政府总理梅德韦杰夫批准了由教科部提交的《俄罗斯

2030 年前科技发展预测》报告。该文件的准备工作历时一年，参考和借鉴了国内外的经验，工作量巨大。该文件的主要内容已纳入《俄罗斯 2030 年前社会经济长期发展预测》文件，并成为俄政府确定科技优先发展领域和关键技术清单的依据及本土大型企业制定发展战略和创新计划的基础。

（二）加大对民用工业的研发投入

2014 年 2 月，俄联邦政府出台新规定，对俄罗斯民用工业优先领域从事研发的机构提供联邦财政补贴，这实际上是鼓励民用工业大力实施综合性投资项目的一种新的奖励机制。在操作层面，该机制的运行计划包括两大步骤：①建立一个跨部门委员会，负责选择与《国家工业发展与竞争力提升规划》相一致的民用产业部门（行业）的重点技术领域，以确保财政补贴准确到位。②编制实施补贴措施的经费预算。最近 3 年的财政补贴分别是：2014 年为 11.6 亿卢布（约合 3600 万美元）；2015 年为 16.9 亿卢布（约合 5280 万美元）；2016 年为 22 亿卢布（约合 6870 万美元）。

（三）成立国家研究中心“茹科夫斯基研究院”

2014 年 11 月，俄联邦总统普京签署联邦法，批准成立国家研究中心“茹科夫斯基研究院”。根据该联邦法的规定，新的国家研究中心将由 5 家研究所组成，分别为“茹科夫斯基”中央空气流体动力研究所、“巴拉诺夫”中央航空发动机研究所、国家航空系统科学研究所、“恰普雷金”西伯利业航空科学研究所和国家航空系统科学试验场。该中心的成立是落实俄罗斯《国家航空工业发展规划（2013—2025）》的重要步骤。这也是继库尔恰托夫研究院之后，俄罗斯成立的第二个国家研究中心。

（四）发布“航天成果应用于国家经济现代化和区域发展的框架政策”

2014 年年初，俄联邦总统普京批准了“俄罗斯至 2030 年航天成果应用于国家经济现代化和区域发展的框架政策”。该政策既包含了一系列宏观内容，如国家利益、原则和目标，以及政策实施的重点方向、任务和阶段，也包含了具体条款，如鼓励研究和推广本国航天产品与服务、航天成果应用公开共享、吸引中小企业和投资机构，以及优先扩大与关税联盟成员国、欧亚经济共同体成员国、独联体国家、金砖国家的国际合作等。为使该政策将来具有可操作性，俄联邦政府将调整相应计划，以保证在 2020 年前保质保量地实施国家航天成果应用新举措。

（五）成立机器人技术科研实验中心

2014 年 2 月，俄联邦政府总理梅德韦杰夫签署命令，宣布成立机器人技术科研实验中心。根据命令，该中心为联邦国有预算企业，隶属于俄联邦国防部。俄罗斯政府成立该中心的初衷是参考国外经验，通过建立特殊部门从事突破性的高风险研究，开发两用技术及产品，实现保障国防安全和武装力量现代化改革的目标。

（六）关注极地研究开发

根据普京的建议，俄罗斯拟成立专门的政府部门，负责俄罗斯北极事务的统一决策并主导实施该国北极战略，这个部门将具有类似国家委员会的性质，具有广泛的权利。为保障俄罗斯北极地区的安全和利益，普京责成国防部加强该国在北极地区的军事存在，包括加强军事基础设施建设，以及在俄罗斯北极地区建立新一代水面舰艇及潜艇统一驻扎体系，以提高俄罗斯北极地区边境的安全性。另外，俄联邦科研机构管理署宣布，俄罗斯计划实施统一的科研计划，研究北极开发问题，依托原俄罗斯科学院几个相关研究所成立联邦北极综合研究中心，并予以拨款支持。计划的目标是将研究所、高校、企业等进行高效联合。

四、国际科技合作

2014 年，俄罗斯在基础研究、应用研究与成果产业化、国际信息与人才交流、吸引外国资本对俄科技领域投资、参与国际组织活动、解决全球性问题等领域与美、欧、金砖国家及其他国家开展了形式多样的国际科技合作与交流活动。

在国际大科学项目合作方面，俄罗斯参与了多个重大国际大科学计划，包括“国际热核聚变实验堆”计划、“欧洲同步辐射中心”计划等，并以各种形式参加了“中微子质量测定”“黑洞及类星体观测”和“巨型射电天文望远镜”等大型科研项目的国际合作。

在俄美科技合作方面，能源和航天是目前两国合作成果最为丰硕的两个领域。但随着乌克兰局势升级，欧盟、美国和日本宣布对俄罗斯采取系列制裁措施，俄美在这两个领域的合作均受到负面影响。

与俄美科技合作相比，俄欧科技合作并没受到政治因素影响。俄罗斯与欧盟把 2014 年确定为双方的科学年。俄欧科技合作的新特点在于双方通过欧洲科技框架下的《地平线 2020》计划、“欧盟俄罗斯科技合作网络平台”和《俄联邦国家科技发展规划（2013—2020）》确定了俄罗斯与欧盟的长期科技合作关系，而且在于从 2014 年开始开展多项实质性科技合作。俄罗斯与欧盟国家在俄欧 2014 科学年框架内开展的活动超过 200 项。作为科学年重要成果，双方科研机构间签署的各项协议，为未来合作奠定了基础。俄欧共同项目招标的合作形式得到保留和发展，2014 年全年共支持了 69 个俄欧合作项目。双方还就俄方参与欧盟《地平线 2020》计划的地位及双方合作机制进行了探讨。俄方还有意邀请欧盟共同参与俄罗斯“ПИК”高通量中子束流反应堆项目和“НИКА”基于超导粒子加速器的离子对撞机项目。

在与金砖国家的合作方面，金砖国家科技与创新部长会议于 2014 年 2 月在南非举行，与会代表就科技与创新问题进行了探讨，并确定了食品安全、纳米技术、新能源、科技园和孵化器等领域作为金砖国家科技合作优先领域。

（执笔人：米桂雄　郑世民）

白俄罗斯

2014 年，白俄罗斯国内政局稳定，经济低速增长。根据白俄国家统计委员会的数据，2014 年 1—9 月，白俄罗斯 GDP 总量为 544.2 万亿白俄卢布（约合 513 亿美元），较 2013 年增长 1.5%，其中工业加工领域贡献最大，共创 122.2 亿美元。2014 年 1—9 月通胀率为 13.4%，已超过预期目标。白总统卢卡申科下令多项措施刺激经济增长，大幅提高科技人员工资，2014 年 9 月统计，白俄罗斯全国平均工资为 637 美元，按行业划分收入最高的为金融业，达 982 美元，科技人员平均工资排名第二，为 850 美元。

一、科技发展总体情况

据白俄罗斯国家科委统计，截至 2013 年年底，白俄罗斯共有各类科研机构 482 个；在编人员总数 28 937 人（包括博士 704 名，副博士 2974 名），其中，科研人员 18 353 人；全年 R&D 投入 4.12 亿美元，占 2013 年 GDP 的 0.69%。

与往年相比，在国家不断加强支持企业创新力度，提高产品竞争力的政策下，2013 年白俄罗斯从事创新的企业数量虽有所减少，但其对创新的投入却有所增加，创新产品出口创汇额也有小幅提升（如表 3－8 所示）。

表 3－9 反映了 2011—2013 年白俄罗斯国家创新活动的主要指标，而表 3－10则反映了白俄罗斯国家创新资源的发展情况。由于受当时本国总体经济形势和其他因素的影响，企业各项创新活动发展缓慢，创新动力不足，成效不明显。

表 3-8 企业创新活动基本情况

	2011 年	2012 年	2013 年
从事创新活动企业数量	443	437	411
创新企业占全部企业的比例	22.7%	22.8%	21.7%
企业对技术创新的投入（亿美元，2013 年 12 月 31 日汇率）	9.2	8.3	10.5
新产品、服务和生产工艺的研发的投入	2.3	0.9	1
购置机械设备的投入	6	5.5	6.6
新产品新工艺生产推广所需设计费	0.6	1.8	2.8
产品出口创汇（扣除税款，亿美元）	268.1	490.9	488.5
创新产品创汇	38.6	85.7	87.2

表 3-9 创新活动比较数据

	2011 年	2012 年	2013 年
每万人中请国家专利数	1.8	1.8	1.6
各机构用于技术创新投入比例	21.7%	22.7%	21.5%
工业企业用于技术创新投入比例	22.7%	22.8%	21.7%
服务行业用于技术创新投入比例	12.1%	21.8%	19.2%
工业企业用于技术、组织和市场化创新投入比例	24.3%	24.8%	24.4%
创新产品出口占全部出口商品的比例	14.4%	17.8%	17.8%
国内市场中新型创新产品所占比例	60%	43.6%	44.6%
国际市场中新型创新产品所占比例	1.1%	0.7%	0.6%

表 3-10 创新资源指数

	2012 年	2013 年
人力资源		
25～34 岁每千人中获得硕士和博士学位人数	0.8	0.8
30～34 岁年龄人群中具有高等教育学历所占比例	28.4%	28.4%
20～24 岁人群中获得中等教育所占比例	92.6%	92.6%
在读博士中非欧盟国家学生占全部在读留学博士比例	4.62%	5.03%
国家财政支持		
国家 R&D 投入占 GDP 比例	0.21%	0.24%
风险资本占 GDP 比例	—	—

续表

	2012 年	2013 年
企业活动		
研发产品市场推广所占 GDP 比例	0.46%	0.45%
用于非研发方向的创新投入占全部产品的比例	1.55%	1.95%
合作与经营		
从事独立创新的中小企业占全部中小企业的比例	4.70%	3.99%
从事合作创新的中小企业占全部中小企业的比例	0.69%	0.52%
成　果		
推广创新产品的中小企业占全部中小企业的比例	4.21%	3.47%
经济效益		
从事科研活动占全部企业活动的比例	27.36%	27.36%
科技服务出口占全部服务类出口的比例	26.36%	25.73%

2014 年，白俄罗斯政府认识到，中小企业的创新产品的生产和出口是带动国家经济增长的不可或缺的重要拉动力，政府需要着力打造对中小企业创新更有利的环境。所以白俄罗斯政府采取诸多措施，调整国家创新发展策略，加大对企业创新的支持力度，企业创新成果与往年相比呈现出显著增长的势头。

二、积极有效推动创新

2014 年 1 月，白俄罗斯政府公布了《建立与发展创新产业集群构想》，旨在分析评价白俄罗斯现有科技潜力和发展前景，推动创新型企业集群式发展。国家创新产业集群政策的目的是为提高国家经济竞争力创造条件，推广集群式发展模式。根据建立与发展创新产业集群的计划，其主要目标是：分析世界经济集群式发展经验及在白俄罗斯得以推广的模式；研究白俄罗斯国家经济集群式发展的条件；发展过程中有可能出现的问题，阻碍因素和解决途径；确立适合本国集群发展的相关政策；确立国家支持和资源保障体系。其主要任务包括：建立相关法律规章制度；确立优先发展方向；创造专业培养领导者与专家的条件；建立国家支持与保障体系。

为支持中小企业和青年学者的创新，白俄罗斯国家科委 2014 年先后 5 次征集国家级创新项目，征集项目涉及的领域包括：IT、生态与资源合理利用、医疗卫生、能源、机械制造。而国家科委项目经费也较往年大幅增长，每个项目资助经费一万美元，侧重林业、基因工程与生物技术、机器人与生产自动化、纳米技术、IT 等，通过项目对在读硕士、博士的青年学者予以资助和鼓励。为积极有效推动创新，白俄罗斯国家创新基金会也从国家预算中增加 20% 的投入，从白俄罗斯发展银行预先支取，推动本国创新基金会参与国际合作和风险投资。其中关于科技风险投资的建立，白俄罗斯在中白政府科技合作委员会第11届例会期间表示希望与中方合作，借鉴中方的经验建立中白科技风险投资基金，对中白科技合作项目予以资助，具体问题目前双方正在研讨之中。

在各项政策的刺激下，2014年白俄罗斯各企业创新动力较为强劲，据白俄罗斯国家科委统计，截至2014年9月，白俄罗斯创新企业占企业总数的26%，创新产品占出口总额的17.8%，高技术产品出口额已达100亿美元。企业创新能力有所增强，如已开始凭借自身的创新能力生产高精密度铸件，2015年将生产高精密度天然气管道用铸件。此外，白俄罗斯企业还将打第二眼水平向页岩油井。

除鼓励创新外，白俄罗斯还积极鼓励本国的科研机构拓展空间，参与国际科学项目，如白俄罗斯将发射通信卫星，将宇宙通信当成其太空计划的主要内容，积极兴建南极科考站等。

（执笔人：陈　曦）

乌 克 兰

2014 年乌克兰政坛剧烈震荡，经济衰退，暴力冲突持续升级。俄罗斯和欧美的介入使得情况更加复杂。在此背景下，2014 年成为乌克兰科技界前所未有的困难年：政府几乎没有投入科研经费，科研院所为节约费用要求员工不上满班，人才流失严重，全国科研活动陷入停顿状态。

一、政府整合科技主管部门的工作进展缓慢

2014 年 6 月 4 日乌克兰政府颁布命令，改组其最主要的科技主管部门——国家科学创新和信息化署（简称“创新署”），成立国家电子政务管理总局。该局隶属于内阁，由兼任国家住房和地区发展建设部部长的副总理分管。创新署在科技和创新领域的相关管理职能将划归教育科学部。政府虽已颁布改组创新署的命令，但未公布具体改组方案，创新署照常运转，改组工作迟滞。9 月 3 日，乌克兰政府通过关于优化中央权力执行机构的决议，将中央权力执行机构的数量缩减 20%，部分机构的职能将被重新整合。9 月底创新署启动改组工作，但至今尚未完成。

为缩减行政开支，乌克兰总理亚采纽克表示，在分散乌克兰政府权力改革和缩减 2014 年国家预算开支框架内政府人员缩编 10%，需裁员约 2.4 万名。目前原创新署、教育科学部和国家电子政务管理总局的一部分公务员被裁撤，相关人员安排及部门的整合工作正在进行中。政府科技管理部门长时间无法正常履行其职能，无法保证科研活动的有效秩序和创新效率，国家创新体系建设更是无从谈起。

二、科技实力下滑，但个别领域仍保持世界先进水平

乌克兰是苏联的 15 个加盟共和国之一。苏联时期，出于“冷战”的需要，

乌克兰科研生产活动的重点是航空、航天和军工。伴随着苏联解体，乌克兰经济严重衰退，科技发展受到一定影响，但仍较完整地保留了以军工为核心的庞大科研体系，在航空航天、军工及特种焊接技术等领域仍处于世界先进水平。2014年乌克兰参与了美国“安塔瑞斯”号火箭第一级的研制工作，并与美国轨道科学公司签订至2017年的长期合同。

2014年乌克兰科技界虽然在个别领域小有成就，但是整体实力下滑，主要受到以下两方面因素的影响：

第一，科技投入大幅缩减对科研活动产生负面影响。

乌克兰央行行长表示，2014年乌克兰GDP降幅预计达9%～10%，世界银行预测通胀率2014年将达19%。2014年年初，乌克兰最高议会通过国家预算草案，其中维稳经费大幅上升，挤占了科技、教育等领域的预算份额。

乌克兰最高议会公布2014年科技投入预算为27亿格里夫纳（按当时汇率，约合3.3亿美元）。但统计数据显示，至11月科技投入占GDP的0.25%，是乌克兰独立以来的最低水平。

近年来，乌克兰科技投入持续下滑，严重挫伤科学家的积极性，对科研活动产生较大负面影响。科研院所经营状况举步维艰，无法保障科研人员的工资薪酬，设备陈旧无法更换、科研人员老龄化问题突出，优秀的青年科学家更愿意到欧美等发达国家的实验室工作。目前全乌克兰每千名劳动者中仅有3.7名科学家，位于欧洲国家最低水平。此外由于财政困难，政府对因公出国做出严格限制，到国外交流培训更多依赖外方资助，导致乌克兰科技界与世界新技术潮流渐行渐远。

第二，局势动荡、东部陷入战争泥潭，科研力量损失惨重。

2014年暴力冲突致东部地区科研院所遭受人员及财产的巨大损失，是乌克兰整体科研实力下滑的重要原因之一。

乌克兰科学院在顿巴斯地区共有11个分支机构，2个在卢甘斯克，9个在顿涅茨克。目前已有4个单位搬迁至首都基辅和西部城市利沃夫。由于国家财政部门在顿巴斯地区无法正常工作，从7月起该地区科学院的工作人员已无法领取工资。此外，众多科研院所的办公场所损毁严重，有的甚至沦为战场，恢复重建的工作量大、难度高。

克里米亚地区有39所科研院所，38所国立高校，主要从事农业、海洋、航天等领域的研究工作，在叶夫帕托里亚有一家国家航天飞行测试与控制中心。3月克里米亚公投入俄后，乌克兰航天及科技管理部门将部分科研院所、设备和工作人员转移至内地，但是大部分科研院所已被俄罗斯接管。

三、"脱俄入欧"的外交政策使科技界陷入尴尬境地

乌克兰新政府上台后，迅速调整外交政策，加快"脱俄入欧"步伐。在此背景下，政府大力倡导科技界加强与欧盟及美国的合作关系。6 月 11 日，乌克兰与德国召开第 10 次政府间科技例会。6 月 17 日乌克兰原创新署第一副署长与美国国务院官员就加强乌美科技合作举行会谈。8 月 7 日乌克兰领导人在与北约秘书长拉斯穆森会谈时指出，乌克兰同北约在军技、航空、航天等领域合作前景广阔，希望双方在年度合作计划框架内开展合作。

在加强与欧美国家关系的同时，乌克兰政府努力切断与俄罗斯在各领域的合作关系。3 月，乌克兰国家安全与国防会议通过启动退出独联体程序的决议。4 月，乌克兰边防局表示，将限制俄罗斯公民在本国停留期限，自入境之日起 180 天内在乌克兰停留不得超过 90 天。

乌俄关系现状深度影响两国科技领域的合作。乌克兰作为苏联重要的加盟共和国之一，继承并保留了苏联模式的科研体系。独立之后，乌俄两国仍在科研和生产活动中保持密不可分的合作关系。针对乌克兰科学院与俄罗斯的密切关系，教育科学部部长谢尔盖·克维特致信科学院院长巴顿先生，对科学院及其下属科研院所仍与俄罗斯开展合作表示愤慨，建议科学院重新确定科技合作的优先伙伴国。

目前乌所有科研院所及高校全面停止与俄罗斯的合作。由于苏联的科研生产模式与欧美国家大不相同，乌克兰需要将当前的科研模式调整到欧美国家模式。当前乌克兰科技界既无人力又无财力，距达到与欧美等发达国家的科研活动进行无缝连接的目标相去甚远。

俄罗斯不再提供某些领域的关键技术，给乌克兰整体科研水平带来一定的负面影响。乌克兰原计划于 2014 年 4 月发射首颗"列别齐"号通信卫星，至今尚未发射，推迟原因之一是需要对俄罗斯制造的一个关键设备进行必要的调整。

（执笔人：张　明　李姗姗）

日　　本

2014 年，日本国内经济仍然徘徊在低迷的境地，看不到曙光。据日本内阁府的统计，2014 年 7—9 月实质 GDP 的增长率按照年增长率换算为 -1.9%。安倍政府上台之后的一系列量化宽松货币政策及税收新政，使日本经济出现过极其短暂的好转，但是在新政全部实施后，依然无力复苏。然而日本政府非常清楚，科技发展相关战略才是日本国家发展的根本，其在 2014 年中的一系列科技政策，无疑显示了其早前宣布的将技术创新作为经济发展原动力的决心与行动。

一、日本科学技术发展概况

（一）科技投入情况

根据日本《2014 年科学技术研究调查报告》，日本 2013 年 4 月—2014 年 3 月的年度全社会研发经费总额为 18.13 万亿日元，占当年度国内生产总值（GDP）的比率为 3.75%，该数据已经连续 3 年超过 3.6%。2011 年度，日本研发经费的 GDP 占比为 3.67%，在世界排名居第 4 位；2012 年度的占比为 3.65%，在世界上仅次于韩国和以色列排名居第 3 位。作为世界第三大经济体，尚有如此高的研发经费 GDP 占比，反映出日本全社会对科技投入的重视程度。

2013 年 4 月—2014 年 3 月，在日本全社会总体研发经费年度投入中，来自民间（主要是企业）的投入为 14.51 万亿日元，占比高达 80%，充分体现了日本企业的技术创新主体构造；来自政府的投入为 3.54 万亿日元，占比为 19.5%，主要用于支持大学、科研机构和企业开展基础研究，支撑企业技术创新的后续应用研究和开发研究。

2014 年政府科技预算围绕“科技相关预算的战略性制定”“战略性创新创造计划”“革新性研发推进计划”三大要点编制，预算额度为 3.63 亿日元，与 2013 年相比提高约 1.11%。与 2013 年相比，国会、财务省、厚生劳动省的预算基本保持不变，内阁府、法务省、外务省、农林水产省、国土交通省、警察厅等都有较大幅度的增长，其中内阁府增长最高，达到421.1%，之所以增加如此之大，是因为综合科学技术与创新会议新增了由其直接管理的科技创新推进费，总额为500亿日元。文部科学省所掌管的科技预算比例最高，达63.8%；经济产业省位居第二，为14.9%；厚生劳动省与防卫省所占比例基本相当，位居第三，均为4.5%。

（二）科技人才发展情况

截至2014年3月31日，日本共有科学技术相关从业人员104.66万人，比上一年度增加0.6%。其中，研究人员84.16万人、科研事务人员8.68万人、辅助人员6.59万人、高级技工5.23万人。

在日本84.16万名研究人员中，拥有博士学位的研究人员总数为16.6万人，占研究人员综述的19.7%；企业、大学、研究机构中研究人员所占比例分别为57.7%、37.7%和4.6%，而在企业、大学、研究机构研究人员中，拥有博士学位的研究人员的占比分别为4.72%、39.06%和49.48%。

（三）专利等知识产权创造情况

根据日本《特许行政年度报告书2014版》数据，自2000年以来，日本专利申请以每年40万件左右的申请量向前推移，2006年以后呈现逐渐减少趋势，其中2009年度减幅较大，随后即保持在30万～35万件。2013年4月—2014年3月，日本专利机构受理的发明专利年度申请量为32.84万件，比上一年度申请量（34.28万件）减少4.2%。其中，外国人申请5.67万件，占17.3%。

随着经济和知识产权国际化的进程，日本近年来更加重视国际专利申请。日本专利机构受理的PCT国际发明专利的数量，在2011—2012年度分别以20.5%和12.7%的幅度连续两年激增的基础上，在2013年度仍然保持了增长势头，达到43 075件。

从整个世界按申请人国别统计的PCT国际发明专利申请数字来看，2013年4月—2014年3月，申请人国别为日本的PCT国际发明专利的年度申请量为43 918件（上一年度申请量为43 660件），仅次于美国的57 239件居第2位，在PCT国际发明专利申请中保持加强了有利位置。2013年4月—2014年3月，在PCT国际发明专利申请量居前50位的企业中，日本有20家，占40%，其他国家合计占60%。在一定程度上反映了日本大企业在国际上具有一流的技术创新能力。

（四）科技论文发表情况

根据日本《文部科学统计要览（2014年版）》发布的统计数据，2008—2012

年，日本科学技术论文（不含人文、社会科学）约占世界同期发表科学技术论文总量490万件的6.9%（约为33.81万件）。横向对比看，该占比落后于同期的美国（占26.8%）、中国（占12.9%）、德国（占7.7%）、英国（占7.1%），排名居世界第5位。

同时，2008—2012年，日本科学技术论文（不含人文、社会科学）被引用次数，约占世界同期科学技术论文被引用次数总量2500万次的6.7%（约为167.5万次），居美国、英国、德国、中国和法国之后，排在世界第6位。

（五）国际技术贸易情况

根据日本总务省《2014年科学技术研究调查》报告数据，2013年4月—2014年3月，日本企业国际技术的年度贸易额连续第二年增长。技术输出总额3.39万亿日元，比上一年度增加24.8%，技术出口连续第二年创造历史新高。年度技术贸易顺差2.82万亿日元，占当年度技术出口额的83.2%。居前6位的领域分别是交通装备制造业、医药品制造业、信息通信装备制造业、电器设备制造业、通用机械制造业、化学工业。

（六）高新技术产品进出口情况

根据日本《科学技术要览（2014年版）》引用的OECD数据，2011年，日本高技术产业出口额为1533亿美元，排在中国、美国、德国之后居第4位，约占世界高技术产业出口总额2.8453万亿美元的5.4%。在这一数据体系中，所谓高技术产业，主要指的是宇宙、航空产业，计算机、电子、光学机械产业，医药产业领域。

二、有关科技政策与管理动向

（一）加强科技创新宏观统筹

2014年5月日本修正《内阁府设置法》将“综合科学技术会议”更名为“综合科学技术创新会议”，意在强化其促进创新的相关职能。具体改革内容如下：

1. 发挥会议在科技预算编制中的主导作用

综合科学技术创新会议设立了“科学技术创新预算战略会议”，由科学技术政策担当大臣担任议长，相关部门人员参与，统一协调编制科技预算。在2014年科技预算的编制过程中，通过该战略会议机制，针对跨越政府各部门的分工框架的重要政策，出台了《2014年度科学技术相关预算及资源分配方针》。基于这一方针，新设立《战略创新项目 SIP》，发挥了综合科学技术创新会议在科学技术相关预算编制中的主体作用与先导作用。

2. 引导完善创新环境

为强化综合科学技术及创新会议的指挥部功能，基于日本再兴战略与科技创新综合战略，综合科学技术创新会议设立了战略性创新项目（SIP）并进行重点支持。在 2014 年度预算中，专门为 SIP 新设立了 500 亿日元的“调整费”预算，这部分费用将用于解决日本重要的技术课题研究，培育具有前景的未来产业。2014 年度确立了能源、下一代基础设施、地域资源、健康长寿 4 个领域，并先期确定了前 3 个领域的 10 个课题作为 SIP 的重点研发项目。这些重点项目在内阁府进行登记，确立从基础研究到应用实施的闭环研发计划。综合科学技术创新会议对课题分配机动预算，相关议员可随时对课题进行了解、评价并给予相应的帮助。内阁府针对课题实施建立事务局管理体制，并吸收相关部门人员与专家组成推进委员会，及时对课题进展进行调整与指导。

3. 对突破性的创新研究进行投资

综合科学技术创新会议针对风险性高、非连续性强，且一旦成功将对社会与产业发挥重大影响的创新课题，设立了“创新研究开发推进项目”(ImPACT)。ImPACT 支持大胆的科学构想、不同专业领域的积极融合、创新型突破型人才的培养及能够充分发挥潜力的创新环境建设等内容，导入项目管理机制，建立培养运营管理人才的机制，俯瞰尖端研发的全过程开展工作。以研发成果应用实施为目标，研究确立机制改革、政府部门协调、金融扶持政策等措施。根据这一政策方向，综合科学技术创新会议将考虑在其下设立创新研发推进会议，推动相关政府部门与机构共同参与开展研究计划。日本政府希望借助 ImPACT 的实施有力促进各界建立挑战尖端科研课题的意识，加快使日本成为“最适合创新的国家”的进程。

4. 依托新的法人制度建立 PDCA 创新循环

日本于 2014 年启动了对独立行政法人的改革，各类国立科研机构也在改革的范畴之内。与法人制度改革相适应，综合科学技术创新会议将发挥指挥塔作用，针对有关机构和项目建立 PDCA（计划、实施、检查、应用）循环，参与对研究开发机构的政策制定与成果评价，对各类研究开发活动进行统筹协调与指导，这种指挥塔作用将在新的法人制度中得以体现。

（二）出台《科技创新综合战略 2014》

根据安倍内阁制定“科学技术创新综合战略”的施政要求，综合科学技术创新会议经过多次全体会议讨论，于2013年6月内阁会议审议通过了面向2030年的长期科技创新战略——日本《科技创新综合战略2013》。此后，会议对该战略进行了修订和完善，于2014年6月通过了日本《科技创新综合战略2014》。

日本《科技创新综合战略2014》在以往课题的基础上，将相关政策课题重新组合，围绕构建清洁经济的能源体系、引领世界发展的健康长寿社会、新一代基础设施建设、培养利用地方资源的新产业、东日本大地震恢复重建等课题，在综合科技创新会议的整体协调下，由各政府相关部门具体负责实施各项科技计划。该战略提出，通过ICT、纳米、环境等跨领域技术的推广，进一步加强产业竞争力的培育，把握住2020年东京奥运会的时机，结合各类课题推动科技产业化，向世界展示日本的科技创新实力。

此外，《科技创新综合战略2014》还提出营造适合科学技术创新的环境，保证研究人员能够在适合研究的环境下工作。

（三）推进独立行政法人改革

2013年12月，日本内阁通过决议确定了对日本独立行政法人进行改革的基本方针，2014年4月，日本政府行政改革本部发布了独立行政法人制度改革关联法案的主要内容，根据业务特性重新规定了法人的分类并实施相应的管理。

调整后的独立行政法人分为三种类型：中期目标管理法人、国立研究开发法人、行政执行法人。改革后，原来的100个法人被调整为87个。除了一些机构合并外，还新设了研究开发法人　日本医疗研究开发机构，以研发世界顶尖水平的医疗技术为目标，对日本政府各省厅的医疗研发预算进行集中管理，实现从医疗基础研究到产品化整个研发过程的支援。

对于国立大学的改革将从2016年开始，大学将被划分为“世界最高水准的教育研究”“特定领域的世界性教育研究”和“地区活力的中枢”三类。对于在相关类别中获得较高评价的大学，给予优厚的资金支持。这一改革改变了以往按照规模对学校进行的机械的分类，有利于突出学校的特色及促进大学之间的竞争。

三、主要领域的研究与计划

（一）新能源领域

根据2014年4月出台的第4期《能源基本计划》与2013年9月内阁综合科技会议确定的《环境能源技术革新计划》，日本制定了详细的《能源相关技术开发路线图》，今后将按照该规划有条不紊地推进如下各种新能源技术的战略性开发。

1. 太阳能电池

日本意图在铜铟硒化合物（CIS）电池技术领域，通过低成本化和多样化战略，维持甚至强化日本在该技术领域的优势地位。日本计划到2020年将电池组件的转换效率从目前的8%～18%提高到20%以上；到2030年，以新结构太阳能电池的实用化为前提，进一步提高转换效率到40%左右。太阳能发电成本目前为每度电23日元，到2020年争取降低至14日元，到2030年更降低至7日元以下。在太阳能电池的多用途化方面，从2014年始，尽早着手开发适用于未利用空间的新型太阳能发电技术，开展对高附加值电池组件及系统技术的实证研究。

2. 海上风电

海上风电要在2030年前重点解决3个方面的技术问题：一是实现着床式海上风电的实用化；二是实现浮体式海上风电的实用化；三是先进的零部件开发技术和维护技术的高度化、持久性、可靠性。

在最新一期的《海洋基本计划》中，日本将海上风电的发展列入重点，提出在2020年前将海上风电装机量提高到100万千瓦以上，达到当前装机量的40倍的目标。

3. 海洋能发电

日本的目标是，在2020—2030年，开发出批量生产后发电成本不高于每度电40日元的海流发电设备；在2030年左右确立发电成本不超过每度电20日元的下一代海流发电技术体系。

4. 海底可燃冰

日本提出了2018年前完成商业开采可燃冰技术开发的目标，目前正在进行相关技术的完备工作。日本计划在关注国际技术动向的基础上，于2023—2027年出现第一个由民间企业主导的商业开采项目；针对表层型可燃冰，准备在2014—2016年，利用3年左右时间，基于可开采储量的调查结果和确定开发方向的基础上，着手进行资源回收技术的正式调查和研究开发。

5. 地热发电

日本计划在2020年前开发出高水平的地热储留层探查技术，着手开发地热储留层的评估、管理及应用技术，开展先进钻探技术的研发以降低钻探成本。同时，开发高效地热发电系统，对低温地热发电和新型热交换媒介开展技术实证研究。

6. 生物质的开发利用

日本的目标是，从2014年开始，通过直接燃烧，利用木本潮湿性城市型生物质（如行道树的枯枝落叶）进行发电、供热，逐步确立该类生物质能源利用的技术体系，实现具有使用价值的成本控制，构筑完善的应用系统；作为第二代生物质燃料，以草本、木本生物质乙醇作为汽油的替代物，在2020年实现不与粮食类作物争夺土地资源的纤维素原料的低成本、大规模供应；作为第三代生物质燃料，以微藻类生物质和木本生物质BTL部分取代煤油、航油，在2030年前实现微藻类生物质航油的生产和真正普及。

7. 氢的开发利用

日本制定的目标是，2014年开始工业副产品氢的有效利用，开展以液态氢或有机氢的形式从国外进口、储存并在国内流通的相关技术开发与实证，鼓励并为加氢站的建设提供补贴，开发低成本加氢站相关技术，修改相关法律法规，降低行业准入门槛，鼓励普通家庭购买燃料电池并提供补贴，帮助产品普及应用，同时开展燃料电池在工业中的实用化研究；从2015年开始进行利用国外未开发能源制氢技术的开发与实证，开展不产生二氧化碳的可再生能源制氢技术的开发与实证，着手氢燃料电站汽轮机等关键零部件的开发与实证；2020年开始销售家用氢发电机，工业用燃料电池投放市场并能自主普及，用户成本回收周期缩短至七八年；2030年实现利用国外未开发能源制氢、运输和储存，扩大国内氢流通商业网络，企业能够根据市场自主开展加氢站建设，商用氢发电站开始出现；在2050年前后真正实现利用不产生二氧化碳的可再生能源制氢、运输和储存。

（二）生物医药领域

日本政府一直重视医疗相关产业的发展，这一产业的发展同时极大地带动了生物制药、基因工程、人类遗传资源应用、iPS细胞研究等一批生物技术相关产业的发展。

日本独立行政法人新能源和产业技术综合开发机构（NEDO）将联合京都大学iPS细胞研究所、国立医药食品卫生研究所和Takara Bio等企业开展名为“面向国际标准化确立心脏毒性评价方法的细胞制造及计量技术”的研发项目，以解决利用iPS细胞大批量培育心肌细胞过程中细胞品质不均问题。该项目预计在2015年即可实现高品质的商用制造，并在2020年达到100亿日元的市场规模。在日本政府的大力扶持下，iPS细胞的临床实用化脚步越来越快，可以预见，iPS细胞产业将成为日本再生医疗领域的支柱性产业。

日本政府还确定了两个重点研究项目并为之拨付预算：一是下一代癌症研究

课题战略性培育项目，这一项目主要包括新型抗癌药物的研发，诊断化合物的研究，新药候补化合物的选定，化合物在生物体内效能机制的研究等一系列课题；二是 iPS 细胞专项研究及再生医疗实现据点网络项目，该部分预算主要用于建设再生医疗研究的基础设施及构筑从 iPS 细胞相关的基础技术研究课题到临床应用的无缝研发体系。

（三）超级计算机领域

2014 年 4 月，文部科学省正式通过了开发下一代 EXA 超级计算机的研发计划。EXA 超级计算机的运算速度将达到日本目前最快超级计算机“京”的 100 倍，即每秒 100 亿亿次。

日本政府已准备在 2015 年度的财政预算中列入必要金额，制订详细计划，希望在 2020 年前完成 EXA 超级计算机的开发。

四、国际科技合作

积极开展国际科技合作与交流一直以来都是日本科技基本政策之一。目前，日本政府共与 46 个国家及地区签订了双边科学技术合作协定；积极参与了《国际热核聚变试验堆计划》（ITER）、《全球综合地球观测系统》（GEOSS）、《综合大洋钻探计划》（IODP）、《全球生物多样性信息机构》（GBIF）、《国际科学技术中心》（ISTC）、《人类前沿科学计划》（HFSP）、《全球海洋观测计划》（ARGO）7 个多边国际科技合作计划。2014 年，日本在国际科技合作领域发生的主要事件如下：

（1）2014 年 4 月，日本与美国在东京举行了双边科技合作协定的续签仪式，将协定有效期延长至 2024 年 7 月。

（2）根据双边科技合作协定，2014 年，日本分别与欧盟、美国、西班牙、印度、英国、瑞士召开了双边科技合作联委会或事务级磋商。

（3）2014 年 4 月，日本与欧盟举办了日本欧盟科技合作事务级磋商。双方共同确认了欧盟第 7 次研究框架计划的合作成果，并就如何加强欧盟《地平线 2020》计划与日本科技创新综合战略框架下的双方研究合作等交换了意见。

（4）2014 年 7 月，日本与美国在东京举办了第 14 届日美科技合作联委会事务级会议（JWLC），双方同意进一步加强在高能物理、核聚变、原子核物理、大数据、高性能计算等领域的合作。同时，讨论了 2015 年第 13 届日美科技合作联委会高级别会议（JHLC）的议题，确认了为实现创新的产学合作、项目管理人才的培养、研究人员交流、研究人员伦理、危机交流等相关课题。

（5）2014 年 9 月，日本和西班牙在东京举办了第 2 届日西科技合作联委会，回顾了两国合作成果，并讨论了纳米医疗、核聚变、智能社区、纳米技术、养殖渔业等领域的合作情况。

（6）2014 年 10 月，日本和印度在东京举办了第 8 届日印科技合作联委会，双方本着进一步强化和加深两国间科技合作的目的，共享了各自国家的科技政策概要和进展情况，确认了生命科学、基础物理、海洋和宇宙领域的合作情况，同时，就扩大包括双方人员交流在内的未来合作交换了意见。

（7）2014 年 11 月，日本和英国在东京举办了第 9 届日英科技合作联委会，双方分别介绍了本国的科技政策动向，并就科技创新领域的人才培养、为实现创新基础设施的完善、研究机构间合作、产学官合作等交换意见，之后探讨了如何加强合作，共同应对健康医疗老龄化、能源环境、气候变化等全球性课题。

（8）2014 年 12 月，日本和瑞士在伯尔尼举办了第 3 届日瑞科技合作联委会，双方高度评价了 2007 年签订协议以来所开展的研究活动。2008 年以来，双方共同资助了 14 个医疗研究课题。作为日瑞建立外交关系 150 周年的里程碑性活动之一，本届联委会上，双方就今后加强研究、创新领域的合作达成一致意见。

（执笔人：吕　志）

韩　　国

2014年，韩国政府在2013年科技管理体制大幅改革基础上，推出一系列措施，进一步完善科技管理体制。加大科技投入，促进ICT与科技的深度融合，科技创新驱动"创造经济"发展效果逐步显现。出台了《创造经济3年计划》，突出科技在经济发展中的重要地位，明确了未来3年科技发展基本方向。此外，制定实施部分重要领域发展战略，在半导体、生命科学和纳米技术等领域取得了一些原创性成就。

一、持续加大科技投入

创造经济实施两年来，韩国在持续增加科技投入的同时，更加注重科研经费的合理有效使用。2013年国内研发投入达到593.9亿美元，占国内生产总值（GDP）的4.15%，投入强度首次排名居OECD国家第一位。

（一）政府科技投入

为加快经济复苏，韩国政府持续加大对科技投入力度，特别是以信息通信技术（ICT）为代表的"创造经济主题技术"领域投入更大。2014年政府研发预算投入达177.4亿美元，同比增长5.1%。其中，"创造经济主题技术"领域研发投入达52.69亿美元。此外，基础研究领域的研发投入也较2013年有所增加。

2015年政府研发预算继续增加，计划投入188亿美元，占政府总预算5.0%。重点扶持四大领域发展，一是未来增长动力领域（第五代移动通信、物联网和大数据等），计划投入2.23亿美元；二是软件、数字内容领域，投入6.44亿美元；三是未来原创技术领域（生物、纳米和融合技术等），投入13.14亿美元；四是基础研究领域，扶持中青年学者及学术带头人的经费投入将达到5.87亿美元。此外，还计划投入2.14亿美元构筑国际科学商务带。

（二）民间研发投入

从20世纪80年代，韩国民间投入在技术研发、创新方面一直保持较高的投入比重。2013年民间R&D投入达448.8亿美元，占比75.7%。企业研究院所超过3万家，2014年新增6000多家，数量较多但研发投入的74.2%由大企业集中投入，其中排名居前5位的大财团的研发投入就达民间R&D总投入的30.8%。

二、深化科技体制改革，助力创造经济发展

科技协调机制。国家科学技术审议会是韩国科技政策最高决策和协调机构，委员长由国务总理和总统任命的民间专家共同担任，委员由13名部委负责人和10名各领域民间专家组成。职能包括对科学技术基本计划、各领域科技研发规划、科研预算调整、人才培养、国际科技合作、区域创新等重大科技政策进行最终决策。制订重大科技计划和规划时，未来创造科学部牵头，协同其他部委成立推进委员会对相应领域现状和项目进行分析评估，制订计划或规划，最终报国家科学技术审议会审议批准。

组建国家科学技术研究会。为推进国家科技创新体系改革，将原基础技术研究会和产业技术研究会合并为国家科学技术研究会。研究会有87个编制，执行预算约1.4亿美元（2013年），管辖25家科研机构。研究会主要职责包括：①统一规划所属科研机构的研究领域和发展方向；②调整和检查所属科研机构的职能；③评估所属科研机构的研究及经营情况；④支持所属科研机构间开展联合研究；⑤支持所属科研机构提高研究成果的产出及扩散；⑥审议和调整所属科研机构预算分配及项目计划；⑦为提高国家科学技术创新能力，提供合理化建议和方案等政策支撑。

创新产学研合作机制。政府搭台、企业主导，通过组建民官（企业和政府）联合创造经济促进团、创造经济民官协商会议和区域（地方）创造经济创新中心等机构，促进产学研紧密合作，推动前沿科学及原创技术发展。

三、完善科技政策，支撑创新经济发展

（一）大力帮助中小企业发展

近年来，政府不断加大对中小企业的支持，在技术研发、人才培养及税收优惠等方面制定了很多政策，以帮助中小企业发展。

未来创造科学部会同产业通商资源部和中小企业厅共同颁布实施了《让政府出资研究机构成为中小、中坚企业研发前沿阵地的方案》。主要内容包括：①政

府在帮助中小、中坚企业解决经营困难的同时，为企业提供原创技术研发、技术转移和技术成果转化等全方位扶持；②扩大政府出资研究机构帮扶企业规模（2017年将达到5000家企业），通过引入技术预告制度活跃技术转移市场（2017年将达到3400件规模），开放政府出资研究机构的科研设备为企业提供研发支持。鼓励企业建立内部研究所；③政府出资研究机构实施更加有效的研究经费配额制，“中小企业发展扶持项目”研究机构也可以参与。

韩国政府2014年颁布了《第3次中小企业科技创新促进计划》，强调从国家层面加大对中小企业参与技术创新的扶持力度，使其成为国家经济增长的新动力，培养其具备国际竞争力。该计划有几方面特点：一是与以往只关注研发不同，增加了对技术人力、资金、开放合作等方面的扶持，全方位扶持中小企业成为创新主体，提高研发质量；二是实施阶段式扶持政策，针对起步阶段、成长阶段和全球阶段（走出去阶段）提供区别化的扶持政策；三是注重项目成果最终评审，将优秀项目纳入从立项至最终评审无纸化研发扶持体系进行管理。

目前，韩国中小企业研发人员总数约为7万人左右，其中，拥有博士以上学历的高级科研人才仅占4.2%。为推动高素质的科研人员向企业流动，未来创造科学部成立了“科学技术联合研究生院”。学生可以在校期间到科研院所研究学习，奖学金由学校提供，如果与企业另签订合同，可另外再拿到部分奖学金。该项运行费的70%由大学及研究机构承担，另外30%的经费来自企业。

（二）完善政府研发体系

韩国经济由“追赶型经济”向“创造经济”转换，科技研发体系随之做出调整。政府颁布实施了《实现创造经济，政府研发体系改革方案》。明确研发预算使用目的，改变循规蹈矩式的研发模式，鼓励富有创意和挑战性研发；改变现有千篇一律、固定的目标管理模式，打造更加灵活、弹性的目标管理模式；技术研发符合市场需求，杜绝研究人员闭门造车与社会脱节的研究模式；部委间协同开展技术研发，建立以研发质量和产业化为指标的评估体系。鼓励技术成果转化、技术转移和技术创业，推动高技术人才就业和创造经济的实现。

（三）推动地方科技创新

为带动地方经济发展，实现地方传统产业的升级换代，2015年韩国政府将投入1970万美元预算加快“区域（地方）创造经济创新中心”的建设进程，2014年已在大田、大邱和全州3座城市建立了“区域创造经济创新中心”。创新中心主要是结合当地产业特点与大企业合作，支持各自重点领域技术研发和扶持中小企业发展。其主要职能包括：建立创业生态体系、支持技术事业化、扶持企业发展和宣传创造经济文化等。

四、2014 年主要领域研究与创新计划

（一）生物技术和能源产业培育计划

颁布实施《生物技术和能源产业培育计划》，设立了到2020年跻身世界生物技术领域七大强国的目标。内容包括：①生物技术领域，着力推进干细胞和遗传物质治疗药剂的研究开发，开拓海外市场、增加出口，加大ICT与传统医学相融合的医疗技术、装备的研发力度；②能源技术领域，政府与企业联手推进关键技术研发，力争在太阳能电池、燃料电池六大核心技术领域实现突破。对实施节能型楼宇建造企业提供纳税的优惠，引导企业积极参与节能环保产业。

（二）第3次能源技术研发计划（2014—2023）

颁布实施《第3次能源技术研发计划》，强调通过技术融合，实现国家能源技术开发战略。内容包括：突出以需求为中心，制定到2035年实现13%的节能、15%的分散式电力供给和新再生能源普及率达到11%等目标。同时选定了17个重点投资领域。

（三）3D打印产业发展战略

制定实施《3D打印产业发展战略》，该战略由未来创造科学部和产业通商资源部共同制定，重点解决3D打印产业发展中存在的产需联动增长、商用化、技术竞争力和制度改善等4个方面问题，同时确定了11个重点研究领域。建立并启用“无限想象实验室”和“自助制作室”等公共设施，向国民宣传和普及3D打印技术知识，营造良好的3D打印产业发展的社会环境；挖掘可盈利的商业模式，建立3D打印产业所需数字内容及流通良性循环生态体系，扶持与之配套软件、器材和材料等领域技术研发；修订和完善相关法律法规，从制度上防止利用3D打印技术进行非法复制、武器制造等问题。同时，建立与之相匹配的设备、软件等品质标准和评估体系。

（四）信息通信领域的举措

制定实施《软件中心社会实现战略》。该战略包括培养未来型人才、开发以软件为基础的新市场、推进国家软件产业管理体系及完善产业结构等。在义务制教育阶段引入软件教育，旨在培养具有逻辑性、创造性思维和分析能力的创新型人才。

未来创造科学部成立了“国际标准物联网开放源代码联盟”（OCEAN），共享基于物联网国际标准（oneM2M）开发的软件和开放源代码。OCEAN的成立有

助于物联网商用化及企业集群形成，搭建合作平台引导物联网企业形成产业生态系统。

（五）宇宙航天领域的举措

未来创造科学部6月重新修订了《宇宙开发振兴法》，依据该法颁布实施了《2014年卫星信息利用综合计划》和《应对宇宙威胁基本计划》等一系列航天领域中长期发展规划。扩大公共信息领域服务范围，提高国民生活质量；打造卫星信息产业生态体系，创造更多高附加值产业，进而推动创造经济发展；构筑多部门参与的宇宙威胁综合应对体系；加大宇宙威胁监测和应对技术研发等。

按照《宇宙开发中长期规划》部署，韩国将加大对低轨道多用途观测卫星的研发力度，截至目前实现卫星主体国产率88.9%、光学仪器国产率83.1%。

（六）第2次研发特区育成综合计划

政府颁布实施《第2次研发特区育成综合计划》，该计划在增建新研发特区的同时，强调与国际科学商务带的联动。主要内容包括：一是建立可持续发展的创新集群模式。将研发特区建设成公共研究机构、大学等从事科研、人才培养和成果转化的摇篮，通过研发特区专业化服务加速研发成果扩散和转化。未来创造科学部所属研发特区振兴财团是研发特区主管机构；二是实现“技术—创业—成长”创造生态体系的良性循环。推动特区内技术成果融合，提高技术成果转化成功率，培育研究型小企业并使之成长为研发主体；三是加强研发特区间交流。每个特区都有各自技术特点和优势，通过相互借鉴合作，创造出新的融合、复合技术成果。鼓励特区内研究机构与国际著名科研院所、大学开展合作；四是改善特区内研究和生活环境，吸引更多优秀研究机构入驻。

五、国际科技合作

韩国继续保持与欧美发达国家科技领域紧密合作，同时重视与中国、印度、俄罗斯等新兴发展国家深化科技合作。从国际科技合作经费来看，与亚洲国家科技合作经费比重最高，为535.4万美元。

（一）制定扶持中小企业走出去的桥头堡战略

为协助中小微企业开拓国际市场，实现“走出去”，未来创造科学部决定在国内和欧盟、美国硅谷、华盛顿、中国和俄罗斯等地各建一家“全球创新中心”（KIC）。韩国研究财团承担国内KIC全部职能，搭建国际合作网络，为企业走出去提供咨询、政策等扶持；ICT领域合作则由信息通信产业振兴院承担。海外

KIC 协助走出去企业开展国际合作的同时具有孵化器功能。目前，美国硅谷 KIC 已建立并启用。

（二）设立“全球研究室”专项

为获取核心原创技术，深化国际科技合作，建立全球性的科技合作网络，韩国研究财团设立了“全球研究室”专项。合作方向和形式具有以下几个特点：一是与诺贝尔获奖者及其团队等世界优秀研究机构开展联合研究；二是配合国家战略需要，开展国际科技合作；三是专项的选择要经过层层严格审核，同时实施中途淘汰制，按照等级进行扶持；四是课题评估采用研究财团的项目管理制度，提高评审的专业性和客观性；五是允许其他专项参与团队申请该专项项目。

（三）实施《优秀海外研究机构引进计划》

2014 年投入 1393.7 万美元支持 24 个共同研究中心（国际联合研究中心）实施《优秀海外研究机构引进计划》。围绕国家研发投入重点，本着“开放与合作”原则支持共同研究中心创造更多更高水平研发成果。强化研究成果服务经济、社会发展的总目标，提高共同研究中心在运营过程中的可持续性和利用率，推动科技合作的国际化进程。实施“选择与集中”战略，加大对合作效果突出研究中心的扶持力度。构筑国际产学研合作网络，扶持本国科研机构与国际著名科研机构开展国际科研联合项目合作。

（四）实施《科技、ICT 国际合作综合计划》

颁布实施《科技、ICT 国际合作综合计划》。该计划主要内容包括：①通过构建科技、ICT 领域国际合作体系，扶持开展海外创业和国际联合研究。合作体系包括国内创新中心（KIC-Korea）和海外创新中心（KIC-Global）；②实施“订制式扶持政策”，加大对中小企业、科技风投企业走出去的扶持力度。扶持中小、科技风投企业产品出口和走出去，扶持信息通信技术七大领域进军海外；③鼓励与全球顶级科技机构、人才开展联合研究，扩大经费扶持力度，吸引核心技术人才到韩国工作，提高自身科技创新实力。积极参与国际热点问题研究，构筑亚洲科研网络平台，推动区域难点问题的解决；④让产学研合作主体更多参与政府间科技合作项目的前期策划和后期执行，提高多边合作中主导议题的能力；⑤通过部际联席会议机制实现信息共享、互通互联，构筑成果信息平台为国际合作提供全面系统的信息服务。

（执笔人：张　楠）

朝　　鲜

2014 年，朝鲜在国际制裁、半岛南北持续对峙、社会经济缓慢发展的困境中蹒跚前行。朝鲜党和政府继续推行军事国防和经济建设并行战略，高度重视科技，强调科技与经济密切结合，开展全民性技术革新运动，在大型企业技术改造和实用技术应用等方面取得一些新成就，但仍面临诸多困难和问题。

一、主要政策举措和科技发展动向

金正恩多次强调，要把科学技术放在优先位置，将科学技术和生产密切结合起来，使科学技术为国家经济发展提供切实保障。朝鲜 2014 年政府工作报告指出，全社会要树立重视科技的风气，科技人员要充满热情和干劲，更高更快地奔向尖端科技高地，开辟知识经济建设新捷径，努力成为强盛国家建设的排头兵。

（一）金正恩频繁视察并现场指导，为各领域科技发展指明方向和途径

2014 年 1 月，金正恩在视察国家科学院时指出，科学技术是推动强盛国家建设的原动力，要根据现实发展推动国家科研工作迈上更高阶段。他指示，要毫不吝啬地加大对科技部门的投入，不断深化科研工作，充分发挥国家自立民族经济的威力。他强调，科技工作者是国家的无价之宝，2014 年将在恩情科学园建设现代化的科学家大街，并提议将该大街命名为“卫星科学家大街”。

2014 年 3 月和 5 月，金正恩先后视察平壤微电机械厂、天摩电机厂等科技型企业，提出要想大量生产国民经济需求的高性能机械产品，就要实现生产工序的数控机床化和无人化。要想在生产中取得成果，就要把科学技术放在前头，靠科技的力量解决所有问题。他还鼓励工人要做技术的创造者、开拓者，在最尖端科技产品开发和生产中创造奇迹。

2014 年 6 月，金正恩视察气象水文局，指出气象观测工作尚未实现现代化和科学化。只有搞好气象观测和预报工作，才能保护人民的生命财产免受异常气候灾害，农业和水产等国民经济各部门才能及时预防自然灾害。他还指出，要建设好科技人才队伍，深化科研工作，保障短期、中期、长期预报的准确性，还要顺应朝鲜的自然地理特点和现实发展的要求，配置各种观测网，实现气象观测设备的现代化。

（二）坚持“经济建设与核武建设并进路线”

2014 年金正恩公开活动的约 2/3 为视察经济民生。他还亲自提出多个建设项目，并多次赴现场视察指导。朝鲜强调发挥内阁的“经济司令部”作用，朴风柱总理频繁视察农场、工矿企业和在建项目，现场召开协调会，督导工作。朝鲜仍坚持先军政治，强调军队对国家建设的作用，动员大量军队参与经济建设，承建大型项目。继 2013 年提出“马息岭速度”后，金正恩 2014 年提出创造“新的朝鲜速度”，各行业领域纷纷响应，竞相开展攻坚运动，捷报频传。

（三）继续深化农业调整

2014 年朝鲜将农业作为经济民生发展的主攻方向。金正恩年初致函全国农业部门分组长大会，系统阐释农业方针和政策思路，要求在全国推广分组管理制度下的“责任田制”，强调“平均不是社会主义”，要实行按劳分配和实物分配，这极大地提高和调动了农民生产积极性。据了解，朝鲜 2014 年进口大量化肥和种子，并引进旱育稀植等先进技术，还对 4 万多公顷涝洼地进行改良，为粮食增产创造条件，农业形势显著改观。近来，朝鲜还赋予农场经营自主权，并允其开设外汇账户，自主开展对外合作。朝鲜 2014 年遭受严重旱灾，玉米大幅减产，但东海岸灾情较轻，水稻总体收成不错，粮食产量基本稳定。朝鲜还大力发展畜牧、水产和温室栽培。洗浦丘陵畜牧基地建设基本完工，牲畜存栏量有所增加。各地新建一批蔬菜温室大棚和蘑菇栽培基地，自由市场农副产品种类丰富，生意兴隆。

（四）工业发展取得不错成果

据内阁扩大会议披露，截至 2014 年 9 月底，朝鲜数百家工业企业提前完成年度生产计划，数十个主要指标超过 2013 年同期水平，各部门、地方和数千家企业超额完成第三季度经济计划。据媒体报道，2014 年朝鲜煤炭、化肥、电力、交通运输、建材、食品和日用品等部门生产情况较好，煤炭领域提前完成 10 个年度重大建设项目，可增加产能 300 万吨。全国火力发电量环比增加 130%，化肥产能大幅提高，提前完成年度计划。

二、高新技术及产业化取得的主要成果

2014 年，朝鲜依然重视高新技术的发展，在航天、核能、信息软件、集成电路、微电子、生命工程和纳米技术等领域开展跟踪研究，致力于解决经济建设和改善民生面临的科技问题，并取得了不少成果。

（一）基础研究和基地设施建设提升到新水平

金日成综合大学提出了有关宇宙起源的基本粒子理论，得到国际学术界承认。科学基础建设得到加强，修建了国家科学院中央食用菌研究所和草坪草研究分院等现代化科研基地。致力于将“艾岛”打造成为现代化“科学之岛”的工程项目已投入开发建设，金正恩现场指导时强调：“艾岛开发的目标是建立综合性数据库，将科技成果数字化，成为通过网络查阅资料、共享信息的多功能科技服务平台”。

（二）技术研发应用取得新进展

国家科学院研发出电气绝缘材料——绝缘清漆和高质量的纳米抛光剂。中央实验分析所研发出分析金属与矿石物质 pH 标准溶液用粉末，并实现国产化。地质学研究所建立了无烟煤煤田地质状态的科学评估体系，提高了科学性和实用性。金日成综合大学将原子力显微镜与扫描显微镜不同功能和特性的检测设备一体化，研制出分辨率为 1 nm 级的分析仪器，全面提升了器材性能和实用性。国家科学院地质学研究所利用改变天然矿物和聚乙烯醇性质，开发出变性外装修涂料。该变性涂料干燥时间短，空气中的二氧化碳和混凝土墙面的氢氧化钙发生快速反应，从而产生坚固不掉色的效果。

（三）生物产业技术领域不断取得突破

国家科学院纳米研究所开发出农业纳米杀菌剂和纳米生物成长促进剂。新研发出的“四元素复合微生物肥料”，实验证明有益微生物大量增加，可以产生各种生理活性物质。该所研制的“复合消毒水”，消杀能力比液体氯或漂白粉高出几十倍。国家科学院植物研究所研发出天然生物活性剂，可增强植物的光合能力，大幅改善蔬菜、谷物和花卉的品质。农科院农业纳米技术研究所开发出新纳米光合强化剂，将植物体利用太阳能的比率提高 20%～30%，可将收获期提前 5～10 天。

在生物医学方面，国家科学院生物工程分院深入开展转基因、高效抗癌免疫治疗剂、B 型转 O 型血等领域研究，开发出第三代抗癌注射剂——奥沙利铂，以

及治疗糖尿病末梢神经障碍的复方制剂等。国家科学院研发的生理活性物质——复合低聚肽，具有抗癌、防止肥胖、补钙等治疗功能，复合低聚肽被体内吸收速度比氨酸高16倍，内含复合低聚肽的各种产品对消除疲劳、调节体重和促进肌肉复生具有显著效果。

（四）信息通信领域取得新成果

2014年朝鲜光缆生产、通信网组建、自动交换、信息传送、资料通信能力大为提高，移动通信基础设施建设取得进展。国家科学院信息科技研究所完成了综合性自动操控系统，可实时操控检测土豆发酵工序全过程变化数据。新建立的糖稀和淀粉生产流程自动操控系统，推动生产工序实现了现代化。朝鲜还开发出"朝鲜式"高性能工业计算机，可以自主编制需要的程序。另外，还开发出远程支援手术软件系统等。

（五）技术革新和实用技术改造成果丰硕

朝鲜国家科学院煤炭科学分院研发出采用捆式坑木的无烟煤开采技术，不仅可以节约大量材料，还能提高煤坑安全性，提高采煤率。元山水产大学研发出无锡轴承合金，轴承磨损率缩小5倍，黏结强度和抗压强度分别扩大2.5倍和2.3倍，抗热性能提高1.7倍，破损率缩小20倍，使用寿命大为提高。平壤机械大学在不改变原有设备和铸造方式基础上，通过改进复合材料的附加工艺，提高了铝系滑动轴承的滑流性能、承重力和耐磨性。

三、鼓励创新并大力普及推广新技术

自2003年以来，朝鲜每年都举办全国性表彰授奖大会，向科研单位、科技工作者、研究人员颁发科技奖项，表彰他们为提升国家科技水平，建设经济强国和改善人民生活做出的突出贡献。同时，朝鲜每年都通过科技奖励大会、中央科学技术节、地方科学技术节，以及各种展会、研讨会、技术成果发表会等形式，广泛宣传和大力普及推广新技术。

（一）通过颁授科技奖项及学位学衔鼓励科技进步

"2·16"科技奖是朝鲜科技领域最高奖项。2014年2月，朝政府向金日成综合大学材料科学系、国家科学院电子材料研究所、金策工业综合大学电工学系、殷栗矿山联合企业等单位颁授"2·16"科技奖证书和奖牌；授予农业科学院作物栽培研究所科技创新奖证书。

2014年，朝政府先后两次为国家建设做出贡献的知识分子颁授国家学位学衔，金日成综合大学教师姜仁植、社会科学院所长高哲勋、国家科学技术委员会研究员权才正等 9 人获得候补院士称号；来自金日成综合大学、金策工业综合大学等 13 人获博士学位；7 人获教授学衔、332 人获副教授学衔。

（二）科技节和展会成为科技成果展示和信息交流的平台

每年依例举办的科技节庆活动和固定形式的科技成果展如期举行，各产业领域不断推出最新科研成果和新技术产品。

2014 年 4 月 23 日，第 29 届中央科技节拉开帷幕，科技节以尖端技术开发、科技与生产相结合为主题展开交流，农业、建筑建材、信息技术、纳米技术、冶金、化工等 20 个领域和部门举行了科技成果展示，以及尖端科技讲座、知识产品交流、高端产品技术服务等各项活动。

第 14 届“5・21”建筑节共推出了 600 余件建筑设计有奖募集作品和科技论文、30 多件建筑设计软件和多媒体资料。第 13 届全国发明与新技术展，以实物、模型和图解等方式展出 2600 多件发明和新技术成果资料，100 多名个人获授金质奖章，一批优秀参展团体、科技工作者获颁奖杯、奖章、证书和奖品。全国青年科技成果展推出了 750 多件信息技术产品和 3600 多件发明及新技术革新方案。在朝鲜科学技术总联盟举办的全国基础科学领域科技成果介绍会暨第 11 届纳米成果展览会上，来自金日成综合大学、金策工业综合大学和国家科学院所属研究院所提交了 550 多篇论文，展示了采用纳米技术的 120 多种高新技术产品和新材料。

据不完全统计，朝鲜 2014 年举办的化工、电力、有色金属、纳米、生物、信息技术、医疗、机械设计、气象水文、环保、教学仪器、印刷和海洋水产等专业领域的全国性科技展览、研讨交流、评比竞赛和技术创新方案征集等活动共 50 余次，展示了近 8 万件科技成果、设计方案和新技术产品。

四、积极促进对外经贸与科技合作

2014 年，朝鲜整合各对外经济部门，新成立“对外经济省”，并开设一批经济开发区，总数已达 23 个，涉及农业、旅游、高科技、出口加工等多个领域。朝鲜还向工业企业下放了外贸合作权。

中朝贸易 2014 年呈上升势头，全年贸易额可达 70 亿美元。朝俄设定 2020 年 10 亿美元双边贸易目标，并商定本币贸易结算。俄罗斯投资改造的罗津港 3 号码头竣工。朝鲜对俄罗斯输出劳务已达 3 万多人。2014 年，朝俄两国政府在平壤签署贸易经济和科技合作会谈纪要，双方探讨加强能源、铁路等大项目合作，以及对朝 100 多家老企业进行改造。朝韩开城工业区合作经历波折后恢复正常经营。朝蒙探讨加强农畜、矿产等合作。朝鲜同东南亚地区经贸往来也有所加强。

同时，朝鲜积极通过国际科技合作等多种途径培养人才。2010 年 10 月，朝鲜政府与韩国合作开办平壤科技大学，除韩国统一部投入了部分资金外，学校运营费用由韩裔校长募捐，用地和校舍建设由朝鲜政府承担。朝鲜从重点大学选拔了 360 名优秀学生进入该校学习，聘请了 40 多名外籍教师，全部使用英文授课。这是朝鲜超越制度和信仰，开辟国际合作途径培养科技人才的新尝试。2014 年 5 月，平壤科技大学首批学生毕业，其中，信息通信、产业管理和农业食品工程 3 个专业的 44 名学生获硕士学位，150 名学生获学士学位。这些毕业生已经走上工作岗位，大部分在朝鲜国际交流和经济管理相关机构就业，为朝鲜科技发展及国际交流注入新鲜血液，并将在社会经济发展中发挥不可或缺的重要作用。

（执笔人：单　波）

越　南

2014 年，越南继续推进国家科技发展战略，落实有关至 2020 年国家产品发展、国家高科技发展、国家科技改革等重要工作的实施。为完善科技事业的需要，越南政府制定并颁布了若干科技发展的政策和法规，一些科技领域的发展取得了一定进展，并进一步加快了国际科技合作的步伐。

一、党和政府日益重视科技发展

越共在第十一届六中全会关于发展科学技术的决议中指出，发展和应用科技是第一国策，是发展社会经济和保卫祖国的最重要动力。为宣传新生效的《科学技术法（修正案）》，让广大群众了解科技领域的成就及科技工作者们的工作情况，2014 年 5 月越南首次举行科学技术日活动。阮晋勇总理在出席科技日发布仪式上指出，科学工作者对国家事业的贡献功不可没，越南正在融入国际社会、全球化进程的时代，各国之间的竞争就是知识的竞争，科学技术就是加快经济结构重组进程中的一把强有力的推手。越南要继续推进科技管理方式革新，尽快建立完善的相关政策以吸引人才、重用人才，培养有才华的年轻科学家。要吸引更多国内外优秀科学家加入国家建设与发展过程，扩大国际科技合作。要进一步增强国家科技实力，制定并实施数学、物理、生命科学、海洋科学等领域的科技发展计划，重视发展应用性强的科技领域及一些将自然科学与科技相结合的跨行业领域。

二、科技发展动向与进展

（一）推动高科技发展的《硅谷计划》进展情况

2012 年，越南提出《硅谷计划》，要将国家从电子元件的主要生产国转变为全球数字经济的重要参与者。该计划由越南科技部负责实施，目的是要推出具有国际竞争力的科技公司，把越南的主要城市打造成高科技中心。越南科技部已为该计划拨款300万美元，每年还将为新公司的技术应用拨款5000万美元。该计划还与世界银行合作，为发展高科技产业的项目拨款1亿美元。

为推动该计划的开展，越南政府推出了一系列在高科技领域吸引外资的政策和鼓励本地科技企业发展的优惠待遇规定：允许外国投资者在当地银行中拥有过多股份；让国有企业实现私有化；鼓励私人企业与国家合作；设立新的风险投资基金；盈利科技企业享受税收优惠待遇，越南科技企业还享有在国家规定的价格框架内低价租赁兴建厂房的政策优惠和相关资金来源的财政支持；高科技企业的研究、培训活动可减免税收，并可将部分利润拨入企业发展等。越南政府希望到2020年拥有约5000家科技企业，届时科技企业对国内生产总值的贡献率可达7%～15%。

（二）支持高科技园区的发展

2014年，越南政府积极开展高新园区的建设。胡志明市是越南经济的火车头，也是全国高科技发展中心，胡志明高科技工业园区是现有越南3个国家级高科技园区中建设和运营最好的园区。目前，已有60多个高科技项目落户园区，涉及微电子、信息技术与通信、精准机械与自动化、新材料与纳米技术、生物技术、环保技术等优先发展的产业，投资总额约30亿美元。和乐高科技工业园设有软件功能区、研发功能区、高科技工业区、中心功能区、综合功能区、教育培训功能区等，园区内的信息技术、生物技术、电子零配件等领域的70多个项目共吸引到总额约为30亿美元的投资。2014年10月，越南农业与农村发展部宣布，为推动全国农业科技研究和创新活动，计划到2020年在8个地区建立11个农业高科技园区。根据初步规划，农业高新区建成后主要进行农业研究和实验，开展高科技农业示范项目及吸引高科技企业落户、培养高素质人力资源、进行农业技术创新、提供高科技服务等。

（三）颁布《工业2025年发展战略规划和2035年前景展望》

2014年6月，越南政府颁布《越南工业2025年发展规划和2035年前景展望》，将加工制造业、电子信息业、新能源和再生能源列为优先发展工业。越南要求各部门按照现代化企业发展方向重组企业，重视技术人才和创新性人才的培养，积极融入全球价值链，争取在2025年后高新技术产品及应用高技术产品的出口价值占全国出口总额的比率达50%以上。

（四）批准《至2018年风电发展规划》

2014年9月，越南政府批准了《至2018年越南风电发展规划》。项目投资总额为370万美元，资金主要由德国提供无偿援助。其目标是利用风能潜力，扶持发展风电技术。同时，要建立相关资料库，规划政府与地方的风能资源，提高有关部门、行业在发展风电领域的建设管理与投资能力等。项目共分三大部分：测量风力以评估风能潜力、完成风电发展项目的可行性研究报告、建立与完善国家各级风电发展规划。

（五）公布《2014—2020年绿色增长国家行动计划》

2014年4月，越南公布《2014—2020年绿色增长国家行动计划》，该计划总经费约为300亿越盾。越南计划投资部表示，绿色增长是越南国家工业化、现代化和应对气候变化事业中的重要目标，也是世界各国在21世纪的共同发展趋势，越南政府愿意主动落实有关气候变化和绿色增长的各项国际承诺。计划包括了66项具体活动，主要围绕制订国家体制与各地绿色增长计划、减少温室气体排放与推广清洁及可再生能源、推广绿色生产、绿色生活与绿色消费等四大主题开展。提出实现“工业化绿色战略”，力争到2020年高新技术产品和绿色技术产品总值占国内生产总值比例达42%～45%。

（六）出台科技发展基金规定

2014年11月，越南政府颁布了有关科学技术投资及财政机制的第95号决定，要求国有企业每年须提取3%～10%的企业所得税，设立企业科技发展基金，非国有企业可以提取合理的税额以设立科技发展基金，但不可以超出10%。科技发展基金主要用于单位投资加强生产、经营领域及企业的科技发展，提高竞争力和效益；拨款完成国家级、部级、省级的科技任务；为企业的科技活动装备设备及技术；购买机械设备和技术转移；转让技术知识产权等活动。

三、主要科技领域的发展

（一）空间领域

自2013年越南首颗地球探测卫星成功发射后，越南更加重视空间技术领域的发展。目前已成立太空技术研究院、国家卫星中心、国家太空委员会等专业机构，在河内和乐高技术园区内的国家太空中心项目正在兴建中，该项目占地面积9公顷，投资总额为5.05亿美元，其中包括日本政府提供的官方发展援助资金和越南政府自筹资金，中心预计2017年建成。

（二）电子信息领域

越南政府于2014年4月成立了信息技术应用委员会，该委员会任务是推进国家机关、部门、行业、重点领域及全社会的信息技术发展与应用。

2014 年 10 月，越南还发布信息通信技术白皮书。白皮书显示，越南公共服务数量有所增加，信息技术产业收入同比增长 55.3%。电信和互联网基础设施实现可持续发展，电信业务总额达 74 亿美元。移动电话用户数约为 1.237 亿，达到总人口的 1.38 倍，固定电话用户约为 673 万，互联网用户数约为 3319 万，广播电视、邮政、信息技术人力培训等领域也呈现增长态势。

（三）农业领域

2014 年 4 月，越南国会科技与环境委员会就农业发展与新农村建设中科学技术的作用举行专门会议。8 月，越南农业与农村发展部批准成立了至 2020 年国家稻米研究重点项目指导委员会，其主要任务是以达标、高质和高产为方向建立国家稻米研究重点项目，并组织、指导和有效落实相关项目，协调相关单位对国家财政拨款进行审定和批准。

（四）生物领域

2014 年，根据越南政府制定的《至 2020 年发展和应用生物技术总体规划》的要求，越南集中在农林渔业、食品加工业、食品安全卫生、医药保健、环境保护等领域发展生物技术，特别加强了在生物技术领域的基础设施、人力资源及资金投入，促进形成一批生产、经营和服务生物技术的高效益企业，发展和培育生物技术市场，并初步取得一些成果。

（五）核电领域

越南是仅次于中国的东南亚第二大核电市场，越南计划在能源上增加核电比例，到 2030 年将核电比例提升至 10%。根据越南于 2014 年与俄罗斯和美国签署的协议，越南将分别与两国合作，建设核能研究中心。另外，越南还十分重视培养核领域人才。2014 年 7 月，在河内召开的原子能人力资源培训国家指导委员会会议上，越南副总理武德儋要求有关部门对核能领域人力资源需求进行研究，培训工作要注重对大学、研究生的培养，培训工作不仅服务于核电企业，而且要服务于教学、研究方面。

（六）环保领域

2014 年 4 月，越南自然资源与环境部公布了《至 2020 年和至 2030 年前景展望：海洋资源可持续开发利用和海洋环境保护战略》，其目的是及时提供有关气象灾害和气候变化等预警信息，协助海洋经济发展，从而减轻海洋资源枯竭并控制沿海地区、沿岸海域和海岛的环境污染。该战略有助于提高海洋资源的开发利用，为越南发展成为海洋强国打下稳固基础。另外，根据 2014 年 7 月公布的《工业发展 2025 年战略规划和 2030 年前景展望》，越南将在 2025 年前大力发展新能源和再生能源技术，如风能、太阳能、生物质能。在 2025 年后将大力发展核能、地热、潮汐能等。预计到 2030 年全国总装机容量将达到 1.47 亿千瓦，其中再生能源发电占 9.4%，核电占 6.6%。

四、国际科技合作

2014 年 5 月，越南政府发布了关于融入国际社会的行动计划。该计划要求各领域制定并开展至 2020 年国际战略，争取国际合作与帮助，吸收人类知识和文化精华，向国际社会介绍越南国家形象，培养高素质人力资源。越南与中国主要在“中国－东盟科技伙伴计划”的框架下开展合作。越南与美国着重加强核能、信息通信技术、应对气候变化领域的科技合作。越南与俄罗斯加强能源、空间技术、信息技术及传媒等领域的合作。越南与日本强调在农业、人才培训、医疗等领域的科技合作。越南与韩国主要加强在制造业、高科技园区、知识产权及新兴技术方面的合作。越南与以色列继续加强在高科技设备、生物技术、农产品与食品加工、卫生等领域的合作。越南与德国重点在应对气候变化、自然资源和环境保护方面开展合作。

（执笔人：蒋苏东）

印　度

2014 年 5 月，新任总理莫迪开启印度改革，基础设施建设、制造业和智慧城市成为莫迪经济改革战略的三大支柱。同时，莫迪高度重视发挥科技创新对提升国家竞争力的作用，相继提出“数字印度”“印度制造”“清洁能源发展”等计划，围绕新能源和可再生能源、信息通信产业、航天和军事国防等领域进行了一系列部署，取得了不少新的进展。

一、科技投入情况

2014 年，印度研发经费约为 44 亿美元，占国内生产总值的 0.9%，尚低于印度 2012 年发布的《“十二五”计划（2012—2017）》中提出的“研发支出占 GDP 达到 2%”的目标，其研发支出占全球研发总支出的 3% 左右。另外，根据 2014 年 7 月印度发布的《2014—2015 财年财政预算报告》，印度将投入 706 亿卢比（约合 11.8 亿美元）实施 100 个“智能城市”计划，推动大城市卫星城和中小城市发展；将融资 1000 亿卢比（约合 16.7 亿美元）支持青年人创业；将投入 20 亿卢比（约合 0.3 亿美元）创建“技术中心网络”。

二、出台科技发展新战略和新政策

（一）前总理辛格呼吁加大科研投入

2014 年 2 月，印度时任总理辛格在第 101 届印度科学大会上表示，印度政府将针对科学项目研发投入 900 亿卢比（约合 15 亿美元），呼吁企业与政府携手实现年度科技经费占 GDP 2% 的目标。提出以下要求：①推进“绿色革命”，保证粮食安全，提高土地和水的生产力，进行可持续农业生产；②争取在季风预测等领域取得新进展，加强气象学研究，更好的避免自然灾难；③建立新的健康教育和研究部门，致力于研究轮状病毒疫苗及治疗疟疾的新药；④创新发展清洁能源、水资源相关的整体解决方案，基础研究要兼顾创新性和经济性；⑤政府将投入450亿卢比（约合7.5亿美元）用于实施一个国家高性能计算任务、投入300亿卢比（约合5亿美元）用于建立国家地理信息系统、投入145亿卢比（约合2.4亿美元）用于建造一个中微子天文台等。

（二）提出依靠科技解决未来30年六大社会问题

印度提出，随着人口增加、气候变化、污染加重、资源减少，未来30年国家将面临六大社会和经济问题，而“科技”是突破和解决这六大问题的关键抓手。因此，呼吁全国人民依靠科技创新应对印度在资源、环境、健康、粮食等方面面临的挑战。具体包括：依靠网络化医疗技术和服务提高健康水平；依靠转基因农业和信息技术确保粮食安全；依靠海水淡化提供充足洁净水；广泛使用低成本清洁能源；推广在线课堂普及素质教育；建设智能和宜居城市。

（三）新政府发布科技重点发展领域

2014年5月，莫迪在其执政宣言中就科技相关领域提出了施政纲领。主要包括：一是强调“科技引领印度创新”，制订新政策和计划，建立服务于基础研究和创新的系统和环境，重现印度在科技发展和知识型经济的全球领导地位；二是制定国家能源（包括可再生能源）政策；三是保护动植物和环境，实现人类生活的可持续发展；四是节约使用自然资源，将甘地的倡议带入执政理念；五是注重国防生产，鼓励私营部门参与投资，在部分国防工业上鼓励外国直接投资的加入；六是实施独立的战略性核计划。

（四）宣布《数字印度》计划

2014年8月，莫迪宣布《数字印度》计划，目标是为全国25万个村庄接通网络连接，实现电子政务和公共部门数字化服务，每个人都能使用公共数字化设备。“数字印度”强调成本收益和生态环保，旨在使用科技手段施政，覆盖范围包括偏远地区的人民。目前，路由器制造商、科技设备制造商和相关科技企业纷纷加入，但实施数字化的最大挑战是缺乏公共基础设施。

（五）提出《印度制造》计划

2014年9月，莫迪启动《印度制造》计划，提出未来要将印度打造成为“全球制造中心”。他对500多名印度国内外政商界人士及媒体表示，印度有几大独有的优势——民主、巨大的人口红利和广阔的市场需求，欢迎全球各大企业来印度发展制造业和投资。

（六）力推《清洁能源（太阳能）发展计划》

目前印度还有3亿人没有电力供应，发电量六成来自煤炭，造成了严重的污染问题，此计划能大幅减少印度的碳排量。莫迪提出“通过太阳能发展计划减少贫困”，他亲自监督了古吉拉特邦屋顶太阳能项目的投建，包括在农村地区的灌溉沟渠上方安装大面积光电池板。莫迪的目标是把这场“太阳能革命”推广到全国，他已要求议员在各自选区建立太阳能试点村庄——将太阳能与扶贫相结合，农民不仅从中受益，也能成为发展中的公平合伙人。另外，新政府的施政计划还包括：采取激励措施鼓励企业和个人投资可再生能源领域，设立大型太阳能电厂和风力发电厂等。目前，古吉拉特邦已开始着手建设年发电量4000MW、占地2万公顷的太阳能公园。近期，印度政府准备在新德里大力推广屋顶太阳能系统，并计划将该系统并入当地电网；并网后，居民自家屋顶太阳能系统发的电用不完还可卖给当地电网。按照规划，未来印度将成为全球太阳能行业的冠军。

（七）提出《科学家进校园计划》

2014年9月，印度科技部长辛格宣布，服务于各研究机构的科学家今后必须在一年中有12个小时用于中学或大学授课。科技部即将与各国家级研究机构达成共识，并和人力资源开发部合作，研究出一套机制以落实《科学家进校园计划》。同时，宣布了一项名为“光芒”的计划，旨在追求科技领域的性别平等，新的机制将帮助女性科学家回到职场和岗位，并鼓励女性取得上述领域的领导地位。

三、大力支持重点领域的发展

（一）注重新能源和可再生能源的研发投入与规模化

1. 支持太阳能产业的发展

世界银行在《为转型的未来铺平道路：来自〈尼赫鲁国家太阳能计划〉第一阶段的经验（2013）》中对印度发展太阳能取得的成绩及发展潜力予以认可，指出印度实现了“绿色增长议程”的太阳能发电目标，成为全球太阳能电力开发的领跑者，以及全世界太阳能光伏并网成本最低的国家之一。

2014年11月，印度政府提出计划在未来5年建立25个太阳能园区，总发电量将达2万兆瓦。2014—2015财年，印度政府已向大型太阳能项目和园区建设划拨100亿卢比（约合1.7亿美元）的财政经费。当前，已在全国确立了12个太阳能园区选址。太阳能园区内，将由政府提供土地、基础设施和输电设施，开发商在建立厂房前需与入驻企业签订电力购买协议。

2. 推动原子能研究和核能发展

国际能源署《世界能源展望2014》报告提出，印度已成为全球第六大核能生产国（机组数量），莫迪总理在2014年7月的分配预算中要求原子能部的科学家确保印度的核能容量到2023—2024年提升3倍。为实现“2019年户户通电”的目标，印度政府将核电作为满足电力需求、解决能源供应、实现国家安全战略、服务国家发展的重要手段，计划将核电发电量占发电总量比例提高到2040年的9%和2050年的25%。

目前，印度在运核反应堆机组数量21个，28个核反应堆机组在建和筹建。印度政府在2014—2015财年中对原子能研究和核能发展的财政预算增加了27%。2014年4月起，政府向原子能部拨款1045亿印度卢比（约合17亿美元），其中874亿卢比（约合14.55亿美元）用于核能研究，剩余部分用于核能发电，对核能相关的国企投资也显著增加。

2014年1月，印度开始建立第6个核能研究单位——全球核能伙伴合作研究中心，建成后将为核能利用的国际合作提供支持。该中心将拥有5所院校，用于研究先进核能系统、核安保、辐射安全及放射性同位素与辐射技术的应用。培训设施将包括虚拟实境实验室及辐射监测、标定、认证实验室。印度另外5个核能研究机构为：巴巴原子研究中心、英迪拉·甘地原子研究中心、原子能矿物勘探研究局、高技术中心（加速器和激光）和回旋加速器中心。

3. 提供资金补贴本国电动汽车产业

2014年7月，印度政府拟出台计划为购买电动和混合动力汽车提供补贴，即为燃料汽车和电动汽车的差价提供补助，以减少污染和石油消耗。重工业部已向财政部提出建议，该补贴计划预计为1400亿卢比（约合23亿美元），6年内减少化石燃料使用量将节约6000亿卢比（约合100亿美元）。2013年，印度出台《国家电动汽车任务计划2020》以鼓励厂家生产电动汽车，该计划的目标是到2020年生产600万～700万辆电动汽车。然而，由于高成本、最高时速低、行驶里程短、缺乏补给的基础设施等因素，目前印度电动汽车的年销售量仅约500辆。

（二）强调信息通信产业自主研发实力及产学研合作

1. 打造2个电子产业集群

2014年2月，印度信息产业部部长在印度电子和半导体协会第九届峰会上表示，卡纳塔克邦计划在班加罗尔和迈索尔打造 2 个电子制造业集群，预计投入 8.5 亿卢比（约合 1420 万美元）。其中，中央政府将投入 5 亿卢比（约合 830 万美元），邦政府投入 1.9 亿卢比（约合 320 万美元），产业界投入 1.6 亿卢比（约合 270 万美元）。同时，计划在该邦其他地区建立电子系统设计和制造业集群。为吸引投资，邦政府将拿出约 5000 万卢比（约合 83 万美元）对电子系统设计和制造企业进行补贴，并将研发支出的 20% 或其年营业额的 2% （1000 万卢比）返还企业。印度严重依赖进口电子产品，2012—2013 年，该类产品的年进口额高达 300 亿美元，卡纳塔克邦是印度首个制定了完整的电子系统设计和制造业发展政策的邦，建设目标是成为行业的首选投资地，创造 24 万个就业机会，到 2020 年，实现产值占全国总出口目标（800 亿美元）的 20% 。

2. 成立国家网络协调中心

2014 年 8 月，印度政府表示拟出资 95 亿卢比（约合 1.6 亿美元）设立国家网络协调中心，由副部级官员领导和协调相关部门，以应对频繁的网络攻击。该中心将与印度情报局和印度计算机应急响应小组加强协调、通力合作，确保印度关键部门的网络安全。

3. 设立电子发展基金

2014 年 11 月，印度政府提出计划投入 1000 亿卢比（约合 16.7 亿美元）设立“电子发展基金”，用于支持有实力的公司扩大规模，成立类似谷歌、苹果和脸书的大型科技企业。印度政府认为，随着全国互联网用户数和高科技从业人员的激增，印度必须培育出本国高科技巨头。信息技术部官员表示，该基金区别于资助中小微企业的财政支持。届时，政府将不对企业进行直接投资，而是为电子硬件和信息通信初创企业提供风险投资基金，特别是为投资者提供资金支持。印度此举旨在改变产业发展现状，即大量科技人才服务于外国公司，为外国企业创造知识产权。该基金将主要投向电子产品、组件和软件业。

（三）加强航天科研和商业发射实力

1. 自主研发的火星探测器成功进入火星轨道

2013 年 11 月 5 日发射的印度“曼加里安”号火星探测器，于 2014 年 9 月 24 日按预定时间成功进入火星轨道并顺利发回火星表面图片，成为世界上第一个首次向火星发射探测器就取得成功的国家，也是亚洲第一个能发射绕火星飞行探测器的国家。该探测器耗资 7550 万美元，堪称印度低成本创新的经典范例。

2. 成功发射首枚国产低温发动机火箭

2014 年 1 月 5 日，印度空间研究组织在安得拉邦航天中心成功发射了 GSLV-DS 火箭，并搭载重 1982kg 的 GSAT-14 通信卫星。印度 20 年来首次成功发射自行研制的低温发动机运载火箭，将一颗近 2t 的通信卫星送入地球静止轨道。研发共耗资 40 亿卢比（约合 0.8 亿美元），这使印度成为世界上第 6 个拥有低温发动机火箭技术的国家，印度将在全球商业发射市场拥有一席之地。

3. 成功发射区域导航卫星系统中的第 2 颗和第 3 颗卫星

2014 年 4 月 4 日和 10 月 17 日，印度极地卫星运载火箭将由 7 颗卫星组成的印度区域导航卫星系统中的第 2 颗和第 3 颗导航卫星成功送入预定轨道。印度卫星导航系统的应用包括陆地、航空、海洋导航、灾难管理、车辆跟踪与舰队管理、移动电话集成、精确授时、绘图与测绘数据采集、为黑客和旅行者提供陆地导航援助、为驾驶人员提供视频与语音导航。该系统预计 2015 年内完成发射。

4. 成功试射能携带核弹头的烈火 4 型导弹

2014 年 12 月 2 日，印度第 4 次成功试射自主研发的、能够携带 1t 重核弹头的烈火 4 型导弹，该导弹配备最先进的航天电子设备及第五代星载计算机，具有超强的航线纠正和抗干扰能力。印度国防研究与发展组织表示，该导弹有效里程 4000km，此次试射精确命中了 3500km 外的预定目标，极大地提升了印度战略核打击能力，这是印度首次使用烈火 4 型导弹进行远距离地对地战略核打击能力测试。

5. 主攻第三代地球同步卫星运载火箭和载人航天技术研发

2014 年 2 月，印度政府将发展第三代地球同步卫星运载火箭的预算增加到 296.2 亿卢比（约合 5 亿美元）。地球同步卫星运载火箭项目始于 2002 年，目的是发射重型（4 t）通信卫星进入地球同步轨道，减少印度在发射重型卫星领域对国外技术的依赖。

6. 执行多次商业卫星发射，提议建立“南亚导航系统”

2014 年 6 月，印度总理莫迪见证了由印度空间研究组织自主研发并发射的极地卫星运载火箭，该火箭运载了法国、德国、加拿大和新加坡的 5 颗卫星。莫迪表示，印度的空间实力在全球排在第 5 位或第 6 位，未来发展目标是“成为全世界的卫星发射服务供应商”。同时，提议建立“南亚导航系统”，为整个南盟国家提供“南盟卫星”。

（四）加快军事国防领域研发进度

印度总理莫迪提出，应加快尖端武器的研制进度，确保印度在国家安全领域拥有领先实力，将国防研究与发展组织打造成国防制造业的枢纽。国防研究与发展组织在研项目包括特哈斯轻型作战飞机、远程地对空导弹系统等，但多年来不仅花费超支且实际进度严重落后。由于印度历届政府未能建立强大的国防工业基础，国防研究与发展组织下属 50 个实验室、5 个国防事业单位及 4 个造船厂和 39 个军工厂迟缓的工作进度，致使其 65% 以上的军事需求仍依靠进口。国防研究与发展组织现有 7500 名科研工作者，但每年新增年轻科学家仅 70 人，计划未来采取激励措施吸引印度理工大学等顶尖学府的年轻人参加国防科研。

（五）计划打造多条工业走廊，建立世界级制造业枢纽

2014 年 3 月，印度工商部、人力资源发展部发表声明称，印度国大党执政 10 年期间在工业走廊建设取得重大成就。德里 – 孟买、阿姆利则 – 加尔各答、孟买 – 班加罗尔和金奈 – 班加罗尔 4 条工业走廊的建设将为印度打造 16 个工业城市、8 条环德里 – 孟买工业走廊、大诺伊达和邬阇衍那 2 座高科技城市，以及班加罗尔和海德拉巴信息技术投资中心，为印度年轻人提供大量就业岗位。未来，计划将印度打造为世界级制造业枢纽，新的制造业政策将使制造业增长率从 16% 提高到 25%，并创造 1 亿个工作岗位。

（六）加大对纳米技术的研究

2014 年 2 月，印度政府批准了“十二五”期间（2012—2017 年）对纳米技术进行第二阶段支持的决议，支持金额为 65 亿卢比（约合 1. 1 亿美元）。印度纳米技术支持计划始于 2007 年，致力于帮助科学家、科研机构和产业界开展纳米技术基础研究，培养纳米技术领域的科研人才。该计划实施以来，印度在纳米技术领域的科技出版物数量已从居世界第 4 位上升至第 3 位。

（执笔人：毕亮亮　曹建业）

巴基斯坦

2014 年，巴基斯坦国内安全局势仍然严峻，对国家社会经济发展造成严重影响。尽管宏观形势不稳定，巴基斯坦政府在科技领域仍然做出不少努力，提出国家发展远景规划及其他科技发展计划，开启科技体制改革，并不断与中、美等国开展双边及多边科技合作。

一、提供资金支持国家科技发展

2013—2014 财年，巴基斯坦科技部的财政预算为 21.73 亿卢比，原子能委员的财政预算为 325 亿卢比，核管理局的财政预算为 3.16 亿卢比。全国基础研究的财政预算为 28.3 亿卢比，公共服务研发预算为 88.57 亿卢比，研发投入占 GDP 的 0.29%。同时，巴基斯坦科技部还设立了总额为 1 亿卢比的发展基金，用于开展科学人才培养，按照计划将从全国范围遴选出 500 人，从大学入学开始资助直至获得博士学位，巴基斯坦政府希望借此未来能够培养出一个诺贝尔奖得主。

二、制订国家长期社会经济发展战略及其他科技发展计划

2014 年，巴基斯坦谢里夫政府颁布了名为“2025 年远景”的长期社会经济发展战略，提出人才资源投入和科技基础设施发展是关键因素，要建成创新型工业发展的国家，使巴基斯坦成为本地区工业、贸易、教育和服务业的中心。该远景是巴基斯坦进行人力资源建设和创造就业机会的全面战略，科技方面的举措包括：改善科技、信息通信技术与其他社会经济发展领域的交流合作；主要科技及医学机构将创建“创新孵化器”，帮助企业经营者；每个城市都将建立“全面性

技术集群”，推动发展与其他领域合作。

巴基斯坦政府设立总理青年商业贷款计划，支持小企业创业，计划提出可在15个领域提出初步可行性研究，侧重产品、技术和过程，鼓励创业。计划规定，21～45岁的人均可提出申请贷款，贷款金额从10万卢比至200万卢比不等，资助年限为8年，贷款利息8%，其中，政府支付7%利息及其他费用。巴基斯坦科技部下属机构，如科学与工业研究理事会下设的研究中心和实验室、可再生能源研究理事会等最为活跃，首轮提出38项初步可行性研究项目。

2014年10月15日，巴基斯坦议会食品安全与研究委员会同意5月联邦内阁提交的将1976年种子法案修改成为2014年种子法，并进入议会审批阶段。新修改的种子法同意进口跨国公司控制的转基因玉米、果蔬、水稻和其他作物种子。

三、开启科技体制改革

巴基斯坦科技部对下属的两大机构，即可再生能源技术理事会和国家电子研究所进行了机构调整和重组。巴基斯坦科技部希望通过科研机构调整，增加专业技术人员，减少非专业技术人员。同时，政府正在考虑逐步减少科研机构的非研发经费，并通过增加自身收入作为补充发展经费。针对新进科技人员，将改革工资制度，引入市场导向薪金制度，使科研机构能够吸引新员工。

另外，巴基斯坦科技部还提出，其下属的标准质量局在职能上与各省局的职能有重叠交叉，为了产品出口需要，必须加以协调，并根据国际质量与标准加以修订升级本国质量和标准，加快建设卡拉奇移动检验实验室，用于现场检验产品，并扩建到其他省。巴基斯坦还规定所有农业和卫生等其他相关领域的实验室，都要接受国家认证理事会的认证，科技部下属的实验室也要接受其认证。

2014年，巴基斯坦科技部所属的10个科研机构需要更换主要负责人，共有109名候选人参与竞争，最终科技部部长领导的遴选班子向总理推荐30名候选人，即1个岗位3个候选人，供总理最终确定。这10个机构分别是巴基斯坦科学与工业研究理事会、科学基金会、国家电子研究所、国家海洋研究所、国家认证理事会、水资源研究理事会、科学技术理事会、可再生能源技术理事会、标准质量控制局、技术商业化公司。

四、主要科技及国际科技合作成果

巴基斯坦科技部委托下属单位科技理事会开展技术预见研究项目，并组织诸多智库，在农业、教育、信息通信技术、环境、卫生、能源、工业、生物技术、纳米技术、水资源、电子领域进行技术预见研究与分析，并分别发布各领域技术预见报告。同时该理事会正式宣布，从2014年起将着手制定《2014—2018年科技创新战略》。

2013年，巴基斯坦向欧洲核子研究中心正式提出成为该中心的准成员申请，2014年6月19日，欧洲核子研究中心批准该申请，12月巴基斯坦正式成为其准成员。这是巴基斯坦科技领域的重大突破。巴基斯坦科技界认为，加入该中心后对为本国科学家参与更多研究项目、培养人才与普及核能物理教育、选派杰出科学家到该中心工作等具有重大意义。

2014年，巴基斯坦积极与其他国家开展多边及双边科技合作。在多边科技合作方面，2014年，南方科技促进可持续发展委员会成立20周年，这是巴基斯坦唯一面向发展中国家和“南南合作”的科技多边机构，目前共有21个成员国。经过20年发展，该委员会扩大了影响力，为发展中国家和“南南”国家科技合作和能力建设提供了重要舞台。成员国的卓越科研中心网络活动频繁，人力资源建设和能力建设不断进步。另外，伊斯兰合作组织下设的科学技术合作常务委员会挂靠在巴基斯坦，2014年该委员会多次组织研讨会和培训班，涉及科技创新政策设计、企业创业、数据库数据挖掘与基因组学测序分析等。

中国是巴基斯坦的主要科技合作伙伴之一。2014年2月，巴基斯坦总统访华期间，中巴科技部在两国领导人的见证下签署了“中巴小型水电联合研究中心”的协议。6月，巴基斯坦科技部长应中国科技部部长万钢邀请出席中国－南亚科技部长会议和第二届中国－南亚博览会。巴方建议，今后两国应更多地开展本地区前沿领域科学家和信息交换，举办前沿领域科学家特定主题圆桌会议，交流和共享经验和想法等。在具体项目方面，巴基斯坦可再生能源技术局与中国水利部农村电气化研究所开展合作，共同培养小水电专业人才，在巴基斯坦试制、推广小型水电自动化控制系统、箱式微水电设备，以及建立研究用示范电站，推动巴基斯坦小水电技术进步和促进全国小水电资源的大力开发。另外，中巴转基因抗虫棉合作被双方科技部新增为联委会外援项目。巴基斯坦旁遮普省棉花种业公司与中国农科院生物所合作，将中国最先进的三系抗虫棉基因导入巴基斯坦棉花品种中，以期培育出新的高品质、高产量，适应巴气候特点的抗虫棉新品种，并进行产业化生产。

2014年，巴基斯坦与美国科技界开展第6次合作项目征集。两国政府于2003年签署了广泛的科技合作协议，建立了科技、教育、工程领域的合作框架。美方执行项目的是国家工程院、国际开发署和国务院，巴方执行项目的是科技部和高等教育委员会。截至2014年，双方已在2005年、2006年、2007年、2009年、2012年分别资助和开展了5次计划的项目，共资助了83个项目。第6次项目征集截至2014年年底，将于2015年进行审批和资助。项目领域虽然确定为教育、卫生、营养、洁净水、农业、环境、生物多样性、能源（特别是可再生能源）、民主与治理、社会科学、经济增长等领域，但绝不限制这些领域。项目的着力点放在加强巴基斯坦人力资源建设和经济增长，提高本国科研能力和教育能力建设，支撑产业竞争力，侧重技术转移、创业、创新和商品化。

（执笔人：张海华）

新　加　坡

2014 年，新加坡科技领域总体发展迅速，创新指数在法国英士国际商学院的评选中列全球第 7 位。根据自然科学发表论文指数，新加坡是亚太地区科研产出最有效率的国家。同时，新加坡广泛开展国际科技及产业合作，成为全球最具吸引力的国家之一。

一、未来科技发展目标

新加坡政府意识到，未来国际贸易、投资、人才的竞争将日趋激烈。在此背景下，新加坡政府不断增加研发投入并通过科技创新来提高生产力，以保持可持续的竞争力。2012 年，新加坡科研总投入为 72 亿新币，其中政府投入为 28 亿新币。过去 10 年，新加坡科研总投入和政府投入的年复合增长率分别达 7.8% 和 8%，这创造了众多高端就业机会，新加坡研发及工程技术从业人员从 2002 年的 1.5 万人增加到 2012 年的 3 万人，年复合增长率达 6.8%，远超 3.8% 的总体劳动力增长。

新加坡政府的长期目标是未来 50 年科技再创新高。新加坡将继续重视工业合作，吸引国外对新加坡的科研投资，发展未来生产制造能力。先进再制造技术中心和附加制造技术中心就是很好的例子。先进再制造技术中心是亚洲第一个利用三维打印技术的研发中心，用于发展国际领先的再制造工艺，包括维修重塑、表面技术和产品验证等。附加制造技术中心则侧重于支持正在发展的产业，如航空、汽车、石油及天然气、精密仪器等产业。

新加坡各项先进技术的研发都以工业应用为目标。相关的研究项目有大数据分析计划，该项目通过对大量数据的应用分析和机器学习技术为公司提供解决问题所需的深度信息。又如近海海洋计划，该项目旨在通过提高本地船坞运营能力，维持和提升新加坡在全球近海海洋工业中的竞争优势，并发展本地石油、天然气和相关服务行业。另外，还有城市系统计划。该计划中，科研局将联系政府单位和公司，为解决城市建设所遇到的技术挑战，进行合作研发。还有新加坡皮肤研究院，科研局生物医疗研究院与国家皮肤中心合作，建立并发展新加坡成为区域内皮肤基础研究和产业化的科研中心。

二、建立工业研发联盟

（一）航空技术研发联盟

最新一期的航空技术研发联盟有16个加盟公司。航天技术研发联盟将从事所有加盟成员所关心的航空技术研发项目。联盟将巩固新加坡作为世界航空中心的地位，也将加强本地航空工程、制造、维修维护等产业的发展。

（二）纳米压印微影代工厂

纳米压印微影代工厂将填补纳米压印微影技术在研发与工业生产之间的空缺。工业合作公司可以与新加坡科研局一同进行纳米压印微影的开发、测试和原型产品的制造。新加坡科研局已经和东芝等8家公司签订了合作意向书。

（三）新加坡营养、新陈代谢、人类发展研发中心

新加坡科研局与国立大学投入1.48亿新币建立新加坡营养、新陈代谢、人类发展研发中心，将在营养学、人体新陈代谢、临床医疗等方面开展研究，这将对新加坡人口日益严重的肥胖和糖尿病现状及解决方案起到积极作用。

（四）新加坡皮肤研究院

新加坡科研局生物医疗研究院与国家皮肤中心投入1亿新币合作成立新加坡皮肤研究院，用于皮肤方面的研发和医疗。研究院已经引起本地多家营养学及保健品企业的重视。

三、大力支持中小企业发展

过去6年，新加坡科研局与国内700多家中小企业开展合作，联合研发项目超过2400项，同时给予中小企业的科技授权增加了两倍以上。

（一）帮助中小企业更快的采纳新技术

新加坡科研局科技拓展公司针对中小企业制定了简单快速的技术授权模式，

即中小企业优先计划。授权过程和法律条款更加精简，而且技术的价格也根据中小企业意见大幅下调。

（二）扶持中小企业技术升级

过去11年间，新加坡科研局的中小企业技术升级计划累计调配479名研发人员进入270家中小企业，帮助企业开展研发，提高生产力。该计划受到越来越多的企业欢迎。

（三）实施技术采纳计划

技术采纳计划于2013年11月正式启动。新加坡科研局研究院为中小企业提供技术采纳的支持，以让技术更好的应用于中小企业的生产活动中。自2013年7月以来，该计划已经提供了5100万新币的资金，在建筑、食品加工、精密工程、航海、航空和零售领域为中小企业更快采纳新技术创造条件。计划目标是在3年内帮助企业采纳1150项新技术，并使企业生产力平均提高20%。

（四）成立材料创新中心

在新加坡科研局和标新局的支持下，材料创新中心成立。该中心专注于针对中小企业在技术转移方面的工业合作项目。

四、科技商业化成效显著

新加坡科研局是新加坡科技创新创业生态系统的重要组成部分，其科技商业化取得了很好的成绩。2011年4月—2014年3月，科研局下属科技拓展公司为科研局带来了510项技术授权，实现产业价值2.5亿新币。新加坡的科技初创企业也得到了国际上的认可及重视。2011—2013年科研局取得的显著成果如表3-11，不少项目已超额完成《科研创新5年计划》设定的目标。

表3-11 2011—2013年科研局取得的显著成果

类别	科研创新5年计划	至2013年累计成果	2015年目标
研发	吸引工业界研发资金	1.71亿新币	2.55亿新币
	工业合作项目	4486	1651
	医疗技术转化项目	178	234
	工业应用研发投入	6.2亿新币	5亿新币
	工业应用研发项目	177	75

续表

<table>
<tr><th>类别</th><th>科研创新5年计划</th><th>至2013年累计成果</th><th>2015年目标</th></tr>
<tr><td rowspan="3">创新与创业</td><td>工业界调配研发人员</td><td>183</td><td>275</td></tr>
<tr><td>技术授权</td><td>510</td><td>263</td></tr>
<tr><td>由科技拓展公司技术商业化项目产生的初创公司及技术授权</td><td>167</td><td>100</td></tr>
<tr><td rowspan="3">人才培养</td><td>培养科研局博士研究员</td><td>497</td><td>780</td></tr>
<tr><td>在新加坡工作的科研局博士</td><td rowspan="2">数据将于2015年年底公布</td><td>399</td></tr>
<tr><td>在新加坡公司工作满5年的科研局博士</td><td>399</td></tr>
</table>

五、积极与产业界开展科技合作

新加坡科技部门非常重视与产业界开展合作，在2011年4月—2014年3月，科研局进行了4500项产业合作项目，为新加坡产业界带来至少6亿新币的研发投资。其中，与跨国公司的合作十分突出。

1. 与雀巢合作

2014年1月，新加坡科研局与雀巢公司签订为期3年的合作研发框架协议。科研局下属的18个研究院和研发机构将有机会与雀巢公司在食品、饮品、营养学等方面进行合作研发。雀巢公司也将在新加坡启奥生物医学园设立分支机构，此项合作引起了全球商业界和科技界的关注。

2. 与可口可乐公司合作

2014年2月，新加坡科研局与可口可乐公司签署3年的合作研发基金计划。科研局和可口可乐将共同为科研局研究院每个相关项目投入高达400万美元的研发资助，双方各出资200万美元，科研局也将与可口可乐公司分布在全球的研发机构进行合作研发。

3. 与宝洁合作

2014年3月，宝洁新加坡创新中心成立，投资2.5亿新币，人员500名，成为新加坡最大的私有研发机构。宝洁与新加坡科研局签署总额达6000万新币的合作研发协议，并与新加坡国立大学、南洋理工大学等机构商议拓展合作研发协议。

4. 与劳氏认证合作

劳氏认证已在新加坡建立世界领先的集团技术中心，从事能源及海洋方面的研发。中心总投入达 3500 万新币，研发人员 150 名。科研局与劳氏认证签署 5 年的合作协议，开展工业合作研发。

（执笔人：宋德正）

泰　　国

2014年，泰国政局跌宕起伏，科技部长缺位，因此本年度泰国政府发布的重大科技规划或政策较少。泰国科技发展整体上完成计划任务，科技预算拨款基本到位，各项科技活动按计划进行，泰国科技部下属的科研机构运行顺利，大型企业也加大了研发投入力度。

一、科技发展概况

（一）研发投入情况

泰国科技部2014年10月1日—2015年9月30日的财政年度预算总额约为88.97亿泰铢，仅比2013—2014年度预算增加了1%。另外，根据泰国国家研究理事会发布的《泰国研发指数2013》，2011财年泰国研发经费占GDP的比例为0.37%，低于世界平均水平。其中，政府部门投入为38%，占政府预算的0.75%；其余62%的投入中，私营企业投入占84%，国有企业投入占6%，外资机构投入占4%，政府和高等教育部门的内部收入的投入占3%，私营非营利机构和个人基金投入占3%。研发经费由企业执行的占51%，由高等教育部门执行的占30%，由政府机构执行的占14%，由国有企业执行的占5%，由私营非营利机构执行的不到1%。研发投入中，用于实验开发的占38%，应用研究占34%，基础研究占24%，其他占4%。

（二）科技创新能力指数排名

2014年泰国在多项竞争力排行榜的排名和涉及科技创新能力的指标排名中有升有降。根据世界经济论坛发布的《全球竞争力指数（2014—2015）》，泰国在144个经济体中排名由2013年的居第37位大幅上升至第31位，其技术就绪类指标排名由居第78位升至第65位，但创新类指标排名由居第66位下降至第

67 位。根据瑞士洛桑国际管理学院发布的《2014 年世界竞争力年鉴》，泰国在 60 个经济体中排名由居第 27 位下降到第 29 位，其技术基础类指标排名由居第 47 位上升至第 41 位，科学基础类指标排名由居第 40 位大幅下降至第 46 位，主要弱点包括研发投入占 GDP 比例过低、信息通信技术使用率低、知识产权保护和专利申请较弱等。根据世界知识产权组织发布的《2014 年全球创新指数》，泰国在 143 个经济体中排名由居第 57 位上升至第 48 位，其创新产出指数排名由居第 61 位上升至第 49 位，创新投入指数排名由居第 57 位上升至第 52 位，创新效率排名由居第 76 位上升至第 62 位。根据经济学人为亚洲开发银行编写的《创新生产力指数》研究报告，泰国在 24 个经济体中排名居第 15 位，在东盟国家中落后于新加坡、印尼和马来西亚。整体而言，泰国涉及科技创新类的指标，如获取最新技术、公司层面的技术吸收、外国直接投资与技术转移、企业创新能力、科研机构质量、人均研发支出及研发支出占 GDP 的比例、公司研发支出、大学－产业研发合作、政府采购先进技术产品、科学家和工程师人数、PCT 专利申请和批准、信息通信技术、企业间技术合作、公共和私营部门的创业投资、科学教育及学位授予、创意产品与服务、版税与专利授权收入占贸易的比例等，普遍落后于其竞争力总体排名，这说明科技创新能力是泰国国家竞争力的短板，已经严重影响到其提高竞争力和摆脱中等收入陷阱的努力。

二、科技政策新动向

2014 年 8 月底，泰国国王御准内阁总理巴育上将提交的内阁名单，波切·杜隆卡威洛博士被任命为科技部部长。此外，原泰国科技部常务秘书蓬猜·鲁吉巴帕博士被任命为信息和通信技术部部长。9 月 12 日，泰国总理巴育发布施政纲领，其 11 个重点政策领域之一为科技、研发和创新。巴育总理在演讲中表示，政府将加大对科技研发和创新产业的投入，推动全社会研发支出占 GDP 的比例超过 1%；深化科技体制改革，利用高技术知识和技术等推动清洁能源、污水和垃圾治理产业的发展；引进国外先进科学技术，加强自主研发。另外，泰国的研发活动应有助于最大限度地开发泰国品牌的潜力，产生新的创新型产品。研发活动应与公共需求保持一致，提升农业和工业部门的能力。未来与国家需求相关的研发课题预算将会得到增加。在发展信息技术系统方面，将会成立新的分析中心、实验室、研究所和中心。政府将增强激励研发的措施，消除相关法律障碍。

泰国总理巴育在多个场合表明，泰国重视替代能源、垃圾管理、卫星技术产业及农产品加工业，特别是稻米、橡胶、木薯等泰国主要作物的加工；泰国重视发展基础设施，尤其是陆路、海路和空中交通运输系统。2015 年东盟经济共同体将正式建成，作为统一的市场和生产基地，可望带来巨大的商机。泰国重视中小企业，将中小企业发展作为国家发展的纲领。另外，泰国还要发展创意产业、数字经济和绿色经济。

为实现《国家科技创新总体规划（2012—2021）》确定的2016年全国研发投入占GDP的1%、私营部门研发投入达60%的目标，泰国科技部拟向内阁提出两项新的政策建议并有望获得批准。一是将研发投入加计扣除比例由现在的200%增加到300%以鼓励企业增加研发投入。泰国科技部已经与财政部协商，该新政策拟持续5年，预计2015年全国研发投入将增至770亿泰铢，占GDP的比例达到0.7%。二是启动《人才流动计划》，这是一项关于获政府奖学金留学人员的新政策。以往获政府奖学金人员回国后按规定应在政府部门工作一段时间，未来由泰国科技部批准的留学人员、政府部门和高校的研究人员留学回国后，可以全职或兼职在私营部门工作3个月至两年。

另外，泰国投资促进委员会制订了新的7年投资促进政策（2015—2021年），旨在提高泰国产业竞争力。新政策的焦点将集中在每个地区和产业集群的投资项目中的高技术及研究和开发。根据新战略，投资将被分为A类和B类。A类投资将获得企业所得税豁免，被认为是高重要性，或是以知识为基础的投资；即使投资不是资本密集型的，但有助于提升泰国长期发展的关键竞争力；高科技活动、复杂的生产工艺和资本密集型的投资都属于A类。B类投资不能获得免征企业所得税的优惠政策，但可享受用于制造出口产品的进口设备和原材料免税，以及其他非税收激励措施，如允许拥有自己的土地。

三、制定若干专项规划，促进重要领域的发展

（一）交通基础设施规划

泰国军政府“全国维护和平秩序委员会”和内阁批准了《交通基础设施发展规划（2015—2022）》，预算额达2.4万亿泰铢。4项政策目标包括：①建立稳固的交通经济基础；②确保交通安全；③从东盟经济共同体中创造更多机会；④建立稳定的社会。预计实施该规划后将把轨道运输商品比例从2.5%提高到5%，水上运输所占比例从15%提高到19%。城市轨道交通运输可促使私家车比例从60%降至40%。规划的具体内容包括：①发展铁路，包括6条米轨复线和2条标轨新线；②修建曼谷和郊区的10条快速交通线；③建设联通邻国的道路，包括四车道公路和高速公路；④发展水运交通体系，包括码头和防波堤；⑤发展航空，包括曼谷机场第2～第5期发展及廊曼机场扩建。泰国内阁还审议批准了总额达680亿泰铢的2015年发展基础设施投资规划，包括捷运连接郊区项目、双轨铁路项目和高速路项目等。中泰两国政府已签署备忘录，以政府间合作的形式修建廊开—曼谷—罗勇的标轨复线铁路，全场867km，预计时速160～180km。

由于泰国铁路技术较为落后，泰国科技部下属的国家科技发展署正在筹建泰国轨道技术开发研究所，未来可能成为科技部下属的独立研究机构。

（二）能源发展规划

在能源领域，泰国能源部正在制定泰国能源行业的第一个中长期综合规划。该规划将是一个包括对所有类型燃料的投资、需求和供应的总体规划，并将成为2015—2036年能源开发的指南，包括电力发展规划、节能规划、可再生能源开发及石油和天然气消费规划。规划还将涉及相关产业包括汽车、炼油、农业、生物燃料、电力、节能设备、能源服务企业等，并确定在交通行业优先使用的燃料。未来可再生能源发展的重点将是废物转化为能源。电力发展则由严重依靠天然气转向进口低硫煤炭发电，以及水电和核电。泰国能源部部长纳隆猜表示，按照国家长期电力生产计划，泰国将增加火力发电比例至30%。

根据泰国能源部颁布的《2008—2022年替代能源发展规划》，2012—2016年正处于可再生能源发展的中期阶段，重点放在生物燃料等替代能源的技术研发上，以挖掘其经济效益，另外就是探索绿色城市社区模式。而2017—2022年，将在泰国境内推广已经成熟的替代能源技术和社区模式，意欲成为东盟地区生物燃料的发展中心和替代能源技术出口大国。

对于泰国大力发展可再生能源和替代能源的目标，泰国电力机构认为发展智能电网对可再生能源并网发电尤为重要。为此，泰国电力机构就智能电网的发展做出整体规划：一是对东盟国家电网的改造升级，以此提升泰国电网输电系统的稳定性，建立坚强电网，加强数据集成和控制系统的控制能力，从而在技术和经济两方面都做到高效运行。泰国电力机构也将大范围安装智能电网自动化系统和数据管理系统，为未来东盟国家电网联网做准备。二是集成信息通信技术。智能电网的信息和通信系统集成必须要有统一的标准，才能使泰国电力机构的电力设备和测量设备与其电网外的信息相连，即“互操作性”，同时保证网络安全。未来，数据和信息会成为发展的重点，将被用来提升电网的运行水平。三是智能运行。信息通信技术包括智能电子设备自动控制系统，这些都被应用到泰国电力机构的核心业务当中，如资产管理。四是实现需求响应。基础设施中的通信系统，尤其是连接了电网数据信息的系统能够支持需求预测和需求响应，从而优化整个国家的能源管理。五是绿色供应组合。在政府政策要求下，智能电网技术能支持可再生能源的发展，也为未来发展电动汽车技术打下基础。

由于泰国当前能源进口费用高昂，而本国天然气产量逐渐枯竭，未来预计会对清洁煤发电、生物质能与垃圾发电、生物燃料、太阳能发电、智能电网的技术有更大的需求。可再生能源被认为是天然气发电的重要替代品，尤其是太阳能、小型水电和生物能源。泰国将调整能源结构，进一步提高替代能源的使用比例，以缓解能源对外依存性。

（三）数字经济法案

泰国政府将提出《国家数字经济法》草案并于2014年年底在国家立法议会上审核，信息和通信技术部将在2015年年初改名为数字经济部。政府将成立一个数字经济委员会，由总理担任主席，成员包括所有部委和相关政府部门和机构。预期数字经济可成为推动国内生产总值增长的引擎，增幅可达5%。泰国信息和通信技术部设立了5年内互联网用户数量达到4000万，信息通信技术产品和服务价值翻一倍的目标。这将是信息和通信技术部向政府提议的数字经济计划的部分内容。据统计，泰国目前互联网用户数量大约为2000万。2014年国际电联公布的信息通信技术发展指数，泰国由2012年居全球166个国家的第91位上升至2013年的第81位，泰国互联网使用人数大增，原因是使用手机上网用户的增加。

泰国投资促进委员会已批准建立价值超过100亿泰铢的3个数据中心，投资方来自曼谷TCC技术、日本企业亚洲数码港、美国SuperNap公司。批准关于数据中心的投资将支持政府数字经济政策，通过先进技术使泰国成为东盟贸易中心。随着移动互联网用户数量的增长，社会化媒体的日益普及，泰国的电子商务业务不断上升，比2013年同期水平提升至少20%，有3个关键因素驱动着泰国电子商务的上升发展趋势，分别为覆盖全国各地的高速互联网，智能手机用户稳定增长，以及社交媒体的使用日益普及。

四、积极开展国际合作

2014年2月，泰国国家科技发展署在泰国科技园举办了首次东盟－欧盟科技创新日活动，吸引了来自东盟和欧盟国家的500多名科学家、政策制定者、资助机构和创新型企业的代表参加。该活动也标志着欧盟《地平线2020》科研计划在东盟正式启动。创新日活动还包括食品的社会挑战、健康与水、材料、创新、知识产权、计量、研究人员流动等议题的研讨会。10月，泰国国家科技发展署、国家科技研究院与日本产业技术综合研究所签署合作备忘录，开展在能源、非粮生物质能源、生物燃料生物材料、环境技术、生命科学和计量领域的合作。11月，泰国卫生系统研究院院长与加拿大国家卫生研究院院长签署了加入全球慢性病合作联盟的协议，以加强非传染性慢性病的国际合作研究。

（执笔人：李　欣）

印度尼西亚

2014 年是印度尼西亚的大选年，先后举行国会和总统选举。新一届政府上台后，对科技管理体制进行了调整，并推出《国家科技发展战略政策（2015—2019）》，以期进一步提升经济发展中的科技含量，促进创新发展。印尼各界强烈期待新政府能为经济发展注入一剂强心剂，并增加研发支出，进一步聚焦优先领域，用科技提高印尼的创新能力，增加产业附加值。

一、整体科技发展水平有所提升

近年来，印度尼西亚科技水平整体有所提高。根据世界经济论坛发布的《全球竞争力报告》，印尼的竞争力排名从 2009—2010 年度的居第 54 位上升至 2013—2014 年度的居第 38 位，技术准备度排名则从第 88 位上升到第 75 位。在科技体制方面，创新中心、投资机构、知识产权服务机构和研发机构越来越多。在科技投入方面，OECD 的报告显示，印尼国家科技投入占 GDP 的比例从 2010 年的 0. 048% 增长到 2012 年的 0. 08% 。每百万人中研究人员数从 2010 年的 438 人增长到 2012 年的 518 人。在科技产出方面，印尼国际科技论文和专利申请逐年增加，产业和社会对科技的应用也在增长。

但是，印度尼西亚科技发展依然面临很多问题，尤其是科研投入维持在较低水平。2014 年，印尼政府研发预算为 8 万亿卢比，仅占政府预算的 0. 5% ，远低于东盟强国新加坡和马来西亚。科研经费不足使印尼科研基础设施落后，人员培训缺乏，科研产出不高，这严重影响力了印尼的创新发展能力。2001—2010 年，印尼科研人员发表的国际论文不到 8000 篇，远低于新加坡、马来西亚、泰国等东盟国家。

二、新一届政府规划科技创新政策走向

（一）印尼新总统佐科威的科技创新理念

佐科威在竞选中表示要加大科技发展支持力度，使经济发展从依靠自然资源向依靠科技创新驱动转型。他强调，应通过全民教育提高印尼人力资源质量；提高科研人员待遇，吸引和鼓励国人积极参与科技研发；建立国家创新体系，加大政府在基础研发方面的资金支持；鼓励信息通信技术产业发展和创新，推动印尼自主研发技术与产品；发展技术服务业，鼓励创新者和发明家将专利和发明实现技术转移；促进产业和大学合作，提高国家制造业竞争力；鼓励发展可再生能源，将地热能、水力发电、生物燃料和生物质能纳入国家能源补贴计划。

佐科威表示，如果没有坚实的科研力量，国家无法发展。科研事业必须运转良好，具有可持续性，新政府需要发展科技支持国家战略的实施，用科学的方法制定国家发展战略。佐科威政府上台后，印尼科技管理体制最大的变化是将原文化与教育部中的高等教育职能并入研究技术部，组建新的研究技术与高等教育部。这表明，佐科威欲整合大学与科研机构的力量，为经济发展提供更多科技支持。

为改变印尼科技发展缓慢的现状，佐科威提出要增加科技资源投入。佐科威强调，要实现国家科技发展目标，人力资源是拉动其他投入要素的火车头。通过提高人力资源和基础设施现代化水平，提升研发效率，增强科技能力，发挥自然资源优势，使经济向创新驱动转型，实现各领域全面发展，提高国家竞争力。

（二）未来 5 年印尼科技发展战略政策走向

2014 年，印尼研究与技术部会同财政部、工业部、海洋渔业部及印尼科学院、技术评估与应用署等部门，推出了《国家科技发展战略政策（2015—2019）（草案）》（简称《科技发展战略》）。

1. 未来 5 年科技发展的目标和任务

《科技发展战略》提出，2015—2019 年科技将成为印尼创造附加值的关键，印尼的技术准备度和创新水平将促进其竞争力显著提升，自然资源的比较优势将转化为基于科技创新的竞争优势。国家科技发展的目标是：提升科技研发和自主创新能力，增强国家竞争力，为经济和社会可持续发展提供有力支持。

未来 5 年科技发展的任务包括：加强政府与产学研各界的互动，增强科技在促进创新和竞争力方面的作用；充分利用国际资源，通过国际科技合作提高印尼的科技水平；根据产业和社会发展需求确定研究主题，提高国家研发管理的有效

性；完善技术服务机制，促进技术与产业对接，逐步提高产品的科技含量。具体指标包括：增加科技人力资源的数量和质量，增加科学出版物和被引用数量；增加研发投入，提高知识产权数量；完善实验室基础设施，提高基础设施和实验室设备的利用率；增加研发中心、科技金融机构和孵化器数量，促进科技创业。

2. 科技体制改革措施

为实现科技发展目标，完成未来 5 年科技发展任务，《科技发展战略》提出需推进以下改革措施：

科研管理制度以研究为导向，制定和实施适合于自然资源和本地知识的研究资助制度；完善研发资金管理制度，提高研发的有效性；制定科研项目管理制度，保证研发过程的可持续性；完善科研机构绩效评估系统，提高其竞争力。

加强科研条件建设。提高科研投入，使研发经费占 GDP 的比例达 1%；加强基础设施建设，增强科研能力；制定和执行数据管理信息系统，促进科技资源共享平台建设；积极开展国际科技合作，利用国际资源；加强科技园区建设，使其发展成科技研发中心、信息中心、服务中心和培训中心。

实施国家科技人力资源建设计划，增加人才培养资助；完善人才引进制度，防止人才流失；促进人力资源的流动性；完善奖励制度，促进人才发展。

促进科技成果产业化，提高技术转移活力；加强技术应用监管，控制技术风险；加强风险投资制度建设，促进科技金融业发展；建立支付机制，保障发明者的经济权利。

3. 科技优先领域和重点方向

根据印度尼西亚《国家中长期发展规划（2005—2025）》，为保证科技 5 年规划的连续性，未来 5 年印尼将优先支持粮食、能源、交通、信息通信、国防、医药卫生和先进材料 7 个领域的发展。

在粮食领域，未来重点技术方向包括：贫瘠土地的开发利用技术、育种技术和农村综合发展技术等。

在能源领域，印尼政府鼓励研发和使用新能源和可再生能源，重点技术方向包括：新能源技术，如地热能、风能、太阳能、燃料电池、核能和洋流能等；燃料技术，如生物燃料、生物质、沼气、清洁煤、氢能和煤层气等；新能源工程技术，如工厂设计与建设、制造工艺工程等；节能技术与智能电网。

在交通领域，未来重点技术方向包括：多种交通系统联运、城市交通系统、物流运输系统、运输安全等。通过综合发展交通技术，促进交通运输产业集群建设，实现快速高效、易用安全、节能环保的目标。

在信息通信领域，未来的重点技术方向包括：信息安全基础设施，面向电子政务、电子商务和电子服务的开源软件系统开发，网络医疗，数据与地理空间信息服务等。

在国防领域，未来印尼政府的发展目标是全面提高侦察、指挥、通信、攻击、防御等各种能力，提高技术与设备研发水平，使国防装备具有可用性、自主性和威慑力。为实现这一目标，国防科技研发的重点是作战飞机、无人机、军舰/潜艇、战车、雷达、电子设备、火箭等。

在医疗卫生领域，印尼的重点技术方向包括：制药尤其是原料制备技术，医疗设备开发，靶向治疗、干细胞及生物医疗技术，药用植物资源开发，疫苗研发等。印尼拥有富含化合物的各种生物，被广泛用于抗生素等药物原料生产。同时，印尼生物多样性为开展基因层面的生命研究提供了条件。

在先进材料领域，印尼工业生产所需的很多材料都需要进口。为满足产业发展需求，新材料技术发展的重点方向包括：催化剂、特种钢铁、铀分离、储能材料、功能材料、纳米材料、稀土提取等。

三、大力发展支撑民生与经济社会发展的科技领域

2014 年印尼科技发展面向经济和社会发展需求，以提高人民生活水平为目标，着重发展战略产业和绿色经济，出台了多项研究与发展计划。

（一）加强粮食、能源和水资源技术创新

2014 年印尼政府将第 19 届国家技术觉醒日活动的主题确定为“加强粮食、能源和水资源科技创新，提升国家竞争力”。印尼副总统要求各部门加强协调，调动各方面力量，促进资源经济转变为知识经济。

（二）积极发展基础及战略性产业

印尼工业部于 2014 年宣布将在该部 2015 年预算中新增资金，重点发展基础性及战略性产业，如汽车、石化、矿产冶炼和信息产业。工业部表示，印尼要提高竞争力，必须优先发展基础产业，避免大量进口原料及设备造成财政负担。而要达到目标，必须提高工业发展的科技水平。为推动产业技术的发展，印尼 2014 年第 3 号法令规定，作为国家的支柱，民族工业应推动国民经济产业结构调整，提高产业深度和强度，增强产业技术研发能力，鼓励技术发明、改进和创新。

（三）制定全国绿色增长纲领

为应对全球气候变化带来的巨大挑战，印尼积极采取绿化减排措施，争取至 2020 年实现减少温室气体排放 26% 的目标。印尼政府为此制定了全国绿色增长

纲领，促进绿色经济发展，主要内容包括：协调各方力量制定正确策略，选择恰当的科技，运用当地智慧，保护绿化，开展国际合作。

（四）重视创意产业发展

2014 年 9 月，印尼举办主题为“印尼回应未来挑战”的科技与创意产业展览和研讨会，展示了无人机、坦克、巨型海堤模型、农村优秀产业、卫生智慧卡系统、动漫游戏等，宣传了创意产业概念。11 月又举办创意产业周，吸引了来自 15 个创意行业的近 250 家生产商。这一活动已举办 4 届，参与者每年都在增长。

（五）提出灾害研究计划

2014 年是印尼亚齐海啸 10 周年，印尼政府与科研机构召开 2014 年度灾害研究科学会议，就提高科技在防灾减灾方面的贡献进行讨论。印尼研究与技术部提出灾害研究计划，确定灾害科技研究的十大重点领域，包括地震、海啸、火山喷发、山体滑坡、洪水与干旱、极端天气、海岸极端情况、森林火灾、流行病、相关设备等。研究计划强调用科技提高灾害实时预警和风险评估的准确性和有效性。

（六）颁布互联网发展 5 年规划

2014 年 9 月，印尼政府颁布《印尼互联网发展规划（2014—2019）》，提出实施城市光纤网络发展计划，以适应电信运营商对光纤网络的要求；实施面向农村的宽带网络建设计划，为农村提供无线网络服务；建立统一的政府数据中心，面向社会服务；提升人力资源开发水平；建立电子政府、网络医疗、数字教育、智能物流等系统。

四、积极开展国际科技合作

印度尼西亚政府积极通过国际合作培养人才、获取研发资金与设备，提高科研水平。印尼国际科技合作伙伴既有发达国家，也有发展中国家，另外印尼还积极寻求与国际组织的合作。

（一）与发达国家的科技合作

印尼与美国开展军事技术领域和大学间科研合作。美国积极帮助印尼提高军事技术水平。美国军工企业洛马公司与印尼开展雷达技术合作，向印尼转让发展雷达工业的技术，为印尼的大学和科研机构培养人才，协助编写教材，举办雷达技术专题研讨会。根据美国－印度尼西亚合作伙伴计划，两国制订旨在加强各大学之间科研合作的联合研究计划。参与伙伴计划的印尼大学和美国大学就“可持续发展和建设一个有活力的社会”主题开展研究，主要领域集中在：生态艺术，生物多样性和海洋生物学，能源、食品、水和卫生，跨文化的理解和国际关系，灾害风险管理。

印尼与英国主要加强林业科技合作。2014 年 6 月，印尼林业部宣布与英国正式启动《多方利益协作林业计划》第三阶段行动计划，强调要进一步加强双边林业合作，促进森林保护与合理利用。这一阶段行动计划将执行至 2017 年，目的在于加强政府对森林的管理，减少农村贫困，增强生物多样性，通过减少碳排放来抵御气候变化影响。

印尼与德国在水资源管理、应对气候变化等新的领域开展合作。2014 年 4 月，两国在雅加达召开第 6 次科技合作联委会。双方表达了继续在海洋、生物多样性、生物技术、地热等领域的合作愿望。印尼希望在双方海啸预警系统合作项目的基础上继续开展灾害管理领域合作。双方还讨论了加强技术转移方面的合作，以促进印尼科技能力建设。

印尼与日本开展地热开发合作。日本的地热发电技术在全球市场的占比较高，在印尼也得到大量应用。日本已决定向印尼最大的地热电站进行大规模投资。此外，日本科技振兴机构与日本国际合作机构正资助印尼科学院生物技术研究中心开展可再生能源研发项目，合作开发非淀粉类生物质。

印尼与澳大利亚开展核技术合作。印尼国家原子能机构与澳大利亚核科学与技术研究组织在核技术领域合作不断加深，双方确定加强在放射性安全和核安全应急预案方面的长期合作，并就核安全领域中核取证技术发展与核取证活动组织进行交流，制订今后的合作计划。

（二）与发展中国家的科技合作

印尼与中国的各领域科技合作不断深化。中国的科技部、科学院、农科院、林业局、地震局、海洋局等代表团先后访问印尼，就进一步深双边科技合作与印尼方进行交流，推动双边合作项目进一步落实。两国签署遥感地面站项目合作谅解备忘录。中方支持印尼海上安全协调结构建设和升级遥感地面站，协助印尼提高海上执法和防灾减灾能力。另外，双方同意于 2015 年适时续签《中印尼海洋领域合作谅解备忘录》和《中印尼海洋与气候中心工作安排》。

印尼与印度加强农业合作。2014 年 8 月，两国续签《印度尼西亚与印度农业合作谅解备忘录》，同意在研究培训，收割后技术，生物技术，以及园艺、种植、畜牧等领域进一步加强合作。2009 年签署合作备忘录后，两国农业合作形势良好，此次双方同意将农业合作谅解备忘录续签至 2018 年。未来几年两国在农业领域的合作水平将继续提高。

印尼与伊朗签署新的《印尼与伊朗科技合作谅解备忘录》。印尼是世界上穆斯林人口最多的国家，伊朗也是穆斯林大国。两国自 2006 年首次签署科技合作谅解备忘录以来，科技合作势头良好。双方进一步确定了重点合作领域，包括医药卫生、干细胞研发与应用、地质科学、纳米科技、新能源与可再生能源、生物技术、空间技术与航空航天、科学园区建设 8 个方面，希望通过设立研究人员交换计划、创新研究奖励计划、能力建设项目支持双边科技合作。

（三）与国际组织的科技合作

印尼与国际原子能机构合作，提升核技术水平。国际原子能机构将和印尼交换有关核技术的信息、经验和知识，并为印尼兴建核反应堆计划提供建议。2014 年 9 月，国际原子能机构大会第 58 届例会期间，国际原子能机构和联合国粮农组织共同授予印尼政府杰出成就奖，以表彰印尼政府在成功利用核技术培养粮食作物方面所做工作和取得的成绩。

印尼与国际气候行动组织合作建设太阳能发电站和生物柴油发电站。2014 年印尼能源与矿产资源部与国际区域气候行动组织签订合约。该组织将在印尼建设一个太阳能发电站和生物柴油发电站。太阳能发电站预计耗资 6000 万美元，发电量可达 1.5 万千瓦，而生物柴油发电站将在两年之内完成。

印尼与亚洲开发银行合作开发地热能。2014 年亚洲开发银行宣布向印尼提供 5000 万美元贷款，以支持印尼地热能项目。印尼地热能开发前景广阔，亚行提供这笔贷款，支持印尼用清洁能源取代煤炭和石油的能源多元化政策。

（执笔人：王　勇）

以 色 列

2014 年的以色列很不平静，巴以局势日渐紧张，议会宣布解散，内忧外患，使以色列科技发展面临巨大考验。但以色列仍然坚持基础科研与应用研究并举、产业化与国际合作并重，在航空航天、纳米技术、生物医药、计算机与通信、新能源、水技术等方面取得不少科技成果，显示了国家科技实力和活力。

一、科技政策和科技指标

（一）科技管理

以色列实行科技工作首席科学家负责制，主要政府部门都设有首席科学家办公室。由科技和空间部（原科技部）、经济部（原工贸部）、国防部、农业部、卫生部、通信部、教育部、环境部、国家基础设施部等 13 个部门及科学与人文科学院等机构共同组成了国家的科技决策体系，协调全国的科技工作。政府部际科技委员会是内阁的参谋决策机构，协调政府宏观科技工作。2014 年 10 月，以色列科技部总司长埃斗·沙瑞尔、新首席科学家纽瑞特·耶尔美娅上任。

（二）科技投入

以色列的民用研发支出占 GDP 的比例多年来保持在 4.0% 以上。根据以色列中央统计局 2014 年 7 月公布的数据，2013 年以色列民用研发总支出为 442 亿谢克尔，占当年 GDP 的 4.2%，按 2005 年不变价计算，2013 年比 2012 年增长了 1.2%。

（三）科普活动

以色列重视科普教育，2014 年 2 月，举行“空间周”科普活动和第 9 届国际空间会议，全国 15 万小学生参加了 4800 堂相关课程，学习卫星、光电、太空探矿、寻找行星等空间科技知识；特选美国航天局和欧洲航天局的宇航员进行互动，在全国播放航空影片，举办航空摄影展览、开通社交网站普及航空知识；启动商业化卫星发射计划《维纳斯计划》，宣布与法国合作在2015年发射植被和环境监测新型卫星。3月，以色列启动为期一周的“国家科学日”科普活动，活动期间，各著名高校和研究院所对公众开放，教授和科学家走进社区、小学举办科技讲座和交流活动，数以万计的民众参与了数百场的科技活动。

（四）教育和人才

以色列人才数量和科技资源的人均拥有率全球领先。全国人口中20%以上的人员有大学及以上学历，每万人口中科学家和工程师数高达145人（世界第一）。根据以色列中央统计局公布的数据，2014年以色列的教育经费支出达834亿谢克尔，按2005年不变价计算，比2012年提高了6.8%，占当年GDP的7.9%，这一比例高于OECD的平均水平。

以色列7所研究型大学的教育和研究水平获得国际认可。根据上海交通大学高等教育研究院发布的2014年世界大学学术排名（ARWU），希伯来大学、以色列理工学院名列世界百强大学，希伯来大学位列亚洲第3位。按学科实力排名，希伯来大学的数学全球排名居第27位，以色列理工学院计算机科学全球排名居第18位，特拉维夫大学的计算机全球排名居第20位。

2002年以来，共有6位以色列科学家获得诺贝尔化学奖、2位获得诺贝尔经济学奖。值得一提的是，2013年诺贝尔化学奖由3位科学家共同获得，而这3位科学家均为犹太人，其中亚利耶·瓦谢尔（Arieh Warchel）教授拥有以色列和美国国籍；另一位密歇尔·莱维特教授（Michael Levitt）拥有美国、以色列、英国3国国籍。此外，2013诺贝尔物理学奖的获得者Francois Englert、医药奖的获得者James E. Rothman和Randy E. Schekman均为犹太人。以色列科学家在美国获得诺贝尔奖激起了以色列政府再次高度关注人才流失问题。事实上，以色列政府为吸引世界各个领域的杰出科学家和研究人员回国工作，从2010年3月起启动了一项特殊的引进计划，该计划将在5年内耗资13.5亿谢克尔建立30个卓越中心（Israeli Center for Research Excellence，I-CORE）。首批4个卓越中心已经于2011年6月开始运营，4个中心共吸引了14名海外顶级以色列科学家并获3.6亿谢克尔的政府资金资助。第二批的12个卓越中心于2013年5月开始运行。12个新建中心已从国际知名研究院所或者大学引进国际知名科学家120人，50名专业带头人。该项目是以色列改革科研体制、增强基础科研能力、吸引高科技人才回流、占领尖端前沿科技阵地的重大举措。

（五）科技论文、专利

2013年汤森路透数据公司提供的数据表明，全球被引用最多的论文中有1%

来自以色列。据统计，2011 年以色列科学家在全球科技期刊上发表论文 15 922 篇，平均每篇论文的引用次数居世界第 4 位。以色列的论文数量正在逐年下降，由 1991 年的人均论文数居第 1 位降至 2011 年的居第 13 位，但是论文的质量，论文的引用率均高于 OECD 国家的平均值。

根据世界知识产权组织（WIPO）2014 年公布的专利研究报告，2013 年世界范围的总专利申请数与 2012 年的总数相比增长了 5.1%，以色列在 WIPO 申请的专利数量在 144 个国家中排名居第 17 位，本国申请人的人均申请率为 1.0，位居世界第 1 位，申请专利数占世界总量的 0.8%。受金融危机的影响，2009 年以色列专利局受理的专利申请数量有所减少，2010 年开始恢复增长，但 2013 的申请数量又降至 2003 年的水平，其中，专利申请人为国外公司和个人的项目，占申请总量的 87%，来自以色列本国的申请数量大幅降低。

二、民用研发支出和投入分析

根据以中央统计局 2014 年 7 月公布的数据，2013 年以色列民用研发总支出为 442 亿谢克尔，占当年 GDP 的 4.2%，按 2005 年不变价计算，2013 年比 2012 年大幅增长了 1.2%；民用研发活动支出按执行部门划分，产业界（包括制造业、软件业、研发型公司等）支出了 366 亿谢克尔（现价），占总支出的 83%，政府部门占 2%，高校占 14%，非营利机构占 1%。同 2012 年相比，产业界、政府部门和高校的研发支出分别提高了 1.2%、3.6%、2.0%。其中在产业界，软件业的研发支出增长了 2.7%，包括初创企业、技术孵化器及研究机构在内的研发公司的研发支出与 2012 年相比增加了 1.8%，制造业增加了 5.1%，跨国公司增长了 13.7%。从历年的统计资料来看，产业界的研发活动日益活跃，研发支出增长较快，2005—2013 年，产业界的研发活动支出占全国民用研发支出的比例由 76% 上升到 2012 年的 85%，2013 年稍有降低，但仍然保持在 83%，显示企业在技术创新中的主体地位有所增强。

往年产业界不仅承担了全国 80% 以上的民用研发活动，而且是民用研发经费的最重要提供者。2011 年，尽管产业界承担了以全国 83% 以上的民用研发活动，但产业界在全国民用研发经费中的投入比仅为 39.3%，明显低于国外（基金和捐赠）的投入比例，而高校和非营利机构的投入保持不变。

以色列中央政府在民用研发方面的投入逐年增加，2013 年投入为 65.4 亿谢克尔，比 2012 年的 61.71 亿谢克尔增加了 3.0%。中央政府的民用研发投入主要通过高等教育委员会（负责管理普通大学基金 GUF）和工贸部、农业部、科技部、基础设施部及其他各部的首席科学家办公室实施，大多以补贴和转移支付等方式资助大学、产业界和私人非营利机构的研发活动。以 2013 年为例，中央政府的研发投入中有56%的经费是普通大学基金（主要是提升大学的研究），36%的经费通过工贸部等资助工业研发，其他7%经费用于资助农业、社会发展和基础设施等方面的研发。

基础研究主要由以色列科学基金会（ISF）资助，ISF的经费来源于高等教育委员会。ISF每年经费约1400万美元，资助1500多个项目。在2013/2014年度，ISF资助基础研究的预算总额为3.71亿谢克尔。

工贸部是政府各部门中除高等教育委员会外获得研发资金最多的部门。该部门的首席科学家办公室（OCS）负责产业研发资助，其年度预算约15亿谢克尔。OCS的经费大部分用于竞争性工业研发计划，其他计划包括磁石计划（资助产业界和大学合作开展共性技术开发）、技术孵化器计划、全球企业研发合作框架计划、双边产业研发合作计划等。OCS确定的今后几年工作重点是资助和培育生命科学、纳米技术、清洁技术、电子信息等领域的研发和创新活动，加大传统产业的研发和新技术推广力度，培育新的经济增长点，扩大就业和出口。

三、高技术产业发展情况

高技术产业是以色列最重要的产业，其中，电子信息、生命科学、半导体、纳米技术、国土安全、军工电子、清洁技术（包括水技术、新能源和其他环境技术）等行业在国际上具有一定的技术优势。

（一）高技术行业投资情况

以色列有着十分发达的风险投资体系，风险资本是以色列高技术产业的主要投资来源。1992—2013年，以色列境内的风险投资公司共募集了160亿美元的风险投资基金。以色列高科技公司获得的融资从2013年起有显著提高，2013年融资额为23.34亿美元，为10年来的最高值；2014年前三季度获得融资23.02亿美元，几乎与2013年全年募资额相同，其中，有17%的投资来自以色列境内的风险投资公司。第三季度，有170家高技术企业共获得新投资7.01亿美元，第二季度高技术企业获得的投资额9.28亿美元。根据以色列风投研究中心预计，2014年预计从以色列风险投资公司募集资金不少于10亿美元。

（二）高技术产品出口情况

以色列的高技术产业主要面向国际市场。以色列中央统计局发布的统计数据显示，2013年以色列的工业出口额达到460.60亿美元。其中，高技术产品的出口额在工业出口总额中的比例为43.7%，2014年1—10月工业出口额同比有所增加。

（三）部分高技术业状况

1. 生命科学产业

2014 年，以色列在癌症治疗、精神疾病、组织再造、肾移植、糖尿病等领域成绩斐然。例如，以色列理工学院开发出“试管脑组织”，用 3D 视图观察神经活动，这为更好的理解人类精神网络的复杂性为提供了帮助；特拉维夫大学的研究揭示了肾再生的确切细胞信号和肾再生的多层次特性，这为实现人的肾脏再生、减少肾脏移植创造了一套可能的细胞分子学方法。

2. 纳米技术产业

2014 年，希伯来大学科学家用纳米技术发明了新型感光胶片，使得基于这一技术的人造视网膜成为可能；巴依兰大学发明了可以治疗癌症的机器人；特拉维夫大学使用纳米技术治疗耐药卵巢肿瘤，这种全新的纳米药物输送系统能将药物输送到癌细胞周围并聚集，疗效显著。

3. 水技术产业

以色列被誉为世界海水淡化的先导者。以色列的 IDE 公司独家拥有低温多效与反渗透两项技术，凭借较其他技术的投资少、耗能低、造建周期短等优势占据了全球 90% 的海水淡化市场。以色列发明的节水灌溉技术将农业用水的利用率提高到 70% ～80% ，耐特菲姆公司是世界滴灌技术的领军企业，年平均收入 3. 5 亿美元。

4. 新能源产业

以色列政府非常重视新能源产业，将新能源产业和水技术同时列为《以色列新技术》计划予以大力支持。每年 9 月在特拉维夫市举办的“以色列新能源展”为新能源的发展起到了积极的推动作用。巴依兰大学国家电化学推进中心教授多伦 · 奥尔巴克教授获得 2014 年国际电池协会奖，他是国际公认的可替代能源研究先锋，为充电电池和醋及电动汽车的发展做出了巨大贡献。

5. 新媒体产业

新媒体领域在以色列高科技产业出口中占有重要位置，2013 年该领域的出口总值超过 116 亿美元。此外，许多知名的国际公司都在以色列设有研发中心，如 Apple、Cisco、Ericsson、HP、Intel、IBM、Microsoft、Motorola、Nokia-Siemens 等。以色列还是全球的云计算中心之一。2014 年，以色列驾驶安全技术公司移动眼 Mobileye 在纽约证交所上市，募得资金 8.9 亿美元，创下了以色列公司在美国 IPO 的最高纪录，所得资金用于研发新一代的汽车无人驾驶技术。

四、国际科技合作

（一）与欧盟的科技合作

以色列全面参加了欧盟的研究开发第 7 框架计划。根据双方于 2007 年签订的协议，2007—2013 年以色列为参加第 7 框架计划投入了 5 亿欧元，占该计划全部投入的 1%。2013 年共有 2111 家单位参与了欧盟第 7 框架计划，共获得 100.79 亿欧元用于资助 1173 个项目的合作研发。

2014 年 1 月，以色列正式加入欧核研究中心，成为该组织首个非欧盟成员国，体现了以色列理论物理学界在国际上的重要影响。

2014 年 6 月以色列内塔尼亚胡与欧盟委员会主席巴罗佐共同签署有关以色列正式加入欧洲《地平线 2020》战略科研规划，以色列将在今后 7 年内向该计划注资 5.35 亿欧元，同时以色列科技界可得到该计划 8 亿欧元的科研资助。

（二）与美国的科技合作

以色列和美国之间具有良好的合作基础，两国建立了多个双边基金，包括双边农业研发基金（BARD）、双边联合产业研发基金（BIRD）、双边科学基金、教育基金等。

2014 年，BIRD 基金共出资 1920 万美元支持了 22 个合作项目；2014 年 7 月出资 400 万美元用于资助能源领域的 5 个项目的研究，加上企业配套资金，总投资额达 1800 万美元。

为加强进一步与以美国为代表的美洲国家的合作力度，以色列工贸部首科办决定在产业研发中心再增加一个负责与美洲合作的办公室，具体负责以色列与美国、加拿大、巴西、阿根廷、乌拉圭等国的国际合作。

（三）与中国的科技合作

以色列十分重视发展与中国的科技合作关系。2013 年 5 月，以色列与中国建立了“政府对政府”科技合作机制。2014 年 5 月，中央政治局委员、国务院副总理刘延东率团访问以色列，出席了以色列创新大会，与以色列总理签署了《中以两国政府关于成立中以创新合作联合委员会备忘录》。9 月，第 3 次中以科技创新联委会在北京召开，确定了 2015 年度中以产业技术研发合作项目，并就下一阶段合作方向、重点领域、合作方式等交换了意见。

2014 年 5 月，浙江与以色列签署产业研发双边合作协议，福建与以色列签署产业研发双边合作协议。江苏与以色列的《关于民营企业产业研究与开发合作基金》至今双方已共同资助了9批49个项目。

此外，以色列生命科学技术中国巡展活动成功的如期举行。在中国的科技部科学技术交流中心和以色列工贸部产业研发中心的共同组织下，13家以色列生命科学、医药、医疗器械等领域的顶尖创新企业于2014年11月2日—12月5日到中国的北京、山东、江苏、上海、浙江、深圳进行了为期两周的以色列生命科学中国巡展。

2014年12月2日，中以科学与战略研发基金第7次联委会在北京举行，会议讨论了第7批的23个合作项目申请，双方确定共同资助10个项目；会议还讨论了进一步推进中以联合研发机制及下一步合作的重点领域为脑科学、水资源的高效利用、清洁能源技术、农业科学等；会议最后提议第八次联委会将在以色列召开。

（四）与其他国家的科技合作

以色列与韩国、新加坡、加拿大等国家主要通过双边产业研发基金开展合作。有关基金已运行多年且卓有成效，每年召开董事会审批新的产业研发合作项目。以色列与印度的合作主要是军工、通信、软件等行业，印度已成为以色列军工产品和技术的最重要市场之一，以色列的软件公司大量投资印度。

以色列外交部国际发展合作署（MASHAV）为发展中国家举办各种人才和技术培训班，也提供部分奖学金。近年来，以色列为改善其国际形象和争取发展中国家支持，增加了培训班数量和人数，大多数是短期培训项目，主要涉及农业、水资源、环境、医疗卫生和国防安全等领域。

（执笔人：王向社）

哈萨克斯坦

2014年，哈萨克斯坦经济与社会稳定，政府陆续制定各类科技规划与计划，推动各领域发展，加强与世界主要国家的科技交流与合作，促进本国科技、经济和创新的发展。

一、科技发展概况

截至2013年年底，哈萨克斯坦全国共有研发机构341家，2013—2014年全国研发总投入约617亿坚戈，占GDP的0.18%，比2012—2013年增加了20.3%，其中，应用研究占总投入的54.1%，基础研究占29.5%，试验设计研究和科技服务占16.4%。全国研发人员总计23 712人，其中，科研人员17 195人（博士2293人，副博士4915人）。

在2014年12月召开的国家创新发展工作会议上，纳扎尔巴耶夫总统再次强调建设知识密集型经济体系需要科技领域的持续创新，创新活动的根本目的是提高生产力和劳动效率，创新是提高本国产品质量和市场竞争力的基础。过去5年，哈国对创新领域的支持持续增加，总投入达500亿坚戈。根据有关部门预测，2014年哈研发投入总额将达到740亿坚戈，其中，300亿坚戈来自私营部门。到2050年，研发支出将占GDP的3%。

2014年，哈萨克斯坦专利申请数量在全球141个国家中位列第42位，创新活动市场比例比2009年增加1倍，到2014年年底该比例预计会达10%，计划2020年将提高到20%。2013年，哈工业技术领域总产值约5783亿坚戈，占GDP的1.69%，比2012年提高52.6%。

二、重大科技规划和计划

（一）《光明大道》计划

2014 年 11 月 11 日，哈总统纳扎尔巴耶夫发表题为《光明大道——未来之路》的国情咨文，要求全国各行业、各领域面对全球经济形势，及时转变思路，调整发展方向和目标。《光明大道》计划分 5 年实施，将投资 60 万亿坚戈，其中，国家财政投入占 15%。计划的核心是大力推动基础设施建设，优化经济结构，全面发展知识密集型经济。科技是哈国民经济和社会发展最有力的推动力之一，增加科技投入，加快科研成果商业化，是推动哈经济结构转型的重要保障。

（二）2015—2019 年哈萨克斯坦工业创新发展规划

2014 年 8 月，纳扎尔巴耶夫总统批准通过《2015—2019 年哈萨克斯坦工业创新发展规划》。该规划是实施《哈萨克斯坦至 2050 年战略》和跨入世界 30 强的又一重要举措。其主要目的是鼓励生产经营多样化，提高国家制造业竞争水平。主要任务是加速发展加工制造业；提高优先发展领域新技术的水平和生产效率，增加产品附加值；扩大本国非原料型产品出口；扩大就业；建立创新产业集群，引领未来行业发展；鼓励创业，促进加工制造业领域中小企业的发展。

未来 5 年，哈萨克斯坦将推动实施 70 多个项目，投资金额超过 1000 亿坚戈（约合 5.55 亿美元）。规划确定的 14 个基础领域的优先发展方向包括：黑色冶金、有色冶金、石油开采与加工、石油天然气加工、食品加工、农业化学、工业化学制剂、汽运设备、配件与发动机制造、电动汽车与电气设备、农机、铁道工程技术、矿山机械设备和建材。远景领域包括移动多媒体技术、纳米技术、宇航技术、机器人技术、基因工程和新能源技术。

（三）2014—2016 年国家财政拨款科技专项

2014 年 2 月，根据《新科学法》第 27 条规定，哈萨克斯坦共和国政府批准了《2014—2016 年财政拨款科技专项计划》，具体工作由哈教育科学部负责管理和实施。其中确定了 2014—2016 年哈重点扶持的科研领域，包括：难选和低品位矿石选矿及加工技术；提高油气、铀开采率的数字信息化技术；新型、原发型和传染型病毒检测防控技术及治疗和防疫用生物药剂研发；生物工程学技术；基于分子生物学和细胞生物学研发提高小麦、马铃薯抗萎蔫病和亚病毒技术，培育抗病毒新品种，开发诊断药剂；研发基于清洁能源开发利用的节能技术；开发用于保障国家水安全的“哈萨克斯坦水资源及其利用”地理空间信息系统；研发基于植物原料的新型生物活性化合物。

（四）《农业科研体系改革阶段性计划（2014—2016）》

该计划由哈萨克斯坦农业部制订，其主要任务是结合国际经验和本国农业科研管理特点建立新的农业科研管理体系，保障科研活动和生产经营一体化发展，提高农业科研成果产出和新技术推广，吸引农业领域创新项目投资，组建哈南部农业研究中心，培养农业科技人才，促进农业科技领域国际合作和技术转移。

三、重要科研领域发展动态及国际合作

（一）新能源产业

2012 年哈萨克斯坦首都阿斯塔纳获得 2017 年世界博览会举办权，并确定“未来能源”为主题。近年来，哈不断加大新能源领域投入。2013 年启动《2013—2017 年哈萨克斯坦清洁能源开发科技计划》和《2014—2020 年绿色经济计划》，实施一系列风能、太阳能及相关产业项目，哈新能源产业呈现蓬勃发展势头。哈萨克斯坦同日本、韩国、荷兰、挪威、法国和俄罗斯在新能源领域技术研发和产品销售领域签署了一系列合作协议。

（二）化工产业

2014 年，哈萨克斯坦巴甫洛达尔特别经济区采用公私合营方式积极发展综合化工产业，优先发展化工和石化行业，石油化工产业集群建设工作取得初步成效。2014 年该经济区实施了一批突破性的投资项目和科研创新项目。目前已落户 3 家大型化工公司，该经济区支柱企业哈烧碱集团与原子能集团计划在 2015—2018 年共同实施 10 个项目，以实现生产技术和工艺现代化改造，生产高附加值产品，改变哈化工产品原料型、初级加工型产品出口现状。

2014 年，欧盟成员国多家企业访问巴甫洛达尔特别经济区，考察其基础设施建设和企业落户条件，并对未来在哈化工和石化领域投资表现出兴趣。德国 CAC 化工有限公司已与经济区和巴甫洛达尔州政府签署三方协议，将在特别经济区建立聚氯化铝和氯化钙生产项目。俄罗斯一直是哈化工领域技术研发和产业合作的重要伙伴。2014 年俄罗斯西布尔集团同哈萨克斯坦 – 中国合资公司在阿克套市建成新聚合沥青黏合剂生产线，该生产线的建成和投产将为哈道路设施建设提供高科技聚合材料。

（三）宇航事业

宇航事业是哈萨克斯坦创新型经济和高科技产业重要发展的领域之一。2014 年哈成功发射两颗地球遥感卫星，分别是 5 月在法属圭亚那库鲁航天发射中心发

射的遥感卫星，6 月在俄罗斯奥伦堡亚斯纳发射基地发射的遥感卫星。另外，哈已建成高标准地球遥感系统，包括两颗在轨卫星、地面控制系统和数据分析站。

为使哈早日进入现代化航天强国之列，哈航空航天委员会积极在该领域开展双边和多边国际合作。2014 年哈同阿联酋签署航空航天领域合作协议，双方将在航天通信、遥感技术、航天器组配、宇宙空间科学研究领域开展全面合作。11 月，在阿斯塔纳举行的“哈萨克斯坦空间日”国际研讨会期间，哈同独联体、欧美国家和俄罗斯在太空开发和遥感技术领域签署了一系列合作协议。

（四）医疗卫生领域

哈萨克斯坦医疗卫生基础设施和设备相对落后，鲜有世界领先科研成果产出。哈重视与国外加强医疗领域科研合作，积极吸引外资参与重点项目建设，大力发展本国医疗卫生领域科技实力，提高医疗服务水平。

2014 年，哈阿里・法拉比国立大学开始实施生物医学集群项目，该项目基于三螺旋理论，强化国家、高校和企业之间的合作。目标是提高医疗卫生领域竞争力，增强该领域科研能力和人才实力；发展产业集群；吸引外国公司技术和资金，扩大国际合作。在项目一期实施期间，同韩国合作建成医疗诊断中心，中心配备先进远程诊疗系统。

哈与日本在医疗领域合作 2014 年也有新发展。2014 年 8 月日本经贸及工业部代表团访哈，同哈投资发展部对哈日合作路线图进行更新，2013—2014 年哈日签署了 10 多项文件，促进双方在能源、稀土金属开采、汽车制造、放射性废料处理等领域合作。在哈日合作路线图框架内，双方商定在阿拉木图共建癌症治疗中心。

（五）农业领域

2013 年哈政府颁布《哈萨克斯坦农业经济至 2020 年战略》规划，规划实施一年多来，哈农业科技领域取得较大发展。根据哈农业部的统计数据，2013 年哈农作物新品种育种领域取得 42 项研发成果、农畜品种基因改良 4 项，研制出 8 种新型兽药、制定出 12 份新型农机设备技术文档。专利申请和论文产出量也有很大增加。

农业是中哈科技合作重点领域。2014 年，中国的科技部、农业科学院、新疆科技厅、中科院新疆分院等多个单位代表团访哈，就农业育种、农业生态和土壤环境改良、动物疾病防控等领域签署合作协议。2014 年 9 月，中国新疆农业大学、新疆农业机械研究所向哈赛福林农业技术大学提供了首批价值约 30 万美元的农机设备援助，哈方使用这批设备已建成中农业机械联合实验室。同月，中国农业科学院哈尔滨兽医研究所赴哈赛福林农大就共建中哈联合生物安全实验室相关问题进行了交流。目前该项目选址和设计工作已经完成，2015 年将正式开始施工。

（六）地质勘探与冶金领域

哈萨克斯坦矿产资源丰富，境内探明矿物 99 种，是世界上从事矿产资源开发和加工的主要国家之一。采矿冶金业是哈经济发展的关键领域，也是除油气领域外的第二大出口潜力行业。

2013 年哈采矿业生产总值约为 10. 6 万亿坚戈，比 2012 年增加 3. 3% ，冶金业生产总值约为 1. 75 亿坚戈，比 2012 年下降 4. 4% 。其中，有色冶金 1. 11 万亿坚戈，下降 1. 2% ；黑色冶金 6361 亿坚戈，下降 9. 2% 。除受国际市场不利因素影响外，制约哈冶金业发展的主要原因是生产设备严重老化，以及缺乏现代冶金技术和工艺。哈 2015—2019 年工业创新发展规划将黑色冶金和有色冶金定为优先发展领域。哈政府希望通过在该领域实施一批项目，彻底改变哈采矿冶金业技术落后的现状。

哈萨克斯坦新的工业发展规划确定后，自 2014 年下半年以来，哈方多次希望加强与中国在矿产开发及冶金领域的合作。哈方表示，中国不论是采选、冶炼工艺技术设计研究还是矿山机械设备制造等方面均处于世界领先地位。哈萨克斯坦相信通过“丝绸之路经济带”战略构想的实施，以及哈未来 5 年大力发展采矿冶金业的机遇，必将实现双方的互利共赢。

（执笔人：苗雪婷）

澳大利亚

2013 年 9 月，阿博特政府上台后，面临的首要问题是调整经济结构，摆脱过度依赖能矿产业的状况，实现预算盈余。手段是增收节支，核心是提高企业效率和国际竞争力。为此，阿博特政府采取了一系列新的措施，2014 年采取的与科技相关的措施主要是对原有计划和机构进行整合和改革。

一、科研投入

澳大利亚 2012—2013 财政年度用于政府机构研发经费支出 37.25 亿澳元，用于高等教育的研发支出为 96.10 亿澳元，用于私营非营利机构研发经费支出 9.61 亿澳元，分别占 GDP 的 0.24%、0.63% 和 0.06%，如表 3－12 所示：

表 3－12　研发指标（根据澳大利亚现有最新数据）

R&D 指标	参考年份	支出/亿澳元	占 GDP 比例
GERD	2011—2012	316.65	2.13%
BERD	2011—2012	183.21	1.24%
HERD	2012	96.10	0.63%
GOVERD	2012—2013	37.25	0.24%
私营非营利	2012—2013	9.61	0.06%

注：R&D：研究开发；GERD：研发总支出；BERD：用于企业的研发支出；HERD：用于高等教育的研发支出；GOVERD：用于政府机构的研发支出。

二、改革动向

1. 对两大科研资助机构的经费一增一减

大幅增加国家健康与医学研究理事会（NHMRC）的经费，提出从2015年开始，建立一个最终目标达到200亿澳元的医学研究未来基金（Medical Research Future Fund），通过开展世界一流的医学研究，吸引世界一流人才，以支持在澳大利亚建立一个可持续的医疗健康保障体系。同时削减隶属于教育部的澳大利亚研究理事会（ARC）的经费，使得大学的科研经费更加紧张，项目申请竞争更加激烈，中标率大幅降低。

2. 终止、合并、调整一批机构和计划，强化为企业服务

设立一站式企业服务计划（Single Business Service），整合了联合研究中心、澳大利亚产业化机构等机构和计划，为企业在管理、与科研机构建立联系、产业化等方面提供咨询、支持和专门辅导，包括一系列新的子计划，如研发税收激励、发展基金、风险投资等。

3. 启动《工业增长中心计划》

投资近1.9亿澳元启动《工业增长中心计划》（Industry Growth Center），目的是提升澳大利亚优势工业领域的生产效率、创新能力和国际竞争力，使其转型为智能的、高附加值和出口导向型的产业体系。首批5个中心分别是：先进制造，食品与农业，医学技术与制药，矿山设备及技术与服务，石油、天然气与能源。

4. 启动对《联合研究中心计划》的评估

针对认为《联合研究中心计划》（CRC）未能很好为企业服务的微词，决定由独立评估团队启动对于《联合研究中心计划》的评估，评估报告预计于2015年年中出台，将会决定联合研究中心计划的命运。

5. 对联邦科工组织进行改革

对于联邦政府支持的最大研究机构，联邦科工组织（CSIRO）进行大刀阔斧的改革，选聘具有多年风投工作经验的赖瑞·马歇尔博士（Dr Larry Marshall）出任首席执行官；将原来交叉设立的部门和旗舰计划进行整合，撤销原来的部门设置，全部合并到各个旗舰计划；裁员1000多人，占总人数的近1/5。

三、国际科技合作

在国际科技合作方面，澳大利亚除保持和欧美等西方发达国家科技界的传统联系与合作外，阿博特政府还对与中国和印度的科技合作给予专门的经费支持。其中，中、澳两国政府承诺在未来5年内，各出资1000万澳元，支持两国建立联合研究中心，进行青年科学家交流，以及举办两国科学家年度会议等。近一两年来，中澳科技合作出现3种新趋势：第一，由于澳大利亚科研经费减少，项目申请竞争激烈，更多的澳大利亚科研人员和大学教授希望和中国同行开展合作，争取中国科研经费的支持，其中相当一部分人愿意到中国短期工作。第二，中国科研的硬件条件大幅度改善，很多大学和科研院所配备了一流的科研仪器和设备，使得很多澳大利亚专家希望通过合作，可以使用中国的科研设备。第三，越来越多的中国高技术企业希望与澳大学开展合作，发挥澳大学的科学研究优势，以弥补自身在基础研究方面的不足。最典型的是广东风华高科公司出资1000万人民币，和澳国立大学建立联合研究中心，在高介电材料及相关领域开展深度合作。北车集团出资900万澳元，参与澳铁路合作研究中心合作。

（执笔人：徐　捷　胡志宇）

新　西　兰

2014 年新西兰总体经济发展态势继续向好，财政赤字减少，正努力实现 2015—2016 财年盈余的目标。约翰·基总理领导的国家党大选实现三连胜，政府继续加大科学与创新投入力度，整合国家科技资源，分批实施国家科学挑战计划，发布《未来 10 年国家科学投入声明（草案）》，多措并举支持企业技术创新和研发投入力度，企业创新的生态环境持续向好，研究网络和研究基础设施日趋完善，国际科技合作亮点可圈可点。

一、整合国家科学研究力量，实施《国家科学挑战计划》

《国家科学挑战计划》是新西兰政府着眼未来 10 年发展，针对国家经济和社会发展面临的重大、复杂而又亟须科技提供支撑的关键问题，集中社会各界智慧，确定的十大重点领域科技发展规划。

2014 年 4 月 1 日，新西兰政府批准未来 5 年投入 3060 万新西兰元，实施《高附加值营养食品挑战计划》，资助高附加值营养食品研发，5 年后根据评估结果还将追加 5320 万新西兰元，加上皇家研究所未来 10 年核心拨款 9700 万新西兰元，总资助额将达到 1.808 亿新西兰元。该计划将由奥克兰大学、奥塔戈大学、梅西大学、皇家农业研究所、皇家植物与食品研究所共同承担。

8 月 5 日，新西兰政府启动《南极与南大洋挑战计划》，并将在 5 年内拨款 2400 万新西兰元资助该计划的实施。该计划旨在揭示深南对气候条件的确切影响，以转变适应气候变化的方式，控制风险，并在气候变化中发展壮大。该计划牵头单位为皇家水与大气研究所，成员单位包括维多利亚大学、新西兰南极研究所、新西兰南极局、皇家地质与核科学研究所、皇家土地保护研究所和奥塔戈大学 7 所研究机构。

8 月 29 日，新西兰政府宣布，将在未来 5 年投资 2580 万新西兰元，资助生物遗产挑战计划，以保护国家生物多样性，改善生物安全，增强对危险有机物的适应能力。未来 10 年，资助总额将达到 2.07 亿新西兰元，其中，皇家研究所核心拨款 1.4 亿新西兰元。该计划由皇家土地保护研究所牵头，承担单位包括国家其他 6 个皇家研究所和全部 8 所大学，新西兰资源保护部、初级产业部专家也参与其中。

9 月 3 日，乔伊斯部长宣布，实施《海洋可持续发展挑战计划》，未来 5 年政府的初期资助为 3130 万新西兰元，皇家研究所核心拨款 7550 万新西兰元也将用于该计划。该计划旨在环境和生物约束条件下，充分利用海洋生物资源，努力成为世界海洋经济可持续发展的领头羊。牵头单位为皇家水与大气研究所，参与单位包括考索恩独立海洋研究所、皇家地质与核科学研究所和奥克兰大学 3 所机构。此外，新西兰政府还宣布将"建设美好家园和城镇"增列入国家科学挑战计划。

二、发布未来 10 年《国家科学投入声明（草案）》

2014 年 5 月 28 日，新西兰科学与创新部长乔伊斯发布《国家科学投入声明（2014—2024）（草案）》，面向社会各界征求意见。新西兰政府提出未来 10 年科学投入的总体目标：产生具有高质量、卓越的科学；通过聚焦于对国家有最大影响潜力的相关科学，确保其投资价值；致力于持续增加科学投入；逐渐侧重于未来需要或增长的领域；增加产业主导研究的规模；继续执行毛利远景能力计划；建立和加强国际合作，增强科学体系能力，使国家受益。

2015—2016 财年，新西兰政府科学投入将达到 15 亿新西兰元。根据不同情况和不同投资需要，政府将采用一系列投资机制。①合作机制：主要针对国家科学挑战（1.27 亿新西兰元/年）这样的大型计划，集国家之力组建跨机构、跨领域的优秀科学家团队，解决对国家发展有重大影响的科学问题。②竞争机制：竞争和公开对产生新思想、新知识、新技术和新应用具有重要驱动作用，因此，新西兰政府将尽可能推行竞争机制，例如商业、创新与就业部管理的重点领域研究基金（1.89 亿新西兰元/年），通过公开竞争确定资金分配。③机构资助机制：为了使科研机构获得长期稳定的资助，聚焦战略性、长远发展项目，而又有相对灵活性，新西兰政府将采用固定的直接投资机制，例如支持大学高水平研究的研究基金（3 亿新西兰元/年）和皇家研究所的核心资助（2.02 亿新西兰元）。④企业引领机制：主要是为了研发新产品和新服务，如企业研发资助基金（1.41 亿新西兰元），初级产业增长伙伴计划（6500 万新西兰元）。

三、多措并举，支持企业技术创新

新西兰政府通过出台税收优惠政策，支持卡拉翰创新局建设，大幅增加企业研发资助，加速企业研发成果商业化，努力形成有利于企业创新的生态环境。

（一）出台两项税收优惠新政策，支持企业研发投入

5 月 16 日，新西兰政府 2014 年度预算案决定，实施两项新的税收优惠政策，确保未来 4 年创新企业可以获得 5810 万新西兰元的资金支持，以便实现企业研发投入占 GDP 的比例升至 1% 的目标。

1. 从事研发活动的初创企业可以及时得到退税

初创企业通常要经历很长时间的税务亏损，按照原有的财税规定，税务亏损必须结转，从未来应纳税所得中抵扣，这意味着在企业最需要资金的时候，不能及时享受到研发投入的税收抵扣。新的税收政策规定，从事研发活动导致亏损的企业，仍可以及时退税，不用结转至盈利年度。从事研发活动的初创企业抵税额首年以 50 万新西兰元为限，之后每年可增加 30 万新西兰元，最后限额为 200 万新西兰元。企业出现盈利时，再通过税收或销售收入偿还退税额。由此推算，从事研发活动的初创企业首年可以享受最多 14 万新西兰元的现金退税（新西兰企业税率为 28%）。

2. 研发“支出黑洞”可以享受退税

新西兰现有税收体系对形成资本资产的成本通常不允许立即抵扣，而是采用资本折旧的形式，这样就对某些类型的研发产生“支出黑洞”，既不能抵扣，也不能折旧。新的税收政策规定，自 2013 年 11 月起，允许在无形资产销账时，立即抵扣该项投入。为减少企业创新的税收障碍，鼓励企业发展和为经济做出贡献，政府提出如下政策草案：确保与某些可折旧资产相关的研发支出，在资产法定生命周期内能够折旧；纳税人成功开发企业自用应用软件的资本化支出能够折旧；对于无形资产的研发支出，只要符合一定条件，就可以立即退税。

（二）加大企业研发资助力度

2013—2014 财年，新西兰政府宣布未来 4 年安排预算 5.66 亿新西兰元，实施《卡拉翰创新资助计划》。该资助计划包括三类：①针对研发投入强度较高的大型企业的研发增长资助计划，政府采用共同资助的方式，公共财政匹配企业研发投入的 20%，每年资助上限为 500 万新西兰元（符合条件的企业必须年度研

发支出至少为 30 万新西兰元，研发投入比例占销售收入的比例不低于 1.5%。2014 年共有 125 家高科技企业获得总额达 3.09 亿新西兰元资助）。②研发项目资助计划，用于扶持小企业和刚开始开展研发活动的企业，政府匹配企业研发投入的 30%～50%。③学生资助计划，为本科生和研究生提供到创新型企业的实习机会，使双方受益。2014 年新西兰政府支出 741.44 万新西兰元支持 598 名学生从事相关研发工作。

（三）加速科研成果的商业化

商业、创新与就业部通过实施 3 个计划来促进科研成果的商业化。这 3 个计划是：种子前期加速基金、商业化伙伴网络和技术孵化器。新西兰政府在 2013 年预算中，投资 3100 万新西兰元作为未来 4 年技术孵化器企业的偿还式资助。该项资助对技术孵化器中符合条件的企业两年的最大资助额为 45 万新西兰元，技术孵化器需要按照 1∶3 比例匹配 15 万新西兰元。2014—2015 年度，新西兰政府对此计划的投资额为 1400 万新西兰元。2014 年 4 月，卡拉翰创新局发布技术孵化器征集通知，2014 年 7 月，政府宣布有 8 家企业入选孵化器支持计划，其中，5 家为创业者孵化器（传统的企业孵化器），有 3 家入选技术孵化器。

四、虚拟研究网络和研究基础设施日趋完善

2014 年，新西兰启动新一轮卓越研究中心评审，并加大了支持力度，组建国家食品安全科学与研究实验室，建设高水平生物安全实验室，研究基础设施日臻完善。

（一）评审新一轮卓越研究中心（CoREs）

新西兰政府 5 月 8 日宣布了新一轮卓越研究中心的评审结果。MacDiarmid 先进材料研究所、莫里斯·威尔金斯分子生物发现中心等 6 个研究机构入选卓越研究中心。新西兰政府将在 2015 年 1 月—2020 年 12 月 31 日为这些中心提供 2.1 亿新西兰元的资助。这些研究机构涉及医学、纳米技术、光子和量子技术及大数据领域。5 月 15 日，新西兰政府 2014—2015 年预算案提出，未来 4 年再追加 5300 万新西兰元，用于资助新增设的 3 个卓越研究中心，并再增设一个毛利发展卓越研究中心，到 2016—2017 年度，新西兰卓越研究中心总数将达到 10 个，政府每年对卓越研究中心的资助将增加到 4980 万新西兰元。

（二）组建食品安全科学与研究中心

4 月 16 日，新西兰政府宣布，组建食品安全科学与研究中心。政府和产业

界每年将联合资助至少500万新西兰元。建设该中心的目的，是未来促进、协调和提供食品安全科学与研究，确保新西兰在食品安全领域的国际领先地位。中心将聚焦与涉及公共利益的食品安全科学和研究活动。梅西大学将牵头组建食品安全科学与研究中心，参与单位包括有关皇家研究所、大学等6个机构。预计中心将于2015年年中投入使用。

（三）启动建设高安全性生物防护实验室

6月16日，新西兰初级产业部长宣布，投资6500万新西兰元，建设高安全性生物防护实验室，改善生物安全举措，以满足动物疾病诊断需要，为扩大初级产品、特别是动物产品出口服务。

（四）加大对研究基础设施投资力度

2014—2015年度，新西兰政府对大型研究基础设施的投入为3400万新西兰元，较2013—2014年度增加近千万新西兰元。2014—2015年度，政府资助的主要研究基础设施项目如下：科学数据收集与维护及研究基础设施资助790万新西兰元；继续利用澳大利亚同步加速器，通过特强光源开展多种目的研究工作，政府将在2014—2015年度投入750万新西兰元，用于支持中心运作；新西兰电子科学基础设施，政府将投入718万新西兰元，支持国家高性能计算设备和相关的电子研究服务的运作；新西兰高级研究与教育网络，提供研究机构之间的高性能数据链接与服务，包括国内与国际的链接，政府将投入400万新西兰元；基因组学研究基础设施，政府投入360万新西兰元用于购买和维护国家基因组学研究基础设施；SKA平方千米阵列射电天文望远镜，继续与澳大利亚合作开展相关研究，政府将资助98万新西兰元。

五、国际科技合作亮点颇多

新西兰科学与创新部2013—2014财年国际科技合作经费为713万新西兰元，与往年相比有所减少。2014年，新西兰决定与中国、新加坡、日本共同实施联合研究计划，并先后同美国、欧盟等召开了科技合作联委会。

3月初，新西兰商业、创新与就业部与中国科技部决定，继续落实科技合作5年路线图协议，启动食品安全、水资源研究领域的新一轮研究项目的征集工作，目前两轮评审已经结束，等待最后双方交换情况并确定共同资助项目。

6月23日，新西兰科学与创新部长宣布，与新加坡科技研究局共同投入350万新西兰元（新西兰投入175万新西兰元），开发经过验证有益于健康的食品。双方决定共同资助5个研究项目。

8月4日，新西兰商业、创新与就业部宣布，投资15万新西兰元支持两个跨机构研究团队与日本合作伙伴合作，共同开发机器人和人工辅助设备，改善照顾老年人的创新方式。8月22日，新西兰商业、创新与就业部主又宣布，与日本联合实施功能食品研究计划，双方将共同资助3个研究项目，每个项目两年内的最高资助额为40万新西兰元，总计不超过120万新西兰元。功能食品涉及的领域包括：食品、食品成分的功能评价、分析或健康应用；开发食品或食品加工方法，以增加食品附加值；促进食品安全研究。

8月25日，新西兰与美国第4届科技合作联委会在新西兰奥克兰举行。双方确定，健康、海洋、气候变化、自然灾害和入侵物种为合作研究的5个重点领域。围绕上述重点领域，双方分别举行了研讨会，并在此基础上签署了未来两年的行动计划协议。

11月3日，新西兰与韩国联合建立的“南极研究中心”正式揭牌。韩国希望利用该中心，有效运营韩国第二座南极科考站和韩国第一艘破冰船，并通过该基地与美国、意大利和新西兰等国共同开展南极研究。

11月14日，奥克兰大学生物工程研究所与德国弗劳恩霍夫协会签署合作谅解备忘录，双方将联合实施医用机器人研究计划。新西兰政府原则上确认，将在3年内资助75万新西兰元，奥克兰大学和弗劳恩霍夫协会将提供匹配资金。

12月8日，新西兰与欧盟第4届科技合作联委会在惠灵顿举行。在新西兰商业、创新与就业部40%以上的国际科技合作经费用于同欧洲伙伴开展合作。双方确认，将共同推进双方达成的2014—2016年科学与创新合作路线图计划，加强在生物经济、卫生、适应性城市、研究基础设施和建立创新联系等重点领域的合作。

（执笔人：谢成锁）

埃　　及

2014 年是埃及逐步转向平稳的一年。经历 2011 年 1 月推翻穆巴拉克总统的第一次革命，以及 2013 年 6 月推翻穆尔西总统的第二次革命的两次大动荡，2014 年 6 月通过民主选举，埃及迎来新总统塞西并组成新内阁，提出维护国家安全、恢复社会秩序和发展国民经济三大任务。为此，塞西政府在经济改革方面出台了一些政策，如计划逐步取消能源和粮食补贴，启动了一批国家开发工程，如苏伊士运河走廊开发和大规模农垦等。对外关系方面，埃及不再专注于西方，转而强化与俄罗斯的联系，并寻求将中埃两国战略合作关系提升为全面战略伙伴关系。

一、科技发展基本状况

2014 年埃及科技状况、科技实力和科技工作依旧在原有的体制机制和水平轨道上运行，未见明显变化，个别方面还继续有所下滑。

（一）整体科技竞争力同比下降

在世界经济论坛《全球竞争力报告》对 144 个国家经济体的综合竞争力指数排位中，埃及排名同比下滑一位，名列第 119 位。其创新分指数也从第 120 位下滑到 124 位。埃及有关人士认为，过去 5 年，埃及丧失了一半的竞争力。与此同时，许多其他阿拉伯国家的排名得到改善和超过埃及，如卡塔尔排名居第 16 位，沙特排名居第 24 位。另外，在创新能力、科研机构质量、企业研究开发支出、产业与大学研究开发合作、先进技术产品的政府采购、科学家工程师可获得性、百万人 PCT 专利申请量等 7 个创新相关指标中，埃及只有政府采购和专家可获得性的排名同比上升。

（二）科技投入依然严重短缺

2014 年埃及经济稍有恢复，但依然比较脆弱且发展乏力，比较依赖外援。国际货币基金组织《世界经济展望报告》预计，2014 年埃及 GDP 增长率为 2.2%，总量将达到 2780 亿美元，2015 年增幅可望达 3.5%。长期以来，埃及的科技投入一直在低水平上徘徊。据官方估计，2014 年埃及政府财政研发经费投入仅占 GDP 的 0.24%，约合 6.7 亿美元。照此情况，即使埃及能够实现很高的投入产出比，如此低的投入也很难使埃及科技水平和实力在短期内有较大提升。

（三）科研论文数量增长有限

据统计，2013 年埃及共发表 13 554 篇论文，同比增长 7.2%，名列第 38 位。其中，医学、工程、生化、基因和分子生物、化学、物理与天文 5 个领域论文发表数量分占埃及论文总量的前 5 位。

（四）企业创新活动继续低弱

根据对制造、服务和贸易行业 2022 个埃及企业的分析结果，只有 11.3% 的企业在产品、工艺、组织或营销等方面有某类创新活动，其余企业完全没有任何创新活动。另外，创新活动与企业规模相关。企业规模越大，从事创新活动的比例越高，可达 29.8%。而企业越小，比例越低，可低至 4.4%。埃及企业规模大小的划分为：雇员人数在 50～249 人，为中型企业，少于 50 人为小型企业，多于 249 人为大型企业。

二、科技发展新举措

2014 年埃及科技工作未见出台或实施重大战略、规划和政策，基本按部就班平稳运行，但重点发展信息技术产业和可再生能源产业的倾向较为明显。

（一）重建科研部

2014 年 6 月埃及新总统塞西上任后，随即对原政府内阁进行撤并、新建或保留等改组。现共设 34 个部门。原内阁政府总理及 20 名部长留任，14 名部长新任。其中，原高教与科研部拆分为科研部和高教部。此举是否意味着埃及政府更加重视科技，更深刻地认识到科技在推动经济社会发展中的重要作用，并准备加大科技工作的力度还有待观察。科研部新任部长谢里夫哈马德（Sherif A. M. Hamniad）曾担任埃及艾因夏姆斯大学工学院长。埃及科研部正在研究制定尽快推出科技创新集群规划框架。

（二）构建科技分析评价指标体系

2014年年初，埃及科研部科研技术院新成立埃及科技创新观察站（ESTIO），观察埃及研发和创新活动，开发制定反映埃及科技能力的综合指标体系，评估埃及科技创新机构的能力，合理设计和监测埃及科技创新指标，并计划建设成为埃及科技创新数据中心，为决策分析提供翔实依据。观察站不定期发布“科技创新指标公告”。

（三）推进科技园区和中心发展建设

2014年埃及新政府上台后，启动苏伊士运河走廊开发计划，预计总投资84亿美元，涉及运河两岸76 000平方千米范围。该计划除新建第二条苏伊士运河外，还包括新建4个港口，在苏伊士湾西面新建一个工业园，在伊斯梅利亚新建一个技术谷，并开发相应的信息技术项目。2014年8月，埃及宣布俄罗斯将在苏伊士运河走廊开发区建立俄罗斯工业园区，主要生产农机设备。

2014年11月，埃及科研部与通信和信息技术部签署谅解备忘录，合作在开罗马阿迪技术园区新建技术创新和电子工业园，为埃及中小企业特别是在电子和微米纳米领域的创新创业提供环境、科研、市场和投资等方面的支撑。备忘录指定通信和信息技术部信息技术产业开发局（ITIDA）与科研部科技开发基金、开罗大学埃及纳米技术研究中心、武装部队国家服务项目局等合作，建立和管理一个卓越中心。利用科技开发基金，科研部将提供必要工具、设备、资金等，并通过卓越中心招标和实施研究项目。项目实施将实行产学研结合。开罗大学将埃及纳米技术研究中心的所有活动转移到卓越中心，并为研究开发提供必要的人力资源和技术专长。信息技术产业开发局将负责中心的资金和行政管理，并制定中心发展战略、政策、市场营销规划等。此外，科研部国家研究中心正在新建人类基因、病毒学和纺织3个卓越中心，以促进科研成果转化，并希望与中国合作，学习了解中心的运作和管理。

（四）促进信息技术产业发展和应用

2014年，在世界经济论坛对148个国家经济体的网络就绪指数排位中，埃及名列第91名，同比下滑11位。2014年年初埃及通信和信息技术部发布《埃及互联网经济的未来》报告指出，埃及只有2%的人有宽带互联网接入。相比之下，阿联酋的数据为10%，以色列的数据为25%。根据Ookla宽带测试公司2014年对全球193个国家互联网速的调查结果，埃及排在倒数第18位。2014年5月埃及通信和信息技术部发布报告，提出埃及信息和通信技术行业面向2020年的行业发展目标：发展增速从2014年的10%提升至2020年的16%；出口从110亿埃镑增至230亿埃镑；产值从583亿埃镑，占GDP的3.8%，增加到1950亿埃镑，占GDP的8.4%。该部还正在研究制定面向2020年的信息和通信技术战略规划，主要有3个战略目标，即埃及转型为数字社会、发展信息通信技术产业、埃及建成全球数据港。埃及希望凭借自身在中东和北非地区的区位优势，与国际大企业战略合作，吸引大规模直接投资，把埃及打造成互联网服务的国际港。因此，埃及政府将信息通信技术行业基础设施建设列为优先，包括高速互联网、海底电缆和云计算服务。

（五）加快发展可再生能源应对能源危机

随着全球可再生能源发展趋势持续走强，埃及也更加重视并加快非常规替代能源的发展速度。一则是出于缓解国内能源短缺的需要；二则是希望能保持在技术发展的前沿并积累相关产业开发经验；三则是埃及的气候条件、地貌和地理特点也有利于大规模发展可再生能源行业。目前，埃及全国发电装机总容量为30 000MW。为满足今后持续增长的电力需求，直至2035年，埃及每年需要新增装机容量2500MW。为此，电力行业未来5年大约需要130亿美元来弥补供给缺口。另外，埃及政府每年投入大量能源补贴。据官方估计，2013—2014财年的能源补贴约为1700亿埃镑（约合240亿美元），占政府财政预算的20%。2014年埃及新政府上台后，作为经济改革的重要部分，决定将逐步直至完全取消此项能源补贴。

为应对和解决2011年以来持续困扰埃及的能源危机问题，埃及采取夏季用电高峰时期分时分段拉闸限电的临时措施，并调整政策推出长期解决方案：一是允许部分水泥生产厂加以改造，从燃气改为燃煤，缓解天然气供应压力；二是计划新建燃煤电厂，并使用进口煤；三是加快发展可再生能源电力；四是开发核电。根据埃及新能源和可再生能源规划，将采取政府为辅私营行业为主的方式，共同投资促进该领域发展。目标是至2020年，新增7000MW太阳能和风能发电装机容量，使可再生能源电力占到发电总量的20%，大规模减少电力生产对油气的依赖。其中，风电占12%，太阳能和水电占8%。目前埃及的太阳能利用仍主要依赖政府资金。为推动私营行业更快更大规模进入该领域。2014年9月，埃及政府公布居民和私营行业用太阳能和风能电力上网新电价，以吸引对可再生能源的投资。受此新政策激励，目前已有39家企业向电力和可再生能源部提交了意向书，准备建设太阳能和风能发电厂。电力和可再生能源部也计划优先扩大对非常规能源领域电力生产的投资。因此，2015年和2016年埃及将有可能大量增加太阳能和风能发电设施。2014年埃及政府重启首个核电建设项目。计划中的核电厂位于地中海边的El-Dabaa，采用一址双机模式，包括两台最先进和具有最高安全水平的三代核电机组，装机容量分别为950MW和1650MW，总投资约40

亿～50 亿美元，建设周期为 5 年。

三、稳步发展对外科技合作关系

2014 年 7 月，埃及政府新成立了埃及伙伴关系发展局，以支持与其关系友好的非洲和其他发展中国家的重大开发项目。合作领域主要包括电信、交通运输、信息技术、卫生、农业和能源等。埃及认为自身在这些领域具有比较优势并有丰富经验。发展局由原埃及－非洲技术合作基金和埃及与英联邦、欧洲伊斯兰国家和新近独立国家技术合作基金两个机构合并而成，继续并希望更有效地使用每年总共 1.34 亿埃镑（约合 1870 万美元）的资金。另外，发展局还计划通过与阿拉伯、海湾、非洲等投资基金建立伙伴关系来扩大资源，并与联合国等国际组织开展合作。发展局还将参与埃及的科技外交工作。同年 9 月，埃及科研部长访问英国，签署《埃及－英国创新和研究伙伴关系谅解备忘录》。根据备忘录，两国政府同意联合资助可再生能源、食品生产、可持续水管理等领域的活动和项目，并通过合作加强双边关系。

（执笔人：卫之奇）

第四部分

附　录

本部分介绍了3个方面的内容：一是最新的科技统计数据，其中包括研发投入、研发人员、专利、科技论文等；二是国内外相关媒体评选出的2014年世界重大科技进展；三是2014年诺贝尔科学奖的简要介绍。

科技统计表

附表 1–1　2014 年与 2013 年主要经济体世界竞争力排名

国家（地区）	2014 年	2013 年	国家（地区）	2014 年	2013 年
美国	1	1	智利	31	30
瑞士	2	2	哈萨克斯坦	32	34
新加坡	3	5	捷克	33	35
中国香港	4	3	立陶宛	34	31
瑞典	5	4	拉脱维亚	35	41
德国	6	9	波兰	36	33
加拿大	7	7	印度尼西亚	37	39
阿联酋	8	8	俄罗斯	38	42
丹麦	9	12	西班牙	39	45
挪威	10	6	土耳其	40	37
卢森堡	11	13	墨西哥	41	32
马来西亚	12	15	菲律宾	42	38
中国台湾	13	11	葡萄牙	43	46
荷兰	14	14	印度	44	40
爱尔兰	15	17	斯洛伐克	45	47
英国	16	18	意大利	46	44
澳大利亚	17	16	罗马尼亚	47	55
芬兰	18	20	匈牙利	48	50
卡塔尔	19	10	乌克兰	49	49
新西兰	20	25	秘鲁	50	43
日本	21	24	哥伦比亚	51	48
奥地利	22	23	南非	52	53
中国大陆	23	21	约旦	53	56
以色列	24	19	巴西	54	51
冰岛	25	29	斯洛文尼亚	55	52
韩国	26	22	保加利亚	56	57
法国	27	28	希腊	57	54
比利时	28	26	阿根廷	58	59
泰国	29	27	克罗地亚	59	58
爱沙尼亚	30	36	委内瑞拉	60	60

数据来源：瑞士洛桑国际管理学院《2014 年世界竞争力年鉴》。

附表 1-2　2014—2015 年和 2013—2014 年主要经济体全球竞争力排名

国家（地区）	2014—2015 年	2013—2014 年	国家（地区）	2014—2015 年	2013—2014 年
瑞士	1	1	爱尔兰	25	28
新加坡	2	2	韩国	26	25
美国	3	5	以色列	27	27
芬兰	4	3	中国大陆	28	29
德国	5	4	爱沙尼亚	29	32
日本	6	9	冰岛	30	31
中国香港	7	7	泰国	31	37
荷兰	8	8	波多黎各	32	30
英国	9	10	智利	33	34
瑞典	10	6	印尼	34	38
挪威	11	11	西班牙	35	35
阿联酋	12	19	葡萄牙	36	51
丹麦	13	15	捷克	37	46
中国台湾	14	12	阿塞拜疆	38	39
加拿大	15	14	毛里求斯	39	45
卡塔尔	16	13	科威特	40	36
新西兰	17	18	立陶宛	41	48
比利时	18	17	拉脱维亚	42	52
卢森堡	19	22	波兰	43	42
马来西亚	20	24	巴林	44	43
奥地利	21	16	土耳其	45	44
澳大利亚	22	21	阿曼	46	33
法国	23	23	马耳他	47	41
沙特阿拉伯	24	20	巴拿马	48	40

续表

国家（地区）	2014—2015 年	2013—2014 年	国家（地区）	2014—2015 年	2013—2014 年
意大利	49	49	斯里兰卡	73	65
哈萨克斯坦	50	50	博茨瓦纳	74	74
哥斯达黎加	51	54	斯洛伐克	75	78
菲律宾	52	59	乌克兰	76	84
俄罗斯	53	64	克罗地亚	77	75
保加利亚	54	57	危地马拉	78	86
巴巴多斯	55	47	阿尔及利亚	79	100
南非	56	53	乌拉圭	80	85
巴西	57	56	希腊	81	91
塞浦路斯	58	58	摩尔多瓦	82	89
罗马尼亚	59	76	伊朗	83	82
匈牙利	60	63	萨尔瓦多	84	97
墨西哥	61	55	亚美尼亚	85	79
卢旺达	62	66	牙买加	86	94
马其顿	63	73	突尼斯	87	83
约旦	64	68	纳米比亚	88	90
秘鲁	65	61	特立尼达和多巴哥	89	92
哥伦比亚	66	69	肯尼亚	90	96
黑山	67	96	塔吉克斯坦	91	—
越南	68	70	塞舌尔	92	80
格鲁吉亚	69	67	老挝	93	81
斯洛文尼亚	70	62	塞尔维亚	94	101
印度	71	60	柬埔寨	95	88
摩洛哥	72	77	赞比亚	96	93

续表

国家（地区）	2014—2015 年	2013—2014 年	国家（地区）	2014—2015 年	2013—2014 年
阿尔巴尼亚	97	95	坦桑尼亚	121	125
蒙古	98	107	乌干达	122	129
尼加拉瓜	99	99	斯威士兰	123	124
洪都拉斯	100	111	津巴布韦	124	131
多米尼加	101	105	赞比亚	125	116
尼泊尔	102	117	利比亚	126	108
不丹	103	109	尼日利亚	127	120
阿根廷	104	104	马里	128	135
玻利维亚	105	98	巴基斯坦	129	133
加蓬	106	112	马达加斯加	130	132
莱索托	107	123	委内瑞拉	131	134
吉尔吉斯斯坦	108	121	马拉维	132	136
孟加拉国	109	110	莫桑比克	133	137
苏里南	110	106	缅甸	134	139
加纳	111	114	布基纳法索	135	140
塞内加尔	112	113	东帝汶	136	138
黎巴嫩	113	103	海地	137	138
佛得角	114	122	塞拉利昂	138	144
科特迪瓦	115	126	布隆迪	139	146
喀麦隆	116	115	安哥拉	140	142
圭亚那	117	102	毛里塔尼亚	141	141
埃塞俄比亚	118	127	也门	142	145
埃及	119	118	乍得	143	148
巴拉圭	120	119	几内亚	144	147

注：“—”表示数据为零、暂无、无法获得或太少。以下皆同。

数据来源：世界经济论坛《2014—2015 年全球竞争力报告》。

附表2 2014年全球创新指数

国家（经济体）	创新指数		收入情况		地区情况		创新情况	
	得分	名次	收入群组	收入名次	所属地区	地区名次	创新效率	效率名次
瑞士	64. 78	1	高收入	1	EUR	1	0. 95	6
英国	62. 37	2	高收入	2	EUR	2	0. 83	29
瑞典	62. 29	3	高收入	3	EUR	3	0. 85	22
芬兰	60. 67	4	高收入	4	EUR	4	0. 80	41
荷兰	60. 59	5	高收入	5	EUR	5	0. 91	12
美国	60. 09	6	高收入	6	NAC	1	0. 77	57
新加坡	59. 24	7	高收入	7	SEAO	1	0. 61	110
丹麦	57. 52	8	高收入	8	EUR	6	0. 76	61
卢森堡	56. 86	9	高收入	9	EUR	7	0. 93	9
中国香港	56. 82	10	高收入	10	SEAO	2	0. 66	99
爱尔兰	56. 67	11	高收入	11	EUR	8	0. 79	47
加拿大	56. 13	12	高收入	12	NAC	2	0. 69	86
德国	56. 02	13	高收入	13	EUR	9	0. 86	19
挪威	55. 59	14	高收入	14	EUR	10	0. 78	51
以色列	55. 46	15	高收入	15	NAWA	1	0. 79	42
韩国	55. 27	16	高收入	16	SEAO	3	0. 78	54
澳大利亚	55. 01	17	高收入	17	SEAO	4	0. 70	81
新西兰	54. 52	18	高收入	18	SEAO	5	0. 75	66
冰岛	54. 05	19	高收入	19	EUR	11	0. 90	13
奥地利	53. 41	20	高收入	20	EUR	12	0. 74	69
日本	52. 41	21	高收入	21	SEAO	6	0. 69	88
法国	52. 18	22	高收入	22	EUR	13	0. 75	64
比利时	51. 69	23	高收入	23	EUR	14	0. 78	55
爱沙尼亚	51. 54	24	高收入	24	EUR	15	0. 81	34

续表

国家（经济体）	创新指数		收入情况		地区情况		创新情况	
	得分	名次	收入群组	收入名次	所属地区	地区名次	创新效率	效率名次
马耳他	50.44	25	高收入	25	EUR	16	0.99	3
捷克	50.22	26	高收入	26	EUR	17	0.87	18
西班牙	49.27	27	高收入	27	EUR	18	0.76	60
斯洛文尼亚	47.23	28	高收入	28	EUR	19	0.78	53
中国大陆	46.57	29	中高收入	1	SEAO	7	1.03	2
塞浦路斯	45.82	30	高收入	29	NAWA	2	0.77	56
意大利	45.65	31	高收入	30	EUR	20	0.78	52
葡萄牙	45.63	32	高收入	31	EUR	21	0.74	73
马来西亚	45.60	33	中高收入	2	SEAO	8	0.74	72
拉脱维亚	44.81	34	高收入	32	EUR	22	0.82	32
匈牙利	44.61	35	中高收入	3	EUR	23	0.90	15
阿联酋	43.25	36	高收入	33	NAWA	3	0.54	127
斯洛伐克	41.89	37	高收入	34	EUR	24	0.79	45
沙特阿拉伯	41.61	38	高收入	35	NAWA	4	0.74	70
立陶宛	41.00	39	高收入	36	EUR	25	0.68	89
毛里求斯	40.94	40	中高收入	4	SSF	1	0.75	65
巴巴多斯	40.78	41	高收入	37	LCN	1	0.69	87
克罗地亚	40.75	42	高收入	38	EUR	26	0.81	36
摩尔多瓦	40.74	43	中低收入	1	EUR	27	1.07	1
保加利亚	40.74	44	中高收入	5	EUR	28	0.84	25
波兰	40.64	45	高收入	39	EUR	29	0.72	76
智利	40.64	46	高收入	40	LCN	2	0.68	92
卡塔尔	40.31	47	高收入	41	NAWA	5	0.60	114
泰国	39.28	48	中高收入	6	SEAO	9	0.76	62

续表

国家（经济体）	创新指数		收入情况		地区情况		创新情况	
	得分	名次	收入群组	收入名次	所属地区	地区名次	创新效率	效率名次
俄罗斯	39.14	49	高收入	42	EUR	30	0.79	49
希腊	38.95	50	高收入	43	EUR	31	0.70	85
塞舌尔	38.56	51	中高收入	7	SSF	2	0.74	74
巴拿马	38.30	52	中高收入	8	LCN	3	0.85	20
南非	38.25	53	中高收入	9	SSF	3	0.68	93
土耳其	38.20	54	中高收入	10	NAWA	6	0.93	11
罗马尼亚	38.08	55	中高收入	11	EUR	32	0.84	24
蒙古	37.52	56	中低收入	2	SEAO	10	0.68	94
哥斯达黎加	37.30	57	中高收入	12	LCN	4	0.81	38
白俄罗斯	37.10	58	中高收入	13	EUR	33	0.83	27
黑山	37.01	59	中高收入	14	EUR	34	0.62	106
马其顿	36.93	60	中高收入	15	EUR	35	0.70	82
巴西	36.29	61	中高收入	16	LCN	5	0.74	71
巴林	36.26	62	高收入	44	NAWA	7	0.60	117
乌克兰	36.26	63	中低收入	3	EUR	36	0.90	14
约旦	36.21	64	中高收入	17	NAWA	8	0.80	40
亚美尼亚	36.06	65	中低收入	4	NAWA	9	0.83	28
墨西哥	36.02	66	中高收入	18	LCN	6	0.71	79
塞尔维亚	35.89	67	中高收入	19	EUR	37	0.79	46
哥伦比亚	35.50	68	中高收入	20	LCN	7	0.63	102
科威特	35.19	69	高收入	45	NAWA	10	0.78	50
阿根廷	35.13	70	中高收入	21	LCN	8	0.79	43
越南	34.89	71	中低收入	5	SEAO	11	0.95	5
乌拉圭	34.76	72	高收入	46	LCN	9	0.73	75

续表

国家（经济体）	创新指数		收入情况		地区情况		创新情况	
	得分	名次	收入群组	收入名次	所属地区	地区名次	创新效率	效率名次
秘鲁	34.73	73	中高收入	22	LCN	10	0.62	107
格鲁吉亚	34.53	74	中低收入	6	NAWA	11	0.68	90
阿曼	33.87	75	高收入	47	NAWA	12	0.58	121
印度	33.70	76	中低收入	7	CSA	1	0.82	31
黎巴嫩	33.60	77	中高收入	23	NAWA	13	0.59	119
突尼斯	32.94	78	中高收入	24	NAWA	14	0.66	98
哈萨克斯坦	32.75	79	中高收入	25	CSA	2	0.59	118
圭亚那	32.48	80	中低收入	8	LCN	11	0.74	68
波黑	32.43	81	中高收入	26	EUR	38	0.65	101
牙买加	32.41	82	中高收入	27	LCN	12	0.65	100
多米尼加	32.29	83	中高收入	28	LCN	13	0.85	21
摩洛哥	32.24	84	中低收入	9	NAWA	15	0.70	83
肯尼亚	31.85	85	低收入	1	SSF	4	0.84	26
不丹	31.83	86	中低收入	10	CSA	3	0.60	112
印度尼西亚	31.81	87	中低收入	11	SEAO	12	0.96	4
文莱	31.67	88	高收入	48	SEAO	13	0.43	139
巴拉圭	31.59	89	中低收入	12	LCN	14	0.75	63
特立尼达和多巴哥	31.56	90	高收入	49	LCN	15	0.63	103
乌干达	31.14	91	低收入	2	SSF	5	0.71	77
博茨瓦纳	30.87	92	中高收入	29	SSF	6	0.50	133
危地马拉	30.75	93	中低收入	13	LCN	16	0.68	95
阿尔巴尼亚	30.47	94	中高收入	30	EUR	39	0.50	131
斐济	30.39	95	中高收入	31	SEAO	14	0.34	141
加纳	30.26	96	中低收入	14	SSF	7	0.81	37

续表

国家（经济体）	创新指数		收入情况		地区情况		创新情况	
	得分	名次	收入群组	收入名次	所属地区	地区名次	创新效率	效率名次
佛得角	30.09	97	中低收入	15	SSF	8	0.55	126
塞内加尔	30.06	98	中低收入	16	SSF	9	0.85	23
埃及	30.03	99	中低收入	17	NAWA	16	0.76	59
菲律宾	29.87	100	中低收入	18	SEAO	15	0.81	35
阿塞拜疆	29.60	101	中高收入	32	NAWA	17	0.58	120
卢旺达	29.31	102	低收入	3	SSF	10	0.46	137
萨尔瓦多	29.08	103	中低收入	19	LCN	17	0.60	116
冈比亚	29.03	104	低收入	4	SSF	11	0.76	58
斯里兰卡	28.98	105	中低收入	20	CSA	4	0.87	17
柬埔寨	28.66	106	低收入	5	SEAO	16	0.74	67
莫桑比克	28.52	107	低收入	6	SSF	12	0.57	124
纳米比亚	28.47	108	中高收入	33	SSF	13	0.55	125
布基纳法索	28.18	109	低收入	7	SSF	14	0.71	78
尼日利亚	27.79	110	中低收入	21	SSF	15	0.94	8
玻利维亚	27.76	111	中低收入	22	LCN	18	0.70	84
吉尔吉斯斯坦	27.75	112	低收入	8	CSA	5	0.46	136
马拉维	27.61	113	低收入	9	SSF	16	0.67	96
喀麦隆	27.52	114	中低收入	23	SSF	17	0.80	39
厄瓜多尔	27.50	115	中高收入	34	LCN	19	0.63	104
科特迪瓦	27.02	116	中低收入	24	SSF	18	0.93	10
莱索托	27.01	117	中低收入	25	SSF	19	0.40	140
洪都拉斯	26.73	118	中低收入	26	LCN	20	0.53	128
马里	26.18	119	低收入	10	SSF	20	0.83	30
伊朗	26.14	120	中高收入	35	CSA	6	0.57	122

续表

国家（经济体）	创新指数		收入情况		地区情况		创新情况	
	得分	名次	收入群组	收入名次	所属地区	地区名次	创新效率	效率名次
赞比亚	25.76	121	中低收入	27	SSF	21	0.79	44
委内瑞拉	25.66	122	中高收入	36	LCN	21	0.95	7
坦桑尼亚	25.60	123	低收入	11	SSF	22	0.60	113
马达加斯加	25.50	124	低收入	12	SSF	23	0.62	105
尼加拉瓜	25.47	125	中低收入	28	LCN	22	0.53	129
埃塞俄比亚	25.36	126	低收入	13	SSF	24	0.67	97
斯威士兰	25.33	127	中低收入	29	SSF	25	0.57	123
乌兹别克斯坦	25.20	128	中低收入	30	CSA	7	0.61	108
孟加拉国	24.35	129	低收入	14	CSA	8	0.68	91
津巴布韦	24.31	130	低收入	15	SSF	26	0.79	48
尼日尔	24.27	131	低收入	16	SSF	27	0.50	132
贝宁	24.21	132	低收入	17	SSF	28	0.60	115
阿尔及利亚	24.20	133	中高收入	37	NAWA	18	0.53	130
巴基斯坦	24.00	134	中低收入	31	CSA	9	0.89	16
安哥拉	23.82	135	中高收入	38	SSF	29	0.82	33
尼泊尔	23.79	136	低收入	18	CSA	10	0.49	134
塔吉克斯坦	23.73	137	低收入	19	CSA	11	0.45	138
布隆迪	22.43	138	低收入	20	SSF	30	0.46	135
几内亚	20.25	139	低收入	21	SSF	31	0.61	109
缅甸	19.64	140	低收入	22	SEAO	17	0.71	80
也门	19.53	141	中低收入	32	NAWA	19	0.60	111
多哥	17.65	142	低收入	23	SSF	32	0.25	142
苏丹	12.66	143	中低收入	33	SSF	33	0.09	

注：收入分组依据世界银行（2013 年 7 月）。地区划分依据联合国划分法：EUR = 欧洲；NAC = 北美；LCN = 拉美和加勒比海地区；CSA = 中亚和南亚；SEAO = 东南亚和大洋洲；NAWA = 北非和西亚；SSF = 撒哈拉以南非洲地区。

数据来源：世界知识产权组织、美国康奈尔大学和欧洲工商管理学院《2014 年全球创新指数》。

附表 3 主要经济体研发总支出与研究人员（2012 年或最近数据）

经济体	国内研发总支出						研究人员
	当前平价购买力/亿美元	经费来源占比/%		执行部门占比/%			全时当量
		企业	政府	企业	高校	政府	
澳大利亚	204.7[c]	61.9	34.6	58.4[c]	26.6[c]	12.4	92 649
奥地利	108.2[cp]	43.9[cp]	40.4[cop]	68.8[cp]	25.6[cp]	5.1	38 637[cp]
比利时	100.9[p]	60.2	23.4	67.8[p]	23.2[p]	8.2	44 052[p]
加拿大	248.0[p]	48.4[p]	34.5[cp]	52.3[p]	38.3[p]	9.0	157 360[p]
智利	13.1[p]	32.9[p]	37.1[p]	32.4[p]	35.3[p]	4.2	6803[mp]
捷克	544.4[p]	36.4[p]	36.8[p]	53.6[p]	27.5[p]	18.4	33 169[p]
丹麦	73.2[cp]	60.1[cp]	29.0[cp]	65.7[cp]	31.8[cp]	2.2	37 675[cp]
爱沙尼亚	7.1	51.3	38.3	57.5	32.1	9.3	4582
芬兰	75.3	63.1	26.7	68.7	21.6	9.0	40 468
法国	553.5[p]	55.0	35.4	64.6[p]	20.6[p]	13.6	249 086
德国	1022.4[c]	65.6	29.8	67.8[c]	18.0[c]	14.3	348 416[cp]
希腊	19.9	31.0	50.4	34.3	39.9	24.8	24 122
匈牙利	29.1	46.9	36.9	65.6[v]	18.4[v]	14.4	23 837
冰岛	3.2	49.8	40.0	53.1	26.4	17.7	2258
爱尔兰	33.4[c]	50.3[c]	27.3[c]	72.0[c]	23.1[c]	4.8	16 076[c]
以色列	97.4[d]	36.6[d]	12.2[d]	84.4[d]	12.6[d]	1.8	49 797[d]
意大利	263.2[p]	45.1	41.9	54.5[p]	28.6[p]	13.7	110 823[p]
日本	1517.3	76.1	16.8[e]	76.6	13.4	8.6	646 347
韩国	653.9	74.7	23.8	77.9	9.5	11.3	315 589
卢森堡	6.9	47.8	30.5	68.6	12.4	18.9	3272
墨西哥	80.6	36.8	59.6	39.0	28.9	30.5	46 125
荷兰	156.6[p]	49.9	35.5	56.6[p]	32.7[p]	10.7	58 599
新西兰	17.7	40.0	41.4	45.4	31.8	22.7	16 300

续表

经济体	国内研发总支出						研究人员
	当前平价购买力/亿美元	经费来源占比/%		执行部门占比/%			全时当量
		企业	政府	企业	高校	政府	
挪威	54.8	44.2	46.5	52.3	31.3	16.4	27 841
波兰	79.0	32.3	51.3	37.2	34.4	28.0	67 001
葡萄牙	40.8[p]	44.0	41.8	47.0[p]	38.7[p]	6.5	50 694[p]
斯洛伐克	11.5	37.7	41.6[m]	41.3	34.0	24.5	15 271
斯洛文尼亚	15.4	62.2	28.7	75.7	11.1	13.1	8884
西班牙	195.6	44.3	44.5	53.0	27.7	19.1	126 778
瑞典	139.0	57.3	27.7	67.8[c]	27.1[c]	4.8	49 280[cm]
瑞士	105.3	68.2	22.8	73.5	24.2	0.7	25 142
土耳其	126.6	46.8	28.2	45.1	43.9	11.0	82 122
英国	391.1[cp]	45.6[cp]	28.9[cp]	63.4[cp]	26.5[cp]	8.2	252 652[cp]
美国	4535.4[jp]	59.1[jp]	30.8[jp]	69.8[jp]	13.8[jp]	12.3	1 252 948[b]
欧盟 28 国	3414.9[b]	54.3[b]	33.9[b]	62.6[b]	23.7[b]	12.7	1 661 955[b]
经合组织	11 074.0[b]	59.9[b]	29.8[b]	67.9[b]	18.1[b]	11.6	4 297 300[b]
阿根廷	54.5	21.3	74.0	21.5	31.2	45.6	51 598
中国大陆	2935.5	74.0	21.6	76.2	7.6	16.3	1 404 417
中国台湾	274.8	74.1	24.8	74.2	11.3	14.2	139 215
罗马尼亚	17.7	34.4	49.9	39.0	19.7	40.9	18 016
俄罗斯	378.5	27.2	67.8	58.3	9.3	32.2	443 269
新加坡	67.3	53.4	38.5	60.9	29.0	10.0	34 141
南非	46.5	39.0	43.1	47.1	29.8	22.4	20 115

注：a. 序列中断，具备上年数据；b. OECD 秘书处根据各国（地区）资源情况做出的估计或预测；c. 该国（地区）做出的估计或预测；d. 不含国防部分（全部或几乎全部）；g. 不含人文和社会科学领域的研发；h. 只有联邦或中央政府数据；j. 排除全部或大部资本支出；m. 低估或依据低估数据；o. 不含其他类别；p. 临时数据；v. 子项之和不计入总数。

数据来源：经合组织（OECD）《主要科技指标》，2014 年 7 月。

附表 4　2012 年主要经济体研发支出与排名

国家（地区）	总支出/亿美元	排　名	总支出 GDP 占比/%	排　名	人均支出/美元	排　名
美国	4535. 44	1	2. 79	11	1444	8
日本	1992. 10	2	3. 35	5	1562	6
中国大陆	1631. 47	3	1. 98	21	120	39
德国	1000. 07	4	2. 92	9	1242	12
法国	590. 83	5	2. 27	16	934	18
韩国	492. 25	6	4. 03	1	984	16
英国	426. 07	7	1. 73	23	669	21
加拿大	307. 52	8	1. 69	25	885	19
澳大利亚	282. 80[b]	9	2. 27[b]	15	1275[b]	10
意大利	254. 84	10	1. 27	32	429	25
巴西	248. 68[b]	11	1. 16[b]	33	130[b]	37
俄罗斯	226. 94	12	1. 12	34	159	34
瑞典	178. 47	13	3. 41	4	1874	2
西班牙	172. 06	14	1. 30	29	364	27
印度	170. 33	15	0. 90[b]	38	14	56
荷兰	166. 09	16	2. 16	19	993	15
瑞士	150. 50[d]	17	2. 99[d]	7	1954[d]	1
中国台湾	145. 63	18	3. 06	6	625	22
奥地利	111. 88	19	2. 84	10	1328	9
比利时	108. 00	20	4. 38	1	979	17
以色列	101. 15	21	2. 24	17	1270	11
丹麦	94. 05	22	2. 98	8	1685	3
芬兰	87. 78	23	3. 55	3	1620	5
挪威	82. 69	24	1. 65	26	1637	4
委内瑞拉	77. 84[c]	25	2. 37[c]	14	274[c]	30
印度尼西亚	70. 14	26	0. 80	42	28	52
土耳其	66. 84[a]	27	2. 23	18	90[a]	44
新加坡	57. 97	28	2. 04	20	1091	13
墨西哥	49. 77[a]	29	0. 43[a]	53	43[a]	50
波兰	44. 07	30	0. 90	39	114	40

续表

国家（地区）	总支出/亿美元	排 名	总支出GDP占比/%	排 名	人均支出/美元	排 名
捷克	36.96	31	1.88	22	352	28
爱尔兰	36.31	32	1.72	24	792	20
葡萄牙	31.72	33	1.50	28	298	29
马来西亚	30.79[a]	34	1.07[a]	35	106[a]	41
阿根廷	28.99[a]	35	0.65[a]	49	70[a]	45
南非	27.66[b]	36	0.76[b]	43	55[b]	46
新西兰	20.74[a]	37	1.28[a]	31	470[a]	24
中国香港	19.10	38	0.73	46	267	31
阿联酋	18.77	39	0.49	52	214	32
希腊	17.19	40	0.69	47	155	35
匈牙利	16.16	41	1.30	30	162	33
泰国	13.41[a]	42	0.39[a]	55	20[a]	54
乌克兰	12.04[a]	43	0.74[a]	45	26[a]	53
斯洛文尼亚	11.92	44	2.63	12	580	23
智利	9.08[b]	45	0.42[b]	54	53[b]	47
罗马尼亚	8.28	46	0.49	51	41	51
卢森堡	7.84[b]	47	1.51[b]	27	1561[b]	7
斯洛伐克	7.52	48	0.82	41	139	36
哥伦比亚	6.20	49	0.17	56	13	57
爱沙尼亚	4.90	50	2.19	18	369	26
克罗地亚	4.24	51	0.76	44	99	42
立陶宛	3.82	52	0.90	37	127	38
冰岛	3.37[a]	53	2.40[a]	13	1045[a]	14
保加利亚	3.26	54	0.64	50	45	48
哈萨克斯坦	2.96[a]	55	0.16[a]	57	18[a]	55
约旦	2.68[b]	56	1.01[b]	36	44[b]	49
拉脱维亚	1.87[b]	57	0.66	48	92	43
菲律宾	1.66[c]	58	0.10[c]	58	2[c]	58

注：a. 前1年数据；b. 前2年数据；c. 前3年数据；d. 前4年数据。

数据来源：瑞士洛桑国际管理学院《2014年世界竞争力年鉴》。

附表5　主要经济体近几年研发支出占GDP比例

（%）

经济体	年份						
	2006	2007	2008	2009	2010	2011	2012
澳大利亚	2.00[z]	—	2.25[z]	—	2.19[cz]	—	—
奥地利	2.44	2.51	2.67[c]	2.71	2.80[c]	2.77	2.84[cp]
比利时	1.86	1.89	1.97	2.03	2.10	2.21	2.24[p]
加拿大	1.96[z]	1.92[z]	1.87[z]	1.92[z]	1.82[z]	1.74[z]	1.69[pz]
智利	—	0.31	0.37	0.35[a]	0.33	0.34[p]	0.35[p]
捷克	1.29	1.37	1.30	1.35	1.40	1.64	1.88[p]
丹麦	2.48	2.58[a]	2.85	3.16	3.00	2.98	2.98[cp]
爱沙尼亚	1.13	1.08	1.28	1.41	1.62	2.37	2.19
芬兰	3.48	3.47	3.70	3.94	3.90	3.80	3.55
法国	2.11	2.08	2.12	2.27	2.24[a]	2.25	2.29[p]
德国	2.54	2.53	2.69	2.82	2.80	2.89	2.89[c]
希腊	0.59[c]	0.60[c]	—	—	—	0.67[c]	0.69
匈牙利	1.01	0.98	1.00	1.17	1.17	1.22	1.30
冰岛	2.99	2.68	2.65	2.82	—	2.61[a]	—
爱尔兰	1.25	1.28	1.45	1.69[c]	1.69[c]	1.61[c]	1.66[c]
以色列	4.22[dz]	4.52[dz]	4.40[dz]	4.17[dz]	3.97[dz]	3.97[dz]	3.93[dz]
意大利	1.13	1.17	1.21	1.26	1.26	1.25	1.27[p]
日本	3.41	3.46	3.47[a]	3.36	3.25	3.38	3.35
韩国	3.01[g]	3.21[a]	3.36	3.56	3.74	4.04	4.36
卢森堡	1.66	1.58[c]	1.66	1.74	1.51	1.43	1.46
墨西哥	0.37[z]	0.37[z]	0.40[z]	0.43[z]	0.45[z]	0.43[z]	—
荷兰	1.88	1.81	1.77	1.82	1.86	2.03[a]	2.16[p]
新西兰	—	1.17	—	1.28	—	1.26	—

续表

经济体	年份						
	2006	2007	2008	2009	2010	2011	2012
挪威	1.48	1.59	1.58	1.76	1.68	1.65	1.65
波兰	0.56	0.57	0.60	0.67	0.74	0.76	0.90
葡萄牙	0.99[c]	1.17	1.50[a]	1.64	1.59	1.52	1.50[p]
斯洛伐克	0.49	0.46	0.47	0.48	0.63	0.68	0.82
斯洛文尼亚	1.56	1.45	1.66[a]	1.85	2.10	2.47[a]	2.63
西班牙	1.20	1.27	1.35[a]	1.39	1.40	1.36	1.30
瑞典	3.68	3.43	3.70[c]	3.62	3.39[c]	3.39	3.41[c]
瑞士	—	—	2.87	—	—	—	—
土耳其	0.58	0.72	0.73	0.85	0.84	0.86	0.92
英国	1.72	1.75	1.75[c]	1.82[c]	1.77[c]	1.78	1.73[cp]
美国	2.55[jz]	2.63[jz]	2.77[jz]	2.82[jz]	2.74[jz]	2.76[jz]	2.79[jpz]
欧盟28国	1.75[b]	1.76[b]	1.83[b]	1.91[b]	1.91[b]	1.95[b]	1.98[b]
经合组织	2.22[b]	2.25[b]	2.33[b]	2.37[b]	2.34[b]	2.37[b]	2.40[b]
阿根廷	0.50	0.51	0.52	0.60	0.62	0.65	0.74
中国大陆	1.39	1.40	1.47	1.70[a]	1.76	1.84	1.98
中国台湾	2.51	2.57	2.78	2.94	2.91	3.01	3.06
罗马尼亚	0.45	0.52	0.58	0.47	0.46	0.50[a]	0.49
俄罗斯	1.07	1.12	1.04	1.25	1.13	1.09	1.12
新加坡	2.16	2.36	2.65	2.18	2.04	2.17	2.04
南非	0.93	0.92	0.93	0.87	0.76	0.76	—

注：a. 序列中断，具备上年数据；b. OECD 秘书处根据各国（地区）资源情况做出的估计或预测；c. 该国（地区）做出的估计或预测；d. 不含国防部分（全部或几乎全部）；g. 不含人文和社会科学领域的研发；j. 排除全部或大部分资本开支；p. 临时数据；z. 依据《2008 年国家账目系统》编辑。

数据来源：OECD《主要科技指标》，2014 年 7 月。

附表 6 主要经济体近年研发人员数量

（全时当量）

经济体	年份						
	2006	2007	2008	2009	2010	2011	2012
澳大利亚	126 702	—	136 696	—	—	—	—
奥地利	49 377	53 252	58 014[c]	56 438	58 992[c]	61 171	63 682[cp]
比利时	55 714	57 693	58 476	59 756	60 075	62 895	65 979[p]
加拿大	229 050	248 640	256 650	236 760	229 090	228 970[p]	—
智利	—	11 024	12 571	10 430[m]	11 491[m]	13 061[mp]	14 640[mp]
捷克	47 729	49 192	50 808	50 961	52 290	55 697	60 223[p]
丹麦	44 878	46 987[a]	58 589[c]	55 918	56 623	56 126	55 711[cp]
爱沙尼亚	4741	5002	5086	5430	5277	5724	5855
芬兰	58 257	56 243	56 698	56 609	55 897	54 526[a]	54 047
法国	365 814	375 236	382 653[d]	390 214[d]	397 756[a]	402 318	—
德国	487 935	506 450	522 688	534 565	548 526	574 701	590 460[cp]
希腊	35 531[c]	35 531[c]	—	—	—	36 913[a]	37 361
匈牙利	25 971	25 954	27 403	29 975	31 480	33 960	35 732
冰岛	3415	2982	3117	3397	—	3 244[a]	—
爱尔兰	17 444	18 157	20 018	19 705[c]	19 722[c]	21 560[c]	22 791[c]
以色列	—	—	—	—	—	68 175[d]	—
意大利	192 002	208 376	221 115	226 527	225 632	228 094	2 333 927[p]
日本	910 375	912 202	882 739[a]	878 418	877 928	869 825	851 132
韩国	237 599[g]	269 409[a]	294 440	309 063	335 228	361 374	395 990
卢森堡	4377	4605[c]	4652	4711	4988	5351	5666
墨西哥	66 967	70 293	—	—	—	—	—
荷兰	97 835	93 788	93 432	87 874	100 544	116 326[a]	116 666
新西兰	—	21 000	—	23 200	—	23 600	—

续表

经济体	年份						
	2006	2007	2008	2009	2010	2011	2012
挪威	31 231	33 635	35 485	36 091	36 121	36 950	37 707
波兰	73 554	75 309	74 596	73 581	81 843	85 219	90 716
葡萄牙	30 531[c]	35 334	47 882[a]	51 347	52 348	55 612	56 192[p]
斯洛伐克	15 028	15 421	15 576	15 952	18 188	18 112	18 127
斯洛文尼亚	9793	10 369	11 594[a]	12 410	12 940	15 269[a]	14 974
西班牙	188 978	201 108	215 676[a]	220 777	222 022	215 079	208 831
瑞典	78 715	75 318[am]	77 549[c]	76 711[m]	77 418[cm]	77 950[am]	81 272[cm]
瑞士	—	—	62 066	—	—	—	—
土耳其	54 444[m]	63 377[m]	67 244[m]	73 521[m]	81 792[m]	92 801[m]	105 122[m]
英国	334 804[cm]	343 855[cm]	342 086[cm]	347 486[cm]	350 766[cm]	356 258[m]	358 045[cmp]
欧盟 28 国	2 293 678[b]	2 370 179[b]	2 461 188[b]	2 488 815[b]	2 543 136[b]	2 615 491[b]	2 663 415[b]
非经合组织							
阿根廷	49 359	53 187	56 987	59 683	65 761	69 963	71 872
中国大陆	1 502 472[t]	1 736 155[t]	1 965 357[t]	2 291 252[a]	2 553 828	2 882 903	3 246 840
中国台湾	161 314	175 741	184 633	196 893	210 679	221 371	227 976
罗马尼亚	29 340	28 977	30 390	28 398	26 171	29 749[a]	31 135
俄罗斯	916 509	912 291	869 772	845 942	839 992	839 183	828 401
新加坡	30 129	32 198	33 165	35 896	37 013	38 996	39 459
南非	30 984	31 352	30 802	30 891	29 486	30 978	—

注：a. 序列中断，具备上年数据；b. OECD 秘书处根据各国（地区）资源情况做出的估计或预测；c. 该国（地区）做出的估计或预测；d. 不含国防部分（全部或几乎全部）；g. 不含人文和社会科学领域的研发；l. 高估或依据高估数据；m. 低估或依据低估数据；p. 临时数据；t. 不完全符合《弗拉斯卡蒂手册》的推荐规范。

数据来源：OECD《主要科技指标》，2014 年 7 月。

附表7 2012年主要经济体研发人员统计

国家（地区）	全时当量/万人	排名	每万人研发人员数（全时当量）	排名
中国大陆	324.68	1	0.24	37
日本	86.98[a]	2	0.68[a]	15
俄罗斯	82.84	3	0.58	21
德国	52.92	4	0.72	14
法国	40.23[a]	5	0.64[a]	19
韩国	39.60	6	0.79	9
英国	35.81	7	0.56	23
巴西	26.67[b]	8	0.14[b]	44
意大利	23.39	9	0.39	29
加拿大	22.90[a]	10	0.67[a]	17
中国台湾	22.80	11	0.98	5
西班牙	20.84	12	0.44	28
澳大利亚	13.75[d]	13	0.64[d]	18
乌克兰	12.99	14	0.29	35
荷兰	11.26[a]	15	0.68[a]	16
土耳其	9.28[a]	16	0.13[a]	46
波兰	9.07	17	0.24	38
瑞典	8.13	18	0.85	7
墨西哥	7.93[a]	19	0.07[a]	49
阿根廷	6.97[a]	20	0.17[a]	42
以色列	6.82[a]	21	0.87[a]	6
比利时	6.60	22	0.60	20
奥地利	6.37	23	0.76	10
瑞士	6.21[d]	24	0.81[d]	8
捷克	6.02	25	0.57	22
马来西亚	5.74[a]	26	0.20[a]	41
葡萄牙	5.62	27	0.53	25
丹麦	5.57	28	1.00	1

续表

国家（地区）	全时当量/万人	排　名	每万人研发人员数（全时当量）	排　名
芬兰	5. 41	29	1. 00	2
泰国	5. 31[a]	30	0. 08[a]	48
新加坡	3. 95	31	0. 74	12
挪威	3. 78	32	0. 75	11
希腊	3. 74	33	0. 34	33
匈牙利	3. 57	34	0. 36	31
罗马尼亚	3. 11	35	0. 16	43
南非	2. 95[b]	36	0. 06[b]	51
中国香港	2. 53	37	0. 55	32
新西兰	2. 36[a]	38	0. 34[a]	24
爱尔兰	2. 28	39	0. 50	26
印度尼西亚	2. 08[d]	40	0. 01[c]	53
哈萨克斯坦	2. 04	41	0. 12	47
斯洛伐克	1. 81	42	0. 34	44
菲律宾	1. 71[c]	43	0. 02[c]	52
保加利亚	1. 68	44	0. 23	39
斯洛文尼亚	1. 50	45	0. 73	13
阿联酋	1. 20	46	0. 14	45
智利	1. 15[b]	47	0. 07[b]	50
立陶宛	1. 12[a]	48	0. 37[a]	30
克罗地亚	0. 98	49	0. 23	40
爱沙尼亚	0. 59	50	0. 44	27
拉脱维亚	0. 56	51	0. 28	36
卢森堡	0. 50[b]	52	0. 99[b]	3
冰岛	0. 32[a]	53	0. 98[a]	4

注：a. 前 1 年数据；b. 前 2 年数据；c. 前 3 年数据；d. 前 4 年数据。

数据来源：瑞士洛桑国际管理学院《2014 年世界竞争力年鉴》。

附表 8 1950—2013 年诺贝尔物理学、化学、生理或医学及经济学奖获奖统计

国家（地区）	总　数	总数排名	每 100 万人获奖数	每 100 万人获奖数排名
美国	279	1	0.88	6
英国	58	2	0.94	5
德国	31	3	0.38	10
法国	19	4	0.30	14
瑞士	12	5	1.49	1
日本	12	5	0.09	19
俄罗斯	10	7	0.07	22
瑞典	9	8	0.94	4
澳大利亚	8	9	0.34	12
以色列	8	9	0.98	3
荷兰	8	9	0.48	8
加拿大	7	12	0.20	16
挪威	6	13	1.17	2
意大利	5	14	0.08	21
奥地利	4	15	0.47	9
比利时	4	15	0.36	11
丹麦	4	15	0.71	7
中国大陆	2	18	0	25
中国台湾	2	18	0.09	20
阿根廷	1	20	0.02	23
捷克	1	20	0.10	18
中国香港	1	20	0.14	17
爱尔兰	1	20	0.22	15
印度	1	20	0	26
立陶宛	1	20	0.34	13
南非	1	20	0.02	24

数据来源：瑞士洛桑国际管理学院《2014 年世界竞争力年鉴》。

附表 9-1 2012 年主要经济体专利统计

国家（地区）	申请数/件	排 名	每 10 万居民申请数/件	排 名	专利授予数（2010—2012 年均值）/件	排 名	每 10 万居民有效数/件	排 名
中国大陆	560 681	1	41. 41	25	118 360	3	36. 86	31
日本	486 070	2	381. 19	5	311 726	1	1860. 88	1
美国	460 276	3	146. 51	12	207 335	2	535. 84	8
韩国	203 410	4	406. 79	4	95 283	4	1359. 85	4
德国	178 896	5	222. 16	8	73 551	5	485. 64	9
中国台湾	101 617	6	435. 83	3	68 199	6	1372. 45	3
法国	67 188	7	106. 23	15	36 250	7	436. 37	11
英国	50 447	8	79. 20	20	18 425	10	170. 82	20
瑞士	39 898	9	498. 79	1	17 946	11	1379. 95	2
俄罗斯	34 803	10	24. 33	26	23 454	8	92. 40	25
荷兰	29 906	11	178. 76	10	15 145	12	474. 28	10
意大利	27 547	12	46. 38	24	18 981	9	107. 41	24
加拿大	26 304	13	75. 69	21	10 869	14	248. 86	17
瑞典	21 161	14	222. 18	7	11 257	13	659. 59	7
印度	18 020	15	1. 46	55	3203	22	1. 59	53
芬兰	12 658	16	233. 67	6	6224	15	758. 76	6
以色列	12 208	17	153. 33	11	4168	21	312. 17	14
奥地利	12 088	18	143. 46	13	4987	19	391. 17	13
比利时	11 719	19	106. 19	16	5520	17	255. 62	16
西班牙	11 380	20	24. 08	28	5043	18	92. 24	26
澳大利亚	11 234	21	49. 00	23	5864	16	175. 26	19
丹麦	10 666	22	191. 13	9	4244	20	430. 57	12
巴西	6603	23	3. 40	45	926	33	2. 06	51
波兰	6203	24	15. 63	34	1997	26	2. 86	48
土耳其	5986	25	7. 96	37	996	31	5. 65	45
挪威	5703	26	112. 90	14	2387	23	296. 32	15
新加坡	4826	27	90. 84	19	2055	25	162. 88	22
爱尔兰	4214	28	91. 90	18	1856	27	165. 33	21
乌克兰	3083	29	6. 76	38	2127	24	31. 73	35
新西兰	2856	30	64. 32	22	1032	30	107. 66	23

续表

国家（地区）	申请数/件	排　名	每10万居民申请数/件	排　名	专利授予数（2010—2012年均值）/件	排　名	每10万居民有效数/件	排　名
卢森堡	2399	31	456.95	2	985	32	938.48	5
墨西哥	2142	32	1.82	53	517	38	3.36	47
马来西亚	1939	33	6.57	41	592	37	12.29	40
捷克	1875	34	17.84	32	742	34	34.59	32
匈牙利	1654	35	16.61	33	615	36	33.73	33
南非	1608	36	3.10	47	1281	28	32.74	34
中国香港	1596	37	22.31	29	739	35	63.52	27
泰国	1277	38	1.92	52	255	44	3.61	46
罗马尼亚	1243	39	6.19	42	454	39	11.72	42
葡萄牙	1097	40	10.32	35	296	42	17.55	35
希腊	1096	41	9.85	36	449	40	37.65	30
阿根廷	1048	42	2.50	51	190	46	2.42	50
智利	761	43	4.57	44	201	45	8.13	44
哈萨克斯坦	562	44	3.32	46	1222	29	1.06	55
斯洛文尼亚	495	45	24.08	27	363	41	53.47	28
保加利亚	372	46	5.11	43	149	47	9.46	43
斯洛伐克	365	47	6.75	39	119	48	12.29	41
拉脱维亚	364	48	17.99	31	262	43	48.14	29
哥伦比亚	334	49	0.72	56	89	53	0.88	56
冰岛	314	50	97.56	17	105	49	186.11	18
爱沙尼亚	293	51	22.11	30	104	50	25.20	36
菲律宾	255	52	0.27	58	58	54	0.34	59
阿联酋	222	53	2.53	50	38	55	2.53	49
立陶宛	198	54	6.59	40	98	51	25.20	36
克罗地亚	129	55	3.02	49	96	52	14.06	38
约旦	95	56	1.49	54	26	57	1.71	52
委内瑞拉	93	57	0.32	57	35	56	1.57	54
印度尼西亚	75	58	0.03	60	18	58	0.04	60
秘鲁	69	59	0.23	59	16	59	0.40	58
卡塔尔	56	60	3.06	48	4	60	0.82	57

数据来源：瑞士洛桑国际管理学院《2014年世界竞争力年鉴》。

附表 9-2 主要经济体 2010—2012 年三方专利统计

经济体	2010 年		2011 年		2012 年	
	专利数/件	占比/%	专利数/件	占比/%	专利数/件	占比/%
澳大利亚	202	0.49	208	0.49	197	0.46
奥地利	269	0.66	270	0.64	274	0.64
比利时	302	0.74	306	0.73	307	0.72
加拿大	517	1.26	498	1.18	512	1.20
智利	8	0.02	9	0.02	7	0.02
捷克	18	0.04	19	0.04	18	0.04
丹麦	234	0.57	244	0.58	234	0.55
爱沙尼亚	4	0.01	4	0.01	4	0.01
芬兰	291	0.71	290	0.69	305	0.71
法国	1822	4.45	1861	4.42	1827	4.27
德国	4780	11.67	4769	11.32	4749	11.10
希腊	8	0.02	9	0.02	9	0.02
匈牙利	35	0.09	37	0.09	37	0.09
冰岛	3	0.01	3	0.01	4	0.01
爱尔兰	62	0.15	71	0.17	67	0.16
以色列	261	0.64	265	0.63	277	0.65
意大利	552	1.35	551	1.31	548	1.28
日本	12 548	30.63	13 019	30.91	13 168	30.78
韩国	1621	3.96	1699	4.03	1913	4.47
卢森堡	12	0.03	13	0.03	14	0.03
墨西哥	8	0.02	8	0.02	8	0.02
荷兰	763	1.86	811	1.93	817	1.91

续表

经济体	2010 年		2011 年		2012 年	
	专利数/件	占比/%	专利数/件	占比/%	专利数/件	占比/%
新西兰	40	0.10	37	0.09	37	0.09
挪威	84	0.20	84	0.20	86	0.20
波兰	33	0.08	33	0.08	39	0.09
葡萄牙	11	0.03	11	0.03	12	0.03
斯洛伐克	2	0.01	2	0.01	2	0
斯洛文尼亚	4	0.01	4	0.01	4	0.01
西班牙	151	0.37	148	0.35	147	0.34
瑞典	636	1.55	647	1.54	650	1.52
瑞士	702	1.71	704	1.67	705	1.65
土耳其	13	0.03	13	0.03	14	0.03
英国	1352	3.30	1348	3.20	1340	3.13
美国	12 229	29.85	12 489	29.65	12 722	29.74
欧盟 28 国（估值）	11 359	27.73	11 468	27.23	11 431	26.72
经合组织	39 577	96.61	40 483	96.12	41 054	95.97
阿根廷	5	0.01	5	0.01	5	0.01
中国大陆	702	1.71	919	2.18	998	2.33
中国台湾	174	0.43	174	0.41	169	0.39
罗马尼亚	3	0.01	4	0.01	4	0.01
俄罗斯	52	0.13	54	0.13	48	0.11
新加坡	81	0.20	76	0.18	83	0.19
南非	24	0.06	24	0.06	26	0.06

数据来源：OECD《主要科技指标》，2014 年 7 月。

附表 10-1　2013 年主要经济体科技论文统计

国家（地区）	合计/篇	近 3 年排名			SCI 2013/篇	EI 2013/篇	CPCIS 2013/篇
		2013 年	2012 年	2011 年			
美国	687 621	1	1	1	474 110	103 390	110 121
中国	464 259	2	2	2	232 070	163 688	68 501
英国	182 090	3	3	3	133 410	28 668	20 012
德国	172 178	4	4	4	118 655	33 629	19 894
日本	150 195	5	5	5	95 857	31 968	22 370
法国	122 988	6	6	6	83 439	26 420	13 040
意大利	106 635	7	7	7	74 233	19 521	12 881
加拿大	102 753	8	8	8	72 020	18 858	11 875
印度	98 336	9	9	11	59 540	27 585	11 211
西班牙	91 486	10	11	9	63 096	19 333	9057
韩国	91 200	11	10	10	57 208	24 806	9186
澳大利亚	81 057	12	12	12	59 066	15 154	6837
巴西	59 248	13	13	13	44 052	8955	6241
荷兰	58 021	14	14	14	43 222	8640	6159
俄罗斯	50 917	15	16	16	32 258	14 133	4526
瑞士	44 013	16	17	17	31 800	7707	4506
伊朗	43 404	17	18	18	27 528	13 690	2186
土耳其	43 360	18	19	19	30 763	7875	4722
波兰	39 617	19	20	20	26 406	8598	4613
瑞典	37 612	20	21	21	26 775	7164	3733
比利时	32 665	21	22	22	23 378	5813	3474
丹麦	25 258	22	24	25	18 684	3982	2592
葡萄牙	24 047	23	26	27	15 343	5211	3473
以色列	23 791	24	23	24	17 363	3565	2863
奥地利	23 712	25	25	23	16 688	4215	2809
墨西哥	22 305	26	27	26	15 768	3760	2777
新加坡	20 958	27	28	29	12 650	6309	1999

续表

国家（地区）	合计/篇	近3年排名			SCI 2013/篇	EI 2013/篇	CPCIS 2013/篇
		2013年	2012年	2011年			
希腊	19 035	28	29	28	12 809	3920	2306
芬兰	17 942	29	—	—	12 077	4026	1839
挪威	17 091	30	—	—	12 210	3274	1607
总计	2 689 097	—	—	—	1 723 143	566 430	399 554

注：1. 中国台湾三系统论文总数 49 738 篇，占世界总数的 1.85%；中国香港论文总数 18 921 篇，占 0.7%。

2. 统计数据含非第一作者单位所在国（地区）的论文。

数据来源：中国科学技术信息研究所。

附表 10-2　2004—2014 年发表 SCI 科技论文数 20 万篇以上国家（地区）论文数及被引情况

国家（地区）	论文数		被引用次数		篇均被引用次数	
	篇数	位次	次数	位次	次数	位次
美国	3 454 354	1	57 289 094	1	16.58	3
德国	900 112	3	13 124 606	2	14.58	6
英国	805 372	4	13 036 332	3	16.19	4
中国大陆	1 369 834	2	10 370 132	4	7.57	15
日本	804 677	5	8 935 485	5	11.1	12
法国	637 957	6	8 748 589	6	13.71	8
加拿大	543 312	7	7 844 494	7	14.44	7
意大利	521 511	8	6 840 041	8	13.12	9
荷兰	308 982	13	5 296 751	9	17.14	2
西班牙	439 049	9	5 166 842	10	11.77	11
澳大利亚	395 956	11	5 162 098	11	13.04	10
瑞士	222 232	17	4 095 298	12	18.43	1
瑞典	206 650	19	3 257 936	13	15.77	5
韩国	389 181	12	3 186 917	14	8.19	14
印度	399 674	10	2 766 683	15	6.92	17
巴西	297 729	14	2 071 836	16	6.96	16
中国台湾	233 450	16	1 943 644	17	8.33	13
俄罗斯	281 458	15	1 537 138	18	5.46	19
土耳其	207 446	18	1 273 366	19	6.14	18

注：数据截至2014 年9 月。

数据来源：中国科学技术信息研究所。

附表 11-1　2010—2014 财年美国联邦政府研发支出统计　　亿美元

年　份	项　目					
	总计	研发合计	基础研究	应用研究	实验开发	研究设施
2010	1469.68	1403.55	317.95	319.33	766.27	66.13
2011	1396.62	1354.91	293.14	287.10	774.67	41.71
2012	1406.36	1384.85	309.59	309.88	765.38	21.51
2013（初步数据）	1345.46	1324.36	311.91	304.26	708.19	21.11
2014（初步数据）	1344.02	1308.47	325.41	316.58	666.47	31.96

数据来源：美国国家科学和工程学统计中心《联邦研发投入调查》。

附表 11-2　2010 年美国科学家和工程师统计　　万人

	科工学位	科工相关学位	非科工学位	就业总数
科工职业	400	32.5	107.3	539.8
科工相关职业	158.4	382.5	153.7	695.7
非科工职业	580.2	111.2	263.5	954.9
所有职业	1138.5	527.3	524.5	2190.3

注：学位指最高学位。

数据来源：美国《2014 年科学和工程学指标》附表 3-3。

附表 12-1　2013 年和 2014 年加拿大国内研发支出统计　　亿加元

		2013 年	2014 年
按活动主体划分	企业	155.35	154.01
	高等教育	122.37	123.60
	联邦政府	24.75	23.05
	省政府和研究机构	3.39	3.38
	私营非营利机构	1.61	1.69
	合计	307.47	305.73
按来源划分	企业	142.82	140.73
	联邦政府	59.20	58.06
	高等教育	54.78	55.33
	省政府和研究机构	20.43	20.66
	外国	18.31	18.42
	私营非营利机构	11.93	12.53
	合计	307.47	305.73

数据来源：加拿大统计局。

附表 12-2 2007—2011 年加拿大研发人员统计

（全时当量）

类 别	年 份				
	2007	2008	2009	2010	2011
研究人员	151 330	157 200	150 220	156 260	157 360
技术人员	65 290	65 350	60 380	50 600	51 080
辅助人员	30 320	34 090	26 150	22 230	20 350
合计	248 640	256 650	236 760	229 090	228 970

数据来源：加拿大统计局。

附表 13-1 2010—2012 年欧盟及 9 个非欧盟国家研发支出统计

国家（地区）	2010 年			2011 年			2012 年		
	总支出/亿欧元	人均支出/欧元	研发总支出 GDP 占比/%	总支出/亿欧元	人均支出/欧元	研发总支出 GDP 占比/%	总支出/亿欧元	人均支出/欧元	研发总支出 GDP 占比/%
欧盟 28 国	2469. 15[e]	489. 2[e]	2[s]	2594. 39	512. 3	2. 04	2690. 86	530. 1	2. 06
欧盟 15 国	2381. 11[e]	—	—	2493. 25	—	—	2577. 56	—	—
欧元区 17 国	1899. 39[e]	573. 2[e]	2. 07[s]	1994. 49	600. 2	2. 12	2053. 78	616. 2	2. 17
比利时	74. 88	690. 7	2. 1	81. 71	742. 8	2. 21	84. 05	757. 6[p]	2. 24[p]
保加利亚	2. 16	29	0. 6	2. 20	29. 8	0. 57	2. 54[p]	34. 6[p]	0. 64[p]
捷克	20. 95	200. 3	1. 4	25. 52	243. 4	1. 64	28. 77[p]	273. 9[p]	1. 88[p]
丹麦	70. 93	1281. 6	3	71. 57	1287. 1	2. 98	73. 19[ep]	1311. 5[ep]	2. 98[ep]
德国	699. 48	855. 1	2. 8	755. 01	923. 5	2. 89	793. 81[ep]	969. 9[e]	2. 98[ep]
爱沙尼亚	2. 33	174	1. 62	3. 84	287. 7	2. 37	3. 80[p]	284. 9[p]	2. 18[p]
爱尔兰	26. 70	586. 8[e]	1. 69[s]	26. 96[e]	589. 7[e]	1. 66[s]	28. 26[e]	616. 7[e]	1. 72[s]
希腊	—	—	—	13. 91[b]	125. 1[b]	0. 67[b]	13. 38	120. 3	0. 69
西班牙	145. 88	313. 8	1. 4	141. 84	303. 9	1. 36	133. 92	286	1. 3
法国	434. 69	672. 3[b]	2. 24[b]	450. 27	692. 8	2. 25	465. 49[p]	712. 5[p]	2. 29[p]
克罗地亚	3. 35	75. 7	0. 75	3. 36	76. 2	0. 76	3. 30	77. 2	0. 75
意大利	196. 25	325. 2	1. 26	198. 11	326. 8	1. 25	198. 34[p]	326. 1[p]	1. 27[p]
塞浦路斯	0. 86	105. 2	0. 5	0. 89	105. 8	0. 49	0. 83[p]	96. 1[p]	0. 46[p]
拉脱维亚	1. 09	51. 2	0. 6	1. 41	67. 8	0. 7	1. 47[p]	71. 7[p]	0. 66[p]

续表

国家（地区）	2010 年			2011 年			2012 年		
	总支出/亿欧元	人均支出/欧元	研发总支出 GDP 占比/%	总支出/亿欧元	人均支出/欧元	研发总支出 GDP 占比/%	总支出/亿欧元	人均支出/欧元	研发总支出 GDP 占比/%
立陶宛	2.20	69.9	0.79	2.83	92.6	0.91	2.97[p]	98.9[p]	0.9[p]
卢森堡	5.92	1178.3	1.51	5.98	1169.1	1.43	6.25	1191.2	1.46
匈牙利	11.26	112.4	1.17	12.05	120.6	1.22	12.57	126.6	1.3
马耳他	0.42	101.4	0.66	0.47	114.3	0.71	0.57[p]	137.3[p]	0.84[p]
荷兰	108.92	657.1	1.86	121.41[b]	728.9[b]	2.03[b]	129.26[p]	772.6[p]	2.16[p]
奥地利	79.80[e]	952.8[e]	2.8[e]	82.76	984.8	2.77	87.08[ep]	1035.6[ep]	2.84[ep]
波兰	26.08	68.3	0.74	28.36	73.6	0.76	34.30	89	0.9
葡萄牙	27.49	260	1.59	26.06	246.5	1.52	24.69[p]	234.2[p]	1.5[p]
罗马尼亚	5.73	28.2	0.46	6.57	32.5[b]	0.5[b]	6.44	32.1	0.49
斯洛文尼亚	7.46	364.4	2.1	8.94[b]	436.2[b]	2.47[b]	9.89[p]	481[p]	2.8[p]
斯洛伐克	4.16	77.2	0.63	4.68	86.9	0.68	5.85	108.3	0.82
芬兰	69.71	1302.7	3.9	71.64	1332.7	3.8	68.31	1264.9	3.55
瑞典	118.70	1270.8[e]	3.39[e]	130.56	1386.6	3.39	138.91[e]	1464.9[e]	3.41[e]
英国	307.32	491.9[e]	1.77[e]	315.47	500.6	1.78	332.62[ep]	523.9[ep]	1.72[ep]
冰岛	—	—	—	2.42	760.2	2.4	—	—	—
挪威	53.42	1099.6	1.68	58.31	1185	1.65	64.39	1291.5	1.65
塞尔维亚	2.22	30.3	0.79	2.42	33.3	0.77	2.87	39.7	0.97
土耳其	46.42	64	0.84	47.71	64.7	0.86	—	—	—
俄罗斯	129.99	91.6	—	149.30	104.5	—	175.29	122.5	—
美国	3082.58[d]	—	2.73[d]	2982.71[dp]	无	2.67[dp]	—	—	—
中国大陆	787.25	58.7	1.76	965.65	71.7	1.84	—	—	—
日本	1350.35	1054.6	3.25	—	—	—	—	—	—
韩国	286.29	579.4	—	—	—	—	—	—	—

注：b. 序列中断；d. 定义不同；e. 估值；p. 临时数据；s. 欧盟统计局估值。

数据来源：欧盟统计局。

附表 13-2 2010—2012 年欧盟及 8 个非欧盟国家研发人员统计（全时当量）

国家（地区）	年份		
	2010 年	2011 年	2012 年
欧盟 28 国	2 545 358[e]	2 615 504	2 664 109[e]
欧盟 15 国	2 269 436[e]	2 324 881	2 360 861[e]
欧元区 17 国	1 823 456[e]	1 876 232	1 907 984[e]
比利时	60 075	62 895	65 979[p]
保加利亚	16 574	16 986	16 746[p]
捷克	52 290	55 697	60 223[p]
丹麦	56 623	56 126	55 711[ep]
德国	548 526	574 701	579 460[ep]
爱沙尼亚	5277	5724	5841[p]
爱尔兰	19 722[e]	21 560[e]	22 791[e]
希腊	—	36 913[b]	37 361
西班牙	222 022	215 079	208 831
法国	397 756[b]	402 318	—
克罗地亚	10 859	10 622	10 368
意大利	225 632	228 094	233 927[p]
塞浦路斯	1302	1297	1270[p]
拉脱维亚	5563	5432	5593[p]
立陶宛	12 315	11 173	10 675
卢森堡	4988	5351	5666
匈牙利	31 480	33 960	35 732
马耳他	1121	1383	1490[p]
荷兰	100 544	116 326[b]	116 666[p]
奥地利	58 992[e]	61 171	63 682[ep]

续表

国家（地区）	年份		
	2010 年	2011 年	2012 年
波兰	81 843	85 219	90 716
葡萄牙	52 348	55 612	56 192[p]
罗马尼亚	26 171	29 749[b]	31 135
斯洛文尼亚	12 940	15 269[b]	15 333[p]
斯洛伐克	18 188	18 112	18 127
芬兰	55 897	54 526[b]	54 047
瑞典	77 418[e]	77 950[bd]	81 272[e]
英国	350 766[e]	356 258[d]	358 045[dep]
冰岛	—	3158	—
挪威	36 121	36 950	37 804
黑山	—	530	—
塞尔维亚	17 274	17 489	17 730
土耳其	81 792	92 801	—
俄罗斯	39 992	839 183	828 401
日本	877 928	—	—
韩国	335 228	—	—

注：d. 定义不同；e. 估值；p. 临时数据。

数据来源：欧盟统计局。

附表 14　2010—2012 年德国研发支出和人员统计

类型	2010 年		2011 年		2012 年	
	研发支出/亿欧元	研发人员（全时当量）	研发支出/亿欧元	研发人员（全时当量）	研发支出/亿欧元	研发人员（全时当量）
公立和私营非营利机构	103.54	90 531	109.74	93 663	113.41	95 882
高等院校	126.65	120 784	134.49	123 910	139.80	127 900
企业	469.29	337 211	510.77	357 129	537.90	367 478
合计	699.48	548 526	755.00	574 701	791.10	591 261

数据来源：德国联邦统计局。

附表 15-1 2012 年英国研发支出统计

亿英磅

资金来源	执行部门						
	政府	研究理事会	高等院校	企业	私营非营利机构	合计	海外
政府	9.48	1.03	4.06	13.46	0.67	28.71	4.81
研究理事会	0.68	5.78	19.55	0.02	0.85	26.88	2.06
高校资助理事会	—	—	21.85	—	—	21.85	—
高等院校	0.02	0.10	2.84	—	0.14	3.10	—
企业	2.43	0.28	2.92	116.66	0.88	123.17	22.43
私营非营利机构	0.04	0.44	10.22	0.37	1.70	12.77	—
海外	0.96	0.49	10.68	40.55	0.91	53.58	—
合计	13.60	8.13	72.11	171.07	5.15	270.06	—
民口	12.10	8.13	71.78	155.18	5.13	252.32	—
国防	1.50	—	0.34	15.88	0.02	17.74	—

数据来源：《2012 年英国国内研发总开支》。

附表 15-2 2012 年英国科学家和工程师统计

万人

	学历情况			男 性			女 性		
	总数	大学	科学或工程	总数	大学	科学或工程	总数	大学	科学或工程
16~64 岁	3905.4	1010.9	462.5	1946.0	501.3	229.0	1959.4	509.6	233.4
具备就业能力	3045.1	896.5	399.2	1630.3	461.6	204.5	1441.8	434.9	194.7
就业人数	2806.8	858.0	387.0	1497.8	440.6	196.5	1309.0	417.4	190.4

数据来源：《2012 年英国科学、工程与技术政府开支》。

附表 16 2009—2012 年俄罗斯研发支出与人员统计

项 目		年 度			
		2009	2010	2011	2012
科研人员/万人		74.24	73.65	73.53	72.63
联邦科技投入	基础研究/亿卢布	831.98	821.72	916.85	866.23
	应用研究/亿卢布	1358.60	1554.72	2222.15	2692.97
	合计/亿卢布	2190.58	2376.44	3138.99	3559.20
	财政投入占比/%	2.27	2.35	2.87	2.76
	GDP 占比/%	0.56	0.51	0.56	0.56
科研内部经费	现行货币/亿卢布	4858.34	5233.77	6104.27	6998.70
	GDP 占比/%	1.25	1.13	1.09	1.12

数据来源：俄罗斯联邦统计局《2014 年国家统计年鉴》。

附表 17 2011—2013 年中国研发支出与人员统计

项目		年份		
		2011 年	2012 年	2013 年
研发总经费/亿元		8687	10 298.4	11 846.6
研发经费投入强度/%		1.84	1.98	2.08
研发人员（全时当量）/万人年		288.6	324.7	360
研发人员人均经费/万元		30.1	31.7	32.9
投入分配	各类企业	6579.3 亿元(75.7%)	7842.2 亿元(76.2%)	9075.8 亿元(76.6%)
	政府属研究机构	1306.7 亿元(15%)	1548.9 亿元(15%)	1781.4 亿元(15%)
	高等学校	688.9 亿元(7.9%)	780.6 亿元(7.6%)	856.7 亿元(7.2%)
	其他事业单位	112.1 亿元(1.4%)	116.7 亿元(1.2%)	132.7 亿元(1.2%)
国家财政科技支出/亿元		4902.6	5600.1	6184.9
财政科技支出比例/%		4.39	4.45	4.41

注："投入分配"中括号内数据为各部门研发投入占总额之比。

数据来源：中国国家统计局《全国科技经费投入统计公报》。

附表 18-1 2010—2012 年新加坡研发支出统计

年份	总额/亿新加坡元	复合年增长率	研发强度	企业研发强度	公共研发强度
2010	65	8.0%(2000—2010 年)	2.09%	1.3%	0.84%
2011	74	8.6%(2000—2011 年)	2.2%	1.4%	0.8%
2012	72	7.8%(2002—2012 年)	2.1%	1.3%	0.8%

数据来源：新加坡科技研究局《2012 年国家研发调查》。

附表 18-2 2010—2012 年新加坡研发人员统计

年份	总人数	复合年增长率	研究人员	复合年增长率	科学家和工程师	复合年增长率
2010	43 164	6.1%(2000—2010 年)	30 801	6.1%(2000—2010 年)	28 296	6.9%(2000—2010 年)
2011	44 855	5.9%(2000—2011 年)	33 023	5.9%(2000—2011 年)	29 482	6.7%(2000—2011 年)
2012	45 001	5.3%(2002—2012 年)	32 508	6.2%(2002—2012 年)	30 109	6.8%(2002—2012 年)

数据来源：新加坡科技研究局《2012 年国家研发调查》。

附表 19　日本2013年研发支出与2014年研发人员统计

部　门	研发支出（2013年）			研发人员（2014年）	
	数量/亿日元	占比/%	人均研究费/万日元	研发组织数/个	总数/人
企业	126 920	70.0	2615	11 670	583 855
非营利组织	2127	1.2	2772	465	12 416
政府研究机构	15 293	8.4	4949	489	61 486
大学	36 997	20.4	1288	3626	388 831
总数	181 336	100	2155	16 250	1 046 588

数据来源：日本总务省《科学技术研究调查》。

附表 20－1　2011—2013年以色列研发支出统计

亿谢克尔（现价）

年　份	类　别				
	私营非营利机构	高等院校	政府	企业	总计
2011	4.47	51.26	7.75	314.77	378.25
2012	4.62	52.99	7.93	347.19	412.73
2013	4.64	62.14	8.99	365.73	441.50

数据来源：以色列中央统计局。

附表 20－2　2011年以色列研发人员统计

项　目	类　别				
	私营非营利机构	高等院校	政府	企业	总数
人员（全时当量）	554	9220	837	59 800	70 412
占比/%	0.8	13.1	1.2	84.9	100

数据来源：以色列中央统计局。

附表 21　2011—2013年澳大利亚研发支出统计

项　目	澳大利亚数据			与 OECD 其他国家的比较	
	年度	支出/亿澳元	GDP 占比/%	年度	OECD GDP 占比/%
企业研发支出	2011—2012	183.21	1.24	2012	1.63
高等教育研发支出	2012	96.10	0.63	2012	0.43
政府研发支出	2012—2013	37.25	0.24	2012	0.28
私营非营利研发支出	2012—2013	9.61	0.06	—	—
国内研发总支出	2011—2012	316.65	2.13	2012	2.40

数据来源：澳大利亚统计局相关表格、OECD《2014年主要科技指标》。

附表 22 2009—2012 年南非研发支出与人员统计

年份	类别			
	国内研发总支出/亿兰特	GDP 占比/%	研发人员（全时当量）	每千名就业者研发人员数量（全时当量）
2009—2010	209.55	0.87	30 891	2.3
2010—2011	202.54	0.76	29 486	2.2
2011—2012	222.09	0.76	30 978	2.3

数据来源：南非科技部《2011—2012 财年国家研究与实验发展调查主体分析报告》。

美国《科学》杂志评选出2014年世界十大科学突破

2014年12月18日，《科学》杂志盘点了2014年那些领跑科学的十大突破，其中，人造探测器首次登陆彗星被选为本年度最重要的科学突破。

1. 人造探测器首次登陆彗星

欧洲“罗塞塔”探测器在飞行10年约64亿千米后，2014年8月成功追上“丘留莫夫－格拉西缅科”彗星，然后又于11月释放着陆器“菲莱”登陆彗星表面。整个“罗塞塔”使命就是突破，它使得科学家们得以近距离观察彗星的变暖、呼吸和演化。根据“菲莱”号登陆器传回的图像和数据，科学家得以进一步了解这颗多尘多冰彗星。在11月成功登陆彗星之后，“菲莱”号项目组宣布在彗星上发现有机分子，有机分子是形成生命所需要的必要组件。此外，科学家还发现这颗彗星主要由坚实的水冰构成，硬度与砂岩相当，表面被8英寸（约合20厘米）厚的尘土覆盖。

2. 从恐龙到鸟的转变

2014年，将早期鸟类和恐龙化石与现代鸟类进行比较的一系列文章揭示了某些恐龙世系是如何发育成小型、体重轻盈的形态学构造的，这让它们能够演化成许多类型的鸟类并在大约6600万年前的白垩纪—古近纪物种灭绝中存活下来。

3. 年轻者的血液修复年迈者的健康问题

研究人员证明，来自年轻小鼠的血液——甚至只是来自年轻小鼠血液中的一个叫作GDF 11的因子——能够让较老迈的小鼠的肌肉和大脑“返老还童”。此研究成果引导人们开始了用年轻志愿者血浆帮助老年痴呆症患者恢复健康的临床试验。

4. 让机器人合作

新的软件和互动机器人正向人们证明，机器人终于能在无须人监督的情况下一同工作。例如，指示成群的受到白蚁启发的机器人来构建一种简单的结构，或提示1000个25美分硬币大小的机器人形成方块、字母及其他二维形状等。

5. 神经形态芯片

通过模仿人类大脑结构，IBM电脑工程师首次推出了大规模的“神经形态”

芯片，它们被设计成用更接近活体大脑的方式来处理信息。

6. β 细胞

β 细胞是胰脏中产生胰岛素的细胞，两个不同的研究小组开创了两种不同的方法在实验室中培育出酷似 β 细胞的细胞，这给了研究人员提供了前所未有的研究糖尿病的机会。

7. 印度尼西亚的洞穴艺术

研究人员发现，印度尼西亚某洞穴中的手模印和动物绘画——曾被认为有 1 万年之久——实际上其年代在 3 万 5000 年至 4 万年前。这表明，人类在亚洲制作的象征性艺术与最早的欧洲洞穴画家的作品一样早。

8. 操纵记忆

光遗传学是一种用光束来操纵神经元活动的技术，研究人员利用光遗传学技术操纵小鼠特定的记忆：删除现有记忆并植入虚假记忆，将小鼠记忆的情绪内容从好转成坏，反之亦可。

9. 方块卫星

尽管这些卫星在 10 多年前就被发射进入太空，但这些各面面积只有 10 平方厘米的被称作方块卫星（CubeSats）的廉价人造卫星在 2014 年才真正获得成功。据研究人员披露，这些曾被认为是大学生教学工具的微型卫星已经开始进行一些真正的科学工作。

10. 扩展遗传密码

研究人员设计制造了一种大肠杆菌，它除了有组成 DNA 的标准构建要素 G、T、C 和 A 等核酸外还含有另外两种核酸——X 和 Y。这种合成细菌无法在实验室外繁殖，但它们可被用来制造具有“非自然”氨基酸的设计蛋白。

《科技日报》评选出 2014 年国内、国际十大科技新闻

由科技日报社主办、部分两院院士、中央主流新闻媒体负责人和资深科技记者共同评选出的 2014 年国内、国际十大科技新闻于 2014 年 12 月 28 日在京揭晓。

一、国内十大科技新闻

1. 发现甲烷直接转化方法

中科院大连化学物理研究所的包信和院士团队，2014 年在甲烷高效转化相关研究中获得重大突破，成功实现了甲烷一步高效生产乙烯、芳烃和氢气等高值化学品。其成果刊登在美国《科学》杂志上。

具有四面体对称结构的甲烷分子是自然界中最稳定的有机小分子，它的转化是一个世界性难题，被称为催化乃至化学领域的“圣杯”。在 20 多年甲烷催化转化研究的基础上，中国科学家提出基于“纳米限域催化”的新概念，创造性地构建了一种新的铁催化剂，成功实现了甲烷在无氧条件下选择性活化。与传统路线相比，这种技术耗能低，缩短了工艺路线，反应过程实现了碳原子 100% 利用，二氧化碳零排放。

2. 推出科技体制改革多项举措

2014 年，国家相关部门出台多项措施，包括科研经费改革、“科技新政”、科技成果转化、科技资源共享等一系列“组合拳”，使得科技体制改革逐步走向深入，引起科研工作者的普遍关注。

《关于改进加强中央财政科研项目和资金管理的若干意见》，对改进加强中央财政民口科研项目和资金管理做出全面部署。《关于深化中央财政科技计划（专项、基金等）管理改革的方案》则构建新的科技计划布局，意在优化整合。该方案将我国现有的林林总总各类中央财政科技计划归为五类，均要纳入公开统一的国家科技管理平台。国家科技报告服务系统网站 2014 年 3 月正式开通运行，实现万份科技报告的开放共享。改革了院士遴选和退出机制。

3. 绘就首个人类早期胚胎 DNA 甲基化全景观图谱

北京大学第三医院的乔杰研究组与北京大学的汤富酬研究组合作，绘就了世

界首个人类早期胚胎 DNA 甲基化全景观图谱，成果发表在英国《自然》杂志上。

甲基是由 1 个碳原子和 3 个氢原子组成的化学基团，通常情况下它会结合在 DNA 胞嘧啶上，这就是甲基化，甲基化后的基因一般会被关闭。中国研究者使用了一种前沿性基因测序技术，让以前不被注意的处于边缘位置的卵母细胞提供足够的基因物质供检测，从而观测到精子细胞和卵母细胞在受精前后甲基化擦除的完整变化过程，为人类认识自身早期胚胎发育过程中表观遗传调控机制提供了基础。未来，相关研究结果将改善试管婴儿等辅助生殖技术的安全和成功率。不仅如此，DNA 甲基化也是人衰老和患癌症过程中一个关键现象，今后搞清楚这方面的科学原理，或许能为人类抗衰老提供办法。

4. 中国 R&D 经费投入强度首破 2%

《2013 年全国科技经费投入公报》数据显示，2013 年中国全社会研究与试验发展（简称研发或 R&D）经费 11 846. 6 亿元，继续保持增长，比 2012 年增长 15%；R&D 经费投入强度，也就是 R&D 经费投入与国内生产总值之比达 2. 08%，比 2012 年提高 0. 1 个百分点，首次突破了 2%。这显示中国不仅国民生产总值飞速增长，在研发力度上也缩小了与发达国家的差距。

从地域看，北京 R&D 投入强度为 6%，高居首位，上海为 3. 6%，居全国第 2 位。从产业分布看，计算机、通信和其他电子设备制造业研发投入最大，为 1252. 5 亿元；铁路、船舶、航空航天和其他运输设备制造业的 R&D 投入强度最高，为 2. 41%；而非金属矿采选业 R&D 投入强度最低，仅为 0. 15%。这表明，高科技行业研发投入高，而一些传统产业和低价值链行业仍然受附加值低、研发乏力的困扰。我国研发目前还有“投入大，产出小”的问题，基础研究的投入仍然偏低，多数发达国家基础研究投入占 R&D 投入往往在 10% 以上，我国在基础研究领域的投入明显不足。

5. “高分二号”发射，我卫星观测分辨率精确到 1 米

“高分二号”于 2014 年 8 月 19 日发射，是目前我国分辨率最高的光学对地观测卫星，具备米级空间分辨率、高辐射精度、高定位精度和快速姿态机动能力。

卫星全色成像分辨率优于 1 米，多光谱成像分辨率优于 4 米，创造了我国遥感卫星分辨率最高纪录；成像宽度达 45 千米，在全世界同等分辨率卫星中幅宽最大。在其帮助下，综合地域分布、地物类型、目标关注度等多种因素，国防科工局公布我国首批亚米级高分辨率卫星影像图，图像纹理清晰、层次分明、信息丰富。

6. 阿里巴巴赴美上市受全球追捧

2014年9月19日，阿里巴巴正式在纽约证券交易所上市，截至当日收盘市值2314.39亿美元，成为仅次于谷歌的全球第二大互联网公司。阿里巴巴上市不仅是商界重大新闻，更是科技领域的大事件。

马云和阿里巴巴传奇的核心是科技。自成立伊始，阿里巴巴便建立了领先的电子商务、网上支付、B2B网上交易市场及云计算业务。最近更是积极开拓无线应用、手机操作、云计算等领域。

网络科技改变了众多人群的生活和消费方式。2013年，淘宝和天猫共产生了50亿个包裹，占中国当年包裹总量的一半还多。而2014年，仅"双十一"这一天，阿里巴巴的交易额便达到571亿元，其中，近一半是移动互联网下单。互联网已经影响人类社会，这是人类进步的机会，也是人类需要共同承担的责任，阿里巴巴没有辜负这个时代。

7. 杂交水稻大田亩产突破1000千克

"杂交水稻之父"袁隆平成功突破了长期无法实现的杂交水稻育种技术，使我国杂交水稻育种研究取得了令世界瞩目的"四连跳"：从2000年第一期目标的亩产700千克、2004年第二期的亩产800千克、2011年第三期的亩产926.6千克，到2014年的亩产1026.70千克。

可以肯定的是，以企业为主体的整个商业化育种水平会紧跟其后，简化种植技术，确立一套适合大田栽培的方法。超级杂交稻的普及推广将是一个综合性的工程。

8. 中国成为回收绕月飞行器的第3个国家

尽管飞行时间长达8天、距离约84万千米，中国探月工程三期再入返回飞行试验依然精准完成，这是中国历来发射的飞行路线最复杂、控制最难的空间器。

20世纪中期以来，不少国家向月球和更遥远的天体发射了大量飞行器，但按预定要求返回地球的却寥寥无几，有去无回成为常态。这是中国首次迎来从月球上空返回的飞行器。继苏联和美国之后，中国成为世界上成功回收绕月飞行器的第3个国家。中国全面突破和掌握航天器以接近第二宇宙速度的高速再入返回关键技术，为确保"嫦娥五号"任务顺利实施和探月工程持续推进打下了坚实基础。嫦娥系列飞行器象征了中国的空间实力，寄托了中国人的期望——在太空赢得更多的话语权和发展空间。

9. 寻找暗物质：中国锦屏地下实验室获得最灵敏结果

暗物质组成了宇宙85%的质量，我们却看不见摸不着它。21世纪以来，全球各个发达国家建立了多个暗物质实验小组。国际瞩目的中国锦屏暗物质实验室，2014年做出初步成果，进一步缩小了暗物质可能存在的区域。它用了4年时间，用一块世界上纯度最高的锗（半导体）直接探测能量较低的暗物质。飞速而来的粒子，会跟锗反应，形成微小的热量变化。时间积累数据，一点点异常依靠着强大的计算能力被筛选出来。

2014年，丁肇中领衔的阿尔法磁谱仪团队，依靠几年前发射到太空里的一块大磁铁（中国制造）捕捉信号，也分析出了重要结果，确定了暗物质跟宇宙中众多正电子之间的亲密关系。在粒子物理和天文探测的竞争中，中国选手已经占据若干跑道的前列。

10. “天河二号”荣膺世界超算“四连冠”

超级计算机是计算机大家庭中功能最强、运算速度最快、存储容量最大的一类计算机。超算多用于国家高精尖技术研究，是一国科技水平和综合国力的重要标志。

2014年11月20日，第44届世界超级计算机500强排行榜揭晓，中国国防科技大学研制的“天河二号”超级计算机再次位居榜首。这是继2013年6月第一次夺冠以来，“天河二号”连续第4次摘得全球最快的桂冠。

“天河二号”的应用领域极其广泛：云计算、新材料、智慧城市、生物医药、电子商务等，它在生命科学、材料科学、大气科学、地球物理、经济学，以及大型基因组组装、基因测序、污染治理等一系列事关国计民生的科学工程中将大显身手。

二、国际十大科技新闻

1. 日本“万能细胞”论文造假

2014年1月，英国《自然》杂志刊登了两篇日本理化学研究所科学家的论文，文章称成功培育出能分化为多种细胞的新型“万能细胞”——“STAP细胞”。这篇有望给再生医疗带来新思路的论文备受关注，但很快有众多研究人员在网上宣布该论文存在诸多疑点，日本理化学研究所随即对研究过程展开调查，确认论文中有篡改、捏造的不正当行为，最关键的是，数个重复试验均以失败告终，证明这一实验方法和结论都存在致命错误。

7月2日，《自然》正式撤回了这两篇曾引发巨大反响的细胞论文。8月5日，日本著名细胞生物学专家、小保芳晴子的导师笹井川树悬梁自尽。不管是主动还是被舆论所迫，虽然最终结果做到了“有错必纠”，但不可避免地，此次论文造假事件为当事科学家、日本细胞学界和《自然》杂志，都涂上了一抹难以淡化的黑色。最新调查表明，造假“万能细胞”或系混入的胚胎干细胞。

2. 美国国家点火装置释出能量首次超过燃料吸收能量

美国国家点火装置（NIF）的科学家通过实验证明，核聚变反应释出的能量比引发核聚变反应的燃料所吸收的能量多。这项发现标志着核聚变能源将步入新时代。

世界最大激光器NIF是惯性约束核聚变的典型，其卖点在于或将成为“第一个突破平衡点”的设施。所谓突破平衡点，是指产生的能量大于启动它所需要的能量，也是所谓“能量增益”。

美国科学家用192支激光，对一颗燃料芯块进行加热直至核聚变反应发生。实验结果表明，聚变产生的能量大约是以前纪录的10倍，实现了“燃料增益”。研究的下一目标将会是实现“总增益”，即系统产生的能量必须超过进入系统的能量，这是半个多世纪以来核聚变工作者梦寐以求的目标。在可控核聚变的征途上，每一次“增益”都为未来的“人造太阳”注入一缕光芒。

3. 埃博拉肆虐西非，全球预防

2014年2月，埃博拉疫情在几内亚境内暴发，随后迅速蔓延至西非利比里亚和塞拉利昂等国。疫情引起了国际社会的高度关注，多个国家均采取了紧急措施，严防病毒入境。

埃博拉病毒是迄今发现的致死率最高的病毒之一，死亡率超过50%，除将已经感染的病人完全隔离外，尚无有效的预防和治疗办法。不过，科学家们正在加紧研制疫苗，美国国家卫生机构与英国葛兰素史克公司联合开发的疫苗已于11月底初步通过人体测试；加拿大研发的一种疫苗也正在开展一期临床试验。此外，一种名为ZMapp的试验性药物被紧急用于救治埃博拉病人，病人病情出现好转，很有希望成为治疗埃博拉病毒感染的关键选项。

4. 邮票大小类脑芯片“叫板”超级计算机

论精巧与复杂，人类大脑力挫所有现代机器。人脑计算方式不受现代计算机“冯·诺依曼瓶颈”的限制。现代计算机的内存和处理器是分开的，以总线作为数据交换的通道；在人脑中，神经元（处理器）之间通过突触（内存）互相接触，这种处理器与内存紧密相连的结构，让人脑信息传递的效率非常高；人脑还有一个特点，部分神经元不使用时可以关闭，因而整体能耗很低。

研发类脑电路已是必然趋势。2011 年，IBM 推出了 SyNAPSE（“自适应塑料可伸缩电子神经形态系统”的缩写，恰好也是“突触”的意思）芯片原型，这枚单核芯片包含 256 个“神经元”和 256×256 个“突触”。时隔 3 年，邮票大小的升级版多核芯片“真北”（Truenorth）问世，尺寸不及原型的 1/15，内核却增加到 4096 个，方寸之间竟然集成了 100 万个“神经元”、2.56 亿个“突触”，能耗不到 70 毫瓦，其运算能力可折合为每瓦每秒 460 亿次，而最节能的超级计算机每瓦每秒只能进行 45 亿次“浮点”运算。单核类脑芯片已从“虫脑”进阶到“蜜蜂大脑”，但 IBM 的终极目标是人类的“灰脑”——大脑皮层灰质是数百亿神经元的聚集地。

5. 科学家找到“光变物质”的简单方法

1934 年科学家布雷特和惠勒提出，如果让两个光子通过撞击结合在一起，有可能变成物质，形成电子和正电子——这是最简单的“光变物质”方法。证明这一预测的实验十分重要，既能再现宇宙形成的最初 100 秒内的重要过程，还能表现伽马射线爆发，这是宇宙中最大的爆发和物理学中最大的未解之谜。

受技术所限，多年来人们无法实现这一实验。2014 年，英国伦敦帝国学院与德国马克思·普朗克研究所物理学家合作提出了证实这一理论的一个非常简单的方法并模拟成功。结果显示，“光子-光子对撞机”系统一次发射能产生大约 10 万个布雷特-惠勒对，在证明了布雷特-惠勒理论的同时，也彰显了新型高能物理实验的巨大进步。此时距离理论提出整整 80 年。人类正是在提出自洽理论并不断用实践证明其圆融的过程中，步步接近那个一直困扰人类的哲学命题——物质究竟从何而来？

6. 美国成功剪除感染细胞中的艾滋病病毒

HIV-1 病毒永远不会被免疫系统消灭，只有彻底剪除病毒才能治愈疾病。近一年来，CRISPR/Cas9 基因剪辑技术成为生物生理学领域最为热门的方法，因其简便、价廉、多功能和高效率，被誉为“基因组编辑的魔术手术刀”。美国科学家用 HIV-1 编辑器在能感染 HIV-1 病毒的几种细胞上成功地根除了潜在的艾滋病病毒。这是一项令人兴奋的发现，不过现在还不具备临床试验条件。

7. 人机脑电波通信首获成功

人机交互技术的发展已经可以让残障人士用意识来控制轮椅、机械臂了，未来我们或许还能够用自己的思想控制智能手机、计算机及其他设备，享受脑电波“智控”带来的便利。通过互联网，人脑和人脑之间也取得了连接。

我们想说的话、想做的动作、想表达的情感，一念既起，大脑神经元之间就会产生相应的化学反应，发出微弱但清晰的电信号。一位身在印度的志愿者，就将“你好”（Hola）和“再见”（Ciao）这两个单词在自己大脑中形成的波动，发给了远在 8000 千米以外的法国实验人员。这是从一个大脑到另一个大脑之间的一次简单的信息单向流，当然方式不会像电影中那么直接。这个“读心”实验需要先将代表两句问候语的脑电波转换为二进制，由法国方面的计算机接收后解码，再用电刺激将其输入实验人员的意识当中。接受者感受到的是眼前似乎有一道道闪光划过，从中便可以解读出对方传递的信息。这项初步实验所确定的脑电波在传达相同信息时在不同大脑间的相似度错误率为 15% 。以实验传递信息的简单程度来看，“误解”的概率并不算低。

8. 中国探月返回试验器成功返回地球

继苏联和美国之后，中国成为成功回收绕月飞行器的第 3 个国家。2014 年 11 月 1 日，中国探月工程三期再入返回飞行试验返回器在预定区域降落。这是中国航天器第一次在绕月飞行后再入返回地球，它标志着中国已全面突破和掌握航天器以接近第二宇宙速度的高速再入返回关键技术，为确保“嫦娥五号”任务顺利实施和探月工程持续推进奠定了坚实基础。

这次“半弹道跳跃式飞行返回”设计，虽然不是航天史上首次使用，但其操控高难度和落点高精度决定了成功收回返回器的重大意义。雄关漫道，务实严谨的中国航天人正一步一个脚印地迈向太空。

9. 人类探测器首次登陆彗星

欧洲“罗塞塔”探测器在飞行 10 年约 64 亿千米后，2014 年 8 月成功追上“67P/丘留莫夫－格拉西缅科”彗星，11 月 12 日释放着陆器“菲莱”。经过一波三折的 7 小时独自飞行后，“菲莱”终于登陆彗星，填补了人类太空探测史上的空白。

“菲莱”在随后的 64 小时中，启动全部科学设备，全力以赴抓紧实验，对彗星的土壤、磁场等情况展开测量分析。这些信息有助于科学家了解形成于太阳系形成初期的彗星，进一步探究太阳系甚至人类的起源。

10. 美国新一代载人飞船“猎户座”首次试飞成功

美国国家航空航天局（NASA）新一代载人飞船“猎户座”2014 年 12 月 5 日完成首次试飞，并降落在太平洋预定海域，其成功发射被视作“美国航天的新起点”。

此次测试的目的是在距地 5800 千米的高度，即大约 15 倍于国际空间站运行轨道高度的太空中，检验飞船的基本设计性能。这是自 1972 年《阿波罗计划》结束 42 年以来，人类首次将载人级别太空飞船发射到远超近地轨道的深空之中。

“猎户座”新一代载人飞船作为已经搁置的《星座计划》的重要组成部分，再次燃起了美国载人深空探测的激情——按计划，“猎户座”最终将搭载在名为“太空发射系统”（SLS）的新型最强劲火箭上升空，将人类送往火星。“理解并保护地球家园，探索宇宙，寻找地外生命，启发下一代探索者”，NASA 撑起的这面旗帜鼓舞了无数航天人。凭借科学技术的支撑，人类总是梦想在无边星际找到另一席广阔天地。

2014 年诺贝尔科学奖

1. 2014 年诺贝尔生理学或医学奖

2014 年 10 月 6 日瑞典卡罗琳医学院在斯德哥尔摩宣布，将 2014 年诺贝尔生理学或医学奖授予拥有美国和英国国籍的科学家约翰·奥基夫及两位挪威科学家梅－布里特·莫泽和爱德华·莫泽，以表彰他们发现大脑定位系统细胞的研究，他们的研究成果揭示了特化细胞如何协作并执行更高的认知功能，开启了人类对记忆、思考等认知过程理解的新篇章。

诺贝尔奖评选委员会在关于获奖成就的声明中指出，感知位置和导航能力是最基本的大脑功能，对位置的感知能够令人知道自己所处的环境，以及自己与周围物体的关系，人类正是依靠这些空间能力才能在环境中识别、记忆并辨别方向。他们的研究促使更多的科学家在包括人类在内的很多哺乳动物身上发现“位置细胞”和“网格细胞”组成的定位系统，而对定位过程的研究，也为揭示大脑在认知过程中如何计算开启了新的途径。

声明说，脑功能障碍是最常见的残疾原因，对患者和社会都会造成重大影响，但却一直未能发现有效的预防和治愈方法。在很多脑疾病中都有空间记忆功能受损的影响。以痴呆症患者为例，其大脑海马区神经细胞和大脑内嗅皮层细胞往往在早期就受影响，导致患者迷路并无法辨认外界环境。

诺贝尔奖评选委员会说，奥基夫和莫泽夫妇的研究成果解决了困扰科学界几个世纪的难题，揭示了大脑如何创建周围空间的“地图”，如何在复杂的环境中定位路径。对大脑定位系统的认知，可能帮助我们进一步了解人类大脑空间记忆的中枢机制。

1971 年，拥有美国和英国双重国籍的科学家奥基夫发现了这种定位系统的第一个组成部分。他发现，老鼠大脑海马区存在着能够发挥定位功能的神经细胞，不同“位置细胞”在不同的位置兴奋，从而在老鼠大脑中构成了一幅关于周边环境的“地图”。2005 年，挪威科学家莫泽夫妇——梅－布里特·莫泽和爱德华·莫泽——发现了大脑定位系统的另一关键组成部分——“网格细胞”。这种神经细胞的兴奋能够形成坐标系，可以精确定位和寻找路径。他们随后的研究还揭示，这些“网格细胞”是如何确定位置并导航的。

2. 2014 年诺贝尔物理学奖

2014 年 12 月 7 日瑞典皇家科学院宣布，将 2014 年诺贝尔物理学奖授予日本科学家赤崎勇、天野浩和美籍日裔科学家中村修二，以表彰他们在蓝色发光二极管（LED）方面的发现。

瑞典皇家科学院的新闻公报说，3名科学家于20世纪90年代初发明的蓝色发光二极管比传统的光源更加明亮、高效和环保。目前，世界上1/4的电力用于照明，蓝光LED与LED照明的发明有助于全球节能。在许多不发达地区，LED灯依靠当地低成本的太阳能就能使用。对于全球15亿尚未能受益于电网的人口来说，这种新型光源带来了更高生活品质。集齐红、绿、蓝三原色的光使LED照明这种惠及全人类的节能光源“照亮了21世纪”。诺贝尔奖评选委员会在关于获奖成就的声明中指出：“如果说白炽灯照亮了20世纪，那么21世纪将是被LED灯照亮的。”

此前红光LED和绿光LED已经存在了很长一段时间，并被应用于机器仪器的显示光源，但光的三原色包含红、绿、蓝，由于蓝色光源的缺失，令照明的白色光源始终无法创建。无论是在科学界还是工业界，如何造出蓝光LED曾困扰了人们数十年。

1973年，当时在松下电器公司东京研究所的赤崎勇最早开始了蓝光LED研究。后来，赤崎勇和天野浩在名古屋大学合作进行了蓝光LED的基础性研发，1989年首次研发成功了蓝光LED。而中村修二当时任职于日亚化学工业公司，他的实用化研究让该公司于1993年首次推出LED照明成品，从而引发了照明技术革新。

LED灯高效节能且寿命长久，能持续照亮约10万小时，而白炽灯和荧光灯的寿命仅为1000小时和1万小时。这种灯诞生以来也一直在不断提高发光效率，最新纪录达到了每瓦功率产生300流明的亮度，相当于白炽灯的15倍。

3. 2014年诺贝尔化学奖

2014年12月8日瑞典皇家科学院宣布，将2014年诺贝尔化学奖授予美国科学家埃里克·贝齐格、威廉·莫纳和德国科学家斯特凡·黑尔，以表彰他们为发展超分辨率荧光显微镜所做的贡献。

诺贝尔化学奖评选委员会当天发表声明说，长期以来，光学显微镜的分辨率被认为不会超过光波波长的一半，0.2微米成为显微镜难以突破的瓶颈，这被称为“阿贝分辨率”。借助荧光分子的帮助，2014年获奖者们的研究成果巧妙地绕过了经典光学的这一“束缚”，他们开创性的成就使光学显微镜能够窥探纳米世界。委员会指出，得奖者的研究允许人类观察病毒以至细胞内的蛋白质，对了解有关物质的功能做出重大贡献，例如可用于观察帕金森症、脑退化症和亨廷顿病患者体内的蛋白变化等。委员会赞扬3人的研究不仅为人类未来探求知识打下重要基础，他们现在仍然站在科研的最前线，通过科学研究为人类社会谋求福祉。

如今，纳米级分辨率的显微镜在世界范围内广泛运用，人类每天都能从其带来的新知识中获益。

声明还说，黑尔于 2000 年开发出受激发射损耗（STED）显微镜，他用一束激光激发荧光分子发光，再用另一束激光消除纳米尺寸以外的所有荧光，通过两束激光交替扫描样本，呈现出突破“阿贝分辨率”的图像。贝齐格和莫纳通过各自的独立研究，为另一种显微镜技术——单分子显微镜的发展奠定了基础，这一方法主要是依靠开关单个荧光分子来实现更清晰的成像。2006 年，贝齐格第一次应用这种方法，研发出“单分子显微技术”。因此，这两项成果同获 2014 年诺贝尔化学奖。